I0868446

La alta montaña pirenaica: génesis y configuración holocena de un paisaje cultural

Estudio paleoambiental en el valle del Madriu-Perafita-Claror (Andorra)

Ana Ejarque Montolio

BAR International Series 2507
2013

Published in 2016 by
BAR Publishing, Oxford

BAR International Series 2507

La alta montaña pirenaica: génesis y configuración holocena de un paisaje cultural

ISBN 978 1 4073 1125 8

Trabajo de investigación financiado por: ICAC Institut Català d'Arqueologia Clàssica

Con la colaboración científica de: SERP Universitat de Barcelona

Con el apoyo de: Govern d'Andorra Generalitat de Catalunya

BAR Publishing is the trading name of British Archaeological Reports (Oxford) Ltd. British Archaeological Reports was first incorporated in 1974 to publish the BAR Series, International and British. In 1992 Hadrian Books Ltd became part of the BAR group. This volume was originally published by Archaeopress in conjunction with British Archaeological Reports (Oxford) Ltd / Hadrian Books Ltd, the Series principal publisher, in 2013. This present volume is published by BAR Publishing, 2016.

Printed in England

BAR
PUBLISHING

BAR titles are available from:

BAR Publishing
122 Banbury Rd, Oxford, OX2 7BP, UK
EMAIL info@barpublishing.com
PHONE +44 (0)1865 310431
FAX +44 (0)1865 316916
www.barpublishing.com

ÍNDICE

PRÓLOGO

Introducir el presente trabajo realizado por la Dra. Ana Ejarque tiene para nosotros un significado muy especial. A pesar de que esta afirmación puede resultar tópica, no renunciamos a utilizarla con todo convencimiento y sinceridad ya que la investigación realizada posee unas características que la hacen especialmente relevante.

Este trabajo resulta de la Tesis Doctoral de Ana Ejarque, la cual fue co-dirigida por los abajofirmantes, el Dr. Santiago Riera Mora, del Seminari d'Estudis i Recerques Prehistòriques de la Universidad de Barcelona (SERP-UB) y el Dr. Josep Maria Palet Martínez, del Institut Català d'Arqueologia Clàssica (ICAC). Desde un punto de vista administrativo y organizativo, ha sido el resultado de una estrecha colaboración entre el ICAC y SERPque ha sido, sin duda, exitosa y ha dado sus frutos en diferentes proyectos de investigación de Arqueología del Paisaje a partir de la defensa de diferentes tesis doctorales y numerosas publicaciones científicas. El grupo de investigación en el que se enmarca este trabajo ha querido siempre aplicar en sus investigaciones paleopaisajísticas un enfoque multidisciplinar. Es bajo esta voluntad de integración multidisciplinar que cabe encuadrar el trabajo de palinología de la Dra. Ana Ejarque.

Con el presente trabajo, y junto a las Tesis Doctorales defendidas por los Doctores Itxaso Euba y Héctor A. Orengo en los ámbitos de la antracología y la arqueología de montaña, el proyecto de investigación arqueopaisajística de los valles pirenaicos de Madriu-Perafita-Claror (Andorra) completa su fase de estudio. Ha sido éste un proyecto con planteamientos valientes. En primer término, por su ámbito de trabajo en la alta montaña pirenaica por encima de los 2.000 m s.n.m., un espacio siempre complicado desde un punto de vista organizativo y caracterizado por la dureza del trabajo de campo. Dicha dificultad ha sido, no obstante, superada gracias a la predisposición y voluntad de todas aquellas personas que a lo largo de siete años han participado en las diferentes campañas arqueológicas. Es, además, necesario destacar el planteamiento multidisciplinar del proyecto, basado en la integración de estudios en arqueología de montaña, palinología, antracología, historia y sedimentología. Organizar y coordinar estos estudios así como consensuar los diferentes enfoques y metodologías de cada una de las disciplinas ha sido una tarea como mínimo compleja. Por otra parte, la realización de un estudio paleopaisajístico de alta montaña basado en la alta resolución espacio-temporal y la multidisciplinariedad como éste implica un elevado coste económico que sólo ha sido posible llevar a cabo gracias a la infraestructura y esfuerzo económico proporcionados conjuntamente por el Govern d'Andorra, el ICAC y la Generalitat de Catalunya a través de diferentes programas de apoyo a la investigación arqueológica.

El valor del presente trabajo se enmarca de manera destacada en los campos de la Palinología y de la Arqueología del Paisaje. No es ésta una afirmación que nosotros, co-directores de la Tesis Doctoral de Ana Ejarque, realizamos de manera arbitraria, sino que su excepcionalidad fue destacada por el Dr. Didier Galop, palinólogo pirenaico y miembro del tribunal de defensa de la Tesis Doctoral, cuando afirmó que "este trabajo representaba mucho más que un estudio paleopolínico de alta resolución". A este respecto, esta investigación representa una notable aportación y novedad en el campo de la palinología aplicada al estudio del modelado humano de los paisajes de alta montaña. No pretendemos en este prólogo avanzar las conclusiones del trabajo, pero no podemos dejar de destacar un conjunto de elementos que determinan la excepcionalidad de este trabajo, como son la integración de planteamientos, la alta resolución temporal y espacial, la escala microregional, los estudios de calibración referencial y los análisis multi-proxie, que incluyen diferentes descriptores paleoambientales. Precisamente, si la investigación realizada es completa y brillante es debido al hecho de que el estudio polínico se ha planteado en plena integración con los trabajos arqueológicos e históricos. Así, por ejemplo, los sectores donde se encuentran situadas las secuencias paleoambientales estudiadas se seleccionaron en función de los resultados arqueológicos, y viceversa. Esta integración "real" de planteamientos, zonas de estudio, escalas de trabajo, resultados y discusión científica es lo que aporta a este trabajo un plus de originalidad y calidad y que lo hacen realmente destacable. Es, pues, necesario, insistir en la idea central del diseño del proyecto de investigación Madriu-Perafita-Claror: la integración de datos de muy diferente naturaleza aporta resultados más que notables precisamente porque el proyecto constituyó un todo integrado desde su formulación inicial. Así, este trabajo adquiere un notable valor, no tan sólo por los datos que aporta sino por su planteamiento y constituye, por tanto, una importante aportación metodológica a la disciplina. Dicho planteamiento integrado arqueopaisajístico y paleoambiental ha permitido poner en evidencia la variabilidad, diversidad y complejidad de la actividad humana en la alta montaña pirenaica a lo largo del tiempo, superando la imagen de un medio estrictamente determinado por los condicionantes naturales y subrayando el valor de estos medios como espacios sociales.

Con todo, la historia no acaba aquí. Una vez finalizado el estudio del valle del Madriu, el equipo de investigación paleopaisajístico del ICAC y el SERP sigue estudiando la ocupación humana y el cambio paisajístico de otros sectores de alta montaña pirenaicos mediante nuevos proyectos de investigación, como InterAmBar.

No queremos acabar esta breve introducción sin hacer una referencia de carácter más personal, y es que trabajar con Ana Ejarque ha sido, en el marco de este trabajo, y continua siendo en los nuevos proyectos, un placer enriquecedor tanto profesional como intelectual y personal. Como co-directores de su trabajo, hemos aprendido tanto de ella como, esperamos, ella de nosotros.

Creemos que disfrutareis de este trabajo. Y no utilizamos el término "disfrutar" de una manera gratuita, porque sabemos que así será, dado que, aunque se trata de una investigación polínica que puede parecer destinada a especialistas, este estudio va más allá de la palinología y aborda unas problemáticas esencialmente pasajísticas y arqueológicas. Éste es el gran valor del trabajo que tenéis entre las manos: haber hecho de la Palinología una herramienta de conocimiento histórico.

Dr. Santiago Riera Mora

Seminari d'Estudis i Recerques Prehistòriques, Universidad de Barcelona (SERP-UB)

Dr. Josep Maria Palet Martínez

Institut Català d'Arqueologia Clàssica (ICAC)

ABSTRACT

Previous research acknowledges the ancient and complex land-use history of European mountainous areas, which are characterised by a remarkable regional variability in terms of human practices and patterns of occupation during the Holocene. However, the combined palaeoenvironmental and archaeological study of highland human management at a microregional scale remains a largely unexplored research field, especially in the Pyrenees. This research was performed as a part of an integrated palaeoenvironmental and archaeological program which aims to understand the long-term shaping of the Madriu-Perafita-Claror valley (MPCV, Andorra), a highland area included in the UNESCO World Heritage List as a cultural landscape. Main objectives of this study are, firstly, to reconstruct human management and landscape shaping of high altitudinal Pyrenean spaces along the Holocene assessing those environmental and/or human factors involved, and secondly, to reconstruct microregional land-use and landscape variability in the shaping of highland spaces.

To accomplish these objectives a multi-profile palaeoenvironmental study which combines pollen with other biological proxies providing more local information such as stomata, non-pollen palynomorphs (NPPs), and macrocharcoal charred particles was carried out in the upper subalpine and alpine belts of the MPCV. Four nearby small peat and lake basins were studied at different altitudes and landscape settings of the main Madriu valley. Palaeoenvironmental results were afterwards compared with those obtained in two nearby peat sequences also located at the Madriu and the Perafita valley (Miras *et al.* 2007; Miras *et al.* 2011). This would allow detecting small-scale land-use variability at both intra-valley (within the Madriu valley) and inter-valley (between the Madriu and Perafita valleys) scales. In order to calibrate and to interpret fossil palaeoenvironmental datasets in terms of vegetation and land-use, a study of modern pollen and NPP assemblages was also carried out (Ejarque *et al.* 2011).

Palaeoecological results were further integrated with archaeological on-site data. Total coverage extensive survey and site excavation showed more than 400 archaeological sites in the VMPC ranging from the early Neolithic to the modern era (Palet *et al.*, 2007; Orengo, 2010). The integration of palaeoenvironmental and archaeological data was achieved by employing fine-resolution reliable chronological parameters. Accurate palaeoecological chronologies were obtained through the combined use of 41 AMS radiocarbon dates and additional dating techniques for the recent period. This included fallout radionuclides measurements-i.e ^{210}Pb, ^{137}Cs- and the quantification of Spheroidal Carbonaceous Particles. Besides, fine-resolution palaeoenvironmental analyses were conducted in most sequences during key periods in order to both precisely define human activity and to allow the crosschecking of palaeoecological and archaeological data.

Results drawn from this study stress the existence of different phases of microregional land-use and landscape variability at both intra-valley and inter-valley scales from the early Neolithic to the Modern Era. Such landscape variability was not merely connected to topographic or climatic parameters but rather responded to the spatial organisation and fragmentation of land-uses and the complementary human exploitation of mountain resources. This underlines the role of social, economical and cultural parameters in the landscape shaping of highland spaces since Prehistory. Besides, this study depicts highlands as cultural landscapes resulting from the long-term interaction of a diversified rage of land-uses, including grazing but also resin exploitation, charcoal production and mining and smelting activities.

The study of NPPs, stomata and macrocharcoal has aided in both confirming the local nature of pollen disturbances and characterising the nature of some anthropogenic impacts developed within the watersheds, particularly those ones involving woodland clearances, grazing practices and fire disturbances. Equally, archaeological data has proved to be a priceless tool when assessing local human occupation and the distinctive nature of highland land-use practices. This combination of palaeoenvironmental and archaeological proxies has thus helped to overcome some interpretation constraints of upland pollen assemblages and has provided meaningful insights into the scale and nature of highland land-uses.

This research demonstrates that highland fens and lakes are prone to display local landscape patchiness along time and thus constitute valuable palaeoenvironmental records for the analysis of small-scale land-use if fine spatial-resolution pollen analyses are conducted. Finally, results obtained point to combined palaeoenvironmental multi-proxy records and archaeological studies following a fine-spatial resolution at a microregional scale as the most suitable research strategy for the study of human mountain management and landscape change during the Holocene.

Keywords: cultural landscape, highland land-uses, micro-regional variability, pollen, non-pollen palynomorphs, macrocharcoal, stomata, landscape archaeology, eastern Pyrenees, Holocene.

1. INTRODUCCION Y OBJETIVOS

1.1. EL PROYECTO DE INVESTIGACIÓN DEL VALLE DEL MADRIU-PERAFITA-CLAROR

Este trabajo forma parte del proyecto de investigación *Ocupació del sòl i formes del paisatge de muntanya als Pirineus orientals de l'Antiguitat a l'Època Medieval: estudi territorial de la vall del Madriu-Perafita-Claror*, financiado por el Govern d'Andorra, el Institut Català d'Arqueologia Clàssica (ICAC) y la Agència de Gestió d'Ajuts Universitaris i de Recerca (AGAUR) de la Generalitat de Catalunya. Éste se inscribe dentro de un programa de investigación más amplio denominado *Ocupació del sòl i formes del paisatge de muntanya als Pirineus orientals de l'Antiguitat a l'Època Medieval.* Este proyecto ha constituido uno de los ejes principales de la línea de investigación del ICAC *Arqueología del paisatge, poblament i territori* y ha sido dirigido por el Dr. J. M. Palet Martínez (ICAC) y el Dr. S. Riera Mora (Seminari d'Estudis i Recerques Prehistòriques de la Universidad de Barcelona, SERP-UB). Llevado a cabo entre los años 2004 y 2010, este programa se planteó desde una perspectiva integrada e interdisciplinar en el campo de la Arqueología del Paisaje con el objetivo último de caracterizar el modelado antrópico de los paisajes culturales altimontanos pirenaicos siguiendo un planteamiento temporal diacrónico. Dos casos de estudio han sido analizados: el valle de La Vansa-Sierra del Cadí (Alt Urgell, Lleida), en el Prepirineo oriental catalán, y el valle del Madriu-Perafita Claror (VMPC) en el Pirineo axial oriental andorrano (Figura 1). En ambos casos el estudio se ha centrado en los sectores altimontanos situados por encima de los 2.000 m s.n.m. El valor patrimonial y cultural del VMPC ha sido internacionalmente reconocido por la UNESCO mediante su declaración en el año 2004 como Patrimonio de la Humanidad (decisión no. 28 COM 14B.36, *28th session of the World Heritage Committee*, Suzhou, 2004: http://whc.unesco.org/en/decisions/119).

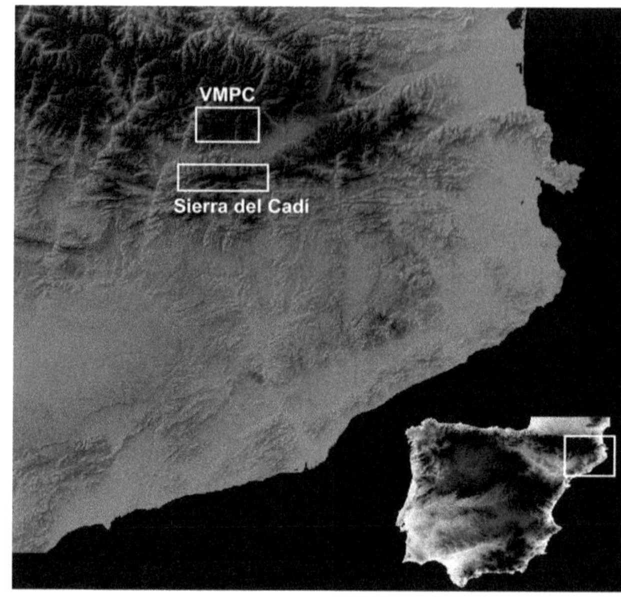

Figura 1. Mapa de situación de los dos sectores de estudio en los Pirineos orientales.

La historia del modelado paisajístico se relaciona directamente con las comunidades humanas y los procesos culturales. Por tanto, los paisajes del pasado deben ser entendidos como paisajes culturales, fruto de la interacción hombre-medio a lo largo del tiempo (Birks *et al.* 1988). Considerando que la estrategia metodológica más adecuada para el estudio de la configuración y evolución de los paisajes culturales del pasado es aquella que integre información histórico-arqueológica y paleoambiental (Dearing *et al.* 2006), la investigación del VMPC se articula desde la Arqueología del Paisaje siguiendo dos líneas de investigación: una de carácter histórico-arqueo-lógico, coordinada por el Dr. J.M. Palet Martínez (ICAC) y otra de carácter paleoambiental, coordinada por el Dr. Santiago Riera Mora. Estas líneas se articulan y desarrollan de manera integrada, siempre manteniendo una interrelación e intercalibración de los datos procedentes de ambas vertientes del estudio.

Dentro del estudio histórico-arqueológico, los trabajos de prospección intensiva, planimetría, sondeos de diagnóstico y excavación en extensión iniciados en los diferentes sectores altimontanos del VMPC tienen como objeto cartografiar, excavar, datar y en última instancia interpretar los vestigios arqueológicos (estructuras pastorales, metalúrgicas, carboneo, vías de comunicación, etc.) que corresponden al uso y la ocupación humana del valle a lo largo del tiempo. Como resultado de este trabajo en el VMPC se han documentado un total de 419 estructuras arqueológicas, de las cuales 52 han sido objeto de excavación arqueológica, obteniéndose un total de 59 data-ciones radiocarbónicas (Palet 2006; Palet 2007; Palet *et al.* 2007; Orengo 2008; Palet 2008 *a*; Orengo 2009; Palet 2009; Orengo 2010; Palet 2010; Palet *et al.* 2010). Por otra parte, el estudio regresivo de la documentación medieval y moderna ofrece información sobre el uso y la organización del valle y sus sectores y la inserción del mismo en la organización territorial andorrana. Dentro de este estudio histórico-arqueológico cabe destacar la Tesis doctoral realizada por H. A. Orengo (ICAC) (Orengo 2010). Además, en las estructuras arqueológicas exca-vadas se ha llevado a cabo el estudio antracológico de estructuras y carboneras por parte de la Dra. I. Euba (ICAC), trabajo que ha dado lugar a una Tesis doctoral (Euba 2008; Euba 2009).

Los estudios paleoambientales, entre los que se inscribe el presente trabajo, tienen como objetivo fundamental establecer los cambios paisajísticos de los sectores altimontanos del VMPC y la causalidad antrópica y/o climática de los mismos. En este sentido, se pretende caracterizar la historia de la antropización en el paisaje cultural altimontano del VMPC, entendiendo antropización como un proceso de modificación del espacio encaminado a la organización de usos y que resulta en el modelado del paisaje a nivel microregional. El estudio paleoambiental en el VMPC se plantea desde un punto de vista multiproxy. La palinología es la disciplina central y articuladora de los estudios paleoambientales y, en este proyecto, no sólo se limita al estudio del polen fósil sino que es en sí misma interdisciplinar al incluir el análisis de otros descriptores biológicos, como son los microfósiles no polínicos y las partículas carbonosas. Cabe destacar la realización en 2006 del estudio palinológico de una cuenca lacustre en el valle del Madriu, el Estany Blau (2.471 m s.n.m.) (Ejarque 2006). Además, también se ha llevado a cabo en el VMPC el estudio del Dr. Y. Miras (GEOLAB, Université Blaise Pascal, Clermont-Ferrand) de dos turberas en el valle de Perafita (Planells de Perafita, 2.240 m, y Serra Mitjana, 2.405 m) y de la turbera Bosc dels Estanyons (2.180 m) en el valle del Madriu, cuyos resultados han sido parcialmente publicados (Miras *et al.* 2007; Miras *et al.* 2010).

Junto a estos estudios, se integran otras técnicas de rconstrucción paleoambiental que se desarrollan en las dos cuencas lacustres estudiadas en el VMPC: el Estany Forcat (2.531 m) y el Estany Blau (2.471 m). La aplicación de diferentes estudios sobre la misma secuecia sedimentaría permite una óptima correlación de los distintos indicadores ambientales y contribuye a discernir las causas naturales y antrópicas de los cambios polínicos y de otros descriptores. A este respecto cabe destacar la realización de los siguientes análisis:

a) Estudios sedimentológicos y geoquímicos realizados por el Dr. R. Julià (Instituto de Ciencias de la Tierra Jaume Almera, Centro Superior de Investigaciones Científicas (IJA-CSIC) en el Estany Forcat. Estos análisis permiten determinar aquellos procesos erosivos naturales (cambios climáticos) y/o antrópicos (usos del territorio tales como ganadería, deforestaciones, carboneo, metalurgia, etc.) que contribuyeron diacrónicamente a los cambios holocenos en la cuenca lacustre.

b) Estudios sedimentológicos realizados por el Dr. S. Giralt y A. Hernández (IJA-CSIC) en el Estany Blau.

c) Estudios geoquímicos sobre los metales pesados y traza en el Estany Blau que indican el desarrollo de actividades metalúrgicas en el valle. El estudio ha sido llevado a cabo por el Dr. L. Camarero, M. Altuna y M. Bacardit (Centro de Estudios Avanzados de Blanes, CEAB-CSIC).

d) Estudios de crisofíceas y diatomeas realizados por el Dr. S. Pla (CEAB-CSIC) en el Estany Blau que permiten caracterizar las oscilaciones paleoclimáticas que afectaron a la zona de estudio.

1.2. ANTECEDENTES DEL ESTUDIO DE SECTORES ALTIMONTANOS EUROPEOS Y PIRENAICOS DESDE EL PALEOAMBIENTE Y LA ARQUEOLOGÍA DEL PAISAJE

Los espacios de montaña han sido tradicionalmente concebidos como ámbitos "naturales y marginales". Sus condiciones climáticas y geográficas extremas, el abandono progresivo de la ocupación humana que han experimentado la mayor parte de estos medios durante el último siglo y la parcialidad y escasez de fuentes históricas han contribuido notablemente a que estas zonas sean predominantemente percibidas por la sociedad actual como zonas determinadas por los condicionantes climáticos, poco aptas para el hábitat humano en cuya configuración el ser humano ha desempeñado un papel esporádico y secundario (Young y Simmonds 1999; Christie *et al.* 2004; Walsh 2005; Karlsson *et al.* 2009). Mientras que en nuestro país las investigaciones arqueológicas, históricas y paleoambientales en los espacios de alta montaña destacan por su escasez, numerosos estudios europeos realizados a partir de los años 80 del s. XX han desmentido esta aparente imagen "natural y marginal", demostrando la existencia de una intensa ocupación y explotación humana desde la Prehistoria a nuestros días (Oeggl y Wahlmüller 1993; Biagi y Nandris 1994; Galop 1998; Moe y Hjelle 1999; Rendu 2003; Miras 2004; Walsh y Richer 2006; Court-Picon 2007; Miras *et al.* 2007; Palet *et al.* 2007; Ejarque *et al.* 2008; Ejarque *et al.* 2009; Mazier *et al.* 2009; Segard 2009; Surmely *et al.* 2009; A.A.V.V. 2010). Como resultado de este trabajo, los espacios altimontanos europeos son plenamente reconocidos en la actualidad como espacios profundamente humanizados desde antiguo, constituyendo auténticos paisajes culturales que diferentes organismos internacionales recomiendan estudiar por su valor medioambiental y cultural (PAGES News 2001; IGBP-Update 2002; IHDP-Update 2008). Una prueba de ello es la declaración del valle del Madriu-Perafita-Claror como Patrimonio de la Humanidad en 2004 por su valor patrimonial e interés cultural.

Esta nueva conceptualización de los medios de montaña ha puesto de manifiesto el notable papel de las actividades humanas en su configuración paisajística a lo largo del tiempo. Entre ellas el pastoreo se considera tradicionalmente como la principal práctica desarrollada en espacios altimontanos y su importancia en los Pirineos ha sido, de hecho, ratificada desde el Neolítico hasta periodos recientes (Galop 1998; Rendu 2003; Ros 2004; Codina 2005 *a*; Miras *et al.* 2007; Palet *et al.* 2007; Mazier *et al.* 2009). Sin embargo, aún cuanto el pastoreo es y ha sido una práctica importante en los espacios altimontanos, la caracterización directa de estos medios como zonas exclusivamente pastorales en el pasado debe ser realizada con precaución. En este sentido, la riqueza arqueológica documentada en zonas de montaña demuestra la existencia de una gran complejidad y variedad de prácticas entre las que se incluyen obviamente el pastoreo, pero también la agricultura, minería, metalurgia, la explotación del bosque mediante la producción de carbón, extracción de resina, tala y actividades comerciales (Rendu 2003; Gassiot y Jiménez 2006; Jouffroy-Bapicot *et al.* 2006; Walsh y Richer 2006; Palet *et al.* 2007; Ejarque y Orengo 2009; Ejarque *et al.* 2009; Pèlachs *et al.* 2009*b*). De esta manera, tal y como recomienda el programa internacional *IGBP-PAGES Focus 5* sobre *Past Ecosystem Processes and Human-Environment Interactions* (Dearing *et al.* 2006), se ha enfatizado la absoluta necesidad de abordar el estudio de sistemas socioeconómicos complejos, como lo son los paisajes de montaña, desde una aproximación interdisciplinar que integre técnicas históricas, arqueológicas y de reconstrucción paleoambiental y que permita caracterizar adecuadamente la amplia variedad de usos del suelo y ocupación que se han dado y se dan en los mismos.

Con todo, en el estudio de los medios de montaña europeos abundan los planteamientos originados bien desde la arqueología o bien desde el paleoambiente siendo todavía escasos aquellos que se plantean desde un enfoque realmente integrado, camino indispensable para establecer la historia de la antropización. Con respecto a los trabajos de carácter paleoambiental cabe destacar especialmente aquellos que haciendo uso de la palinología han contribuido a caracterizar el origen y la evolución del impacto de las sociedades sobre el paisaje. Así, desde que Iversen (1941) identificara por primera vez fases de "impacto humano" sobre el paisaje a partir del estudio del polen fósil, y muy especialmente a partir de finales de la década de 1980s con la publicación de *"The Cultural Landscape: Past, Present and Future"* (Birks *et al.* 1988), la palinología se convirtió en la herramienta central en el estudio de la configuración de los paisajes culturales del pasado. Un precedente importante en el estudio diacrónico de los paisajes culturales fue el *YSTAD Project*, que integraba análisis palinológicos con datos histórico-arqueológicos en diferentes sectores del sur de Suecia durante los últimos 6000 años (Berglund 1991). Los trabajos palinológicos en sectores altimontanos europeos son abundantes y han permitido caracterizar las diferentes fases de antropización e impacto humano durante el holoceno. Así, destacan los trabajos realizados en los Alpes austriacos (Oeggl y Wahlmüller 1993; Oeggl 1994), donde también abundan estudios arqueobotánicos en yacimientos aqueológicos (Oeggl *et al.* 2007; Schmidl *et al.* 2007; Heiss y Oeggl 2009), los Alpes franceses (de Beaulieu *et al.* 1990; Ponel *et al.* 1992; Court-Picon 2007), suizos (Dapples *et al.* 2002; Wick *et al.* 2003; Finsinger y Tinner 2007) e italianos (Wick 1994; Moe y Hjelle 1999; Ortu *et al.* 2003; Moe *et al.* 2007), así como los macizos franceses de media montaña del Jura (Richard 1997; Gauthier 2001; Gauthier y Richard 2008), el Massif Central (Miras 2004; Stebich *et al.* 2005; Pulido 2006), y en otros sectores de montaña europeos como las *uplands* escandinavas (Moe *et al.* 1988; Karlsson *et al.* 2007; Karlsson *et al.* 2009), las *highlands* escocesas (Davis y Tipping 2004; Davis 2007) o el Sistema Central español (López Sáez *et al.* 2009 *a*, *b*; López-Merino *et al.* 2009).

En el ámbito pirenaico, los estudios palinológicos altimontanos están ampliamente desarrollados en la vertiente francesa de los Pirineos orientales. Así, en las décadas de los años 70 y 90, los trabajos de Jalut (1974), Reille (1990), Reille y Lowe (1993) y Andrieu (1991), permitieron establecer la evolución vegetal tardiglacial y holocena y los primeros signos de antropización en este sector pirenaico. Sin embargo es Galop, con su Tesis doctoral *La forêt, l'homme et le tropeau dans les Pyrenées* (1998) el primero en plantear como objetivo prioritario el estudio de la antropización de los paisajes pirenaicos a partir de la palinología. Este trabajo caracterizó los ritmos de antropización en los Pirineos orientales, con fases de intensificación y abandono de la presión humana, desde un planteamiento diacrónico y con destacada influencia de la geografía regional. De especial interés resultará contrastar nuestros datos con los estudios realizados por estos autores, muy especialmente con aquellos trabajos realizados en la Cerdanya francesa debido a su proximidad al VMPC y su carácter mediterráneo (Figura 2).

Ya en zonas de piedemonte del Pirineo central y occidental francés destacan los trabajos de Galop *et al.* (2002) y Rius *et al.* (2009), en los que la palinología se combina con el análisis de partículas carbonosas para caracterizar la influencia del uso del fuego en la gestión antrópica de la montaña. Otros estudios palinológicos altimontanos realizados en los Pirineos franceses orientales (Guiter *et al.* 2005) y centrales (Aubert 1993; Aubert *et al.* 2004) se han orientado hacia el estudio de la historia de la vegetación y la evolución climática durante el periodo Tardiglaciar y el Holoceno. Cabe destacar además los estudios paleoambientales que se están llevando a cabo recientemente en los Pirineos occidentales por su carácter multi-proxy. Así, los estudios de Monna *et al.* (2004) y Jouffroy-Bapicot *et al.* (2006) integran la palinología con análisis geoquímicos con el fin de caracterizar procesos paleometalúrgicos en un sector de baja montaña, cotejando los resultados obtenidos con la información histórico-arqueológica disponible en la zona. Igualmente destacable es el trabajo de Mazier *et al.* (2009) en un sector de media montaña de los Pirineos vascos franceses, donde el estudio combinado de polen y microfósiles no polínicos se calibra con los resultados obtenidos del estudio referencial de lluvia polínica actual.

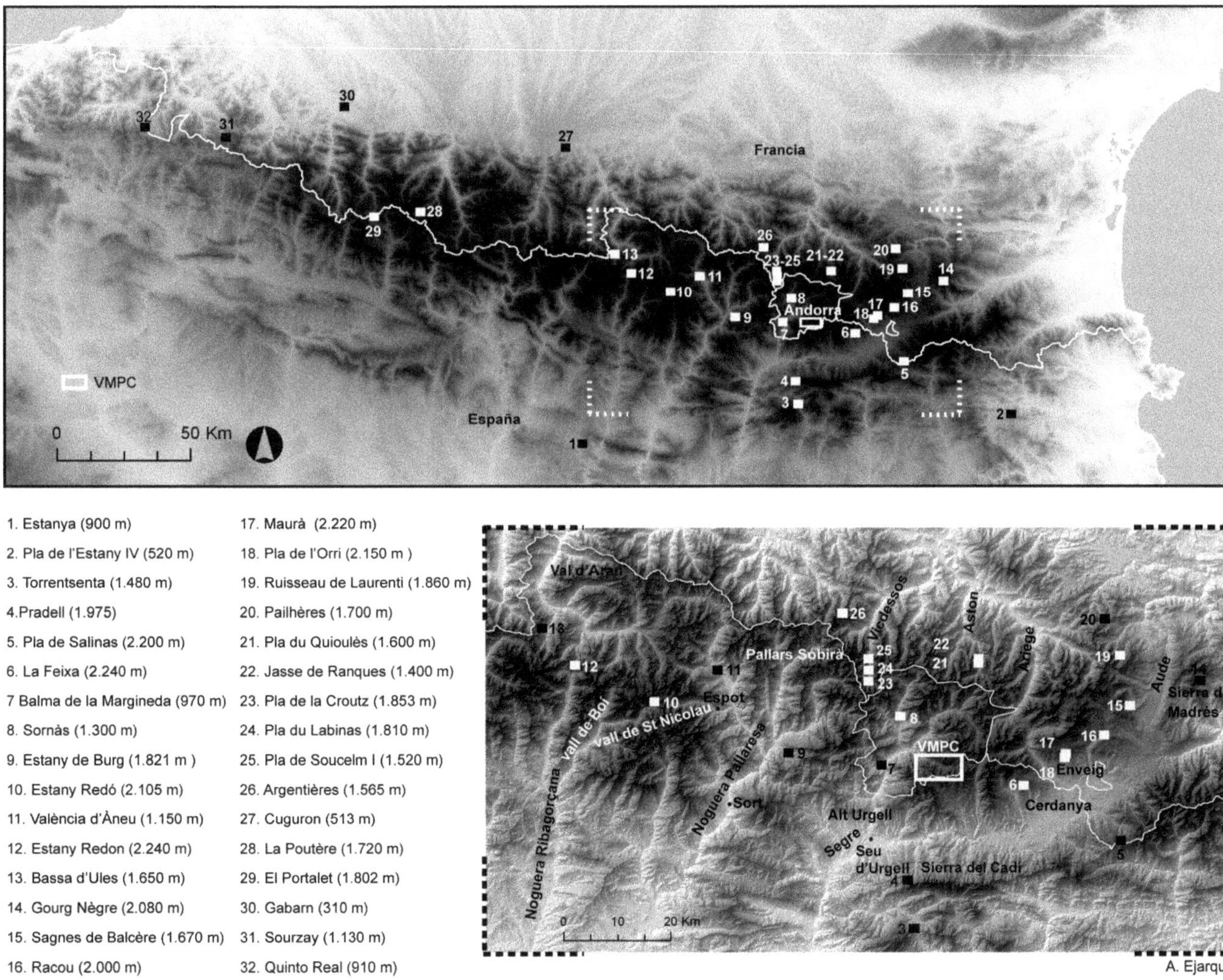

Figura 2. Localización de los registros paleoecológicos pirenaicos mencionados en el texto

En la vertiente meridional los trabajos son escasos, puntuales y principalmente orientados hacia la historia de la vegetación, de la biogeografía vegetal y del clima. Así, contamos con los trabajos de Esteban (1994) en el valle del Madriu, en la secuencia del Pla dels Orris de Setut, 2.285 m que, no obstante, carece de dataciones radiocarbónicas, en la Cerdanya (La Feixa, 2.240 m) y en el Alt Urgell, Lleida (Torrentsenta, 1.480 m) (Gómez y Esteban 1993; Esteban 1995). A cotas inferiores, entre Andorra la Vella y Sant Julià de Lòria, se localiza el estudio palinológico de Leroyer (1995) en el abrigo de ocupación prehistórica de la Balma de la Margineda (970 m), en la cuenca del río Valira. Por su parte, los trabajos de Montserrat (1992), González-Sampériz (2004) y González-Sampériz *et al.* (2006) se han centrado en la evolución vegetal y climática del Pirineo central aragonés durante el periodo glacial y postglacial y el Holoceno superior. En los Pirineos centrales catalanes, y orientado hacia la caracterización climática durante el periodo postglacial y el Holoceno, se encuentra el trabajo de Pla y Catalan (2005) en el Estany Redon (2.240 m, Val d'Aran, Lleida) y de Catalan *et al.* (2001) en el Entany Redó (2.105 m, Parque Nacional d'Aigüestortes i Estany de Sant Maurici, Lleida). También en los Pirineos centrales, se han realizado en los últimos años estudios polínicos puntuales entre los que cabe destacar los realizados en el Estany de Burg (1.821 m, Lleida) (Pèlachs 2004; Pèlachs *et al.* 2007) y la turbera de València d'Àneu (1.150 m, Lleida) (Pèlachs *et al.* 2009 *a*), próximos a nuestra zona de estudio en Andorra (Figura 2), mientras que en sectores de menor altitud del Prepirineo oriental se documentan los trabajos de Riera *et al.* (2004) en los lagos de Estanya (Lleida, 670 m), de Burjachs (1994) en Pla de l'Estany (Girona, 520 m) y de Pérez-Obiol (1988) en diversos sectores de la región volcánica de Olot (Girona, 430-520 m).

Los estudios hasta ahora realizados en sectores pirenaicos han demostrado que la gestión humana de los sectores de montaña no fue homogénea ni lineal, sino que se caracterizó por una destacada variabilidad regional en términos de prácticas humanas y modos de ocupación durante el Holoceno (Galop y Jalut 1994; Galop 2005; Miras *et al.* 2007; Ejarque *et al.* 2009; Palet *et al.* 2010). Sin embargo, el estudio integrado arqueológico y paleoambiental de la gestión antrópica de sectores altimontanos pirenaicos a escala microregional ha sido realizada de manera muy puntual (Galop 1998; Rendu 2003; Mazier *et al.* 2009; Ejarque *et al.* 2010) y es actualmente un ámbito de estudio poco explorado. En términos generales y con alguna excepción (Galop 1998; Galop *et al.* 2002; Riera *et al.* 2004; Galop 2005; Mazier *et al.* 2009), los estudios polínicos realizados en los Pirineos se han llevado a cabo desde una perspectiva paleoambiental con el objetivo principal de reconstruir la historia de la vegetación pirenaica y su relación con los cambios paleoclimáticos. La antropización es tratada aquí de manera secundaria y se aborda en tanto que agente modificador del paisaje vegetal. Es el caso, por ejemplo, del reciente trabajo de Pèlachs *et al.* (2009 *a*) en el que el impacto humano sobre el paisaje altimontano pirenaico se plantea fundamentalmente en tanto que factor explicativo de las dinámicas de expansión o retracción de *Fagus* y *Abies*, que constituyen el objeto de estudio central. Ello conlleva que, con frecuencia, ni los marcos cronológicos ni la resolución temporal y espacial con que se han llevado a cabo estos estudios sean adecuados para abordar con profundidad el análisis de las relaciones hombre-medio, que requieren de estudios paleoambientales a alta resolución temporoespacial (Simmons e Innes 1996 *a, b, c*; Dumayne-Peaty 2001; Riera 2005; Davies 2007). En este sentido, el desarrollo de estudios integrados interdisciplinares es fundamental a la hora de diseñar estrategias de análisis conjuntas y adaptadas a la escala de actuación de las sociedades humanas.

Sin embargo todavía hoy son escasos los programas integrados desde la Arqueología del Paisaje y el paleoambiente en el estudio de los paisajes de montaña. En zonas altimontanas destacan los proyectos interdisciplinares desarrollados desde el ámbito francés en los Alpes franceses. Así, en el año 2000 se inició el programa *La forêt et le troupeau dans les Alpes du Sud du Tardiglaciaire à l'èpoque actuelle*, que coordinado por J.L de Beulieau (CNRS, Marseille Saint-Jerôme) y P. Leveau (Centre Camille Jullian, Universidad de Aix-en-Provence) y dirigido en sus diferentes sectores por J. M. Palet (ICAC), K. Walsh (University of York) y F. Mocci (CNRS/Aix-en-Provence) ha combinado múltiples estudios integrados arqueológicos (Palet 2005; Mocci *et al.* 2005; Walsh 2005; Walsh y Richer 2006; Segard 2009) palinológicos multi-proxy (Court-Picon 2007) y antracológicos (Talon *et al.* 1998) desde un planteamiento diacrónico. Más recientemente se desarrolló el programa "Interreg. III *Alpis Graia: Archéologie sans frontière*" (Appolonia *et al.* 2006), que centrado en el estudio del col du Petit-Saint-Bernard (Alpes franceses) integra análisis paleoambientales (Miras *et al.* 2006; Rey y Moulin 2006; Talon 2006, etc.) y arqueológicos (Leveau y Segard 2006; Pinet y Sivan 2006, etc.). En los Pirineos los estudios integrados se encuentran todavía en un esta-do incipiente. El primer estudio que integró de manera conjunta información histórico-arqueológica y paleoambiental (palinología, antracología y carpología) a la hora de analizar la evolución paisajística de un medio pirenaico altimontano se dio en el sector de Enveig (Cerdanya francesa) de la mano de Rendu *et al.* (1995) y Davasse *et al.* (1997). Este equipo de la Universidad de Toulouse ha continuado su labor en los Pirineos vascos franceses, dando lugar a un reciente estudio interdisciplinar en que los datos paleoambientales se cotejan con información arqueológica con el fin de estudiar la historia de la ganadería durante los últimos 2000 años (Mazier *et al.* 2009). En la vertiente meridional de los Pirineos el equipo de investigación coordinado por J.M. Palet (ICAC) y S. Riera (SERP-UB) es pionero en este sentido al desarrollar por primera vez un programa integrado interdisciplinar desde la Arqueología del Paisaje y el paleoambiente para el estudio de sectores altimontanos pirenaicos, en el cual se inscribe este trabajo de investigación y que ha dado pie a numerosas publicaciones interdisciplinares (Miras *et al.* 2007; Orengo 2007; Palet *et al.* 2007; Ejarque *et al.* 2008; Euba 2008; Euba 2009; Riera *et al.* 2009; Ejarque 2009; Ejarque *et al.* 2010; Miras *et al.* 2010; Ejarque, Miras y Riera, 2011; Palet *et al.* 2010). Junto al amplio trabajo desarrollado en el valle del Madriu-Perafita-Claror, cabe destacar el estudio paleoambiental y arqueológico llevado a cabo en la Sierra del Cadí (Lleida). Junto a trabajos de prospección y excavación arqueológica y de vaciado documental, se ha realizado un estudio paleoambiental multi-proxy en la turbera de Pradell (1.980 m), que incluyendo el estudio de diversos descriptores biológicos (polen, microfósiles no polínicos y partículas carbonosas), sedimentológicos y geoquímicos ha permitido caracterizar a una alta resolución temporal tanto la evolución paisajística como una multiplicidad de prácticas humanas altimontanas que incluyen durante los últimos 1500 años minería, pastoreo, agricultura y explotación del bosque (Ejarque *et al.* 2009). Finalmente, y de manera más reciente, trabajos de carácter paleoambiental (Pèlachs 2004; Pèlachs *et al.* 2009 a, *b*) y arqueológicos (Gassiot y Jiménez 2006; Jiménez y Gassiot 2006; Gassiot *et al.* 2010) llevados a cabo por equipos de investigación de la Universidad Autónoma de Barcelona en sectores altimontanos del Pallars Sobirà (Lleida) se han conjuntado para analizar de manera interdisciplinar y diacrónica la antropización de estos medios desde una perspectiva arqueológica orientada desde el materialismo histórico y la historia ecológica.

En base a la información aquí expuesta queda patente la necesidad de impulsar trabajos interdisciplinares que, a partir de un planteamiento integrado desde el paleoambiente y la Arqueología del Paisaje, permitan analizar y comprehender de manera adecuada el estudio de la configuración paisajística y de los complejos sistemas socioculturales que constituyen los paisajes altimontanos europeos. Es éste un propósito que viene siendo recomen-dado recientemente por diversos organismos internacionales de reconocido prestigio (PAGES News 2001; IGBP-Update 2002; IHDP-Update 2008) y foros de investigación sobre la montaña europea. Es el caso del I y II *Internacional Workshop on landscape archaeology of European mountain spaces,* que celebrados respectiva-mente en Tarragona (2008) y Toulouse (2009), Francia, son fruto de una iniciativa impulsada por el equipo de investigación en el que se integra este trabajo.

1.3. OBJETIVOS

El objetivo central de este trabajo es contribuir desde la paleoecología a caracterizar el proceso de configuración microregional de los paisajes culturales pirenaicos altimontanos a lo largo del Holoceno, tomando como escenario de estudio los sectores altimontanos del valle del Madriu-Perafita-Claror (Andorra). De este objetivo central se deriva otro fundamental, esto es, determinar los factores de carácter sociocultural y/o climático-ambiental que han contribuido a la culturización de estos espacios y a su modelado paisajístico a una escala microregional. Estos objetivos generales implican otros más concretos:

- Caracterizar los cambios paisajísticos
- Caracterizar la diversidad de prácticas y usos del suelo altimontanos (ganadería, carboneo, explotación de resina y madera, minería, uso del fuego, etc.) que se producen en la alta montaña, así como determinar el impacto paisajístico y su papel en la configuración paisajística del valle a nivel microregional.
- Integrar los cambios paleoambientales con los cambios observados en los registros arqueológicos e históricos para establecer una visión global de la culturización de los paisajes altimontanos y contribuir de esta manera a la revalorización de la alta montaña en su vertiente paisajística y patrimonial.
- Contribuir a determinar el grado de fragmentación de los usos del suelo en los espacios altimontanos.
- Alcanzar una escala temporal y espacial en el trabajo paleoecológico que permita la intercalibración e integración de series paleoecológicas, arqueológicas e históricas.
- Incrementar la fiabilidad en la interpretación de los datos polínicos fósiles del VMPC a partir del estudio referencial de lluvia polínica actual a lo largo de un transepto altitudinal y definir indicadores polínicos y de NPP asociados a prácticas ganaderas y a las diferentes formaciones vegetales en el valle.
- Establecer las respuestas de las sociedades humanas a los medios altimontanos a lo largo del tiempo y caracterizar la influencia de los factores climáticos en la gestión humana de los medios altimontanos pirenaicos a lo largo del Holoceno
- Valorar la sensibilidad de los registros paleoecológicos altimontanos y de los diferentes indicadores paleoecológicos estudiados a la hora de detectar cambios paisajísticos y usos del suelo desarrollados a escala microregional (a nivel de valle y entre valles adyacentes).

1.4. PLANTEAMIENTOS METODOLÓGICOS DEL ESTUDIO PALEOAMBIENTAL

Alta resolución temporal

Este estudio se imbrica en un programa integrado desde el paleoambiente y la Arqueología del Paisaje y pretende alcanzar los objetivos anteriormente expuestos desde un planteamiento interdisciplinar que integre información paleoambiental con datos histórico-arqueológicos. Para lograr de manera adecuada esta integración ha sido necesario diseñar una estrategia metodológica paleoambiental a alta resolución temporal. En este sentido, tanto la información arqueológica como la documental hacen referencia a momentos de ocupación y prácticas humanas que se enmarcan en lapsos cronológicos concretos y precisos que en ocasiones pueden ser de muy corta duración. Asociar los cambios paleopaisajísticos evidenciados en los diagramas palinológicos con las prácticas humanas que nos reflejan las estructuras arqueológicas y la documentación escrita requiere, por lo tanto, de un marco cronológico fiable, construido a partir de numerosas dataciones radiocarbónicas. El control cronológico es, así pues, un planteamiento prioritario en este estudio, y se ha realizado un gran esfuerzo por construir modelos cronológicos fiables basados en múltiples dataciones absolutas y otros métodos alternativos.

Por otro lado, en las últimas décadas se ha subrayado la necesidad de llevar a cabo los análisis palinológicos siguiendo una alta resolución temporal para la correcta caracterización de las modificaciones paisajísticas a lo largo del tiempo (van der Knaap *et al.* 2000), especialmente aquellas de carácter antrópico (Dumayne-Peaty 2001; Galop *et al.* 2003; Bos *et al.* 2005; Court-Picon 2007). Así, en las *uplands* británicas, la realización de los denominados *Fine Pollen Resolution Analysis* (FPRA) han permitido caracterizar prácticas de sociedades cazarecolectoras mesolíticas de baja intensidad temporal. Mediante estos análisis, que conllevan el muestreo contiguo de muestras que comprenden periodos <10 años de lluvia polínica, se han podido detectar episodios de apertura del medio forestal con fines agropastorales (Simmons e Innes 1996 *a, b, c*) de duración subcentenal. De manera similar, el estudio continuo de sedimentos lacustres con una sedimentación laminada anual en el sur-este de Inglaterra permitió precisar la influencia de la agricultura neolítica en el denominado "*elm decline*" a través de deforestaciones continuadas con fines agrícolas de duración subcentenal (Peglar 1993; Peglar y Birks 1993). Este tipo de acciones antrópicas realizadas a escalas temporales tan reducidas hubieran pasado desapercibidas por estudios palinológicos realizados a baja resolución temporal. Sin embargo, el gran coste temporal que suponen los FPRA circunscribe su aplicación a periodos concretos y dificulta su aplicación sistemática a los estudios paleoambientales de secuencias fósiles que suelen cubrir extensos lapsos temporales. Recientemente, otros estudios han destacado la utilidad de llevar a cabo estudios paleoambientales siguiendo una alta resolución temporal a la hora de analizar periodos históricos, que presentan una especial complejidad en las relaciones hombre-medio debido a la gran diversidad de prácticas y a la intensidad del impacto antrópico (Coombes *et al.* 2009; Ejarque *et al.* 2009).

Sin embargo, la mayor parte de los estudios palinológicos en los Pirineos orientales meridionales (Gómez y Esteban

1993; Pla y Catalan 2005; Catalan *et al.* 2001; Pèlachs 2004) se caracterizan por una baja resolución temporal que, si bien permite reconstruir los cambios paleovegetales en una escala temporal holocena, resultan insuficientes cuando se pretende caracterizar con precisión las modificaciones antrópicas del paisaje y contrastarlas con datos histórico-arqueológicos. Aunque debido a su carácter diacrónico este estudio no puede asumir la realización sistemática de FPRA en las secuencias estudiadas, sí se ha mantenido una alta resolución temporal en las mismas. Así, los intervalos temporales entre las muestras analizadas suelen comprender entre 50 y 70 años y tan sólo puntualmente superan los 100 años. Además, en periodos concretos de especial interés antrópico se ha realizado el análisis continuo de muestras cada centímetro, llegando a obtener resoluciones inferiores a 20 años por muestra.

Alta resolución espacial: estudio microregional

Este estudio se basa en la premisa de Dearing *et al.* (2006, 2) de que el estudio de medios humanizados requiere de un cambio de perspectiva "*from the global towards the regional and local*" si se pretende llevar a cabo un análisis adecuado de las interacciones humanas y su entorno. Así, la actuación humana sobre el paisaje se formula en un primer momento a una escala local para en un segundo momento pasar a estadios regionales e incluso globales. Con el fin de caracterizar las interacciones hombre-medio de una manera precisa, este estudio paleoambiental se ha realizado siguiendo un planteamiento microregional a alta resolución espacial. Sólo un planteamiento de este tipo permitirá, además, una óptima confrontación de la información paleoambiental con los datos histórico-arqueológicos en la zona de estudio, que se formulan esencialmente locales. Este planteamiento se ha considerado, finalmente, como el más adecuado para el estudio de un territorio como el VMPC, que se caracteriza por una destacada variabilidad paisajística en términos de estructura vegetal y topografía actual, así como de una elevada variabilidad espacial y temporal de usos humanos (Palet *et al.* 2007; Ejarque *et al.* 2008; Riera *et al.* 2009).

Una estrategia de estudio ampliamente desarrollada en el Reino Unido a la hora caracterizar la variabilidad de usos humanos y modificaciones paisajísticas a diversas escalas espaciales son los denominados *multi-profile studies*, que combinan el análisis paleoecológico de múltiples registros sedimentarios en diferentes sectores de una misma zona geográfica (Dumayne-Peaty 2001). Según la distancia existente entre los registros, la comparación de los mismos permite caracterizar diferencias en la gestión del medio y en las dinámicas paisajísticas de carácter local -<100 m- (Whittington *et al.* 1991), microregional -entre 250 y 400 m- (Edwards 1983); o regional ->1km- (Dumayne-Peaty 1998; Dumayne-Peaty y Barber 1998). Recientes estudios multi-secuencia desarrollados en las *highlands* escocesas han demostrado la utilidad de los mismos en zonas de montaña, subrayando que las reconstrucciones paisajísticas regionales realizadas en base a una única secuencia no reflejan adecuadamente las diferentes dinámicas de usos de suelo y perturbaciones del medio desarrolladas en zonas montañosas (Davies y Tipping 2004; Davies 2007).

De esta manera, en el valle del Madriu (Figura 1) se ha llevado a cabo un estudio multi-secuencia de carácter microregional que combina el análisis de registros sedimentarios situados en unidades paisajísticas diferenciadas que se emplazan siguiendo un transepto altitudinal y que presentan una distancia entre las mismas inferior a 100 m. Este estudio se completa con el análisis paleoecológico realizado por Miras *et al.* (2007) en el propio valle, en la turbera de Bosc dels Estanyons (2.180 m). La comparación de los resultados paleoecológicos de estas secuencias y la confrontación con los datos arqueohistóricos permitirá abordar posibles variabilidades "intra-valle" en los usos del suelo de este sector altimontano a lo largo del Holoceno. Asimismo, los resultados obtenidos en el valle del Madriu podrán ser comparados con los resultados paleoecológicos disponibles en el adyacente valle de Perafita-Claror (Miras *et al.* 2010), situados a *c.* 5 km de distancia, para caracterizar posibles variabilidades de carácter "inter-valle".

Estudio multi-proxy

Sin embargo, el análisis de la variabilidad microregional en la gestión antrópica de medios de montaña a partir del estudio polínico de registros altimontanos conlleva una destacada limitación. El predominio de taxones entomófilos de baja dispersión polínica en los sectores altimontanos y la fuerte exposición de estos medios a las corrientes de aire ascendentes dan lugar a una sobre representación de taxones polínicos extra-locales y regionales en el espectro polínico que dificulta la reconstrucción de la vegetación alpina local (Oeggl 1994; Pardoe 2001; Court-Picon *et al.* 2005). Es por ello que este estudio paleoambiental se plantea desde una perspectiva multi-proxy, combinando el estudio del polen fósil con otros indicadores biológicos presentes en los registros sedimentarios altimontanos, como es el caso de estomas (MacDonald 2001), microfósiles no polínicos (van Geel y Aptroot 2006) y partículas carbonosas (Carcaillet *et al.* 2001; Whitlock y Larsen 2001). Estos indicadores no sólo proporcionan una información de carácter local, sino que ofrecen una información complementaria a la hora de caracterizar la naturaleza de las modificaciones del paisaje vegetal y asociarlas a determinadas prácticas antrópicas. A pesar de que en la última década diferentes estudios en medios de montaña han demostrado la utilidad de combinar los análisis polínicos con el estudio de este tipo de indicadores (Galop *et al.* 2003; Pèlachs 2004; Court-Picon 2007; Finsinger y Tinner 2007; Miras *et al.* 2007; Ejarque *et al.* 2009; Mazier *et al.* 2009; López-Merino *et al.* 2009; Rius *et al.* 2009) la realización de estudios palinológicos multi-proxy dista mucho de ser todavía sistemática. Finalmente, la confrontación de esta información con los datos histórico-arqueológicos y antracológicos obtenidos en la zona de estudio (Palet *et al.* 2007; Orengo

2007; Euba 2008, 2009) será crucial a la hora de calibrar los datos paleoambientales a una escala local.

Polen

El estudio del polen fósil depositado de manera continúa en turberas y lagos constituye el eje principal de este trabajo. Ello es así en tanto que permite reconstruir de manera diacrónica los cambios vegetales que han experimentado los paisajes altimontanos en el pasado, tal y como se ha demostrado ampliamente en diferentes sectores de montaña europeos (Jalut 1974; Oeggl 1994; Galop 1998; Riera *et al.* 2004; Guiter *et al.* 2005; Court-Picon 2007; Miras 2004; Ejarque *et al.* 2009; Mazier *et al.* 2009). La conservación de los esporomorfos en medios anaeróbicos permite su recuperación y posterior estudio, mientras que la existencia de diferencias morfológicas entre estas partículas posibilita su identificación y clasificación taxonómica. Por otra parte, al ser emitido en grandes cantidades, el polen proporciona una información estadísticamente significativa en términos de reconstrucción paleoambiental (Faegri e Iversen 1989; Moore *et al.* 1991; Bennet y Willis 2001). Es éste un aspecto difícilmente alcanzable en los estudios arqueológicos, que generalmente, y más en medios de alta montaña, descansan sobre un registro material fragmentario y escaso numéricamente. Finalmente, el estudio polínico de secuencias naturales de sedimentación continua (lagos, turberas), permite abordar el impacto antrópico y natural a lo largo de un *continuum* temporal y determinar la diferente intensidad y naturaleza de las prácticas humanas en diferentes periodos.

Estomas

Los estomas son células epidérmicas que a modo de pequeños poros situados en la superficie de hojas, tallos y flores regulan el intercambio gaseoso y la transpiración de las plantas. Los estomas de coníferas experimentan un proceso de lignificación que los hace especialmente resistentes a los procesos de descomposición, mientras que su tamaño generalmente inferior a 80 μm permite su recuperación como microfósiles mediante la analítica fisicoquímica seguida para la concentración de polen fósil (Hansen 1995). Al ser principalmente incorporados al sedimento como parte de las hojas de los árboles, la dispersión espacial de los estomas de conífera es mucho más limitada que los granos de polen y similar a la experimentada por los macrofósiles, permitiendo, por tanto, precisar la presencia local de formaciones boscosas (MacDonald 2001; Sweeney 2004). Ello reviste especial interés en estudios altimontanos como el aquí presentado, donde la presencia local del pinar subalpino es difícilmente detectable a partir únicamente del polen que, producido en enormes cantidades y dispersado a grandes distancias, se encuentra marcadamente sobrerepresentado en estos medios (Brugiapaglia *et al.* 1998; Court-Picon *et al.* 2005). Diferentes estudios palinológicos realizados en medios de montaña han demostrado la utilidad del análisis de estomas a la hora de caracterizar las oscilaciones locales del límite superior del bosque durante el Holoceno (Ammann y Wick 1993; Wick 1994; David 1997; Pisaric *et al.* 2001; Court-Picon 2007; Finsinger y Tinner 2007; Rudaya *et al.* 2009), aunque su aplicación es todavía muy puntual en medios pirenaicos (Aubert *et al.* 2004; Miras *et al.* 2007; Ejarque *et al.* 2009).

Microfósiles no polínicos (NPPs)

El procedimiento analítico llevado a cabo para concentrar polen fósil permite asimismo la recuperación de otros microfósiles de muy diversa naturaleza que son comúnmente denominados "microfósiles no-polínicos" o "extrafósiles" (van Geel 2001). La cuantificación e identificación de esporas y restos de algas (Komárec y Jankovská 2001; Miola *et al.* 2006; Carrión y Navarro 2002; López Sáez *et al.* 2005), protozoos (Patterson y Kumar 2000; Wilmshurst *et al.* 2003) u oocitos producidos por organismos acuáticos (Jankovská 1990; Haas 1996) ofrece información valiosa a la hora de reestablecer las condiciones paleohidrológicas y cambios eutróficos de lagos y turberas a nivel local. Asimismo, en los últimos años se ha demostrado la utilidad de las esporas de hongo fósiles a la hora de relacionar los cambios paisajísticos con determinados usos del suelo a nivel local. En este sentido cabe especialmente destacar el valor de las esporas de hongo coprófilas a la hora de establecer la presencia local de animales herbívoros en las inmediaciones de los registros estudiados (van Geel *et al.* 2003; Blackford e Innes 2006; Davis y Shafer 2006) y poder precisar el carácter local de prácticas ganaderas De la misma manera, otras esporas se encuentran relacionadas con incendios (Innes y Blackford 2004; Blackford *et al.* 2006) y procesos erosivos que pueden estar vinculados con actividades antrópicas (Argant *et al.* 2006; Marinova y Atanassova 2006; López Sáez *et al.* 2009 *a*). Los estudios de NPPs son todavía escasos, al igual que la información que se dispone sobre los requerimientos ecológicos y los procesos deposicionales que conforman el registro fósil de las esporas de hongo (van Geel y Aptroot 2006). No obstante, recientes estudios en medios de montaña (Davis y Shafer 2006; Riera *et al.* 2006*b*; Court-Picon 2007; Ejarque *et al.* 2009; López-Merino *et al.* 2009; Mazier *et al.* 2009; Cugny *et al.* 2010; Kramer *et al.* 2010; Feeser y O'Connell 2010; Miras *et al.* 2010) no hacen sino ratificar el valor de estos microfósiles a la hora de precisar la naturaleza y el carácter local de los cambios paleoambientales observados en registros polínicos de alta y media montaña.

Partículas carbonosas: micro y macrocarbones

El uso del fuego es uno de los mecanismos más importantes en la transformación antrópica de los medios forestales. El fuego se encuentra íntimamente ligado a diferentes prácticas agropastorales (tala y quema, extensión de pastos, claros pastoreados, dehesas), actividades metalúrgicas y de aprovechamiento del bosque (carboneo), que son de gran importancia en la gestión de usos del suelo pirenaicos desde época antigua (Métalie 1981; Dubois 1992; Vannière *et al.* 2001, Galop *et al.* 2002; Euba 2009; Ejarque *et al.* 2009; Pèlachs *et al.* 2009*b*; Rius *et* *al.* 2009). A este respecto, el estudio de las partículas carbonosas generadas durante los procesos de combustión y depositadas estratigráficamente en las cuencas sedimentarias constituye un excelente mecanismo para establecer la evolución diacrónica de los mismos (Riera 1994; Pitkänen *et al.* 1999; Carcaillet *et al.* 2001; Whitlock y Larsen 2001; Carcaillet *et al.* 2002; Tinner *et al.* 2005; Finsinger y Tinner 2007; Vannière *et al.* 2008; López-Merino *et al.* 2009). Resistentes a los protocolos analíticos palinológicos, la cuantificación de partículas carbonosas ha sido una práctica habitual en los estudios paleoambientales desde que Iversen (1941) reconociera su utilidad como indicador de procesos de combustión en registros fósiles. El estudio de estas partículas ha sido, no obstante, muy escasamente aplicado en ámbitos pirenaicos (Vannière *et al.* 2001; Galop *et al.* 2002; Pèlachs 2004; Miras *et al.* 2007; Ejarque *et al.* 2009; Rius *et al.* 2009; Ejarque *et al.* 2010). Así pues, uno de los aspectos que consideramos de máximo interés en nuestro estudio es determinar las fases de mayor frecuencia de incendios y de procesos de combustión acaecidos en el área de estudio. Es importante, además, subrayar la destacada complejidad metodológica e interpretativa del estudio de partículas carbonosas, que hoy en día constituye una disciplina de estudio por sí misma. En este sentido, el análisis de macro y microcarbones no pretende ser exhaustivo ni central en este trabajo, sino que se ha realizado como un indicador más que proporciona información adicional al estudio polínico.

Las partículas carbonosas pueden dividirse según su tamaño en microcarbones si son ≤150 μm y macrocarbones si son ≥150 μm (Carcaillet *et al.* 2002). La interpretación de la señal de partículas carbonosas se realiza en base a los procesos de producción, dispersión y deposición de éstas en los registros sedimentarios durante y después de los procesos de combustión. Uno de los aspectos cruciales para nuestro estudio es la relación existente entre el tamaño de estas partículas y su patrón de dispersión local, extra local o regional. A este respecto, Clark (1988 *a*) modelizó el transporte y la deposición de partículas carbonosas en cuencas lacustres en base al diferente comportamiento aerodinámico de las partículas de distinto tamaño:

- Partículas de 5-10 μm de diámetro: están sujetas a una dispersión de carácter regional, subcontinental y global, incluso cuando las partículas son suspendidas a escasos metros de altitud.
- Partículas en torno a 20 μm: tienen una dispersión entre 15 y 20 km en corrientes convectivas típicas (1-5 km de altitud) de fuegos de considerable tamaño.
- Partículas entorno a 200 μm: pueden ser suspendidas pero su dispersión es extremadamente reducida. Se estima que en corrientes convectivas de 1.000 m se produciría una dispersión inferior a 10 km.

En suma, según este modelo, el conjunto de microcarbones presentes en las láminas de polen (≤150 μm) tendría un marcado carácter regional (8-30 km) en fuegos de elevada intensidad. No obstante, en el caso de producirse fuegos de menor intensidad con corrientes convectivas de menor altitud (10-100 m), la dispersión de microcarbones cubriría distancias más reducidas, con distancias máximas en torno a 1.000 m en el caso de partículas ≥20 μm. En todo caso, las partículas carbonosas ≥150 μm, esto es macrocarbones, serían indicativas de procesos de combustión de carácter local (Carcaillet *et al.* 2001; Whitlock y Larsen 2001), lo que sin duda resultará de gran utilidad a la hora de establecer incendios localizados que puedan haber afectado al VMPC a escala microregional.

2. El MEDIO FÍSICO

2.1. INTRODUCCIÓN GEOGRÁFICA: ANDORRA Y EL VALLE DEL MADRIU-PERAFITA-CLAROR

El Principado de Andorra es un país de reducidas dimensiones (468 km^2) situado en la zona axial de la sierra pirenaica, en su vertiente meridional. Emplazado entre el territorio estatal francés y el español, limita al norte con la región del Ariège, al oeste con la comarca del Pallars Sobirà, al sur con la del Alt Urgell y al este con la Cerdanya. País extremadamente montañoso y abrupto, su vía de acceso natural sigue el eje norte-sur dibujado por las dos cuencas fluviales principales, el Valira del Norte y el Valira de Oriente, que se unen en Escaldes para formar el río Valira, afluyente del río Segre (Figura 3).

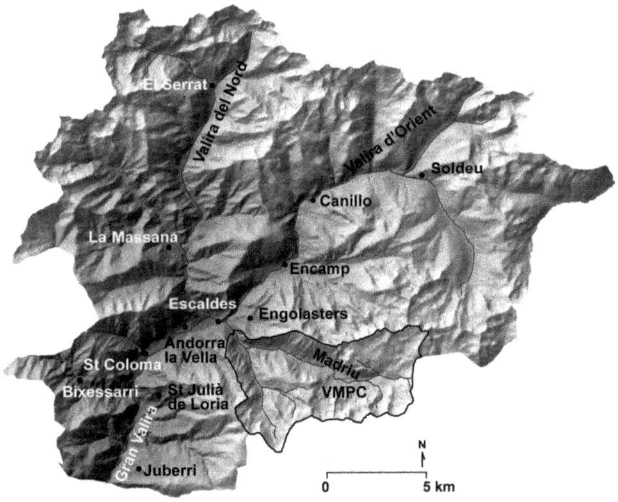

Figura 3. Modelo digital del terreno del Principado de Andorra mostrando su topografía, las principales poblaciones y la situación del valle del Madriu-Perafita-Claror. Elaboración propia a partir del *Model Digital d'Eleva-cions* (5m) proporcionado por el *Sistema d'Informació Geogràfica Mediambiental d'Andorra*

Las comunicaciones son más fáciles en esta zona meridional, donde se forma una cuenca de drenaje relativamente amplia y abierta al área mediterránea. Es aquí donde se sitúa la cota más baja de Andorra (860 m s.n.m.). El resto del país está formado por sierras y macizos de pendiente acusada, puertos de montaña y estrechos valles abiertos por el río Valira y sus afluentes.

La altitud media del país es de 2.000 m s.n.m. y su punto más alto, el pico de Comapedrosa (2.942 m s.n.m.). Como podemos ver, la altitud es un elemento clave en la configuración topográfica del país. Los núcleos de hábitat se encuentran situados preferentemente a lo largo de las cuencas fluviales principales, de naturaleza angosta a excepción de la cuenca meridional del Valira. Precisamente en el punto de confluencia del Valira del norte y el Valira de Oriente encontramos la única superficie relativamente amplia y llana del país, que es donde se ubica su capital Andorra la Vella.

El valle del Madriu-Perafita-Claror (VMPC) se encuentra situado al sudeste del Principado, dentro de las parroquias de Escaldes-Engordany y Encamp. Ocupando una superficie de 4,247 ha, el valle principal está dibujado por la cuenca del río Madriu, afluente del Valira de Oriente. Al suroeste del Madriu sus afluentes Perafita y Claror configuran los otros dos valles del territorio (Figura 4). La única red viaria existente en el valle son GGRR (Grandes recorridos) y senderos secundarios de tierra.

Una de las características principales del valle es su fuerte desnivel, que oscila entre los 1.050 m, en la proximidad de Escaldes y los 2.905 m s.n.m. (pico de la Portelleta) en una longitud máxima de *c.* 10 km. Al noreste, el valle queda delimitado por la línea de carena de Gargantillar (2.756 m s.n.m.). En el sector norte del valle, de exposición meridional, se encuentra el área de mayor acumulación hídrica del valle al concentrarse numerosos lagos de cabecera unidos entre ellos por abundantes riachuelos. El lago de mayores dimensiones es el Estany de l'Illa (13.1 ha), seguido por el Estany Forcat (3,6 ha), el Estany de la Bova y el Estany Blau, ambos con una superficie de 2.1 ha. Esta abundancia de cuerpos de agua unida a un desnivel topográfico relativamente suave, que permite la extensión de los pastos supraforestales, y a unas condiciones microclimáticas favorables (más horas de insolación) la convierte en una zona especialmente apta para el desarrollo de actividades pecuarias. Ya en el fondo de valle, existen pequeños rellanos junto al río Madriu, como el de Orris de Setut (2.300 m s.n.m.), Pla de l'Ingla (2.200 m s.n.m.) o Planells de l'Estall Serrer (2.050 m s.n.m.) que fueron intensamente frecuentados y ocupados por el ser humano, tal y como indican las abundantes estructuras pastorales y de carboneo allí documentadas (Palet *et al.* 2007). La vertiente septentrional del valle se caracteriza por ser marcadamente abrupta y por la gran abundancia de tarteras y roquedales que constriñen los bosques subalpinos. El valle del Madriu se encuentra separado del valle de Perafita-Claror por una importante línea de elevaciones entre las que destaca el pico de la Maiana. La comunicación es difícil entre ambos valles y se realiza por la collada de la Maiana (2.400 m s.n.m.). El valle de Perafita es, al igual que el del Madriu, marcadamente angosto en las zonas de menor elevación. A medida que alcanza altitud el valle va abriéndose, formando una zona de suave topografía, relativamente llana y con abundantes recursos hídricos (Estanys de Perafita) donde se extienden las formaciones herbáceas alpinas.

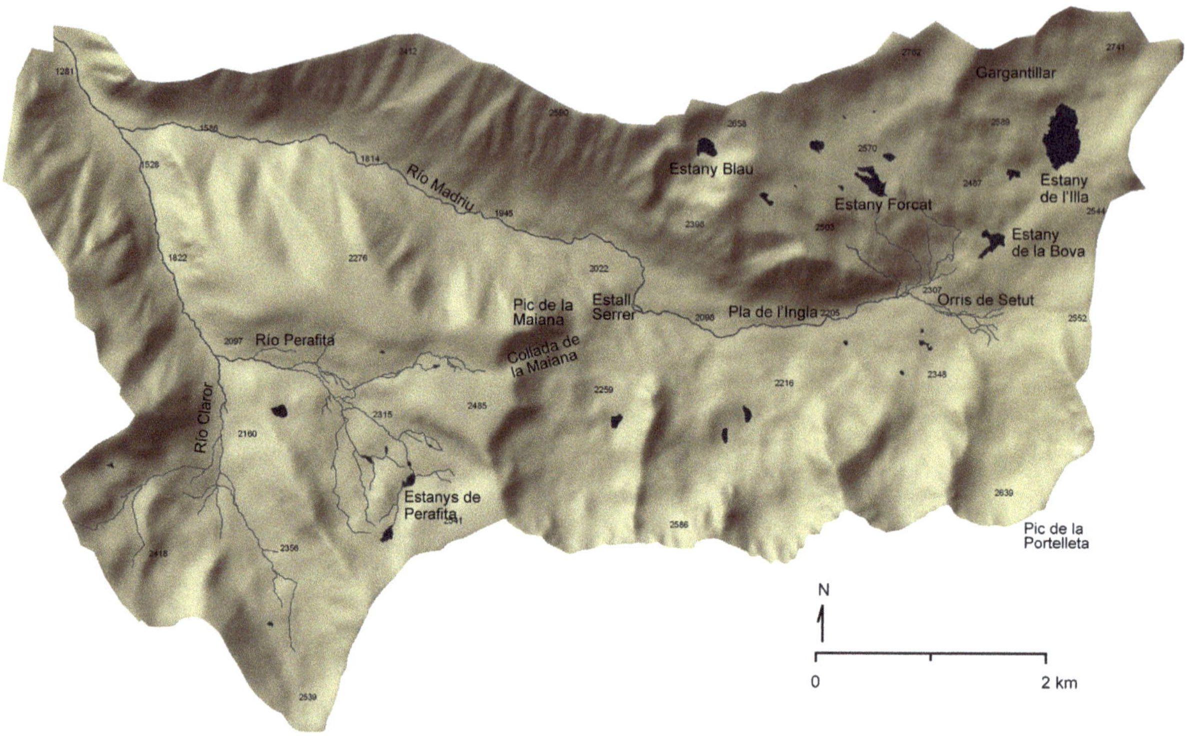

Figura 4. Mapa de sombras mostrando el relieve y fuerte desnivel altitudinal del valle del Madriu-Perafita-Claror.

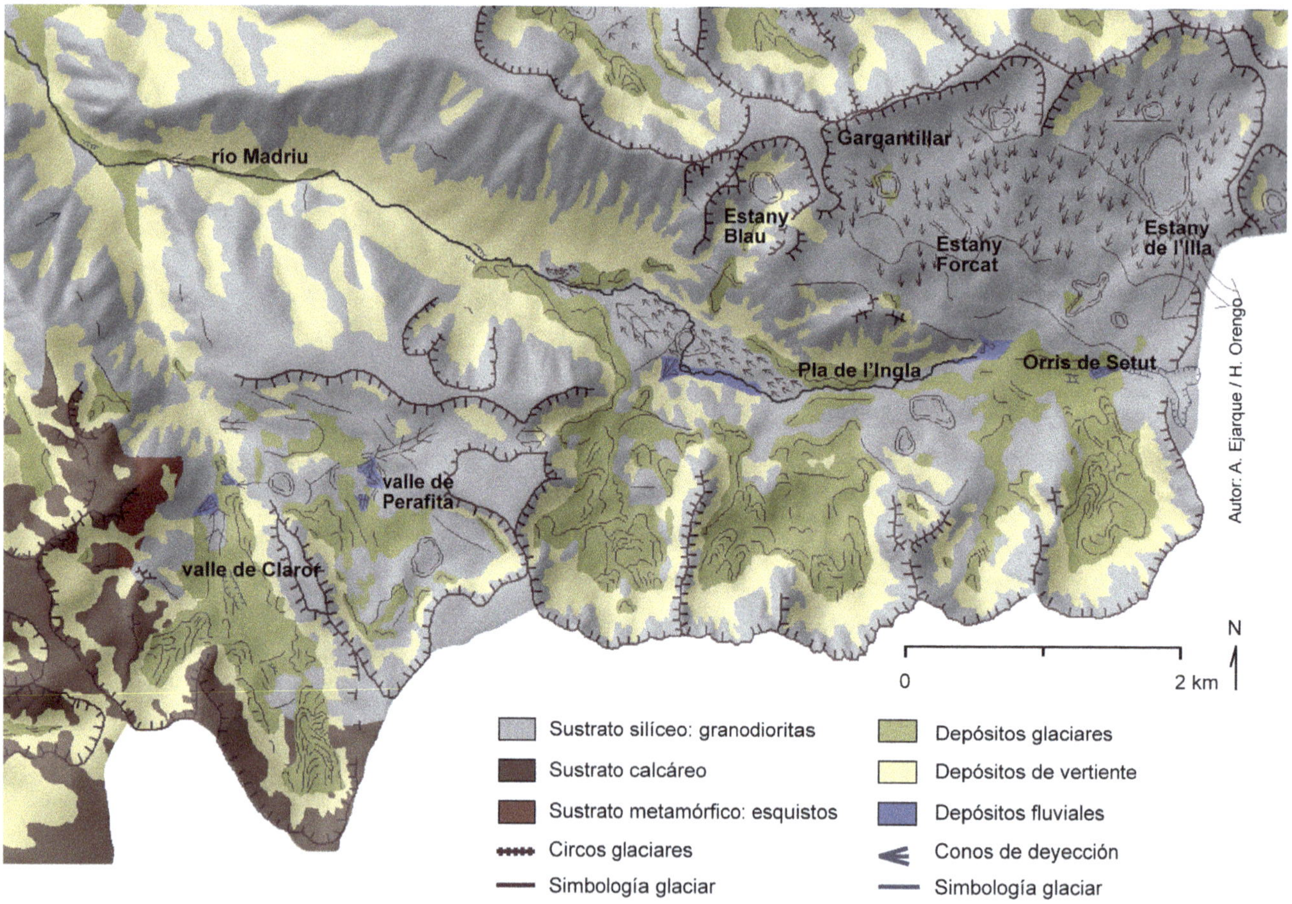

Figura 5. Mapa geomorfológico y litológico del valle del Madriu-Perafita Claror. Figura: A. Ejarque/ H.A. Orengo, elaboración propia a partir del *Mapa Geomorfològic d'Andorra 1: 50.000* (CRECIT).

2.2. GEOMORFOLOGÍA Y LITOLOGÍA

La configuración geomorfológica del VMPC y Andorra se inscribe en el proceso de evolución general del relieve pirenaico. Éste es resultado de procesos morfogenéticos que se resumen en un primer modelado preglaciar de finales del Terciario, en el que se desarrollaron extensas superficies de aplanamiento y se estructuró la red hidrográfica pirenaica, seguido por la actividad glaciar y periglaciar pleistocena y por modelados postglaciares holocenos, principalmente asociados a procesos de vertiente, fluviotorrenciales y nivales (Bordonau 1992). Durante el Pleistoceno, desde el periodo Würm (>50000 BP) hasta el Tardiglaciar (<12000 BP), la acción mecánica de los glaciares fue configurando las formas y relieves pirenaicos siguiendo el trazado de los cursos fluviales heredados del modelado preglaciar. El modelado glaciar se hace especialmente evidente en los sectores altimontanos pirenaicos, como es el caso del VMPC. Durante el momento de máxima extensión del hielo en la última glaciación, hace *c.* 45000 años los glaciares cubrían gran parte de los Pirineos (Bordonau 1992; Montserrat 1992; Turú 1994; Mases *et al.* 2005).

En general, se pueden distinguir dos tipos de formaciones de origen glaciar: erosión y acumulación (Mases et al. 2005). Entre las primeras, destacan los circos y las cubetas de sobreexcavación. Como se puede observar en el mapa geomorfológico del valle, los circos glaciares configuran las cabeceras de los valles y las líneas de carena. Por su parte, en la zona septentrional del valle del Madriu se concentran abundantes cubetas de sobreexcavación glaciar (Figura 5), que se convertirán en lagos tras la desaparición de los glaciares como por ejemplo el Estany Forcat o el Estany de l'Illa. El Estany Blau es una cubeta de sobreexcavación glaciar en el fondo de un circo independiente de los de Gargantillar.

Por su parte, el material transportado por los glaciares actuó de forma abrasiva en el sustrato rocoso, dando lugar a amplias superficies pulidas y estriadas. Son formas que abundan a lo largo del trazado del río Madriu, en especial en cotas situadas entre 2.200 y 1.700 m s.n.m., indicando el avance de los glaciares por el valle. Esta actividad produciría el ensanchamiento de los fondos de valle, formando zonas llanas como Pla de l'Ingla u Orris de Setut, donde se acumularían los depósitos sedimentarios arrastrados por el glaciar (Figura 5). La vertiente de exposición septentrional presenta glaciares rocosos en cabecera y vertientes elevadas, que se desarrollan en los Pirineos durante el último episodio frío de la última glaciación, periodo denominado Tardiglaciar (Vilaplana 1983; Bordonau 1992; Copons 1994).

Además de los procesos glaciares es importante destacar formas de origen periglaciar y postglaciar existentes en el valle, provocadas por el proceso de hielo-deshielo, procesos de erosión de vertientes y procesos fluviotorrenciales (Mases et al. 2005). Fenómenos de gelifracción y solifluxión resultaron en la meteorización de carenas y crestas de escarpado relieve, como Gargantillar, o del sustrato superficial de las vertientes. Estos procesos erosivos han originado una gran abundancia de depósitos sedimentarios de vertiente, especialmente concentrados en la zona noroeste del valle en las cotas de menor altitud, y, en menor medida, de carácter fluvial. Estos últimos forman pequeños conos de deyección aislados en la zona de Perafita, en Planells de l'Estall Serrer y en Orris de Setut (Figura 5). Finalmente, ha sido destacada la importancia que tuvo la Pequeña Edad del Hielo en época Moderna en la modelación del relieve del valle (Mateo y Gómez 1998, 2004).

En relación a la litología, los valles andorranos están formados geológicamente por materiales paleozoicos propios de la zona axial pirenaica. El VMPC se caracteriza por un sustrato de rocas cristalinas, fundamentalmente de material granodiorítico (bloque intrusivo Santa Coloma-Pessons) (Figura 6). Ello contrasta con otros sectores andorranos, donde predominan rocas metamórficas con fracturación intensa (pizarras, filitas y esquistos) y en menor grado, rocas carbonáticas (calcáreas, mármoles y calcofilitas) del Devoniano (Figura 6). La unidad morfoestructural de las granodioritas y gneises se caracteriza por presentar relieves muy abruptos y vertientes con grandes paredes rocosas (Mases *et al.* 2005).

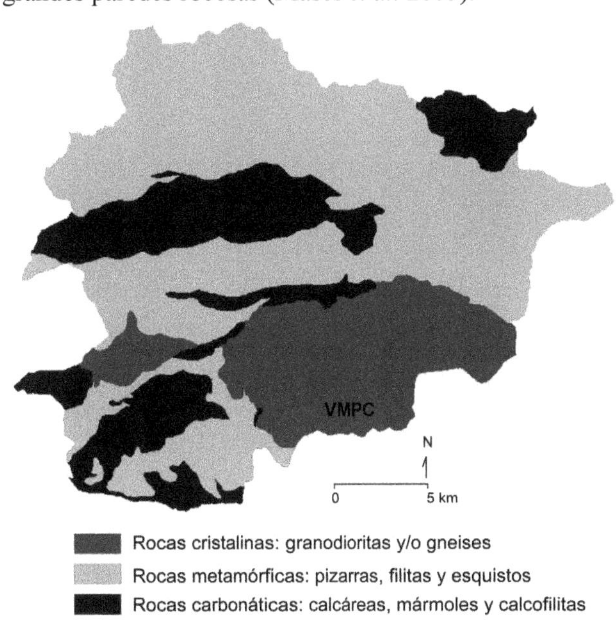

Figura 6. Mapa litológico del valle del Madriu-Perafita Claror. Elaboración propia a partir del *Mapa Geomorfològic d'Andorra 1: 50.000* (CRECIT).

Algunos materiales metamórficos, en forma de esquistos negros, aparecen en el límite suroeste del valle, en la zona de Claror. Es precisamente en esta zona donde encontramos las únicas y reducidas formaciones calcáreas, que afloran alternadas con los esquistos negros (Folch 1984). Nos encontramos, pues, ante un valle bastante homogéneo litológicamente sobre el que se desarrollan unas formaciones vegetales predominantemente acidófilas, con pequeños reductos calcáreos, eso sí, en la zona suroeste. Finalmente, el tipo de suelos predominante en el valle son los litosoles silíceos, suelos no evolucionados con un aporte de materia orgánica insignificante, mientras que en el fondo de valle de río Madriu se desarrollan ránkers silíceos, suelos poco evolucionados con presencia de humus (*Mapa pedològic de les Valls d'Andorra. Esc. 1:50.000*).

2.3. CONTEXTO CLIMÁTICO

Aunque la situación de Andorra en la vertiente meridional de los Pirineos resulta en unas condiciones climáticas de marcada influencia mediterránea, la moderada altitud y adecuada orientación topográfica de la vertiente pirenaica francesa permite la entrada de masas de aire atlánticas de carácter norte y noroeste que especialmente afectan a los sectores de mayor altitud. Esta conjunción de condiciones mediterráneas y atlánticas generan una gran heterogeneidad y complejidad en el régimen de precipitaciones y temperaturas en este sector pirenaico (Esteban *et al.* 2009). Con todo, es preciso destacar la destacada influencia de las condiciones climáticas mediterráneas en el territorio andorrano, auspiciadas por la proximidad de Andorra al mar Mediterráneo (c. 110 km) y encauzadas a partir del corredor natural que constituye el río Segre (Vilà-Valentí y Martín-Vide 1997, 94). La inexistencia de estaciones metereológicas en el VMPC dificulta caracterizar con detalle las condiciones climáticas de la zona de estudio. Tanto más cuanto tampoco existen en Andorra estaciones en otras zonas de alta montaña, siendo la más elevada la estación de Ransol (1.640 m s.n.m.). Los datos aquí presentados proceden de la estación del Estany d'Engolasters (1.565 m s.n.m.), registrados durante el periodo 1946-1995 (Vilà-Valentí y Martín-Vide 1997). Se ha seleccionado está estación por su situación en un sector de media montaña muy próximo al VMPC (Figura 3).

Debido al carácter marcadamente montañoso del valle, las temperaturas se caracterizan por una amplia oscilación térmica, tanto anual como diaria. Como se puede observar en la Figura 7, la temporada con temperaturas medias más suaves es la estival, entre los meses de junio y septiembre, con temperaturas que oscilan entre los 12.9 y los 14.4 ºC. El resto del año las temperaturas medias mensuales son siempre inferiores a 10ºC. La estación más fría es la invernal, documentándose temperaturas mínimas medias que oscilan entre 5.5ºC y 1.7 ºC durante el periodo comprendido entre noviembre y marzo. Además, durante este periodo se han registrado en Engolasters valores de -10ºC o inferiores (Vilà-Valentí y Martín-Vide 1997, 98). Este cuadro térmico debe ser considerablemente más frío en nuestra zona de estudio debido a la mayor altitud. El gradiente térmico medio se estima en torno a 0.65 ºC por cada 100 m. (Zamora y Escútia 1993), por lo que las cotas situadas en torno a 2.000 m s.n.m., (cotas más frecuentes en la zona de estudio) deben registrar temperaturas en torno a 2.5 ºC inferiores a las registradas en la estación de Engolasters. Por otro lado, se estima que a partir de la cota 2.600 m la temperatura media anual es muy próxima o inferior a 0ºC, lo que provocará una mayor frecuencia de nevadas en nuestra zona de estudio (Folch 1984).

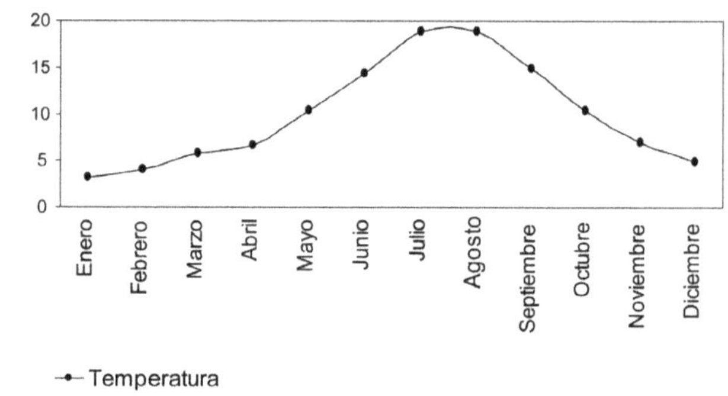

Figura 7. Distribución mensual y anual de las temperaturas medias y de las temperaturas máximas y mínimas diarias registrada en la estación de Engolasters (1.565 m s.n.m.) durante el periodo (1946-95). Elaboración propia a partir de los datos publicados por Vilà-Valentí y Martín-Vide (1997: 98).

La oscilación térmica diaria es altamente acusada en los medios de montaña, especialmente en los meses de verano. La oscilación máxima mensual en Engolasters se registra en los meses de julio y agosto (medias en torno a 13ºC de diferencia entre día y noche) y la mínima entre noviembre y febrero (medias en torno a 8ºC). Finalmente, cabe destacar la influencia de las diferentes orientaciones dentro del valle, especialmente marcadas en el valle del Madriu por su orientación axial oeste-este. Consecuentemente, habrá una notable variabilidad térmica entre las vertientes meridionales, más insoladas y por tanto, más cálidas, y las vertientes septentrionales, más frías (Esteban et al. 2009).

En cuanto a las precipitaciones, éstas dependen de la influencia en nuestra zona de estudio de los dos tipos de vientos predominantes en el territorio andorrano: vientos húmedos de componente noroeste procedentes del Atlántico, y vientos de componente este de carácter mediterráneo. En el conjunto de Andorra, la precipitación media anual supera los 800 mm, por lo que el territorio se incluye dentro de los sectores de mayor pluviosidad de la Península Ibérica, esto es la Iberia húmeda. Con todo, si se comparan estos datos con el régimen de precipitaciones de los Pirineos, el régimen andorrano es inferior a otros sectores atlánticos y occidentales pirenaicos (Estrada 2004, 13). De hecho, los datos registrados en la estación de Engolasters reflejan un clima más seco, sobretodo en invierno, con respecto a estaciones más próximas a la cuenca atlántica, como Ransol. En este sentido, la situación todavía más meridional del VMPC resultará en inviernos secos y veranos marcadamente húmedos. Esta menor pluviosidad invernal de los sectores meridionales andorranos se ha relacionado con la menor influencia de los temporales atlánticos invernales, que afectan de manera destacada a los sectores occidentales pirenaicos (Vilà-Valentí y Martín-Vide 1997, 96).

2.4. LA VEGETACIÓN DE ALTA MONTAÑA PIRENAICA

Desde el punto de vista geobotánico, la zona de estudio forma parte de la región axial de los Pirineos centrales, el área más elevada y escarpada de esta cordillera. El VMPC, al estar ubicado en la vertiente meridional, recibe una importante influencia mediterránea tanto en términos climáticos como de vegetación. Este hecho, unido a las características específicas que le ofrece su situación dentro de la cordillera pirenaica (acusada variabilidad altitudinal superior a los 2.000 m s.n.m., y de orientaciones, con una exposición energética y microclima diferencial), explican una muy elevada biodiversidad andorrana, cuantitativa y cualitativamente superior a la media europea (Gómez 2001).

En una zona extremadamente montañosa como la que nos ocupa, la altitud, en tanto que implica gradientes climáticos sustanciales, es el factor dominante a la hora de analizar la distribución vegetal. Así, los diversos autores utilizan los denominados pisos de vegetación para referirse a las grandes divisiones vegetales existentes en los Pirineos (Ninot et al. 2007). No obstante, cabe destacar que la distribución real de la vegetación pirenaica responde a una multiplicidad de factores que sobrepasa la mera altitud, como por ejemplo la microtopografía -vertientes secas (S) y húmedas (N)-, la hidrografía o la alteración antrópica (Folch 1981; 1984). Es por ello importante entender los diferentes pisos de vegetación que van a ser descritos a continuación como herramientas de conceptualización versátiles, no como unidades rígidas de representación paisajística. En el VMPC la distribución de los pisos de vegetación atiende principalmente a la orientación general O-E dibujada por el río Madriu. Así, mientras que en el extremo noroeste, próximo al valle principal del Gran Valira, las cotas se sitúan en torno a los 1.080 m s.n.m., en el extremo este se alcanzan cotas cercanas a los 2.650 m s.n.m.

Finalmente, cabe distinguir entre vegetación primaria y secundaria. La primera hace referencia a aquellas formaciones vegetales que de modo estable ocupan un determinado hábitat por constituir la forma óptima y más eficaz de adaptabilidad ecológica al mismo. Las formaciones primarias serian, pues, aquellas que son propias de un lugar o piso en estado natural (Vigo 1976). Cuando se producen alteraciones del equilibrio ecológico de un lugar la vegetación primaria resulta alterada y es sustituida por diferentes especies colonizadoras, lo que se denomina vegetación secundaria. Con el reestablecimiento de las condiciones originarias del lugar la vegetación primaria puede reestablecerse, si bien es cierto que en ocasiones el hábitat puede sufrir alteraciones permanentes (erosión, condiciones físicoquímicas del suelo, humedad, perdida de nutrientes, acción antrópica, etc.) que impiden el reestablecimiento de la vegetación primaria (Folch 1984).

Piso alpino (3000 - 2200 m s.n.m.): dominio de prados de alta montaña

Las zonas más elevadas de alta montaña están dominadas por comunidades herbáceas de ciclo vegetativo corto y adaptadas a condiciones climáticas rigurosas. Es el extenso dominio de los prados rasos alpinos, que en Andorra ocupa un 37% (17.344 ha) de la superficie del país (Folch 1984). La gran heterogeneidad geomorfológica, topográfica y microclimática que caracteriza a los medios alpinos conlleva una estructuración vegetal altamente diversificada (Körner 1999) que da lugar a mosaicos de comunidades vegetales que se configuran a una escala local (Illa *et al.* 2006).

En el Pirineo axial el sustrato silíceo propicia la aparición de comunidades acidófilas del orden *Caricetalia curvulae,* que podemos dividir en tres grandes grupos los prados de *Festuca airoides* en zonas llanas y de *Festuca eskia* en zonas más soleadas y escarpadas, y los prados higrófilos de cervuno (*Nardion strictae*), en torno a zonas húmedas y con suelos profundos.

En el VMPC los prados alpinos se encuentran preferentemente concentrados en las vertientes con orientación meridional de la zona de els Estanys al noreste y en la zona de Planells de Perafita al suroeste del valle, zonas amplias topográficamente, de suaves pendientes y abundantes fuentes hídricas que propician suelos más desarrollados (Figuras 8 y 9). Éstas contrastan con las orientaciones septentrionales, más abruptas y de reducida amplitud, sobretodo en el área noroeste del valle del Madriu, donde áreas rocosas constriñen la formación de suelos y el límite superior del bosque subalpino a cotas de *c.* 2.300 m, impidiendo de esta forma el desarrollo de los prados alpinos septentrionales (Figura 10). Destaca un especial predominio de los prados de *Nardus stricta* y *Festuca eskia.* Según recientes estudios, ambos son asociaciones de mayor calidad en términos de producción y valor pastoral con respecto a los prados de *Festuca airoides* (los más extendidos en los Pirineos) (Domenech 2005). A este respecto, estudios realizados sobre prados pirenaicos altimontanos muestran como la extensión de los prados de *N. stricta* sobre otras formaciones rasas se asocia al pastoreo ovino (Sebastià *et al.* 1998), mientras que otros autores la relacionan con la sobreganadería (Vigo 1976; Folch 1981).

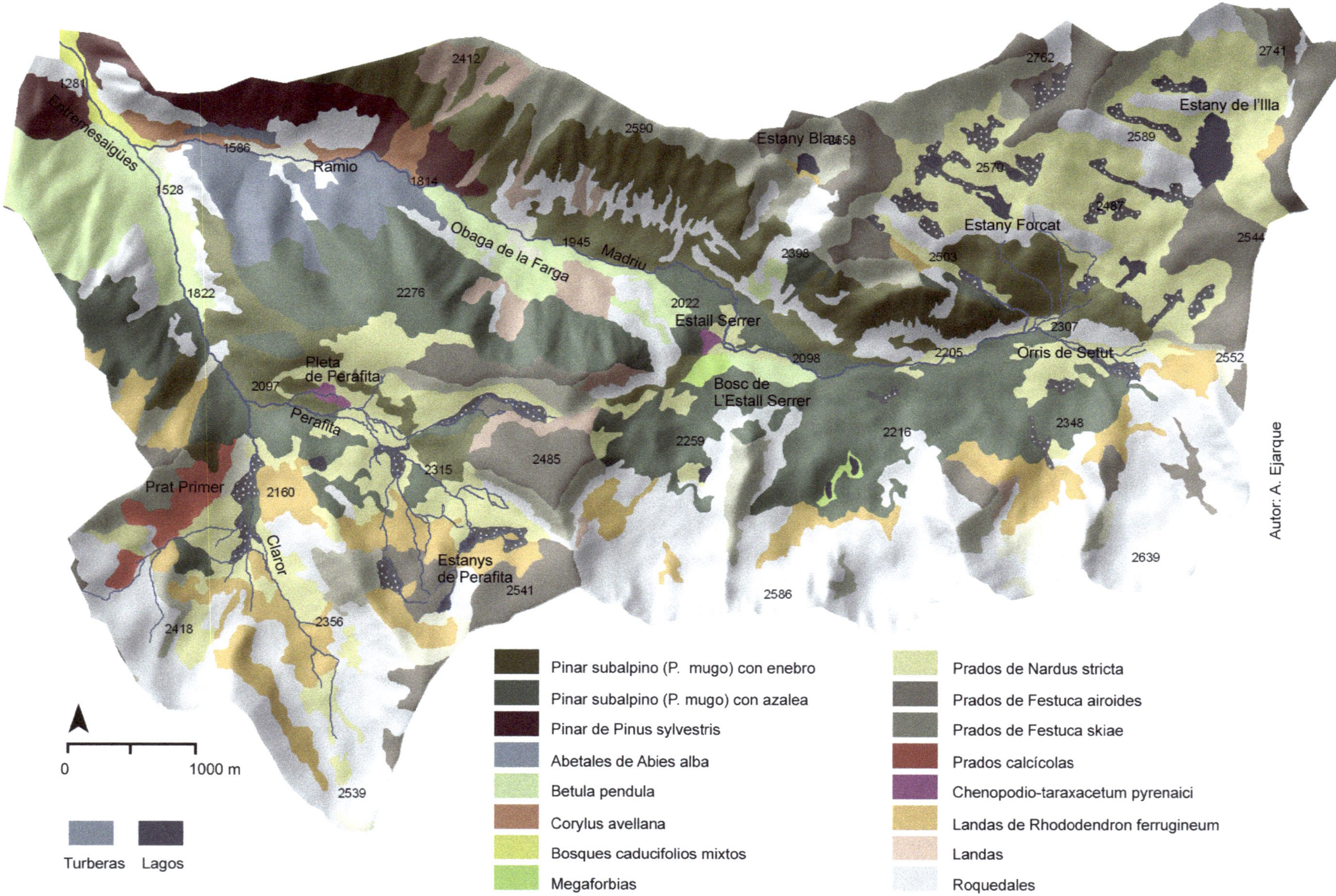

Figura 8. Mapa del valle del Madriu-Perafita-Claror con las principales formaciones vegetales existentes. Autor: A. Ejarque, elaboración propia a partir de la información del *Mapa digital dels hàbitats d'Andorra 1: 25.000 (MDHA) del Centre de Biodiversitat de l'Institut d'Estudis Andorrans –IEA* (Carreras *et al.* 2003).

Figura 9. Pastos desarrollados en la vertiente meridional del valle del Madriu. Fotografía: A. Ejarque.

Figura 10. Roquedales constriñendo el límite superior del pinar en la vertiente septentrional. Fotografía: A. Ejarque.

Figura 11. Ecotono supraforestal del valle del Madriu en su vertiente meridional donde se observa el protagonismo del sotobosque de enebro. Fotografía: A. Ejarque.

Figura 12. Pinar colonizado por boscajes de abedul en el Bosc del Estall Serrer. Fotografía: A. Ejarque.

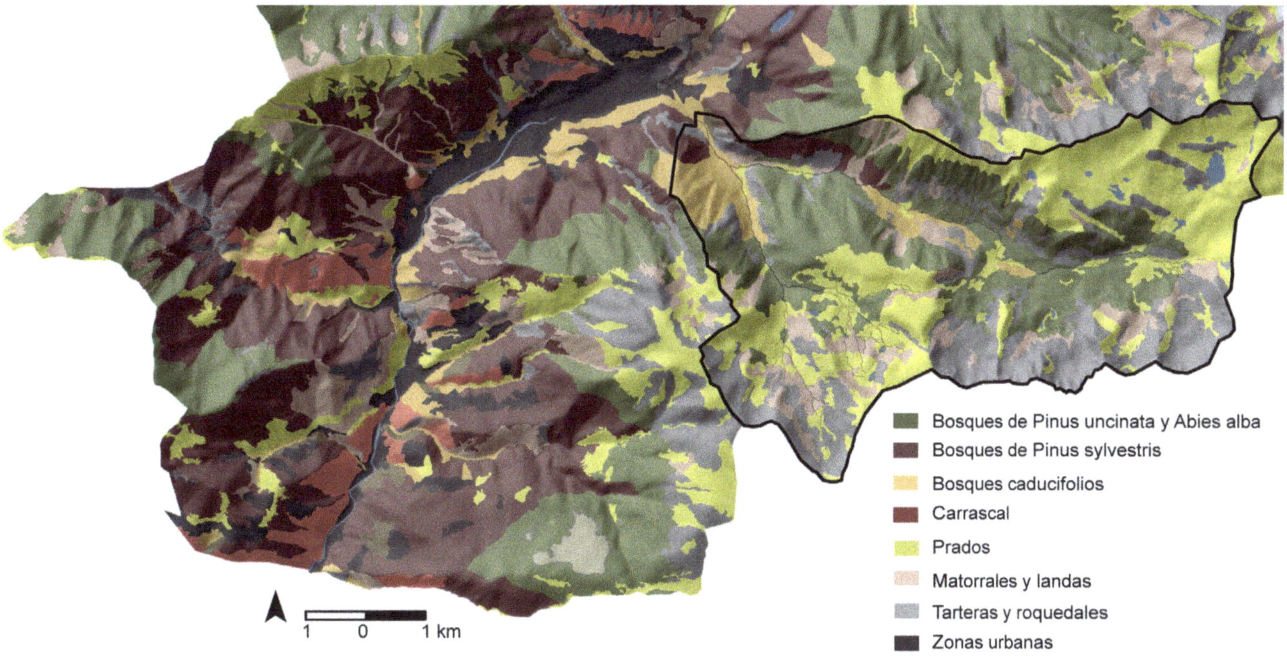

Figura 13. Mapa de vegetación mostrando el conjunto de formaciones vegetales de la zona meridional andorrana, siguiendo el Valira. Elaboración propia a partir del *Mapa de Hàbitats d'Andorra, Centre de Biodiversitat del IEA*.

En el valle de Perafita, una de las principales zonas de extensión de prados se localiza en la zona de Pleta de Perafita, donde encontramos principalmente comunidades acidófilas de *Nardus stricta* y, mas al este, cerca de la collada de la Maiana y Estanys de Perafita, comunidades de *Festuca airoides* y *Festuca skiae*. Al oeste del río Claror, cabe asimismo destacar la existencia de una segunda área de concentración de prados alpinos que destaca por una mayor variabilidad de tipos de prados con respecto, no sólo al valle de Perafita sino también al valle del Madriu. Así, junto a las comunidades acidó con respecto, no sólo al valle de Perafita sino también al valle del Madriu. Así, junto a las comunidades acidófilas ya mencionadas, en la zona de Prat Primer, se desarrollan las únicas comunidades rasas calcícolas de los valles del Madriu-Perafita-Claror (Figura 8). Es importante destacar que, según recientes estudios, estas comunidades calcícolas destacan por una mayor productividad forrajera y calidad pastoral con respecto a otras comunidades rasas en la zona (Doménech 2005), algo que, sin duda deberá ser valorado a la hora de estudiar la gestión pastoral de estos valles.

Asimismo, la actividad ganadera propicia la instauración de comunidades herbáceas ruderales y nitrófilas de la clase *Ruderali-Secalietea*. Específicamente adaptadas a medios alterados, pisoteados y fuertemente nitrogenados por el ganado, estas comunidades suponen un excelente indicador de antropización en el estadio alpino. La alianza *Chenopodio-Taraxa-cetum pyrenaici* es la formación nitrófilo-ruderal más importante en los medios alpinos pirenaicos (Braun-Blanquet 1948; Folch 1981; Carreras *et al.* 2003). Formada principalmente por *Chenopodium bonus-henricus*, *Taraxacum pyrenaicum*, diferentes espe-cies del género *Rumex* y otras especies como *Capsella bursa pastoris*, *Urtica dioica, Plantago major*, *Galium verum*, *Aconitum napellus*, *Spergularia rubra* o *Polygo-num aviculare*, es frecuente su presencia en torno a las distintas estructuras ganaderas de alta montaña (orris, pletas, cercados o cabañas). A pesar de que esta asociación encuentra su representación óptima en la parte inferior del estadio alpino (2.000–2.300 m s.n.m.), puede descender a cotas inferiores (1.800 m s.n.m.) y remontar a cotas en torno a los 2.600 m s.n.m. (Braun-Blanquet 1948). En el VMPC encontramos testimonios dispersos y de reducido tamaño en torno a los 2.100-2.200 m s.n.m. en la pleta de Perafita y en la Pleta del Estall Serrer, áreas todavía en la actualidad frecuentadas por ganado (Figura 8). Finalmente, dentro de las formaciones ruderales, también encontramos la alianza *Poion variae* en zonas rasas y altamente compactadas debido a la acción mecánica del pastoreo (Folch 1981).

Piso subalpino (2.200 – 1.700 m s.n.m.): dominio de bosques de coníferas

El bosque de coníferas domina ampliamente el piso subalpino pirenaico. Formado por pinares y, en menor lugar por abetales, ocupa alrededor de un 20% del territorio andorrano (Folch 1984). De gran resistencia climática y adaptabilidad ecológica, el pino negro (*Pinus mugo ssp. uncinata*) es el gran protagonista de los bosques subalpinos. Conformando el límite superior del bosque, en orientaciones septentrionales se combina con un denso matorral de azalea (*Rhododendro-Pinetum uncinatae*) para constituir un pinar cerrado, mientras que en orientaciones meridionales el pino negro se combina con un sotobosque disperso en el que domina el enebro (*Juniperus communis ssp nana*) y la gayuba (*Arctostaphylo-Pinetum uncinatae*), y que da lugar a un bosque más abierto (Folch 1984; Vigo 1976). En las cotas superiores del piso, diversas acciones antrópicas (consecuencia de talas o quema) o cambios ambientales pueden alterar este pinar. Ello dará lugar a la práctica desaparición del estrato arbóreo y a la aparición de una vegetación subarbustiva de matorrales de azalea y enebro, que pueden ser finalmente sustituidos por prados (Figura 11). Es así como la línea superior del bosque pirenaico se ve mermada a costa de la extensión de los prados alpinos (Zamora, Escútia 1993; de Bolós 2003; Ninot *et al.* 2007). De hecho, la existencia en el VMPC de formaciones dispersas de pino negro en cotas superiores a los 2.500 m s.n.m., ha llevado a Mateo (1994) a afirmar que el límite superior del bosque actual sea probablemente antrópico, ligado a talas y actividades ganaderas. A este respecto, el presente estudio paleoambiental proporcionará información esencial para la caracterización del impacto de las comunidades humanas sobre el límite supraforestal y la extensión de prados en el VMPC durante el Holoceno.

Los prados y claros abiertos en el interior del bosque son otro tipo de alteración, natural o antrópica, presente en el piso subalpino. Tras su aparición se instala una primera comunidad herbácea nitroheliófila en la que destacan *Epilobium angustifolium* y *Rubus idaeus*. Si las alteraciones no se repiten de modo continuado, ésta dará paso a otra comunidad de carácter arbustivo (*Sambuco-Salicion capreae*) y, finalmente, a boscajes secundarios caducifolios, donde destacará marcadamente el abedul (Vigo 1976; Folch 1981).

En la parte baja del piso subalpino (1.600-1.700 m s.n.m.), en las zonas húmedas y umbrías, encontramos abetales de la asociación *Rhododendro-Pinetum uncinatae abietosum*. Se ha sugerido que la distribución de estas formaciones en los Pirineos se ha visto muy afectada por la explotación humana a lo largo del tiempo (Vigo 1976). Los resultados de este estudio permitirán caracterizar la evolución de estas formaciones en este sector pirenaico. En el VMPC los abetales son escasos. Concentrados en la zona noroeste, cerca del punto de unión de los ríos Madriu y Perafita, llegan a alcanzar cotas elevadas (2.075 m s.n.m.) en la vertiente norte.

Por su parte, en las zonas más elevadas del piso subalpino, húmedas y frías, el pinar de pino negro se combina con el abedul pubescente (*Betula pubescens*) en la asociación *Rhododendro-Pinetum uncinatae betuloblechnetosum* (Folch 1981). Esta asociación, con todo, es muy poco frecuente en Andorra, donde por el contrario encontramos actualmente abundantes boscajes de abedul (*Betula pendula*), formaciones, como ya ha sido comentado, de carácter principalmente secundario y colonizadoras de pinares alterados (Folch 1984; Carreras *et al.* 2003). En el VMPC encontramos extensas formaciones secundarias de abedul siguiendo el río Madriu en la zona de la Obaga de la Farga y el Bosc de l'Estall Serrer (Figura 12) que alcanzan cotas situadas entre los 1.800 y 2.100 m s.n.m., así como en la zona de Entremesaigües, en la confluencia de los ríos Madriu y Perafita. A este respecto, Folch ha señalado la posible relación de estas formaciones con procesos de tala y deforestación del pinar, propios de la explotación de las fargas (1981; 1984).

Piso montano (1.700 - 900 m s.n.m.): dominio de bosques caducifolios

El piso montano ocupa una amplia franja intermedia entre los dominios de alta montaña y los típicamente mediterráneos. En términos de vegetación puede ser dividido en dos grandes áreas: una primera de carácter medioeuropeo en contacto con la zona subalpina, y una segunda de carácter submediterráneo, en zonas de menor altitud (Folch 1981).

Siendo el dominio por antonomasia de los bosques caducifolios, la fuerte presión antrópica a la que se ha visto sometido ha resultado en una merma considerable de estas formaciones. A este respecto los datos estadísticos son rotundos; actualmente en Andorra los bosques caducifolios ocupan apenas un 4% del territorio cuando su cobertura potencial se estima en un 20% (Folch 1984).

El pino silvestre (*Pinus sylvestris*), de rápido crecimiento, amplia tolerancia ambiental y gran interés maderero, es la especie más favorecida en el proceso de alteración de este piso de vegetación. Según Folch (1984) en Andorra únicamente serían primarios los pinares altimontanos en contacto con el dominio subalpino (*Hylocomio-Pinetum catalanicae*), donde el pino silvestre se combinaría con el pino negro. No obstante, abundantes formaciones de pino silvestre, muchas de ellas secundarias, se extienden por el piso montano pirenaico asociándose o substituyendo la vegetación caducifolia potencial (Folch 1981; 1984; de Bolós 2003; Carreras *et al.* 2005). Junto al pinar primario, y en las zonas más húmedas y profundas, encontramos la presencia de formaciones arbustivas altas de avellano (*Hepatico-Coryletum*). En la zona noroeste del VMPC encontramos ambos tipos de formaciones limítrofes con el piso subalpino. Concentrado en la vertiente meridional, el pinar de pino silvestre alcanza cotas próximas a los 2.000 m s.n.m., mientras que las formaciones de avellano se desarrollan a lo largo del curso del río Madriu sin sobrepasar generalmente los 1.700 m s.n.m. (Figura 8).

Los bosques caducifolios típicos medioeuropeos son el robledal húmedo, el hayedo y el fresnal. La acción antrópica, la variabilidad de influencia mediterránea y las orientaciones intermedias E-W predominantes en Andorra son factores que han dificultado la extensión de estas formaciones, propias de ambientes húmedos y estables (de Bolós 2003). Mientras que el hayedo (*Fagion sylvaticae*) está poco extendido en la vertiente sur de los Pirineos, el robledal húmedo (*Quercetum petraeae catalaunicum*) y el fresnal (*Fraxino-Carpinion*) ocupan un modesto papel en el piso montano (Figura 13). Igualmente escasos son los robledales secos (*Buxo-Quercetum pubescentis*) propios de las zonas bajas submediterráneas, degradados en amplios sectores de Andorra por la extensión de campos agrícolas de maíz y centeno hasta finales del s. XIX (Folch 1981; 1984; de Bolós 2003).

Finalmente cabe destacar en este dominio comunidades de ribera como el alisar (*Alno-Padion*), la sauceda (*Salicion triandrae-fragilis*) y la olmeda (*Vinco-Populetum albae*) siguiendo las cuencas de las estribaciones principales del río Valira. Actualmente en Andorra tienen una muy reducida presencia debido a la agricultura y, fundamentalmente, a los procesos de urbanización de los valles (de Bolós 2003).

Piso basal (< 900 m s.n.m.): dominio de bosques mediterráneos

Las zonas menos elevadas del Pirineo meridional pertenecen al dominio mediterráneo, extendiéndose la formación del carrascal continental con boj (*Quercetum rotundifoliae buxetosum*). En las vertientes meridionales andorranas, siguiendo el valle del Gran Valira, estos bosques alcanzan cotas excepcionales en los Pirineos, llegando hasta los 1.300 m. s.n.m. y, de modo más puntual, a los 1.600 m. s.n.m. (Figura 13). La existencia de un sustrato edáfico pobre y rocoso en estas zonas meridionales dificulta la extensión del bosque caducifolio y favorece la expansión de la vegetación mediterránea (Folch 1984; de Bolós 003).

2.5. USOS DEL SUELO ACTUALES EN ANDORRA Y EL VMPC

Tal vez uno de los aspectos más destacables en relación a los usos actuales del suelo en Andorra sea su escasa heterogeneidad. Gran parte de la superficie del país está cubierta de sistemas seminaturales que son mínimamente explotados de manera productiva. A este respecto bosques, matorral, roquedales, áreas hídricas y prados alpinos ocupan más de las tres cuartas partes del país (Figura 14).

En estas zonas montañosas los recursos son explotados principalmente en los ámbitos de la generación hidroeléctrica, extracción minera y turismo (Boada y Fernández 2000). En relación a este último aspecto cabe destacar el impacto de las estaciones de esquí existentes en las montañas andorranas y que suponen una destacable ocupación del suelo en estos medios -en 2001 existían 2.520 ha dedicadas a este deporte (Gómez 2001)-, si bien es cierto que en la última década se ha impulsado considerablemente el turismo rural, principal actividad de ciertas zonas de montaña, como es el caso del VMPC (de Bolós 2003).

Si comparamos los datos de ocupación del suelo realizados a finales de la década de los 70s por Folch (1984) con los que nos proporciona el mapa de usos del suelo realizado en el 2001 por el *Centre de Biodiversitat d'Andorra* se observa un incremento del bosque (de 34.96% a 38.85%), una recesión destacada de las zonas de prados (de 44.63% a 29.89%) y de las zonas agrícolas (de 4.63% a 2.9%) y un incremento de zonas urbanizadas (de 0.74% a 2.7%). Estas tendencias son resultado del intenso proceso de terciarización de la economía andorrana a partir de las décadas 60-70s que ha relegado a un papel completamente marginal las actividades primarias en beneficio de actividades comerciales, financieras y turísticas (Gómez 2001; Sáez 2003). La recesión de las actividades primarias, principalmente agricultura y ganadería, y la consiguiente regeneración forestal que en éstas se ha producido a lo largo del s. XX no es un fenómeno específico del Pirineo andorrano, sino que es un proceso común en otros sectores pirenaicos y medios de montaña europeos (García-Ruiz y Lasanta 1990; Galop 1998; Torta 2004; La-santa-Martínez *et al.* 2005; Ejarque *et al.* 2009). Tal vez la transformación más radical en los usos el suelo ando-rranos haya sido la crisis de la trashumancia y la gana-dería, actividades en que descansaba el peso principal de la economía andorrana hasta los años 60. Si en los años 40 la cabaña andorrana superaba los 20.000 ovicápridos (Ros 2004), los datos registrados en 2009 contabilizan 5.232 cabezas, de las cuales un 53% corresponden a ga-nado ovicáprido, un 30% a bóvidos y un 17% a équidos (Alcobé 2010, 57-58). La importancia de la ganadería en el VMPC no se limita a un pasado inmediato sino que, tal y como muestran las evidencias arqueológicas y paleoam-bientales, el pastoreo se documenta desde el Neolítico en el valle, mostrando una importancia destacada en época medieval y moderna (Miras *et al.* 2007; Palet *et al.* 2007; Orengo 2008; Ejarque *et al.* 2010). La importante reduc-ción de las zonas de pasto que se observa en la actualidad responde, por tanto, al práctico abandono de las activida-des pecuarias en el territorio andorrano.

Las áreas agrícolas, emplazadas aprovechando las tierras productivas aluviales que siguen los cursos principales del río Valira también han experimentado una reducción y un cambio cualitativo. A principios del siglo XX la agricultura de subsistencia en llanos aluviales se combinaba con amplias áreas destinadas al cultivo forrajero intensivo, donde destaca la alfalfa (*Mendicago sativa*), el maíz (*Zea mays*), la esparceta (*Onobrychis vicifolia*) y los raigrases (*Lolium*), y a prados de siega en zonas de media montaña y subalpinas. El abandono de la ganadería y el crecimiento urbanístico de las últimas décadas ha hecho desaparecer esta diversidad agrícola y actualmente las reducidas zonas agrícolas se circunscriben a las zonas aluviales y se hallan principalmente dedicadas al cultivo intensivo del tabaco, introducido en las últimas décadas (Sáez 2008). La escasa superficie en Andorra apta para ser urbanizada (áreas llanas) hace que las zonas agrícolas hayan visto comprometida parte de su superficie a costa de la ampliación de zonas urbanas, sobretodo tras el importante incremento urbanístico de los años 70 (Andorra pasa de 10.000 habitantes en 1962 a 66.334 en 2001 (de Bolós 2003). Finalmente cabe destacar el peso marginal de usos del suelo relacionados con actividades extractivas e industriales (Figura 14).

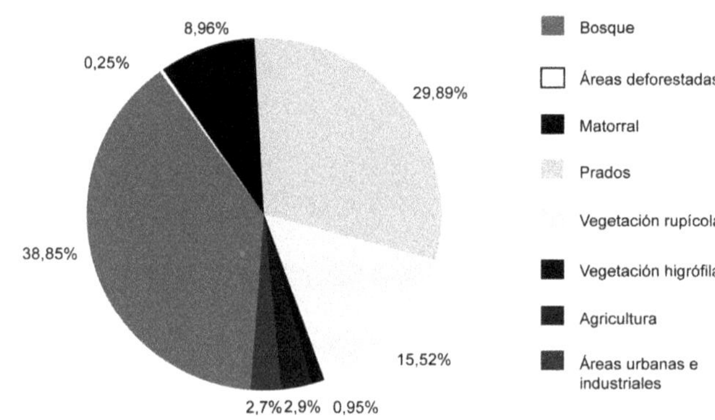

Figura 14. Gráfica mostrando la distribución porcentual de los usos del suelo en Andorra. Superficie total de Andorra 468 m^2. Elaboración propia a partir del *Mapa de cobertes del sòl s'Andorra 1:5000.*

Los usos del suelo actuales del VMPC se orientan principalmente al desarrollo de actividades relacionadas con el turismo rural de montaña, tales como excursionismo, alpinismo, caza y pesca. La declaración en 2004 del valle como Patrimonio de la Humanidad realizada por la UNESCO ha contribuido a potenciar este tipo de actividades que se alejan de los usos tradicionales históricos que han caracterizado al valle, principalmente agropecuarios, pero también siderúrgicos e hidroeléctricos. De entre éstos únicamente dos actividades se mantienen. En primer término la explotación hidroeléctrica del río Madriu por parte de *Forces Elèctriques d'Andorra* (FEDA) genera el 11% de la energía eléctrica en Andorra, mientras que la *Companyia d'Aigües Potables d'Escaldes-Engordany* (CAPEESA) abastece a un 20% de la población nacional (Palau 2004). Por último, en la última década se ha producido en el valle una reactivación de la ganadería bovina gracias a iniciativas gubernamentales. Es éste un proceso común en muchos otros sectores pirenaicos, donde la crisis de la trashumancia ovina tradicional a finales del siglo XIX dio lugar a un cambio de gestión ganadera orientada hacia la explotación bovina, que se adapta mejor a la estabulación y supone una menor fuerza de trabajo (Lasanta-Martínez *et al.* 2005). Ello ha supuesto importantes cambios en la explotación pastoral de los territorios de montaña, entre los que se incluye el VMPC. Junto a una menor presión pastoral, se documenta una concentración del pastoreo en los pastos más ricos o de mejor acceso, siendo abandonadas zonas tradicionalmente pastoreadas que presentan una mayor dificultad de acceso o son me-nos productivas, como las laderas subalpinas y montanas o algunos sectores alpinos (Lasanta-Martínez *et al.* 2005). Es éste un proceso que se observa en el VMPC. Allí la ganadería ovina se restringe actualmente al valle de Perafita-Claror, mientras que el valle del Madriu es sólo explotado por bovinos y équidos, a pesar de que abundantes "orris", corredores y otras estructuras ganaderas evidencian la importancia la ganadería ovina en este sector en época medieval y moderna (Palet *et al.* 2007; Orengo 2007). La información recogida por Doménech (2005) a partir de entrevistas a pastores andorranos, ratifica la frecuentación tradicional de los pastos alpinos del valle del Madriu por el ganado ovino en los meses de otoño, lo que confirma que no se da en la zona de estudio el tipo de ganadería que la ha caracterizado en el pasado más inmediato

3. CONTEXTO HISTÓRICO Y RESULTADOS ARQUEOLÓGICOS

En este apartado se realizará una aproximación general a la información histórica-arqueológica disponible para el territorio andorrano y otros sectores pirenaicos próximos desde la prehistoria al periodo contemporáneo. Este contexto regional se completará, además, con los resultados arqueológicos y documentales obtenidos en el VMPC en el marco del presente proyecto de investigación. Como ya se ha afirmado en los planteamientos metodológicos, los datos histórico-arqueológicos son de vital importancia en este estudio en tanto que permitirán calibrar a nivel local las evidencias paleoambientales, así como caracterizar el tipo de prácticas asociadas al modelado paisajístico del valle a lo largo del tiempo. Todos los datos arqueológicos y documentales referentes al VMPC así como las interpretaciones de los mismos que se exponen en este capítulo han sido extraídos tanto de las diferentes publicaciones del proyecto (Orengo 2007; Palet *et al.* 2007; Riera *et al.* 2009; Palet *et al.* 2010), como de los informes arqueológicos relativos a las diferentes campañas de excavación realizadas entre 2004 y 2009 (Palet 2006; Palet 2007; Orengo 2008; Palet 2008 *a*; Orengo 2009; Palet 2009; Orengo 2010; Palet 2010). Se ha incluido un mapa con la ubicación de los diferentes yacimientos arqueológicos localizados (Figura 15), mientras que los resultados de las dataciones radiocarbónicas obtenidas en las estructuras excavadas se presentan en la Figura 16.

Como ya ha sido destacado en la introducción, se han documentado en la zona de estudio más de 400 estructuras, de las que 52 han sido objeto de excavación arqueológica. Las estructuras de piedra seca documentadas en el VMPC responden a una variada funcionalidad, registrándose estructuras pastorales de diversa tipología (*munyidoras* o corredores, pletas, cercados, queseras, etc.), pero también cabañas, fitas, cistas, hornos y carboneras (Figura 18).

Los códigos referentes a las estructuras arqueológicas consisten en una letra inicial, que indica la localización de la misma en el valle del Madriu (M) o en el de Perafita-Claror (P), seguida de seis dígitos. Los tres primeros corresponden al número de estructura, mientras que los tres últimos hacen referencia al nivel estratigráfico correspondiente. Por ejemplo el código M177103 se referirá al estrato arqueológico 103 de la estructura 177, situada en el valle del Madriu. En aquellas ocasiones en que hagamos referencia únicamente a la estructura arqueológica el código se compone de la letra M o P, seguida de los tres dígitos de la estructura. Cuando se hace referencia al yacimiento, el código se compone de la letra M o P seguida de dos dígitos correspondientes al número de yacimiento.

3.1. PALEOLÍTICO Y EPIPALEOLÍTICO

No existen en el marco pirenaico yacimientos representativos del Paleolítico inferior o medio. La primera ocupación humana atestiguada en esta área data del paleolítico superior. Los yacimientos de Montello (Cerdanya), la Cova de Belvis (Pays de Sault, Aude) o la Cova de la Vaca (Haut Ariège) testimonian una primera ocupación de los Pirineos y, por lo tanto una primera explotación de los recursos de altura, muy diferentes en el Paleolítico superior a los actuales (Roberts 1998, 78-126; Miras et al. 2007). Como Martzluff (2005) ha señalado, no existe un conjunto cultural formado por los diferentes yacimientos pirenaicos. En la vertiente oriental sí puede hablarse de un complejo cultural magdaleniense coherente mientras que en los Pirineos catalanes deberíamos considerar una mayor disgregación cultural, aunque el magdaleniense denote cierta presencia bajo formas originales.

Fue precisamente un yacimiento pirenaico, el Mas d'Azil, el que dio nombre a aziliense. Pero este no es el único yacimiento testimonio del epipaleolítico/mesolítico en los Pirineos, sino que destacan entre otros Rhodes II, la Cova del Parco y el Poëmau (Martzluff 2005, 32).

Pero es sin duda el yacimiento de la Balma de la Margineda en Andorra el que aporta, tanto por la enorme documentación que presenta como por su proximidad al área de estudio, una mayor información referente a la ocupación humana durante el epipaleolítico y el mesolítico. Este yacimiento, que presenta industrias líticas de tipo aziliense y sauveterriense, servía de base estacional para actividades cinegéticas principalmente orientadas a la caza de cabras salvajes (*capra pyrenaica*) y, en menor medida, de otros animales como el ciervo, el rebeco o el jabalí (Géddes 1995; Gardeisen 2007; Guilaine *et al.* 2007). La pesca de truchas y, ocasionalmente anguilas, también se encuentra documentada (le Gall 1995; le Gall 2007). Finalmente, la recolección de caracoles terrestres complementaba otras actividades recolectoras que también testimonian una importante presencia, sobretodo en los estratos sauveterrienses en los que se documenta una mayor diversificación alimentaria propia de una economía de amplio espectro (André 1995; Marinval 1995).

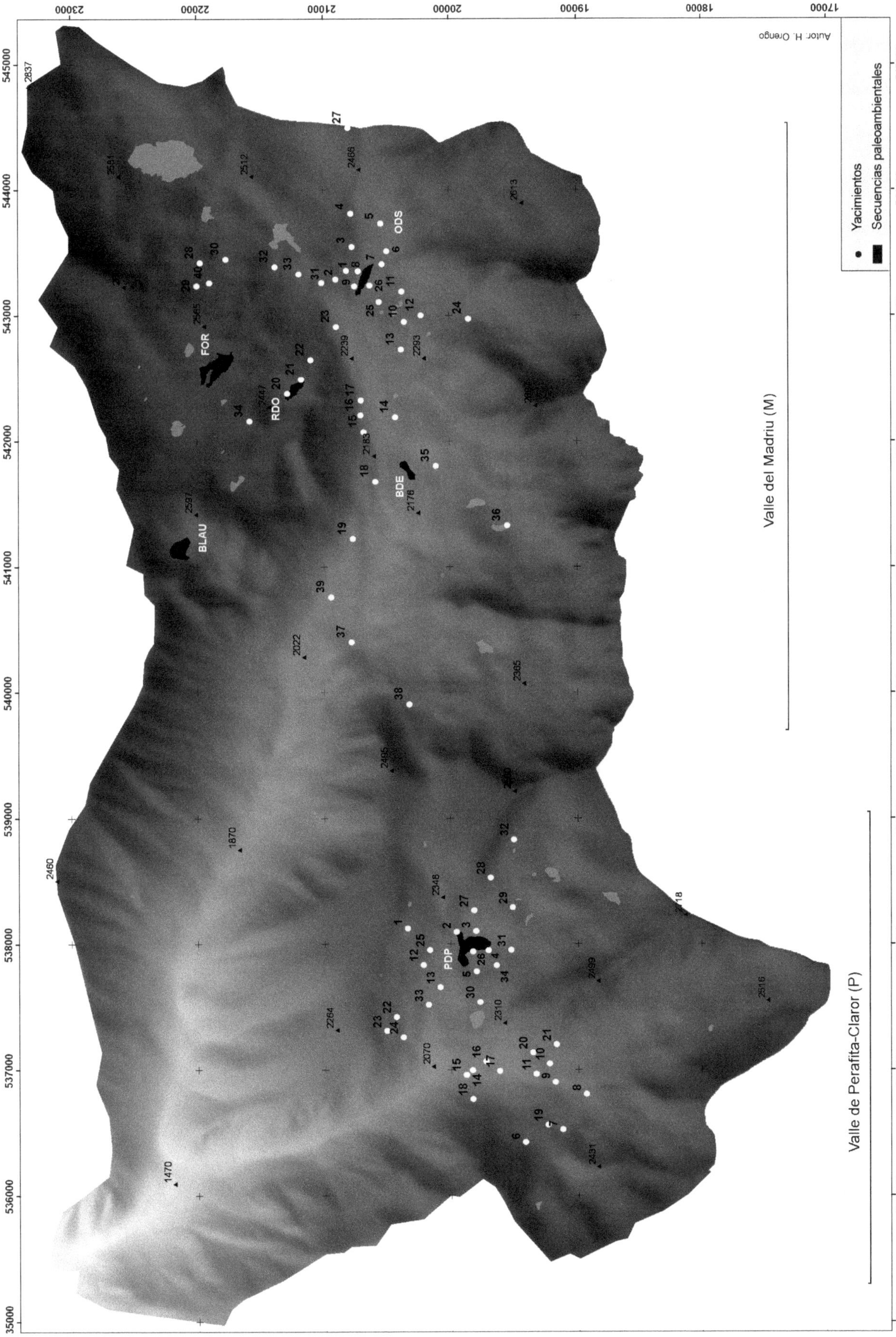

Figura 15. Mapa de localización de yacimientos arqueológicos en el valle del Madriu (M) y en el valle de Perafita-Claror (P). Figura: H.A. Orengo.

Estructura	Yac.	Código	Tipología	Altitud	Datación
MCarb01		Poz-17881	×	1.800	65 ± 30 BP
M027104	09	Poz-13618	●	2.296	75 ± 30 BP
P172104	18	Poz-32014	●	2.104	100 ± 30 BP
M201105	37	Poz-28431	►	2.066	120 ± 25 BP
M201102	37	Poz-28429	►	2.066	165 ± 25 BP
P168102	24	Poz-32016	×	2.108	170 ± 30 BP
PCarb13		Poz-18820	×	1.500	175 ± 30 BP
M209102	37	Poz-28432	●	2.059	195 ± 30 BP
M110203	14	Poz-13629	×	2.190	215 ± 30 BP
P138105	27	Poz-28437	●	2.295	230 ± 25 BP
MCarb03		Poz-17882	×	1.900	265 ± 30 BP
P141102	27	Poz-28438	▬	2.332	310 ± 30 BP
M121103	11	Poz-18808	▬	2.316	320 ± 30 BP
M010-02	05	Poz-10720	×	2.349	330 ± 30 BP
M082-03b	20	Poz-10721	×	2.405	325 ± 30 BP
M102104	17	Poz-13628	×	2.198	345 ± 25 BP
M087202	21	Poz-32022	*	2.398	345 ± 25 BP
MCarb06		Poz-18783	×	2.020	365 ± 30 BP
P055105	09	Poz-28439	●	2.183	525 ± 30 BP
M029102	09	Poz-13619	►	2.297	585 ± 30 BP
M059104	15	Poz-13627	▬	2.187	575 ± 30 BP
M035102	09	Poz-13622	●	2.299	640 ± 30 BP
P167104	09	Poz-28440	●	2.181	755 ± 30 BP
P123105	23	Poz-28435	●	2.209	830 ± 30 BP
P009103	02	Poz-22581	●	2.252	875 ± 30 BP
P009106	02	Poz-28425	●	2.252	935 ± 30 BP
P067103	12	Poz-22585	►	2.218	995 ± 30 BP
M083103	21	Poz-22565	●	2.397	1045 ± 30 BP
M084104	21	Poz-22566	●	2.399	1105 ± 30 BP
M084106	21	Poz-22560	●	2.399	1125 ± 30 BP
P061105	11	Poz-28441	●	2.186	1165 ± 25 BP
P009105	02	Poz-22582	●	2.252	1185 ± 30 BP
P171105	14	Beta-262966	●	2.103	1200 ± 40 BP
P123108	23	Poz-28436	●	2.209	1390 ± 30 BP
M220101	23	Poz-32020	□	2.285	1430 ± 30 BP
M091101	23	Poz-32024	□	2.256	1480 ± 30 BP
M152102	28	Poz-19972	●	2.518	1590 ± 30 BP
M157711	23	Poz-28428	□	2.260	1505 ± 30 BP
P082102	14	Poz-32015	►	2.105	1695 ± 30 BP
M157401	23	Poz-22563	□	2.260	1740 ± 30 BP
P072104	12	Poz-32013	●	2.226	1770 ± 30 BP
M052107	17	Poz-13626	□	2.196	1860 ± 30 BP
M219101	23	Poz-32019	□	2.284	1875 ± 30 BP
M135102	25	Poz-22562	▬	2.313	1985 ± 30 BP
M086105	21	Beta-262967	▬	2.399	2000 ± 40 BP
M176102	34	Poz-28427	●	2.527	3685 ± 30 BP
M151102	28	Poz-18812	▬	2.517	3755 ± 35 BP
M177103	34	Poz-32018	▬	2.528	3755 ± 35 BP
M217105	34	Poz-32023	●	2.528	3760 ± 35 BP
M175102	34	Poz-28426	●	2.527	3885 ± 30 BP
M218103	34	Poz-32017	▬	2.523	3885 ± 35 BP
P067102	12	Poz-22584	—	2.218	4105 ± 35 BP
P008108	02	Poz-22580	●	2.252	4415 ± 30 BP
P169104	12	Poz-32012	▬	2.223	4425 ± 30 BP
M085103	21	Poz-22561	—	2.399	4445 ± 35 BP
P008103	02	Poz-22579	●	2.252	4905 ± 35 BP
M152104	28	Poz-18807	●	2.518	5660 ± 40 BP
P009107	02	Poz-22583	●	2.252	9360 ± 50 BP

● Cabaña ► Corredor × Carbonera
▬ Cercado □ Horno — Suelo
* Hoguera

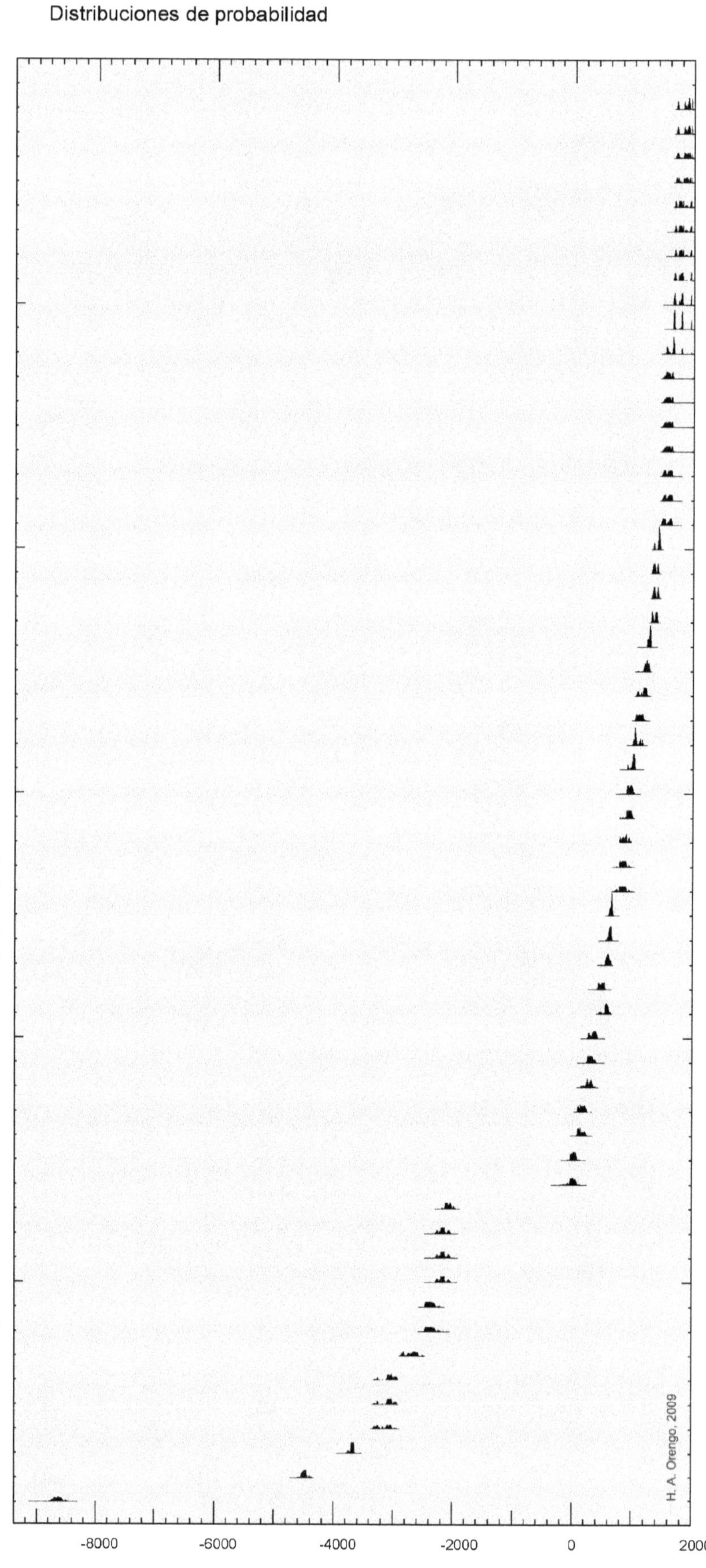

Figura 16. Resultados de las dataciones radiocarbónicas obtenidas en las estructuras excavadas en el VMPC mediante *Accelerator Mass Spectrometry* (AMS) en el *Poznan Radiocarbon Laboratory* (Polonia). Las fechas radiocarbónicas han sido calibradas utilizando una desviación estándar de 2σ (95% de probabilidad) con el programa CALIB 5.0.2 (Reimer *et al.* 2004). Figura: H.A. Orengo.

Figura 17. Tipologías principales de las estructuras de piedra seca localizadas en el VMPC. Fotografías: H. A. Orengo/ J.M. Palet.

3.2. NEOLÍTICO ANTIGUO

Contexto regional

La Balma de la Margineda también ofrece información de gran calidad para el análisis del neolítico antiguo en Andorra. La caza siguió siendo la actividad económica principal aunque se introduce la domesticación de ovicápridos y bóvidos. La pesca de truchas y anguilas y la recogida de caracoles se mantienen durante este periodo. A la recolección de recursos vegetales se une el cultivo incipiente de plantas exógenas como el trigo y la cebada. A partir del IV milenio se detecta un incremento de los habitantes de la Balma de la Margineda. En esta época el yacimiento no es solamente un refugio de cazadores, sino que, además, se utiliza como corral para el ganado (Llovera 1984, 44, en Yáñez 2005, 54). También se constatan los primeros contactos comerciales ya que se importa sílex para la confección de útiles. Aparece la cerámica de formas redondeadas y simples, en algunos casos con decoración cardial, muy típicas del neolítico antiguo mediterráneo (Llovera 1993).

Datos del VMPC

En el VMPC solamente se ha documentado una estructura perteneciente a este periodo. Se trata de la estructura 152 localizada en el yacimiento de Pleta de les Bacives I (M28). Ésta, situada a 2.518 m s.n.m., corresponde a una pequeña cabaña ovoide de 7 m^2 sobreexcavada en el terreno. La estructura sólo conserva los bloques correspondientes a su basamento, que presentan una forma irregular y son de gran tamaño (muchos superan el medio metro de longitud). El sondeo realizado en el interior de esta estructura muestra una estratigrafía de unos 60 cm de profundidad con cinco unidades estratigráficas identificadas, dos de estas han podido ser datadas. La primera datación radiocarbónica se realizó a partir de una muestra tomada en el nivel M152102 y aporta una fecha tardoromana (siglos V-VI). Este estrato corresponde a un nivel de derrumbe de la última fase de uso de la estructura. La segunda se realizó a partir de muestras tomadas en el estrato M152104. Este nivel, encajonado dentro del la UE M152104, corresponde a un nivel de ocupación de la primera fase de uso de la cabaña. La datación radiocarbónica aporta una fecha correspondiente al Neolítico antiguo. El sondeo de la ES 151, a tan solo unos metros de distancia de la estructura 151, desmiente que esta datación pueda corresponder a un nivel de circulación anterior a la existencia de la estructura ya que debajo de los niveles arqueológicos ligados al uso de la estructura sólo se encuentran sedimentos naturales (Palet 2007).

3.3. NEOLÍTICO MEDIO Y TRANSICIÓN AL NEOLÍTICO FINAL

Contexto regional

La tumba de Segudet (Ordino) resulta interesante porque ofrece una primera inhumación en cista, que resultará característica del neolítico medio. Este yacimiento refuerza la idea de transacciones comerciales de larga distancia ya que han aparecido ornamentos realizados con materias primeras ajenas al entorno inmediato. La cerámica presente en este yacimiento puede ser clasificada como de transición entre el epicardial y el postcardial. Como ya veremos cuando comentemos los resultados de las campañas de sondeo en el valle del Madriu, ésta no resulta la única evidencia de antropización durante el neolítico medio en Andorra.

El neolítico medio en Andorra tiene un protagonista claro en el yacimiento de La Feixa del Moro (Juberri), característico de la cultura típicamente catalana de los sepulcros de fosa. Éste combina estructuras de hábitat con enterramientos en cista. Las evidencias arqueológicas sugieren unas viviendas con paredes realizadas con ramas y arcilla sostenidas por postes clavados en el suelo. Se conservan estructuras de combustión en cubeta y fuegos simples así como siete grandes recipientes de almacenaje (Llovera 1986). Parece tratarse de un núcleo de hábitat estacional de un grupo acomodado a medios fríos que practicaba la agricultura, las técnicas de explotación forestal y, aunque no se ha podido probar hasta el momento, probablemente la ganadería (Llovera 1992, 267). Las tres cistas contienen inhumaciones y ajuares entre los que destacan los restos de aderezos realizados en variscita procedente del yacimiento de Can Tintorer (Gavà). La presencia de este material prueba la existencia de redes de intercambio de alcance supraregional de las que era partícipe este grupo.

Datos del VMPC

Es durante esta fase y sobretodo en su transición hacia el Neolítico final cuando encontramos evidencias arqueológicas de una fuerte frecuentación humana en el área de Perafita. El yacimiento más destacado es Orris de la Torbera de Perafita I (P02) (Orengo 2007, 2008). Este grupo de estructuras está formado por dos cabañas (ES 008 y 009) de grandes dimensiones (c. 5 m de diámetro) que forman un área cerrada a modo de cercado (ES010) y otra estructura lineal en su extremo sur que podría considerarse un corredor (ES011). El yacimiento presenta dos fases de uso, a la última de las cuales corresponden las estructuras 010, 011 y la última fase de las estructuras 008 y 009. La primera fase de estas dos últimas corresponde a niveles del Neolítico medio. Las dataciones radiocarbónicas han sido obtenidas a partir de material procedente de la cabaña 008. Sólo la afinidad tipológica de los artefactos recuperados y de las estructuras nos permite asignar el conjunto de cabañas a una misma fecha. El material lítico, el tamaño de las cabañas y la forma del yacimiento permiten asumir que éste estaría ocupado estacionalmente por un grupo reducido de cazadores-recolectores-pastores durante un largo periodo de tiempo que cubriría la segunda mitad del Neolítico medio.

Existen, asimismo, otras evidencias de frecuentación en el VMPC durante el Neolítico medio. El cercado 169 del yacimiento de Planells de Perafita (P12) presenta en su unidad estratigráfica P169104, correspondiente al nivel de ocupación y abandono, restos cerámicos y orgánicos que han podido ser adscritos por radiocarbono a este mismo periodo. Ello confirma el carácter ganadero de estos grupos del Neolítico medio (Orengo 2010).

Otra estructura que, por tipología, podemos adscribir al Neolítico medio es la P106 que corresponde a un monumento funerario de tipo cista (fosas recubiertas de lajas de piedra y cerradas herméticamente con piedras y otras losas (Jiménez 2006, 174) que podría haber sido utilizado para una inhumación individual. Ésta fue reaprovechada durante los siglos XVIII-XX como refugio con lo que toda evidencia de su uso prehistórico fue eliminada (Orengo 2010). La presencia en Andorra de grupos del Neolítico medio pertenecientes a la cultura de los sepulcros en fosa, de los que las tres cistas excavadas en la Feixa del Moro son buen ejemplo (Llovera 1986; Llovera y Beltran 1991), junto a la fuerte presencia de grupos humanos en el área de Perafita durante el Neolítico medio refuerza la hipótesis de adscripción cronológica.

Por último el yacimiento de Riu dels Orris I (M21) presenta un nivel de circulación (M085103) que corresponde exactamente con las fechas obtenidas en las estructuras P008 y P169 confirmando la amplia dispersión espacial de estos grupos del Neolítico medio en el VMPC (Palet 2008 a).

3.4. NEOLÍTICO FINAL - BRONCE ANTIGUO

Contexto regional

El territorio andorrano no había producido, hasta el desarrollo del proyecto del VMPC, ninguna evidencia datada en el Neolítico final o calcolítico aunque, correspondientes a este periodo, son múltiples las evidencias en zonas cercanas como Bescarán o el valle de Cabó. Recientemente el equipo dirigido por Ermengol Gassiot ha localizado diversas cistas y estructuras megalíticas en el Pallars Sobirà y la Alta Ribagorça. Concretamente los yacimientos de Lo Colomer y del Serrat de Capifonts han estado preliminarmente datados en el neolítico medio o final (Gassiot y Jiménez 2006). Asimismo hay ocupación documentada en la Cerdanya también en esta época (Davasse *et al.* 1997).

La edad del Bronce en Andorra se caracteriza por la falta de contextos claros y bien datados, así como por una ausencia de fósiles directores que puedan establecer una diferenciación clara entre las diversas fases del Bronce. De hecho las fases finales del Bronce se encuentran más relacionadas con un horizonte de campo de urnas o primer hierro (Yáñez 2005, 61). Entre los yacimientos andorranos con dataciones referentes a este periodo destaca en primer lugar Roc d'Enclar, que no aporta por sí mismo información relevante dada la escasez sedimentaria y el uso de materiales perecederos (Yáñez y Llovera 1997, 80). Por su parte, el yacimiento del Cedre en sus estaciones V y VII presenta las mismas indeterminaciones (Yáñez 2005). La presencia del vaso campaniforme en el Cedre VII permite situar la estación en cronologías del Calcolítico-Bronce antiguo en su primer nivel, mientras que un segundo nivel proporciona indicios de ocupación hasta el Bronce final. La estación del Cedre V, datada en el Bronce antiguo-medio, resulta coherente en su material con aquel proporcionado por el Cedre VII.

Yáñez y Llovera (1997) coinciden en señalar las culturas del Bronce en el Pirineo occidental como principalmente ganaderas, con un dominio de los ovicápridos sobre los bóvidos y suidos. Se caracterizarían por un mayor sedentarismo, aunque manteniendo cierto nomadismo, y por con un claro dominio de la metalurgia y una adopción de técnicas de explotación agrícola intensivas y extensivas. Los asentamientos, más sólidos que en épocas anteriores, tienden a situarse en lugares elevados con cierto dominio visual sobre rutas, recursos fluviales y áreas propicias para el cultivo. En el caso de Andorra, existiendo solamente los yacimientos del Roc d'Enclar y el Cedre, no podemos extrapolar un esquema de asentamiento. Con todo, sí se puede proponer un modelo de hábitat al aire libre con viviendas construidas con materiales perecederos, seguramente fruto de la falta de una geología cárstica que permita el aprovechamiento de cavidades naturales (Llovera 1993).

Datos del VMPC

Se ha documentado una sola evidencia de frecuentación para el periodo central del Neolítico final. Ésta corresponde a la datación de un nivel de circulación (P067102) anterior a la construcción de la estructura 067 del yacimiento de Planells de Perafita I (P12) (Orengo 2008). Este yacimiento ya presentaba estructuras datadas en el Neolítico Medio y se encuentra a tan sólo 350 metros del yacimiento de Orris de la Torbera de Perafita I donde se encontraban las cabañas datadas en el Neolítico medio. Esta evidencia sugiere una continuada frecuentación de la zona durante el Neolítico medio y final.

La transición entre el Neolítico final y el Bronce presenta una concentración de la ocupación en las cotas más altas del valle del Madriu, en los alrededores del Estany Forcat. En concreto el yacimiento de Els Estanys (M34) se presenta como un poblado constituido por tres cabañas circulares (175, 217 y 221) y una rectangular de gran tamaño (176) así como por dos áreas cerradas (177 y 218) que podrían haber servido para estabular ganado. Este yacimiento se encuentra delimitado y protegido por afloramientos graníticos y por un muro que alcanza el metro de grosor y cierra las zonas que la roca deja al descubierto. Tres de las cabañas y los dos cercados han sido sondeados, obteniendo cronologías de gran coherencia y pertenecientes todas a la transición entre el Neolítico final y el Bronce antiguo. Las dataciones sugieren también una ocupación estacional continuada del yacimiento durante un periodo cercano a los trescientos años (Palet 2009; Palet 2010). Los datos de los que disponemos sugieren que el yacimiento fue habitado por un grupo nómada, de entre 10 y 15 personas. Su ocupación sería estacional pero estable y su economía estaría basada en el pastoreo. En este sentido cabe nombrar el cercado (151) del yacimiento de Pleta de les Bacives I (M28). El nivel de uso de esta estructura (M151102) ha proporcionado una datación plenamente coincidente con las obtenidas en Els Estanys (Palet 2007). Considerando que la distancia entre estos dos yacimientos es de poco menos de 1.350 m y que se encontraban en uso al mismo tiempo es de suponer que el cercado pertenecería al mismo grupo.

3.5. BRONCE FINAL Y EDAD DEL HIERRO

Contexto regional

Los estadios finales de la Edad del Bronce se caracterizan por la desaparición de los monumentos megalíticos y la introducción de la cultura de los campos de urnas, procedente de áreas centroeuropeas. Se ha sugerido una cronología del bronce final para algún contexto del Roc d'Enclar (Yáñez 2005, 66). El Cedre presenta en sus estaciones II, III, VI y VII cultura material característica de este periodo como pueden ser las cerámicas con apéndices de botón, aquellas con decoración en estrías, fragmentos de urnas o fragmentos de aderezos en bronce. Los materiales del bronce procedentes de las diferentes estaciones del Cedre pueden ser consultados en la excelente relación proporcionada por Llovera (1987).

En cuanto a la introducción de las innovaciones técnicas propias de la Edad del Hierro en los Pirineos, ésta fue lenta y tardía. Ello fue debido, principalmente, al alejamiento del litoral donde se daban las principales dinámicas de interacción entre las poblaciones locales del hierro y los diversos contingentes de comerciantes y colonos venidos del este mediterráneo. Tradicionalmente se ha considerado que la adopción de novedades técnicas y sociales se ve reflejada en el desarrollo de las diversas culturas ibéricas peninsulares. En nuestra opinión el desarrollo de las culturas peninsulares ha de ser atribuido, principalmente, a dinámicas socioeconómicas internas, que las interacciones comerciales pudieron potenciar.

En Andorra la presencia de importaciones pertenecientes a estas culturas resulta residual con respecto a los materiales indígenas (Yáñez 2005, 70). Diversas teorías, han pretendido explicar la presencia de estos materiales exógenos como consecuencia colateral de movimientos trashumantes (Campmajó y Padró 1978; Cura y Principal 1995; Gómez y Pérez 1995; Solé 1997). Actualmente se propone un modelo de incipiente comercialización a través de rutas transpirenaicas como la que se conocerá en época romana como s*trata Ceretana*, a través de las cuales se introducirán materiales ibéricos procedentes de la península e itálicos. Yáñez (2005, 70), propone una iberización del pirineo a partir del siglo II a. C. basándose en las evidencias proporcionadas por los yacimientos de Roc de l'Oral, l'Antuix, Roc d'Enclar y el Cedre IV.

El yacimiento Roc de l'Oral (s. II – I a. C.) se sitúa sobre una elevación controlando el paso al valle de Encamp por el río Valira. Se han documentado cerámicas de pasta clara ibérica, campaniana B itálica, cerámica gris ampuritana y *sigillata aretina*. También aparecieron elementos de decoración metálicos entre los que destaca un pie de bronce a modo de amuleto. El yacimiento de Antuix reproduce la ubicación del Roc de l'Oral dominando el río sobre una elevación, se trata de un poblado al aire libre. Los materiales aparecidos no permiten una adscripción cronológica clara aunque, a grandes rasgos, se puede atribuir al asentamiento una cronología de entre el siglo II y I a. C. El yacimiento del Roc d'Enclar presenta en esta fase una explotación de tipo vitivinícola. Las dos dataciones radiocarbónicas (50 a. C. - 230 d. C. y 30 a. C. - 250 d. C.), junto a los materiales recuperados, confirman una cronología de entre el cambio de era y el siglo III para esta fase del yacimiento. El Cedre IV presenta un horno doméstico con abundantes restos de cerámica a mano y algún fragmento de cerámica a torno. Las dataciones radiocarbónicas sugieren fechas entorno al siglo III a. C. (Llovera y Rico 1990, 50).

En definitiva, podemos considerar que esta fase se caracteriza por la existencia de asentamientos en altura, con amplio dominio visual de un entorno que ya clara-mente empieza a ser explotado en base a la obtención de un excedente agrícola. A pesar de estas evidencias la economía seguiría resultando preferentemente ganadera y se ha resaltado el carácter seminómada de las comunidades pirenaicas. El hallazgo de un tesoro monetario con, entre otras, piezas provenientes de la ciudad ibérica de *Bolskan* (Osca) y un denario de plata de Augusto acuñado en *Tarraco* prueba la existencia de intercambios económicos a nivel supraregional y la integración de los territorios andorranos en redes de comercio de largo alcance ya en el cambio de era. El papel que los Pirineos jugaron en la romanización de la península ibérica no resulta desdeñable. Se ha destacado la importancia del valle del Segre como la vía de paso que utilizaron los ejércitos de Aníbal para atravesar los Pirineos por la Cerdanya y el coll de la Perxa, remontando el valle desde el llano de Urgell (Bosch Gimpera 1965; Pons 1994). Esta ruta posteriormente sería conocida como *strata Ceretana* y comunicaría los *municipia* de *Ruscino* e *Ilerda*, uniendo su trazado los núcleos de *Iulia Lybica* y *Orgellum*. Esta *strata* resultaría de gran importancia en la romanización de los territorios andorranos a través de la vía secundaria que, desde el llano de Urgell, se adentra en ellos siguiendo el valle del Valira (Solé 1997; Bosch y Yáñez 2005, 78-80; Aliaga *et al.* 1998, 265-266). Cabe resaltar la importancia de esta ruta, secundaria sólo ante la *strata Ceretana*, como uno de los pasos directos más importantes entre las dos vertientes de los Pirineos. La presencia en el valle de Andorra de, no sólo importaciones romanas, sino asentamientos dedicados a una producción de tipo latino, puede así quedar explicada por la integración de este territorio dentro de la red de comunicaciones romana y su vinculación a un centro urbano redistribuidor como pudo ser *Orgellum* (La Seu d'Urgell) y de manera más clara *Iulia Lybica* (Bosch y Yáñez 2005, 85; Mercadal y Olesti 2001).

Datos del VMPC

No se han encontrado evidencias arqueológicas de frecuentación humana en el VMPC para ambos periodos.

3.6. PERIODO ROMANO

Contexto regional

La romanización de la Península Ibérica se inicia en el 218 a. C. con el desembarco de Cornelio Escipión en *Emporion*. Este proceso, que se alargará durante varios siglos, afectó de forma precoz a las áreas pirenaicas. Polibio (Hist. 35, I) relata la existencia de dos pueblos sometidos por Aníbal a su paso por los Pirineos: los *airenosis* y los *andosinoi*. Diversos autores han identificado estos últimos como los antiguos habitantes de Andorra (Pons 1994, 294; Rico 1997, 86) basándose en criterios homofónicos. Estos dos grupos, según Yáñez (2005, 75), formarían parte de la comunidad de los *cerretani* que se extendían desde el prepirineo hasta las cuencas altas tributarias del Segre. Sin embargo, con anterioridad a la guerra de Sertorio, la percepción de los Pirineos por parte de Roma era probablemente marginal, siendo el valle del Ebro el principal eje de penetración hacia la península, desde el litoral hacia el interior (Beltrán-Lloris y Pina 1994, 105). El interés de Roma por el control de los pasos pirenaicos se pone especialmente de relieve en la guerra sertoriana y, más tarde, en la guerra entre César y Pompeyo, un interés sin duda justificado por su valor estratégico. La fundación pompeyana de las ciudades de *Lugdunum* (Sant-Bertrand de Comminges) en el centro y de *Pompaelo* (Pamplona) al oeste, muestra el control de los Pirineos por parte de Roma, control que de manera simbólica ilustran los trofeos del Coll de Panissars y de Urkulu erigidos por Pompeyo en los extremos este y oeste de la cadena montañosa (Beltrán y Pina 1994, 115-117; Sablayrolles 2006, 61-63).

Según Pons (1994, 87) la asimilación definitiva de estas poblaciones no se da hasta la represión de la revuelta ceretana del 39 a. C. por Cn. Domicio Calvio (Dion Casio, XLVIII, 41). La fundación en época de César de *Iulia Lybica* (Llívia) en el centro del macizo se relaciona con la importancia de la Cerdanya en la red de comunicaciones. Los trabajos de O. Mercadal y O. Olesti han incidido en la profunda romanización de la Ceretania. (Mercadal *et al.* 1995; Mercadal y Olesti 2001; 2005). De hecho, Olesti propone la existencia de una centuriación centrada en la ciudad romana de *Iulia Lybica* que cubriría gran parte de la actual comarca de la Cerdanya (1993; 1999; 2008) y que, según Olesti, supondría el dominio y reparto de la tierra por parte de la administración romana, es decir, un control efectivo del territorio ceretano.

La relevancia de los cambios acaecidos con la romanización en el territorio andorrano se pone de relieve al analizar yacimientos como el Roc d'Enclar que, como ya hemos comentado, presenta una explotación vitivinícola de tipo romano aunque sus orígenes deben situarse en los cambios sufridos por el mundo indígena hacia el siglo II a. C. (Bosch *et al.* 1999). Esta explotación, según Bosch y Yáñez (2005, 82), debía formar parte de un mosaico de propiedades de una villa romana situada en el llano del Urgellet, a donde se transportaba el vino para su comercialización.

La importancia de la ganadería queda también patente en la fama y subsiguiente comercialización de los jamones ceretanos (*perna cerretana*) desde época republicana hasta el final de la tetrarquía, evidenciado por diversas fuentes: Estrabón (III, 4, 11) y Marcial (Ep. XIII, 54, 1) o por el edicto de precios de Diocleciano del año 301 (CIL III, suppl. 1, p. 1932). Sin duda las condiciones físicas del territorio andorrano le conferirían, ya en esta época, un fuerte carácter ganadero que le permitiría contribuir al prestigio de las exportaciones cárnicas ceretanas.

En la segunda mitad del siglo IV y el V d. C., una vez amortizada la explotación vitivinícola, el yacimiento del Roc d'Enclar se convierte en un castro en consonancia con la nueva situación geoestratégica del siglo IV, que pretende convertir los pirineos en una barrera contra las invasiones germánicas, en particular contra los movimientos de los francos y los alanos en la Galia. Este castro probablemente formaba parte de los llamados *claustra Pyrenaei* (Bosch y Yáñez 2005, 87). Esta fase del Roc d'Enclar testimonia la fuerte integración del valle de Andorra en el Imperio y la importancia del paso que este yacimiento defendía. Asimismo, la probable presencia de un núcleo de hábitat estable entre los siglos IV y VI d. C. anexo a este castro (Arce 2005, 212), recuerda la inseguridad e inestabilidad política que caracteriza el mundo romano a partir de la segunda mitad del siglo IV.

Datos del VMPC

Después de la falta de datos arqueológicos durante el Bronce medio y final y la Edad del Hierro, el periodo romano muestra notables evidencias de ocupación y explotación del territorio en el área de estudio así como de cierta diversidad en las actividades desarrolladas. La presencia de numerosas estructuras ganaderas a partir del cambio de era en las diversas zonas del VMPC demuestra que el pastoreo sigue ejerciendo su predominancia en la dinámica económica de los valles. Las cabañas datadas en este periodo (P072 y M152, nivel M152102), son escasas y de reducido tamaño, por lo que la dinámica de ocupación ya no puede relacionarse con grupos nómadas sino, más bien, con pastores ligados al movimiento de ganado estival. Los cercados (M085 y M135) son reducidos, en general de menos tamaño que los descritos para época neolítica. Con todo, el aumento general de estructuras nos lleva a suponer la existencia de una ganadería a pequeña escala con múltiples rebaños que aprovechan las pasturas supraforestales durante el verano (Palet 2007; Orengo 2010; Palet 2010).

También durante este periodo se detecta en el valle del Madriu, concretamente en los yacimientos de Riu dels Orris III (M23) y Pla de l'Ingla III (M17), la presencia de hornos de pez o pega de época imperial y tardoantigua (Palet 2006; 2008 a; 2009; 2010). La pez se obtiene a partir de la liquefacción de la resina de coníferas, en el caso de los hornos localizados en el Madriu se trata de *Pinus mugo* ssp. *uncinata*. El proceso de obtención de la pez se basa en la combustión de leña impregnada de resina dentro del horno hasta que ésta se licua y se filtra por un orificio situado en la zona más baja del horno por la que se deposita en una cubeta adyacente. La pez resulta de utilidad en la impermeabilización de recipientes y otros objetos, iluminación o preparación de remedios tradicionales. Además, la producción de pez permitía la obtención de carbón que también podía ser comercializado. Esta doble funcionalidad de los hornos de resina podría explicar la falta de carboneras de época romana en estos valles. Han sido localizados un total de 6 hornos en el valle del Madriu (M052, M091, M157, M219, M220 y M221) y otro en el de Perafita (P194). La datación de cinco de estas estructuras (M052, M091, M157, M219 y M220) ha proporcionado cronologías que abarcan desde el cambio de era hasta el siglo VII d. C., aunque no se descarta que alguno de ellos haya podido utilizarse durante un periodo más dilatado. Los datos obtenidos evidencian sin duda una importante producción de pez en Andorra durante la época romana y la antigüedad tardía (Palet et al. 2010).

3.7. PERIODO VISIGODO Y MUSULMÁN

Contexto regional

La única estructura de hábitat documentada en Roc d'Enclar durante el periodo visigodo es un nivel excavado en roca natural de forma oval que se interpreta como un fondo de cabaña. Por otra parte, con cronologías de mediados del s. VI-VII, se han documentado diferentes silos de almacenamiento agrícola y un total de 19 tumbas que evidencian una ocupación semiestable del yacimiento durante este periodo (Ruf *et al.* 1995; Llovera *et al.* 1997). También en este periodo se documenta el espacio funerario del Camp del Perot y, posiblemente, también la necrópolis de Antuix (Bosch 2005, 91). El proceso observado en Roc d'Enclar parece englobarse dentro de la dinámica de ocupación del territorio documentada en el contexto catalán durante este momento. La desintegración del mundo romano y la configuración del dominio visigodo en la península conllevarán la aparición de nuevos núcleos de población formados generalmente por cabañas construidas con materiales perecederos. A ello se unirá la generalización en la utilización de silos como sistema de almacenamiento de cereales y leguminosas y la construcción de necrópolis rurales (Gurt y Navarro 2005). La precariedad de la información arqueológica en Andorra impide caracterizar hasta qué punto este tipo de ocupación territorial supone una ruptura con las fórmulas de ocupación de época romana en este sector pirenaico.

Otro aspecto común a destacar en los contextos arqueológicos de este periodo es lo que ha sido denominado como la "medievalización" de la cerámica y que consiste en la progresiva sustitución del material cerámico de importación de tradición romana por cerámica de producción local y regional (Gurt y Navarro 2005). Es éste un proceso igualmente observado en Roc d'Enclar a partir del s. VI y sobretodo en el s. VII. Gracias a la realización de estudios arqueométricos se han podido establecer dos áreas de producción para la cerámica común reductora documentada: el valle central del Valira, adyacente al yacimiento, y el valle del Valira del Norte (Figura 3). Ello no sólo ratifica el carácter local de la cerámica de Roc d'Enclar, sino que indica la existencia de intercambios entre las comunidades que ocupaban el territorio andorrano (Ruf y Yáñez 1997). Para Bosch (1997) este proceso debe enmarcarse en un contexto de modificación de las redes de circulación que hasta este momento habían articulado el territorio en época romana. La instauración del poder visigodo en *Toletum* a finales del s. VI habría supuesto un desplazamiento de las redes comerciales hacia el centro peninsular. Ello provocaría que Andorra y este sector pirenaico, en una situación periférica y de frontera con el reino franco, quedaran un tanto relegadas de unas redes comerciales más amplias.

Con todo, cabe destacar el progresivo fortalecimiento del vecino núcleo de *Urgellum*, que se convierte en sede episcopal, como mínimo a partir del s. VI (Bosch 1997). Andorra quedaría integrada en la red de influencia comercial y político administrativa del obispado de Urgell durante este periodo. Una prueba de ello es la construcción entre finales del s. VII y principios del s. VIII de una iglesia en Roc d'Enclar. Ésta actuará como núcleo aglutinador de una población dispersa en Andorra, con la creación de una necrópolis paleocristiana y la aparición de las primeras estructuras de hábitat estable en el yacimiento (Solé y Bosch 1997).

A partir de la segunda década del s. VIII los ejércitos musulmanes extienden su radio de actuación hasta las regiones francesas de Narbona, Nimes y Carcassona, quedando la región pirenaica meridional integrada dentro del dominio musulmán. La presencia musulmana en Andorra, Urgell y Cerdanya finalizará entre el 785 y el 790, momento en que estos territorios pasan a formar parte de la administración carolingia (Abadal 1969). Presumiblemente, durante este periodo, se acentuaría la inestabilidad política y militar en Andorra, al quedar emplazada en una zona fronteriza entre los poderes carolingios y musulmanes (Bosch 1997).

Poco se sabe de las relaciones entre las comunidades hispanovisigodas andorranas y las delegaciones militares musulmanas presentes en este periodo en el territorio pirenaico. No existen evidencias arqueológicas que demuestren la existencia de una ocupación musulmana en territorio andorrano. Los restos arqueológicos de Roc d'Enclar no evidencian cambios significativos para este periodo, siendo el espacio funerario en torno a la iglesia de Sant Vicenç d'Enclar utilizado sin interrupción hasta el s. IX (Bosch 1997). De la misma manera, la iglesia de Santa Coloma ha sido datada por su técnica constructiva en este periodo de dominio musulmán (Bosch 2005). Según Guillamet (1991) la integración de Andorra en el control administrativo musulmán probablemente se viera traducida en el pago de tributos fiscales, mientras que Baraut (1988) ha considerado esta ocupación musulmana como puramente nominal y sin consecuencias efectivas sobre la sociedad andorrana de la época.

Datos del VMPC

La única evidencia de explotación forestal datada en el periodo visigodo (siglo VII) se refiere al horno de pez M220101 del yacimiento de Riu dels Orris III (M23). La datación radiocarbónica se obtuvo a partir de resto de madera de pino carbonizada incrustada en la pared del horno que es, por tanto, contemporáneo a la construcción del horno. A partir de ese momento no se documentan más hornos, lo que indica una notable reducción de la actividad de explotación de la resina en este sector altimontano en los siglos posteriores. Con todo, y aunque no es posible precisar cuanto tiempo estuvo en uso esta estructura, la comparación con los otros hornos de pez documentados en el valle sugiere que éste funcionaría durante, al menos, los ss. VII - VIII. Con todo, la producción de la pez en otros sectores de Andorra continuaría muy probablemente hasta el s. IX, cuando se documenta la producción de pez junto a la de hierro como las únicas actividades económicas andorranas sujetas a diezmo. A este respecto, en el documento ACU pergamino 10 la solicitud realizada por Guisad, Obispo de la Seu d'Urgell, a Carlos el Calvo para que confirme sus derechos a la percepción del diezmo del hierro y de la pega en Andorra (Baraut 1988, 93-95), sugiere la existencia de estas actividades en un momento previo al documento del s. IX (Orengo 2007).

De igual forma, la actividad pastoral se ve notablemente reducida. Sólo una estructura ha sido adscrita al periodo visigodo, la cabaña P123108 del yacimiento de Planell del Bisbe (P23). Esta cabaña se encuentra estructuralmente ligada a dos cercados ganaderos, lo que sugiere una simultaneidad cronológica para el conjunto arqueológico, que se mantendrá en activo hasta al menos el siglo XIII (Orengo 2010).

Finalmente, no existe evidencia arqueológica en el VM-PC que permita precisar los posibles efectos que la ocupación musulmana tuvo sobre el territorio altimontano estudiado.

3.8. EDAD MEDIA

Contexto regional

Entre los años 780 y 988 los valles andorranos y otros valles abiertos al Segre, pero sobretodo el núcleo de Urgell, se convierten en una zona central y atractiva. Ello se debe a la voluntad de las autoridades carolingias de integrar estos territorios en la Marca Hispánica, reforzando la autoridad de la Seu d'Urgell como centro gestor de la zona (Guillamet 1991; Bosch 2005, 98). Esta nueva situación potencia el desarrollo de una nueva élite que ya podríamos empezar a denominar como aristocrática. Con la progresiva independencia de los condados de la Marca Hispánica del poder carolingio esta nueva aristocracia asienta su autoridad en el territorio en un proceso que culminará con la implantación de los derechos feudales. A partir del s. IX se dispone de una abundante documentación histórica, centrada sobre aspectos relacionados con la propiedad de la tierra y la gestión y control de la producción agrícola. Las zonas de alta montaña y su explotación, sin embargo, son las grandes ausentes en las fuentes históricas. Los primeros documentos escritos referentes al territorio andorrano datan del siglo IX y nos dejan entrever una definición territorial del valle de Andorra (valle Handorrensis) bajo la autoridad del condado de Urgell (Baraut 1988). Ya en este periodo se hace referencia a una división territorial de Andorra en iglesias, que más tarde se convertirán en parroquias en un sistema de división territorial que se mantendrá vigente hasta época contemporánea (Viader 2003, 29). Este proceso de regularización y fijación territorial respondería a un interés de las autoridades por obtener un mejor control y fiscalización de sus territorios, como muestra la concesión al obispo de Urgell en el 860 (Baraut 1988, 93-95) de la percepción del diezmo del hierro y la pega de Andorra.

El primer aspecto a destacar es el fuerte incremento de los núcleos de hábitat en Andorra entre los siglos IX y XIII. En este momento se configura un paisaje densamente habitado, situado siempre por debajo de los 1.600 m y siguiendo el curso de los principales cursos fluviales. El área que mayor concentración de hábitat presenta es la zona meridional de Andorra.

Resulta complejo caracterizar la evolución del poblamiento de este periodo en el territorio andorrano. La información procede de la mención de lugares en los documentos de transacción de propiedades, que sólo proporcionan fechas *ante quem* que no permiten establecer el momento de establecimiento de los lugares mencionados. Por su parte, Bonnassie considera que en torno al s. X se daría la máxima densidad de población en estos sectores de montaña afirmando que « la muntanya pirinenca, al segle X, no era tan sols superpoblada, era saturada » (1979, 81).

La extensión de las actividades agropecuarias es un proceso paralelo al incremento de población y a la progresiva feudalización del territorio pirenaico y catalán durante este periodo (Bonnassie 1979; Esteban et al. 2003; Viader 2003; de Bolós 2004). La información es precaria para los siglos IX y X, pero las escasas referencias parecen apuntar a un modelo de explotación basado en la pequeña propiedad alodial campesina que conviviría con las tierras de dominio condal (Guillamet 1991). El *alou* es una unidad de explotación dispersa que comprende la casa, el corral, huertos, y tierras distribuidas de manera dispersa por el territorio (Bonnassie 1979). Así por ejemplo, cerca del valle del Madriu, en Engordany, encontramos registrada la existencia de un *alou* en una donación del año 1000 y se compone de « terres, vinyes, cases, casals, horts, colomers, eres, pallers, entrades, sortides, cultius i erms » (Guillamet 1991, 210).

A partir de la segunda mitad del s. X se produce un cambio importante en esta estructura agraria andorrana con la concentración de la propiedad alodial y condal en manos del poder eclesiástico de la Iglesia de Santa Maria de Urgell y el monasterio de Tavèrnoles (Guillamet 1991) y la aparición de una posible aristocracia local (Bosch 2005). A través de la imposición de rentas y censos en especie al campesinado, el poder laico y eclesiástico dirigirá y orientará la explotación del territorio y la producción agropecuaria (Esteban *et al.* 2003). Con todo, en Andorra, este proceso será progresivo y no parece imponerse totalmente hasta entrado el s. XIII (Bosch 2005). Es en este contexto de feudalización del territorio en que se sitúa la expansión cerealícola y arborícola y la puesta en cultivo de un importante número de tierras yermas en el conjunto de *Catalunya la Vella*, incluyendo la región pirenaica (Bonnassie 1979; Esteban *et al.* 2003). En Andorra, la documentación histórica nos muestra la existencia de una agricultura diversificada, de carácter estable siguiendo los cursos fluviales del Valira y sus afluentes. Junto al policultivo cerealícola (trigo, cebada, avena, centeno, etc.), destaca la importancia de la vid. No sólo es el único cultivo arborícola que encontramos citado en la documentación desde el s. IX, sino que constituye unos de los principales productos sobre los que se centraban las rentas y censos feudales andorranos (Guillamet 1991). La agricultura bajomedieval en Andorra se ve obligada a adaptarse a un territorio de montaña donde los lugares propicios para el cultivo escasean, haciendo totalmente necesaria la adecuación de los sectores de media montaña y, en ocasiones de alta montaña. Así, a principios del s. XIII, se documentan conflictos entre las comunidades de Aos y la Massana por los cultivos situados entre 1.700 y 2.000 m en el coll de Muntaner (Vela 2005, 148).

La actividad ganadera y el uso de los espacios altimontanos se encuentran referenciados de manera indirecta y secundaria en la documentación andorrana de este periodo. A partir de finales del s. X la documentación hace continuas referencias a bosques, pastos, prados, orris, tierras yermas y cultivadas tanto en los valles como en las montañas, mientras que una buena parte de las rentas y diezmos eclesiásticos entre los siglos X y XIII descansaban sobre la producción pecuaria. Así, encontramos abundantes referencias al pago de vacas, corderos, jamones, lana y quesos (Guillamet 1991). Con todo, la carga fiscal sobre la ganadería era menos importante que la existente sobre la producción agrícola, lo que unido al derecho de uso público de los pastos de montaña, convertía a la actividad pastoral en una actividad muy beneficiosa para el campesinado (Codina 2005 *a*). El aprovechamiento de los prados altimontanos estivales se integraría dentro de un sistema de explotación agropecuario en lo que se denomina trashumancia de corto recorrido, vertical o de valle. En ocasiones, a las comunidades andorranas se les concedía el derecho de pasturar en prados que eran propiedad de otras parroquias. Este derecho a la explotación de prados y leña es de tipo comunal y se conoce como *empriu*. La feudalización favoreció, además, el desarrollo de una ganadería biestacional orientada hacia la comercialización de los productos ganaderos como carne, lana, cuero o queso (Vela 2005). Como se observa a continuación, ello propiciará la multiplicación de las estructuras ganaderas en los sectores altimontanos del VMPC durante el periodo medieval.

Otro tipo de ganadería que se desarrolla en los Pirineos Orientales a partir de la segunda mitad del s. XII vinculada a la actividad de los monasterios cistercienses de Poblet y Santes Creus es la trashumancia horizontal o de largo recorrido. Ésta supuso la obtención de los derechos de pastos estivales de estas comunidades del sur de Cataluña en amplias zonas de la Cerdanya y l'Alt Berguedà (Rendu *et al.* 1995; de Bolós 2004). No hay evidencias documentales de que Andorra participara en esta trashumancia de largo recorrido monástica. Sin embargo, desde el s. XIII se documenta el establecimiento de relaciones trashumantes entre las comunidades andorranas y las de sectores circundantes, como la Cerdanya o el Ariège (Vela 2005), así como *carreries* en Bixessarri y a una *carrerada* en Juberri (Guillamet 1991). Ya a finales del s. XIII y durante el s. XIV se documentan diferentes contratos de arrendamiento de pastos de invierno en zonas de la Noguera, Urgell y Pla d'Urgell por parte de propietarios andorranos (Ros 2004). Al tiempo, proliferan los conflictos por la explotación de los pastos supraforestales pirenaicos. Éstos se documentan tanto entre las comunidades y parroquias andorranas como entre las comunidades andorranas y las comunidades de sectores circundantes, lo que subraya la cada vez mayor presión ganadera y la subsiguiente necesidad de disponer de zonas de pasto estivales al final de la Edad Media (Vela 2005).

Datos del VMPC

La evidencia arqueológica confirma la situación descrita en el contexto histórico regional. Ya en el siglo IX se documentan yacimientos de explotación ganadera en diversas zonas del área de estudio. La cabaña P171 del yacimiento de Pleta de Claror I (P14), en el valle de Claror, constituye el primer ejemplo, pero también en la zona cercana de Perafita se documentan múltiples evidencias de ocupación. Así, en el yacimiento de Orris de la Torbera de Perafita I (P02) la cabaña P009 y, por relación constructiva, la P008 fueron reocupadas durante esta época de forma continuada hasta el siglo XII, la presencia de un cercado y un corredor indican que este establecimiento se centraba en la producción quesera y debe por tanto ser considerado un orri. De igual forma, en el yacimiento de Planells de Perafita I (P12), una datación obtenida en el nivel de uso del corredor P067 correspondiente al siglo XI, confirma la presencia de orris en esta zona para fechas tan tempranas (Orengo 2007; 2008; 2009; 2010). El yacimiento de Planell del Bisbe continúa en uso en estas fechas pero además en el s. IX se añade una nueva cabaña en la zona de Claror (P061) asociada a un cercado. Ya en el valle del Madriu, el yacimiento de Riu dels Orris I (M21) presenta dos cabañas (M083 y M084) datadas en los siglos IX y X. Éstas se encuentran asociadas a un cercado ganadero (M085) que, en su fase más reciente, se relaciona con estas estructuras (Palet 2008 *a*).

Tanto el yacimiento de Orris de la Torbera de Perafita I como el de Planell del Bisbe siguieron en uso durante el siglo XII. A pesar de la falta de evidencias arqueológicas que confirmen la existencia de otras estructuras para este siglo debemos tener en cuenta la presencia en la zona de Perafita y Claror de yacimientos con características similares a los anteriores que no han sido excavados y que por tipología y criterios tafonómicos podríamos adscribir a esta fase. El siglo XIII presenta una marca de continuidad con el anterior. El yacimiento de Planell del Bisbe sigue en uso y se ha datado también una cabaña circular de piedra seca (P167) hacia mediados de este siglo. Ésta, perteneciente al yacimiento de Planell Gran III (P09), forma parte de un grupo de cinco cabañas de las que sólo dos han sido excavadas. La segunda cabaña (P055) ha sido datada a finales del siglo XIV. Este yacimiento resulta interesante porque ofrece una ocupación continuada desde el s. XII hasta, al menos, el s. XVII (Orengo 2009).

El valle del Madriu también ofrece evidencias de una importante actividad ganadera en el siglo XIV. Así, en el yacimiento de Orris de Setut III (M09) la datación de los niveles de ocupación de una cabaña (M035) y el corredor de un orri (M029) han permitido situar el inicio de una fase importante de actividad ganadera en el s. XIV. La misma cronología se ha obtenido del nivel de ocupación/abandono de un corredor en Pla de l'Ingla (M059), en el que se encontró, además, un diente de ovicáprido (Palet 2006; Palet *et al.* 2007).

Las primeras referencias documentales al VMPC aparecen a lo largo de este periodo en relación a la actividad ganadera. La primera se trata de una sentencia arbitral de

1289 en la que Roger Bernat III regula un conflicto entre la parroquia de Andorra la Vella y la de Sant Julià de Lòria por la propiedad de las montañas de Forganyà (más tarde conocida como Claror) y Perafita. A partir de esta sentencia esta zona pasa a ser propiedad de la parroquia de Sant Julià, pero se convierte en *empriu* de Andorra. Los conflictos entre ambas parroquias por el valle de Perafita-Claror continuará en siglos posteriores, tal y como demuestra una segunda sentencia arbitral en el año 1487 en la que se regula el uso de diferentes sectores del valle. Estas disputas por el uso de los prados supraforestales no hacen sino destacar la fuerte presión ganadera que se daba en los mismos durante la baja Edad Media. De hecho, resulta sintomático que a la parroquia de Andorra la Vella se le concedan *emprius* en el año 1280 fuera del término de las parroquias andorranas, en el valle de la Pera. Para acceder a este sector desde Andorra era necesario pasar por el puerto de Perafita y dejar atrás los pastos del valle, que seguramente se encontraban explotados al máximo de su capacidad para haber de dejarlos atrás y pasturar sectores más lejanos (Orengo 2007, 110-111).

3.9. PERIODO MODERNO Y CONTEMPORÁNEO

Contexto regional

Uno de los cambios más característicos de la edad Moderna en la economía andorrana es la tendencia observada a partir del s. XVI hacia la concentración de la propiedad ganadera y la configuración de las llamadas compañías ganaderas. Este proceso implica también un cambio en el tipo de producción económica: la producción de queso y lana pasa a ser secundaria y los rebaños de las compañías se destinan principalmente al sector cárnico (Codina 2005 *b*, 195). Asimismo, este cambio potencia la actividad trashumante, que durante este periodo alcanza un peso destacado en la economía andorrana. Los llamados *cortons* o zonas de pastura estival en las zonas altas de los valles, sectores de propiedad y uso comunal durante la Edad Media, empiezan a ser arrendados por las comunidades andorranas. En un principio este arrendamiento, conocido como venta de hierbas, se realizará de forma fraccionada pero pronto, en el caso del valle del Madriu a partir de 1662 (Codina 2005 *b*, 193), se ampliará hasta cubrir grandes zonas de pastura, marginando el ganado colectivo andorrano a los *emprius* y a zonas de menor productividad.

Esta tendencia económica resulta generalizada y otros sectores, como el metalúrgico, también se ve afectado por ella. De hecho, es la necesidad de capital y el acceso a una red de distribución comercial exterior la que aúna los sectores. En general se trata de una dinámica económica caracterizada por el desarrollo de una economía con un carácter mucho más extraregional donde el movimiento del producto genera costes que los pequeños propietarios no pueden permitirse. Asimismo, los beneficios son mayores para los grandes propietarios y aquellos que deciden asociarse en compañías. Es la necesidad por parte de estas compañías de grandes áreas de pastura la que genera la dinámica de ventas de hierbas, que presenta una subida continua del coste de arrendamiento de los *cortons* hasta entrado el siglo XIX (Codina 2005 *b*).

Es también durante la edad Moderna cuando se evidencia un cambio en la siderurgia del hierro andorrana que pasa de una producción a pequeña escala de ámbito local a una producción comercial gracias al desarrollo de las fraguas siderúrgicas (o *fargas* en catalán). Las primeras fraguas andorranas no pudieron superar la crisis de mediados del s. XVII. Ya en la primera mitad del siglo XVIII se abren nuevas fraguas en Andorra. Una de ellas, construida en 1733, estaba ubicada en los sectores de media montaña del valle del Madriu. Éstas implantaban las innovaciones técnicas de la fragua catalana, que permitían una mayor producción de hierro.

La población andorrana experimenta un marcado crecimiento en la primera mitad del s. XIX que se verá acompañado de una crisis general en todos los sectores económicos, que experimentaron reestructuraciones a lo largo del siglo para superar la crisis económica. A este respecto resulta significativo el incremento de la demanda de tierras comunales para su puesta en cultivo a partir de 1860 en un intento, según O. Codina (2005 *a*), por compensar la escasez de productos de primera necesidad existente en el Principado. De hecho, hasta finales del s. XIX existirán abundantes campos de cultivo de centeno y maíz en las solanas al sur y este del Valira de Oriente y en las zonas meridionales del Valira, dominio del bosque submediterráneo (de Bolós 2003). Sin embargo, la remodelación más significativa de este periodo en el sector agrícola es, sin duda alguna, la introducción del cultivo de tabaco a finales de siglo, con la fundación de la Tabacalera Andorrana en 1899 (Codina 2005 *a*). En este momento, además, el sector ganadero se orientará hacia la ganadería bovina en zonas de media montaña, con la creación a principios del s. XX de una central lechera (Codina 2005 *a*).

La primera mitad del s. XX, por su parte, supuso un cambio en la trashumancia ovina andorrana. A raíz de la guerra civil española las redes trashumantes tradicionales entre España y Andorra serán reemplazadas por un nuevo tipo de trashumancia hacia la zona del Lenguadoc francés. Esta región, en pleno auge vitícola, requería de grandes cantidades de fertilizantes naturales y ofreció numerosas ventajas económicas al ganado trashumante andorrano, entre ellas la gratuidad de los pastos (Ros 2004). Con todo, esta "edad de oro" de la trashumancia andorrana fue más lucrativa para la zona septentrional andorrana, en especial para parroquias como Canillo u Ordino, cerca de la frontera francesa. A este respecto, la parroquia de Escaldes, en especial entre las décadas de los años 30 y 40, no llega a superar las 1.500 cabezas de ganado trashumante, mientras que Canillo y Ordino registran cifras en torno a los 10.000 y 5.000 cabezas respectivamente (Ros 2004). La segunda mitad del s. XX supondrá el giro completo de la orientación económica andorrana hacia el sector terciario, ya comentado en el apartado de usos del suelo actuales, con el abandono de prácticas agropecuarias y un máximo desarrollo del urbanismo, el turismo y las actividades comerciales y financieras.

Datos del VMPC

Los datos arqueológicos sin duda muestran una gran coherencia con el contexto histórico regional. Es en época moderna cuando se data la amplia mayoría de carboneras excavadas en el valle del Madriu (Carbonera 6, M087, M102, M082, M010, Carbonera 3, M110, y M201) así como en el valle de Perafita (Carbonera 13 y P168). Éstas sin duda estarán ligadas al auge de la metalurgia del hierro andorrana. El carbón producido por las carboneras más tardías habría sido empleado por la fragua de Andorra, construida en 1733, situada en el valle del Madriu y que poseía los derechos de explotación carbonera del valle (Orengo 2007, 98). Cabe destacar, como se puede observar en la Figura 16, que la amplia mayoría de las carboneras sondeadas resultan posteriores al establecimiento de la fragua del Madriu, cuyo último documento de arrendamiento se data en 1832 (Orengo 2007, 99).

La vertiente ganadera de la expansión económica moderna también se ve fuertemente reflejada en el VMPC, aunque con diferentes intensidades. En el valle del Madriu la documentación analizada por H. A. Orengo (2007, 100-101) muestra para la primera mitad del siglo XVII un continuado arrendamiento de las diferentes zonas de pastura del valle del Madriu. En cuanto a los datos arqueológicos se ha datado un corredor y una cabaña de esta fase, ambas estructuras en el yacimiento de Estall Serrer (M37). Parece que estas estructuras son anteriores a la Pleta del Estall Serrer. La relación estratigráfica entre el corredor y el gran muro de cercado que forma la pleta así lo demuestra (Palet 2009). Otras estructuras que, por tipología, podrían ser adscritas a esta fase serían los grandes orris de Orris de Setut I y II (yacimientos M07/M08) y de Orri del Riu dels Orris (M20) (Palet 2006; Orengo 2007). El valle de Perafita-Claror difiere en cuanto a su integración en las dinámicas de venta de hierbas. Esto es debido a que desde 1289, Perafita-Claror, área perteneciente al común del Sant Julià, se convierte en *empriu* del *Comú d'Andorra* (Orengo 2007, 97 y 111), es decir, los ganaderos de Andorra tenían derecho a pasturar en este valle. Así el *Comú de Sant Julià* no pudo arrendar unas pasturas cuyo uso se encontraba compartido con otro *Comú*. La documentación demuestra que el derecho de *empriu* de Andorra sobre esta zona se mantuvo a lo largo la época moderna. Este derecho, que en época medieval no revestía más importancia que la de compartir las pasturas, determina que durante la época moderna se conserven dinámicas ganaderas más tradicionales en Perafita-Claror. Así pues, es posible documentar gran cantidad de orris (11 estructuras) en esta zona que, por tipología y estructuras asociadas, se consideran pertenecientes a esta época (Orengo 2007). El estudio documental reafirma la continuidad en el uso de los orris en esta área a lo largo del periodo moderno (Orengo 2007, 97). Además, entre los siglos XVI y XVIII han sido datadas en las zonas altas del valle de Perafita una cabaña (P138) y un cercado (P141) construidos con materiales perecederos (Orengo 2009).

Durante la Edad Contemporánea el estatus de *empriu* del valle de Perafita-Claror se mantiene y así esta área se queda fuera de las dinámicas de la gran trashumancia en las que se ve inmerso el valle del Madriu. Éste continúa las tendencias de venta de hierbas ya descritas para la Edad Moderna, como prueban los documentos de ventas de hierbas del siglo XIX (Orengo 2007, 99). En este valle se ha documentado arqueológicamente la existencia de grandes pletas, amplios cercados de piedra seca asociados a cabañas cuadrangulares relativamente bien conservadas. Buenos ejemplos serían la pleta del Estall Serrer (M37) y la Pleta de les Bacives (M40), capacitadas ambas para estabular miles de cabezas de ganado. El corredor asociado a la pleta del Estall Serrer sigue en uso a principios del siglo XIX, lo que indica que la producción de quesos tradicionales ha seguido marginalmente en práctica incluso en las zonas dedicadas a la venta de hierbas para ganado cárnico. En el valle de Perafita también aparecen pletas, en concreto la de Perafita y la de Claror. En el caso de la de Claror podemos indicar que posee una capacidad de estabulación elevada, mayor que la de cualquiera de las estructuras pertenecientes a las fases anteriores, aún así cabe señalar que su tamaño no resulta comparable al de las pletas del Madriu. La datación de la cabaña de piedra seca (P172) de la pleta de Claror (yacimiento P18) ha corroborado la cronología contemporánea de estas estructuras ganaderas de grandes dimensiones (Orengo 2010). La pleta de Perafita no ha mostrado estructuras que puedan ser descritas como tal. Con todo, el yacimiento ha sido señalado como pleta, en primer lugar por la toponimia, y en segundo, por la existencia de una cabaña de pastor contemporánea, probablemente construida en los años 60 del siglo XX. Estas estructuras solían marcar las áreas preferenciales de pastoreo en el VMPC durante el siglo XX (Orengo 2007).

4. CALIBRACIÓN DE LA SEÑAL POLÍNICA

Uno de los principios básicos sobre los que se asienta la palinología en cuanto a la reconstrucción de la evolución del paisaje vegetal es la existencia de una relación entre la lluvia polínica y la vegetación que la ha generado (Faegri e Iversen 1989). De esta manera, la lectura y decodificación de la señal polínica fósil depende en gran medida de un ejercicio de analogía (Gaillard *et al.* 1992; Broström *et al.* 1998; Hicks 2007). El estudio de la lluvia polínica actual permite establecer la manera en que diferentes configuraciones paisajísticas y prácticas humanas (ganadería, agricultura, gestión forestal, etc.) quedan reflejadas en la señal polínica. El método de analogía más utilizado a la hora de analizar la relación entre la vegetación y la representación polínica es el denominado método de las "especies indicadoras" (Iversen 1964). Basado en las preferencias fitosociológicas modernas de las plantas, este método proporciona una información cualitativa a la hora de identificar las fases de antropización en el espectro polínico fósil en base a la caracterización de los "indicadores polínicos de antropización" (IPA), es decir, aquellas especies, taxones y tipos polínicos que son representativos de determinados tipos de actividad humana y que permiten la calibración de espectros polínicos fósiles en términos antrópicos (Behre 1981, 1988). Existen dos tipos de IPA:

1. *Anthropochores*: plantas no autóctonas de la flora local de la región estudiada y que han sido introducidas por el ser humano (generalmente plantas cultivadas).
2. *Apophytes*: plantas presentes en la flora local pero que son favorecidas por determinadas prácticas humanas (segetales, arvenses, ruderales, etc.).

Las primeras listas de IPA se realizaron a partir del estudio de las características ecológicas y reproductivas en términos de dispersión y producción polínica de las especies más representativas de espacios antropizados noreuropeos (Behre 1981; Vorren 1986; Oeggl 1994; Richard 1997). La relación entre vegetación y representación polínica ha sido, a partir de este momento, explorada de una manera más precisa y objetiva analizando el modo en que las comunidades quedan representadas en la lluvia polínica con el fin de caracterizar indicadores polínicos de antropización a nivel local. En el método de los análogos actuales se utilizan modelos de ordenación numérica que permiten caracterizar la relación lluvia polínica-comunidad vegetal actual en base a diferentes variables medioambientales, topográficas y/o antrópicas que caracterizan la zona de estudio (Hjelle 1999; Gaillard *et al.* 1994; Boström *et al.* 1998; Räsänen 2001; Mazier 2006). El carácter indicativo a nivel local o regional de los diferentes indicadores se ha abordado, además, mediante los denominados índices de Davis (1984), que permiten definir si un taxón polínico se encuentra infrarepresentado, sobrerepresentado o correctamente asociado en la zona de estudio con respecto a la planta de la que procede (Hjelle 1997; Bunting 2003; Brun *et al.* 2007).

A partir de la década de los 90 se desarrolló el denominado método comparativo. En lugar de utilizar criterios cua-litativos de interpretación, mediante este método se comparan numéricamente los espectros polínicos procedentes de paisajes actuales y aquellos espectros fósiles obtenidos en registros sedimentarios con el objetivo de reconstruir cuantitativamente los paisajes del pasado (Gaillard 2007). Para ello se cuantifican el conjunto de parámetros que puedan afectar la representación polínica de un paisaje actual en las cubetas sedimentarias, tales como la producción, dispersión y deposición polínica de los diferentes taxones, la distancia entre las comunidades vegetales y la cubeta, las condiciones atmosféricas, tamaño de la cubeta etc. (Broström *et al.* 2004; Nielsen 2004; Bunting *et al.* 2005; Mazier *et al.* 2008). Estos datos se implementan en modelos de simulación matemáticos que permiten definir el área de captación polínica de las cubetas sedimentarias en paisajes con comunidades vegetales diversas e inferir el aporte polínico regional o local de una cubeta y reconstruir cuantitativamente la composición vegetal a partir de secuencias fósiles (Sugita *et al.* 1999; Bunting y Middleton 2005; Gaillard 2007; Sugita 2007 *a, b*). Estos estudios, se han desarrollado e impulsado de una manera muy destacada durante esta última década en países escandinavos y noreuropeos, sobretodo a partir de la red de investigación POLANDCAL (*Pollen-Landscape calibration Network*) (Gaillard *et al.* 2008).

Los métodos cuantitativos se han aplicado fundamentalmente en zonas de baja altitud, que ofrecen una menor complejidad a la hora de cuantificar los parámetros de dispersión y deposición polínica con respecto a zonas de montaña, sujetas a una gran heterogeneidad geomorfológica, topográfica, microclimática y vegetal (Körner 1999; Illa *et al.* 2006). Los estudios referenciales de lluvia polínica actual en sectores montañosos europeos son todavía escasos y se orientan hacia análisis de tipo cualitativo siguiendo el método de los análogos actuales, aunque recientemente se han comenzado a realizar estudios cuantitativos en áreas puntuales del macizo del Jura (Suiza) (Mazier *et al.* 2008). En el caso de los estudios realizados en el macizo francés de Taillefer (Isère) (Brugiapaglia *et al.* 1998) y en el Pirineo Central catalán (Val d'Aran) (Cañellas-Boltà *et al.* 2009) se analiza la relación de la vegetación y lluvia polínica con respecto a criterios únicamente altitudinales. Otros estudios, como los realizados en los Alpes franceses (Court-Picon *et al.* 2005; Court-Picon *et al.* 2006), los Pirineos Occidentales franceses (Mazier *et al.* 2006; Mazier *et al.* 2009) y la región sur del Cáucaso (Georgia) (Connor *et al.* 2004) incluyen otro tipo de variables de carácter medioambiental, topográfico y de usos del suelo.

La enorme cantidad de factores de que depende la conformación del espectro polínico dificulta la extrapolación de los resultados de los estudios referenciales y listas de indicadores a áreas con condiciones ecológicas y topográficas diferentes (Mazier *et al.* 2009). Esto es especialmente cierto en cuanto al estudio de paisajes mediterráneos, que presentan condiciones medioambientales y configuraciones paisajísticas muy diferentes a los medios continentales noreuropeos. La realización de estudios referenciales de lluvia polínica de la región analizada se considera, por lo tanto, una herramienta útil a la hora de caracterizar adecuadamente el impacto antrópico a partir de los datos polínicos fósiles (Boström *et al.* 1998; Miras 2004; Court-Picon *et al.* 2005). Es por esto que se ha considerado necesaria la elaboración de un estudio referencial propio en el VMPC, que ha sido recientemente publicado (Ejarque *et al.* 2011)

La utilización de los datos referenciales actuales en la calibración de espectros polínicos fósiles no está exenta de problemas. La constricción más importante es común a todo ejercicio de analogía: la información deriva de formas actuales de modificación del paisaje que no son necesariamente equivalentes a las existentes en el pasado. Cuando se dispone de información sobre los modos de explotación existentes en el pasado el problema es, hasta cierto punto, corregible a partir de la búsqueda de territorios en los que han perdurado prácticas tradicionales. El problema se agudiza cuando se afrontan periodos para los que no se dispone de información documental y en los que pueden haberse practicado mecanismos de gestión paisajística diferentes ya no existentes en la actualidad, lo que ocurre con frecuencia. La extrapolación de indicadores de antropización actuales es, en este caso, mucho más compleja y comprometida. La palinología debe asumir, al igual que otras disciplinas en las que la interpretación descansa en ejercicios de analogía, que ciertos paisajes pasados no pueden ser reconstruidos a un nivel óptimo de fiabilidad. Además, muchos de estos trabajos se basan en la reconstrucción de medios donde predomina una única práctica, ya sea agrícola (Brun *et al.* 2007) o pastoral (Mazier *et al.* 2009). Esto es poco adecuado en medios de montaña como los pirenaicos cuya explotación se caracteriza por una gran heterogeneidad de prácticas humanas (Palet *et al.* 2007; Ejarque *et al.* 2009; Ejarque y Orengo 2009; Palet *et al.* 2010). Además, debido a la destacada diferencia en la gestión de estos medios en nuestros días, principalmente orientada al turismo rural, deportes de montaña y pastoreo, con respecto al pasado, resulta especialmente complicado el encontrar escenarios adecuados donde se desarrollen prácticas antiguas para realizar estudios de analogía. Este es el caso de nuestra zona de estudio. Tal y como ya ha sido destacado en el apartado relativo a los usos del suelo, los modos de explotación que encontramos actualmente en el valle distan mucho de ser equivalentes a los existentes en épocas anteriores, lo que es común en otros sectores pirenaicos (Lasanta-Martínez *et al.* 2005; García-Ruiz y Lasanta 1990). Las actividades agrícolas, de gestión y explotación forestal (carboneo, tala, explotación de resina) que caracterizaron la explotación del valle en el pasado (Palet *et al.* 2007; Riera *et al.* 2009; Palet *et al.* 2010) han desaparecido por completo. La principal actividad antrópica existente en el VMPC es un pastoreo estacional de pequeños rebaños de équidos y bóvidos que dista mucho de la tradicional ganaderia ovicáprina que ha caracterizado este sector en el pasado. El referencial polínico, por tanto, no será representativo ni de la multiplicidad de actividades que ya no se desarrollan ni de las prácticas trashumantes y pastorales antiguas que lo caracterizaron. Así, si bien el estudio referencial de lluvia polínica aquí presentado se realiza con el objetivo de obtener una información cualitativa e indicativa del modo en que las comunidades del valle y su representación polínica responden al conjunto de variables ambientales y antrópicas que se dan actualmente en el valle, los resultados serán utilizados con precaución a la hora de interpretar las secuencias fósiles.

4.1. ESTUDIO REFERENCIAL DE LLUVIA POLÍNICA ACTUAL EN EL VMPC

Trabajo de campo: recogida de muestras referenciales

La recogida de muestras se realizó en el VMPC en julio de 2005 y julio de 2006 sobre un transepto altitudinal siguiendo el valle principal del Madriu entre 1.242 y 2.541 m s.n.m. (Figura 18). Además, se seleccionaron puntos de muestreo complementarios en base al MDHA 1: 25.000 (Carreras *et al.* 2003) con el fin de caracterizar con detalle el conjunto de formaciones fitosociológicas existentes en el valle. Se consideraron sobre el terreno aquellos puntos donde se desarrollaban actividades pastorales u otras actividades antrópicas con el fin de que el muestreo referencial reflejara adecuadamente los usos del suelo actuales en el valle y sus diferentes intensidades. Un total de 27 muestras superficiales fueron recogidas cada *c.* 50-100 m y las características topográficas y medioambientales de cada punto de muestreo se detallan en la Tabla 1.

El muestreo se ha llevado a cabo preferentemente sobre musgos, comúnmente utilizados como captadores polínicos en los estudios referenciales de lluvia polínica actual (Hjelle 1999; Court-Picon *et al.* 2005; Mazier *et al.* 2006; Brun *et al.* 2007; Cañellas-Boltà *et al.* 2009). El hecho de que los musgos contengan varios años de lluvia polínica no sólo minimiza las variaciones anuales de la lluvia polínica sino que convierte el espectro polínico captado en un análogo adecuado para los espectros fósiles (Gaillard *et al.* 1994; Hjelle 1999; Hicks 2007; Räsänen 2001). En ocasiones puntuales, y debido a la marcada influencia mediterránea del valle, no se hallaron musgos en el punto de muestreo, por lo que fue necesario recurrir a muestras de vegetación superficial. La utilidad y fiabilidad de muestras de vegetación superficial para estudios referenciales de lluvia polínica actual ha sido comprobada en medios áridos donde la presencia de musgos escasea (Xu *et al.* 2009). En cada punto de muestreo, cada uno comprendiendo un área de 10 m^2 y con unas características topográficas y de composición vegetal homogéneas, se recogieron diversas muestras de musgos sin incluir restos de tierra superficial y se unificaron en una única muestra (Gaillard *et al.* 1992, Hicks 2007; Räsänen *et al.* 2004; Mazier et al. 2006).

La descripción fitosociológica de los puntos de muestreo se realizó visualmente en un cuadrante de 10 m^2 según el método de elaborado por Braun-Blanquet (1979), que contempla la abundancia y recubrimiento de cada especie inventariada siguiendo la siguiente escala:

5: recubrimiento superior al 75%
4: recubrimiento entre 50 y 75%
3: recubrimiento entre 25 y 50%
2: recubrimiento entre 5 y 25%
1: recubrimiento entre 1 y 5%
+ recubrimiento inferior a 1%

La identificación botánica se realizó en base a las floras de Bolòs *et al.* (2005) y Rameau *et al.* (1989). La nomenclatura de las especies vegetales se ha realizado en base a la flora de Bolòs *et al.* (2005).

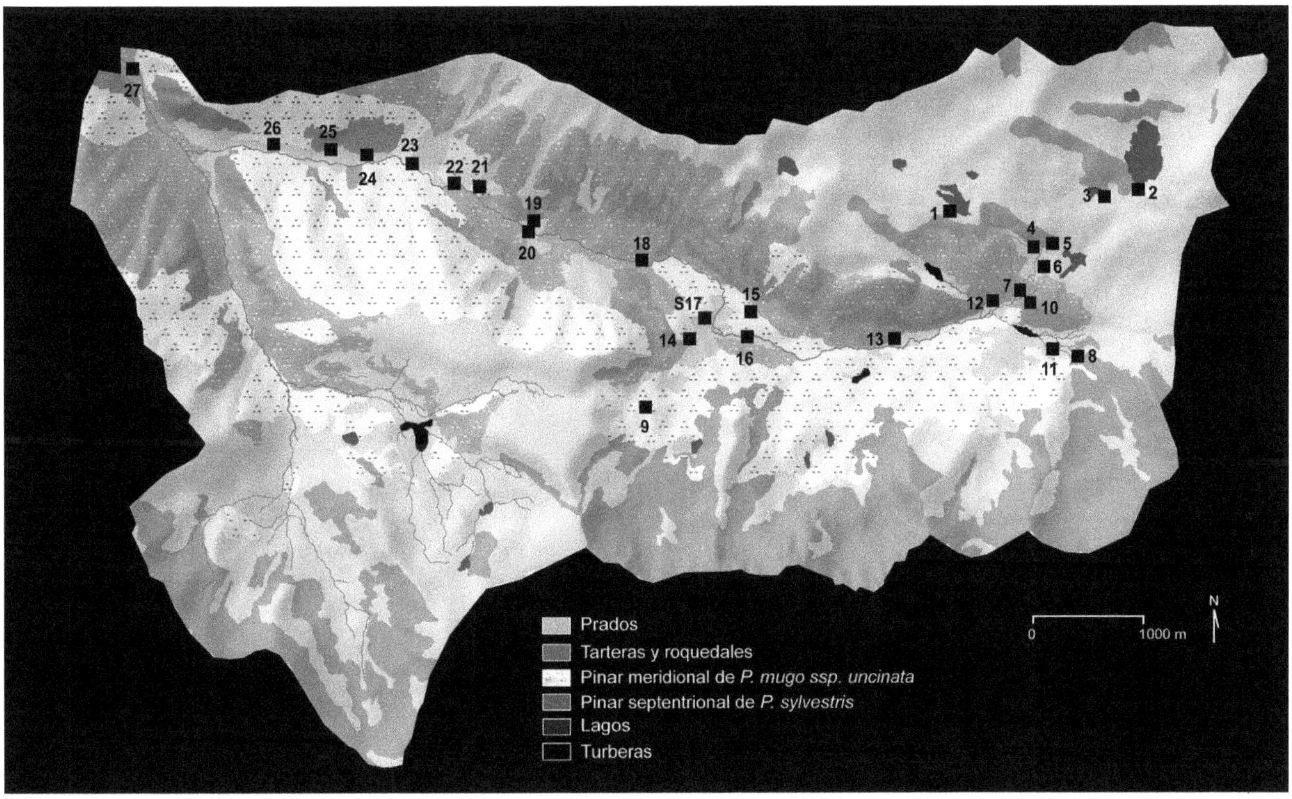

Figura 18. Mapa de localización de los puntos de muestreo referencial realizado en el valle del Madriu.

Código	Nombre	Descripción	Altitud (m s.n.m.)	Latitud	Longitud
1	Estany Forcat	Ribera lacustre en cuenca pedregosa y pastos alpinos de *Nardus stricta*	2.541,1	42º 29' 36" N	1º 38' 16" E
2	Estany de l'Illa	Pastos alpinos xerófilos de *Festuca airoides*	2.519,8	42º 29' 41" N	1º 39' 29" E
3	Estany Rodó	Comunidad viaria en pastos alpinos	2.479,6	42º 29' 40" N	1º 39' 15" E
4	Estany de la Bova	Pastos alpinos higrófilos de *Nardus stricta*	2.435,7	42º 29' 26" N	1º 38' 57" E
5	Cabaña dels Estanys	Reposadero de ganado junto a cabaña de pastor próxima a lago	2.428,9	42º 29' 24" N	1º 38' 51" E
6	GR-2400	Limite supraforestal en vertiente sur colonizado por *Juniperus*	2.400,9	42º 29' 18" N	1º 38' 51" E
7	GR-2348	Pinar ralo subalpino en vertiente sur con sotobosque de *Juniperus*	2.348,7	42º 29' 11" N	1º 38' 48" E
8	Sobre ODS	Limite supraforestal en vertiente norte colonizado por *Rhododendron*	2.360	42º 29' 00" N	1º 39' 08" E
9	Bosc Estall Serrer	Pinar denso subalpino en vertiente norte	2.311,1	42º 28' 32" N	1º 36' 23" E
10	GR-2343	Pinar ralo subalpino en vertiente sur frecuentado por ganado	2.343	42º 29' 18" N	1º 38' 51" E
11	ODS	Turbera fuertemente pastoreada	2.318,8	42º 29' 58" N	1º 38' 56" E
12	Cabana RDO	Reposadero de ganado a pie de roquedal	2.271,7	42º 29' 09" N	1º 38' 31" E
13	Pla de l'Ingla	Prado xerófilo en fondo de valle	2.181,7	42º 28' 59" N	1º 37' 54" E
14	Collada de la Maiana	Pinar denso subalpino en vertiente norte próximo a formaciones megafórbicas	2.108,3	42º 28' 57" N	1º 36' 39" E
15	GR-2070	Claro de *c.* 800 m pastoreado en pinar subalpino	2.066	42º 29' 16" N	1º 36' 56" E
16	Prat Estall Serrer	Prado xerófilo en fondo de valle frecuentado por ganado	2.058,1	42º 28' 59" N	1º 37' 03" E
17	Pleta Estall Serrer	Formación nitrófilo-ruderal en cercado ganadero	2.056,6	42º 29' 03" N	1º 36' 41" E
18	Les Fargues	Claro de 40 x100 m frecuentado por ganado en pinar subalpino	1.977,3	42º 29' 25" N	1º 36' 23" E
19	Fontverd	Antiguo prado de siega pastoreado junto a refugio de montaña	1.879,3	42º 29' 28" N	1º 35' 37" E
20	Refugi Fontverd	Comunidad nitrófilo-ruderal junto a refugio	1.884,7	42º 29' 32" N	1º 35' 40" E
21	La Colilla	Comunidad arbustiva del pinar subalpino en pendiente sur	1.872,4	42º 29' 42" N	1º 35' 21" E
22	Roc de l'Estall	Pinar denso de *Pinus sylvestris* no pastoreado junto a GR	1.817,6	42º 29' 43" N	1º 35' 12" E
23	Pas del xic	Pinar denso de *Pinus sylvestris* próximo a formación de abedules y a bosque de abetos	1.752,5	42º 29' 46" N	1º 34' 57" E
24	Terres de Sant Miquel	Formación secundaria de *Corylus* en zona de terrazas de cultivo amortizadas	1.674,5	42º 29' 49" N	1º 34' 43" E
25	Ramio	Terrazas amortizadas intensamente pastoreadas, próximas a pinar y formaciones caducifolias	1.630,7	42º 29' 49" N	1º 34' 30" E
26	Camí de la Muntanya	Comunidad viaria en pinar y landas de *Corylus avellana*	1.578	42º 29' 52" N	1º 34' 09" E
27	Sortida GR-7	Antiguas terrazas de cultivo colonizadas por bosque caducifolio mixto	1.242	42º 30' 13" N	1º 33' 08" E

Tabla 1. Descripción de los puntos de muestreo referencial en el valle del Madriu.

Variables ambientales y antrópicas

Para cada muestra de referencial han sido consideradas diferentes variables topográficas (4), antrópicas (2) y relacionadas con la estructura vegetal (2) (Tabla 2).

Topográficas-pedológicas	Unidades
Orientación	0/1 (N, S, E,O,NE, SO,NO)
Altitud	m s.n.m.
Pendiente	1 (0-5°) - 6 (25-30°)
Tipo de suelo	Litosol/ ránker (0/1)
Vegetación	**Unidades**
Tipo de vegetación	PA, BSU, PSUB, BSS, BMM
Humedad	0/2
Antrópicas	**Unidades**
Presión pastoral	0 – 3
Medios pisoteados	0/1

Tabla 2. Listado de las variables medioambientales consideras en 13 categorías y las unidades en que se expresan

La importancia de estas variables a la hora de explicar la relación entre los espectros polínicos y la estructuración de la vegetación actual en medios de montaña ha sido destacada en diferentes estudios referenciales (Brugiapaglia *et al.* 1998; Court- Picon *et al.* 2005; Mazier *et al.* 2006). Dichas variables han sido necesariamente adaptadas a las características medioambientales propias de la zona estudiada, notablemente más reducida que en dichos estudios, y a la información cartográfica medioambiental proporcionada por el *Sistema d'Informació Geogràfica Mediambiental d'Andorra* (SIGMA). Esta información ha sido integrada en un sistema de información geográfica (SIG) por H.A. Orengo (ICAC) para elaborar las diferentes variables, las cuales se explican a continuación:

1. Variables topográficas y pedológicas:

- Altitud: las cotas de cada muestra referencial se obtuvieron con un GPS de mano *Magellan Explorist 210.* Éstas fueron convertidas a la proyección andorrana con parámetros de transformación de *Datum* para poder ser incorporadas a la base cartográfica desarrollada mediante un SIG del proyecto. Dado que el cálculo de las cotas de altitud a partir de mediciones GPS conlleva errores de cálculo derivados de la posición cenital de los satélites, se decidió extrapolar las altitudes a partir de la situación de las coordenadas X e Y del GPS en el modelo digital del terreno (MDT) de alta definición del proyecto. De esta forma se asegura una alta fiabilidad en la restitución de la altitud de las muestras referenciales.
- Orientación: este mismo MDT, de 5 x 5 m / celda, se utilizó para realizar un mapa ráster de orientaciones. Éste fue reclasificado en 7 categorías diferentes que reflejan las principales orientaciones existentes en el valle. A partir del mapa de orientaciones reclasificado se extrapolaron los valores de orientación en cada uno de los pares de coordenadas de las muestras referenciales.
- Pendiente: el MDT sirvió igualmente para obtener un mapa de pendientes que fue reclasificado en 6 categorías. Éstas cubren los valores de "1" (terreno con inclinación débil de 0° a 5°) a "6" (terreno con inclinación fuerte de 25° a 30°).
- Tipo de suelo: a partir del *Mapa pedològic de les Valls d'Andorra. Esc. 1:50.000* se han establecido los dos tipos de suelo predominantes en la zona de estudio: 1) litosoles y 2) ránkers. Al predominar el substrato granítico a lo largo del transepto referencial, la geología no ha sido considerada como variable.

2. Variables relacionada con el tipo de vegetación: se han establecido cinco grupos mediante las observaciones de campo y la información proporcionada por el Mapa de hábitats de Andorra 1: 25000. Se han considerando la apertura y la composición vegetal predominante: prados alpinos (PA), bosque subalpino de *Pinus mugo ssp. uncinata* (BSU), prados subalpinos (PSUB), bosque subalpino de *Pinus sylvestris* (PSS) y Bosque montano mixto (BMM).

3. Variables antrópicas: se han considerado dos variables cualitativas en relación a las principales actividades antrópicas que se realizan en el valle:

- Presión pastoral: se ha estimado en una escala de 0 a 3 que corresponde a: inexistente (0), débil o puntual (1), fuerte (2) y sobre pastoreo o reposadero de ganado (3).
- Medios pisoteados: se ha valorado la influencia sobre las formaciones vegetales de actividades de tránsito animal y antrópico en caminos, y en la proximidad de estructuras antrópicas, principalmente refugios de montaña que presentan un fuerte uso u ocupación durante el periodo estival.

Trabajo de laboratorio

La analítica química de un total de 27 muestras referenciales se ha realizado en el laboratorio de Arqueología de la Universidad de Barcelona siguiendo protocolos estándar utilizados en palinología (Faegri e Iversen 1989; Moore *et al.* 1991). La solución obtenida para cada muestra ha sido depositada en tubos etiquetados incorporando glicerina. Esta solución ha sido montada en láminas selladas con DPX para realizar el análisis microscópico.

La cuantificación e identificación de microfósiles ha sido realizada por la Dra. Ana Ejarque (16 muestras) y el Dr. Yannick Miras (11 muestras) mediante un microscopio óptico de luz transmitida Zeiss Axioscop a x630 aumentos. En ambos casos, se ha utilizado un aumento de x1000 en los casos de difícil identificación. Se han realizado cuantificaciones mínimas de 600 granos de polen por muestra y cuantificaciones mínimas de 200 granos de polen herbáceo para contrarrestar la sobrerepresentación de polen arbóreo en sectores altimontanos y garantizar una correcta representación de la vegetación local (Oeggl 1994; Pardoe 2001).

La identificación polínica se ha realizado con la ayuda de atlas polínicos (Moore *et al.* 1991; Reille 1992; 1995; 1998), claves morfológicas (Faegri e Iversen 1989; Punt *et al.* 1976-2009) y la colección de referencia del Instituto de Botánica de la Universidad de Innsbruck (Austria). Asimismo, la identificación de estomas se ha realizado a partir de Trautmann (1953), Hansen (1995) y Sweeney (2004) y la de NPPs a partir de ilustraciones y descripciones morfológicas publicadas (Haas 1996; Carrión y Navarro 2002; van Geel 2001; van Geel y Aptroot 2006, etc.).

Análisis estadístico de los datos

Diagramas de polen, NPPs y estomas

Los resultados polínicos se han expresado como porcentajes en relación a una suma base que incluye el total de polen terrestre y que excluye Cyperaceae y el conjunto de esporas y plantas acuáticas. Dicha suma base ha sido también utilizada para calcular los datos porcentuales de NPPs y estomas. Los diagramas de polen, estomas y NPPs han sido generados con el programa C2 (Juggins 1991).

Índices de asociación y representación

Como ya se ha subrayado anteriormente, en zonas de montaña la relación entre lluvia polínica y cobertura vegetal es especialmente compleja debido a la influencia de las corrientes de aire ascendentes y al predominio de taxones vegetales entomófilos o de baja productividad polínica en las zonas de altitud (Oeggl 1994; Pardoe, 2001; Court-Picon *et al.* 2005). El cálculo de los índices de Davis (1984) permite relacionar los datos polínicos y florísticos obtenidos del transepto referencial en base a la presencia/ausencia de los taxones polínicos y de la planta de que proceden tanto en el inventario botánico como en el espectro polínico. Este cálculo proporciona una primera aproximación a la relación lluvia polínica-vegetación en tanto al grado de asociación (A), sobrerepresentación (O) e infrarepresentación (U) entre los taxones polínicos y las plantas productoras y se define mediante las siguientes fórmulas (Davis 1984):

$\mathbf{A} = B_0 (P_0+P_1+B_0)^{-1}$
$\mathbf{O} = P_1 (P_1+B_0)^{-1}$
$\mathbf{U} = P_0 (P_0+B_0)^{-1}$

B0 es el número de muestras en las cuales se dan tanto el tipo polínico como la planta emisora.

P1 es el número de muestras en las cuales se da el tipo polínico pero no la planta emisora.
P0 es el número de muestras donde se da la planta emisora pero no el tipo polínico correspondiente.

Los índices de Davis han sido calculados sobre los datos florísticos y polínicos expresados de modo binario previa eliminación de aquellos taxones presentes únicamente en el inventario florístico o en el espectro polínico (Hjelle 1997; Bunting 2003; Mazier *et al.* 2006; Court-Picon *et al.* 2005). La representación gráfica de la relación entre los índices calculados (variables) y los tipos polínicos (observaciones) se ha realizado mediante un análisis de componentes principales (PCA) utilizando una matriz de covarianza. El PCA se ha considerado adecuado como método de ordenación porque los taxones responden de manera lineal a los índices de Davis (Court-Picon *et al.* 2007; Brun 2007). De manera paralela, los taxones se clasificaron en grupos mediante una clasificación jerárquica ascendente utilizando una distancia euclídea. Todos los análisis se han realizado con el programa XLSTAT-2009 (Addinsoft). Finalmente, los índices de Davis han sido adecuados a la clasificación realizada por Bunting (2003):

Relación entre polen, usos del suelo y variables medioambientales

a) Datos polínicos

Para el análisis estadístico de la relación entre polen y variables medioambientales y antrópicas se ha procedido a la eliminación de aquellos taxones claramente alóctonos que son fruto de un aporte polínico regional (Mazier *et al.* 2006), es decir, taxones submediterráneos como *Quercus ilex*-t o taxones cultivados como *Olea*, Cerealia-t o *Castanea*. También se han eliminado taxones poco representativos que aparecían únicamente en una muestra o de manera muy esporádica (Tabla 3). Finalmente, se han incluido en el análisis aquellos NPPs que muestran una presencia más significativa con el fin de valorar su papel indicativo a nivel local (12 taxones).

Taxones alóctonos	Taxones presentes únicamente en una muestra o de frecuencia muy esporádica
Cannabis-t, *Castanea*, Cerealia-t, *Juglans*, *Quercus ilex*-t, *Olea*, *Secale*, *Vitis*	*Acer*, *Arenaria*, *Botrychium*, *Centaurea*, Caprifoliaceae, *Ephedra fragilis*-t, *Epilobium*, *Euphrasia*, *Equisetum*, *Humulus*, *Jasione*, *Plantago coronopus*-t, *Primula farinosa*-t, *Prunus*-t, Ranunculaceae, *Ranunculus acris*-t, *Rhamnus*, *Rubus*-t, *Rumex sanguineous*, *Selaginella selaginoides*, *Silene*, *Sorbus*-t, *Spergularia*, *Succisa pratensis*-t, *Typha-sparganium*-t, Urticaceae

Tabla 3. Taxones eliminados para el análisis estadístico de la relación entre polen y variables medioambientales y antrópicas.

b) Relación entre espectro polínico actual y variables ambientales

Los métodos de ordenación permiten explorar y representar de un modo rápido y sencillo la relación existente entre los datos polínicos y las variables seleccionadas (Tabla 2). En primer lugar se ha procedido a seleccionar el modelo de ordenación más adecuado para el conjunto de datos aquí valorados. Para ello se ha realizado un análisis canónico de correspondencias sin tendencias (DCC-A) que demuestra que los datos analizados (polen y variables) poseen un gradiente de 1.74 unidades de desviación estándar. Ello implica que la utilización de modelos de análisis lineales, como el análisis de redundancia (RDA) o el PCA son los más adecuados en este caso (Ter Braak y Smilauer 1998; Leps y Smilauer 2003).

En segundo término se procedió a la selección de las variables que de manera más significativa explican la variabilidad de los datos polínicos. Para ello se optó por realizar un primer RDA, que permite ajustar la abundancia de taxones a un conjunto dado de variables ambientales (Ter Braak y Prentice 1988). En éste se incluyeron el total de variables consideradas (13 categorías, Tabla 2) y los datos polínicos y de NPPs. Estos últimos fueron log-transformados ($Y' = \log [Y*1+1]$) y centrados doblemente. La evaluación de cada una de las variables se realizó mediante el test de Monte Carlo con 999 permutaciones no restringidas. Finalmente se realizó un RDA parcial con las variables estadísticamente más significativas (p-value ≤ 0.05).Todos los análisis y gráficos se realizaron mediante el programa CANOCO y CanoDraw 3.0 para Windows 4.5 (Ter Braak y Smilauer 1998).

Resultados

Índices de asociación y representación

La Tabla 4 muestra el resultado del cálculo de los índices de Davis sobre un total de 37 taxones, mientras que la relación entre los taxones y los índices se muestra en el gráfico de PCA (Figura 19). El primer axis explica el 77.7% de la varianza entre los índices y separa claramente los taxones sobrerepresentados (O) en el espectro polínico, como Cichorioideae, *Betula* o Cyperaceae, de los taxones correcta y fuertemente asociados (A), como Poaceae. El segundo axis representa el 21.2% de la varianza y separa los taxones asociados de aquellos que están infrarepresentados (U), como es el caso de *Rubus*-t, *Calluna vulgaris* o *Trifolium*-t.

La clasificación jerárquica ascendente ha dado como resultado un total de cinco grupos de taxones que se han representado de manera integrada en la Figura 19. La clasificación resultante es coherente con los resultados del PCA. El grupo A, que agrupa taxones correcta y fuertemente asociados, se sitúa a la izquierda del primer axis (A) y los grupos B, C y D, que engloban taxones sobrerepresentados, se localizan a la derecha del primer axis (O). Finalmente, el grupo E conforma un grupo mixto con predominio de taxones débilmente asociados y no asociados y se sitúa en la parte superior del segundo axis.

Taxón polínico	A	U	O
Taxones fuertemente asociados (TFA)			
Poaceae	0.93	0.00	0.07
Sorbus-t	0.67	0.00	0.33
Taxones asociados (TA)			
Crassulaceae	0.50	0.00	0.75
Vaccinium-t	0.60	0.40	0.00
Taxones sobrerepresentados (TO)			
Abies	0.12	0.00	0.88
Asteroideae undiff.	0.26	0.22	0.72
Apiaceae	0.09	0.00	0.91
Betula	0.04	0.00	0.96
Buxus	0.15	0.00	0.82
Campanulaceae	0.18	0.00	0.82
Cichorioideae undiff.	0.06	0.00	0.94
Cichorium intybus-t	0.06	0.00	0.94
Chenopodiaceae	0.20	0.25	0.79
Corylus	0.22	0.00	0.78
Cyperaceae	0.04	0.00	0.96
Quercus caducifolio-t	0.04	0.00	0.96
Ericaceae undiff.	0.15	0.00	0.85
Galium-t	0.31	0.20	0.67
Lamium-t	0.29	0.00	0.71
Juniperus	0.18	0.00	0.82
Lotus-t	0.20	0.00	0.80
Pinus	0.38	0.00	0.62
Plantago undiff.	0.14	0.00	0.86
Plantago alpina-t	0.08	0.00	0.92
Plantago lanceolata-t	0.10	0.00	0.90
Plantago major/media	0.19	0.43	0.78
Potentilla-t	0.29	0.00	0.71
Ranunculus-t	0.15	0.00	0.85
Rumex undiff.	0.18	0.00	0.82
Rumex acetosa-t	0.33	0.00	0.67
Urtica dioica-t	0.27	0.25	0.70
Taxones débilmente asociados (TDA)			
Calluna vulgaris	0.33	0.40	0.57
Caryophyllaceae	0.41	0.18	0.55
Epilobium	0.40	0.50	0.33
Rhododendron	0.44	0.20	0.50
Trifolium-t	0.42	0.38	0.44
Taxones no asociados (TU)			
Rubus-t	0	1	1

Tabla 4. Índices de asociación (**A**), sobrerepresentación (**O**) e infrarepresentación (**U**) para aquellos taxones coincidentes tanto en el espectro polínico como en el inventario botánico. La tabla incluye las modificaciónes de Bunting (2003): **TFA**: A >65%; TA: 65%> A <50%; **TO**: valores de O elevados, valores de A bajos y U=0; **TDA**: valores bajos de A y valores relativamente elevados de O y U; T**NA**: valores elevados de O y U, y A=0.

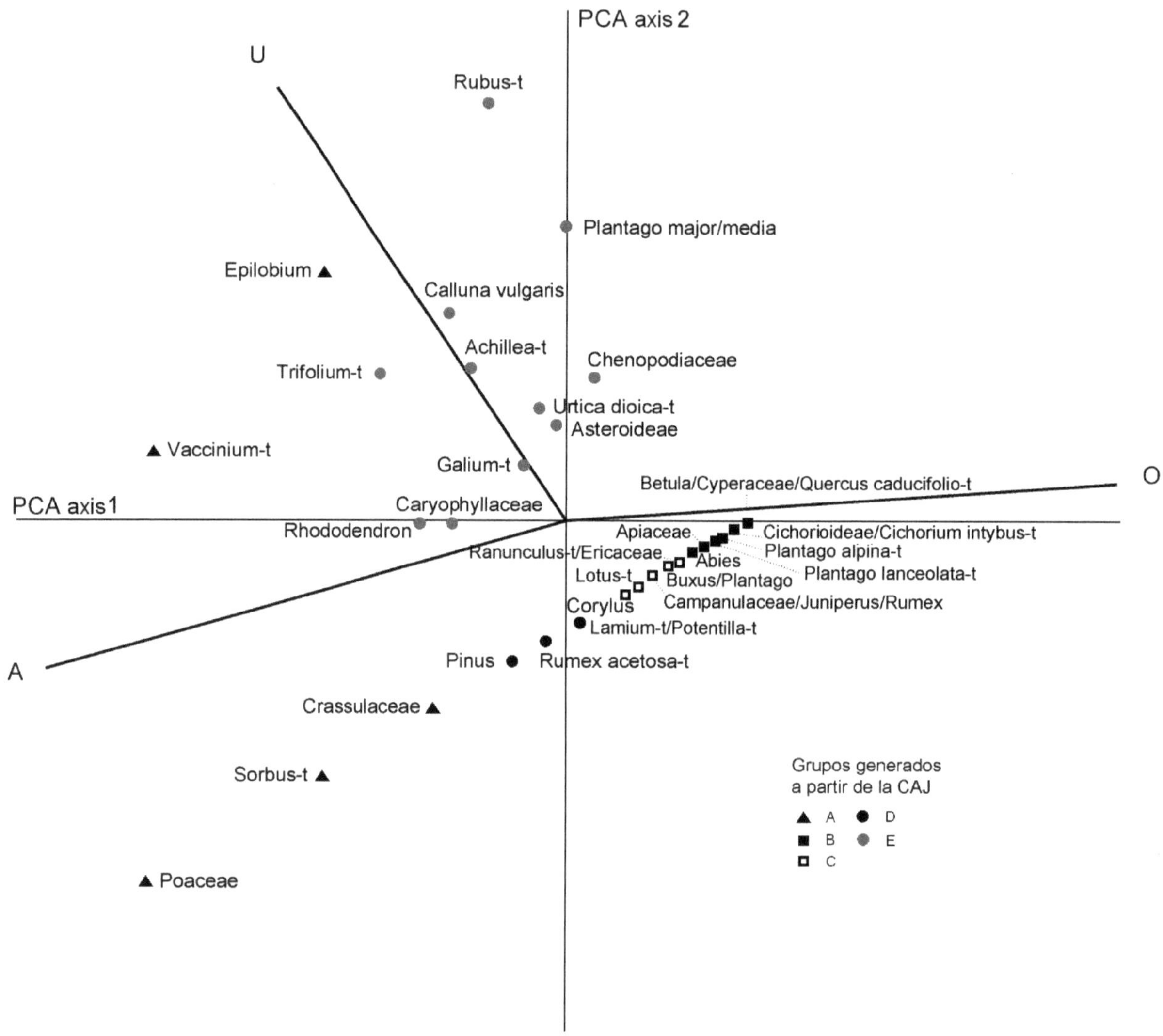

Figura 19. PCA y agrupación jerárquica ascendente de los taxones polínicos seleccionados y los índices de Davis

	Altitud (m)	Descripción
PA	2541 2400	**Polen**: AP presenta valores entre 64 y 40%, siendo su máximo representante *Pinus* (56-34%). Entre el resto de taxones arbóreos, solo *Quercus ilex*-t, *Quercus* caducifolio-t y *Betula* presentan valores >1%. *Juniperus* predomina entre los taxones arbustivos (1-5%) y Poaceae entre los herbáceos (6-30%). Este último grupo destaca por su gran variedad taxonómica, aunque solo unos pocos taxones (*Artemisia*, Chenopodiaceae, Plantaginaceae, Cichorioideae undiff., *Cichorium intybus*-t, Caryophyllaceae, Campanulaceae, *Ranunculus*-t, Apiaceae, Liliaceae, Cyperaceae y *Typha-Sparganium*-t) presentan valores >1%. Destaca la presencia de taxones cultivados, especialmente *Olea* (2%). **NPPs:** las esporas de hongo predominan, especialmente las coprófilas como *Sordaria* (1-8%) y *Sporormiella* (1-6%). Se da la presencia regular de *Podospora* y *Apiosordaria verruculosa* y un pico de *Chaetomium* (40%). *Glomus* alcanza valores de 3% y *Arthrinium cf. luzulae* de 2%.
BSU	2360 2100	**Polen**: destaca el predominio de AP (70-89%) y *Pinus* (62-80%). Se da la presencia esporádica de estomas de *Pinus*. El resto de taxones arbóreos registra una representación similar a la del grupo anterior, si bien *Betula* presenta valores ligeramente superiores. Entre los arbustos predomina *Juniperus* (7%), y *Rhododendron* (1%), mientras que *Vaccinium*-t y *Buxus* están presentes. Los taxones herbáceos presentan valores reducidos (6-20%) y una menor variedad. Predomina Poaceae (2-13%), mientras que solo Rosaceae undiff. registra valores >1%. **NPPs**: el conjunto de NPPs se halla escasamente representado. Destaca la ameba testácea *Assulina*, con valores de hasta 3%, y la presencia de *Sporormiella* y, en menor medida de *Sordaria*.
PSUB	2318 1630	**Polen**: AP registra valores entre 26 y 64%, siendo *Pinus* su principal representante (23-56%). Solo dos muestras (15 y 20) documentan valores elevados de *Pinus*, 77 y 82% respectivamente. *Abies* se documenta más regularmente y *Betula* incrementa sus valores hasta 6%. Los taxones herbáceos presentan valores elevados y una mayor diversidad. Predomina Poaceae (14-38%) y Chenopodiaceae, *Plantago major/media*, Cichorioideae, Apiaceae y Cyperaceae también están correctamente representados. **NPPs**: el grupo mejor representado son las esporas de hongo, especialmente las coprófilas *Sordaria* (5%) y *Sporormiella* (18%). Otras esporas con valores <1% son *Podospora, Apiosordaria verruculosa, Glomus* y *Urocystis*, mientras que esporas de *Neurospora* se documentan estrictamente en este grupo.
BSS	1872 1752	**Polen**: AP y *Pinus* registran valores medios de 92% y 70%. Otros taxones arbóreos bien representados son *Betula* (21%), *Quercus* caducifolio-t (5%) y *Corylus* (9%). Entre los arbustos sólo *Calluna vulgaris* alcanza puntualmente valores de 1%. Los taxones herbáceos están modestamente representados, alcanzando valores máximos de 9% y su principal representante, Poaceae, valores máximos de 2%. **NPPs**: sólo *Meliola* (14%) y *Assulina* (2%) están correctamente representados.
BMM	1674 1242	**Polen**: AP y *Pinus* presentan valores medios de 90% y 54 %, mientras que *Corylus* (25%) y *Betula* (15%) son los otros taxones mejor representados. Entre los arbustos destaca *Buxus* (6%) mientras que las herbáceas están pobremente representadas, con valores que no superan el 5%, y no presentando ningún taxón valores >1%. **NPPs**: sólo *Meliola, Assulina* y *Microthyrium* están correctamente representados.

Tabla 5. Descripción de los resultados de polen y NPP de los principales grupos de vegetación (**PA**: prados alpinos; **PSSU**: bosque subalpino (*P. mugo ssp. uncinata*); **PSUB**: prados subalpinos; **PSS**: bosque subalpino (*P. sylvestris*); **BMM**: bosque mixto montano).

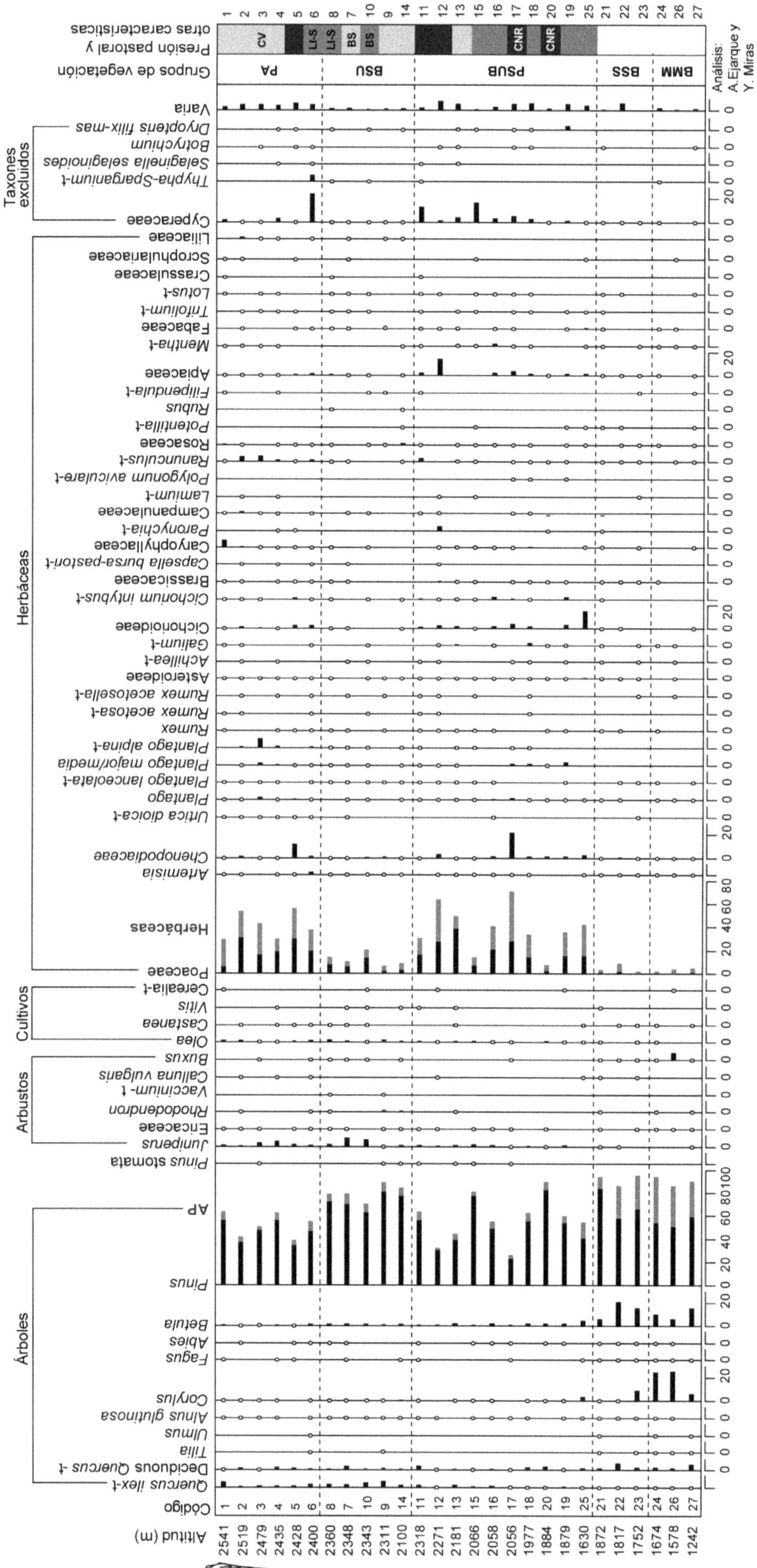

Figura 20. Resultados porcentuales de los principales taxones polínicos y estomas documentados en el transepto referencial. Los valores <1% se han representado mediante círculos.

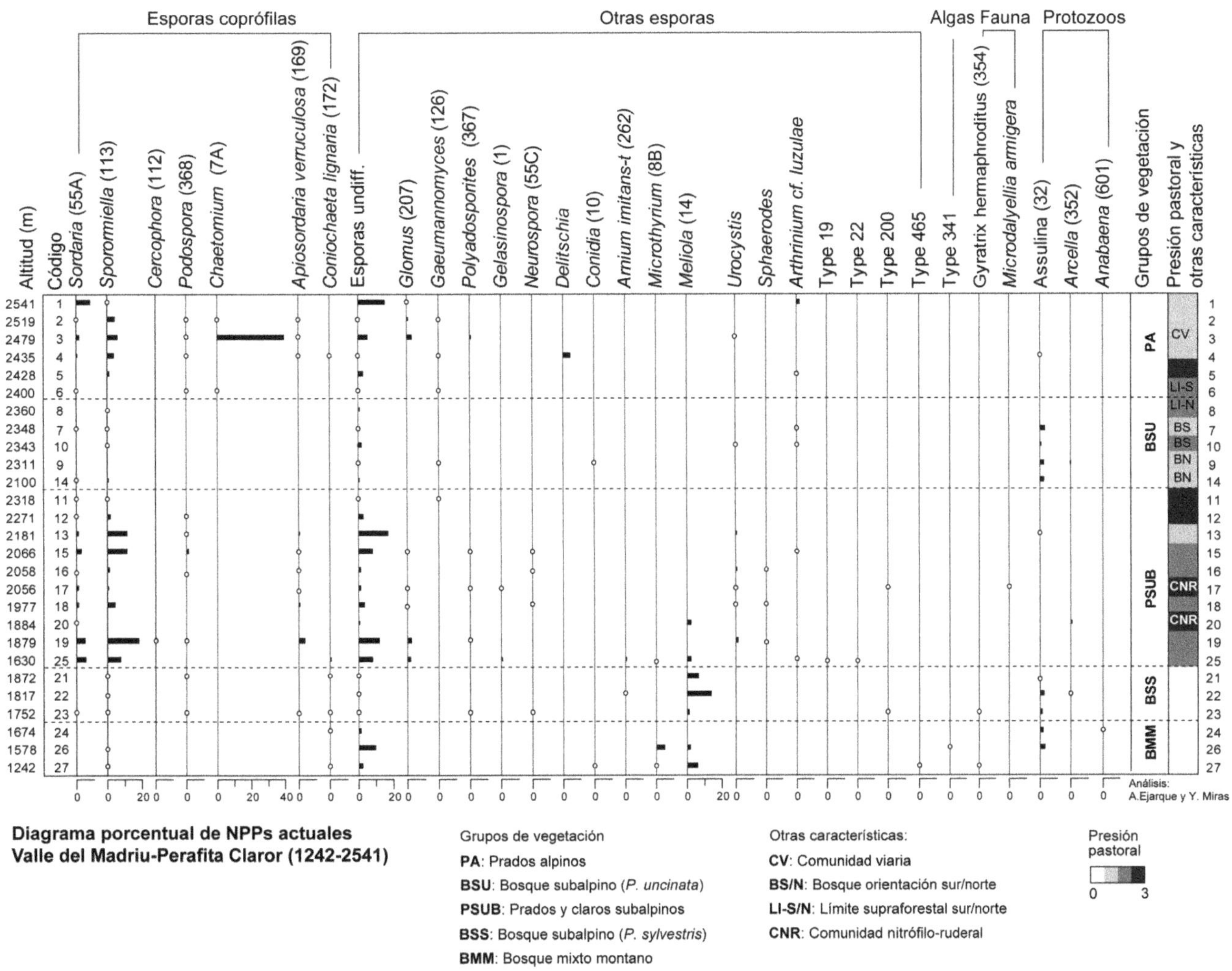

Figura 21. Resultados porcentuales de los principales NPPs documentados en el transepto referencial. Los valores <1% se han representado mediante círculos.

Diagrama polínico y de NPPs

Los principales resultados polínicos y de NPPs del análisis de las 27 muestras referenciales se detallan en la Tabla 5. Las figuras 20 y 21 muestran respectivamente los diagramas porcentuales simplificados de polen y NPPs. Las muestras han sido agrupadas en base a las cinco principales unidades de vegetación presentes en el transepto (PA, BSU, PSUB, BSS y BMM). Se ha sido incluido en el diagrama información adicional sobre los usos del suelo en relación a cada muestra para una mejor comprensión de la señal de polen y NPPs. Finalmente, entre los NPPs únicamente se han incluido en el diagrama aquellos tipos identificados y publicados en la bibliografía científica, dejando al margen aquellos tipos no identificados.

Relación entre espectro polínico actual y variables ambientales

El primer RDA ha permitido seleccionar aquellas variables estadísticamente más significativas. De las 13 categorías incluidas, únicamente 9 contribuyen significativamente (p-value ≤0.05) a explicar la variabilidad de los datos polínicos y de NPPs. Se ha decidido, además, incluir la categoría de vegetación BSU por representar de manera completa los distintos grupos de vegetación. La Tabla 6 resume el resultado de los tests de Monte Carlo para las 10 variables seleccionadas, que en conjunto explican el 70.6% de la variabilidad del espectro polínico.

Variable	P-value	Variable	P-value
Pastoreo	0.001	Ránker	0.008
Altitud	0.001	BSS	0.006
BCM	0.001	SO	0.007
PSUB	0.006	PA	0.032
Litosol	0.007	BSU	0.201

Tabla 6. Resultado de los tests de Monte Carlo para las variables seleccionadas.

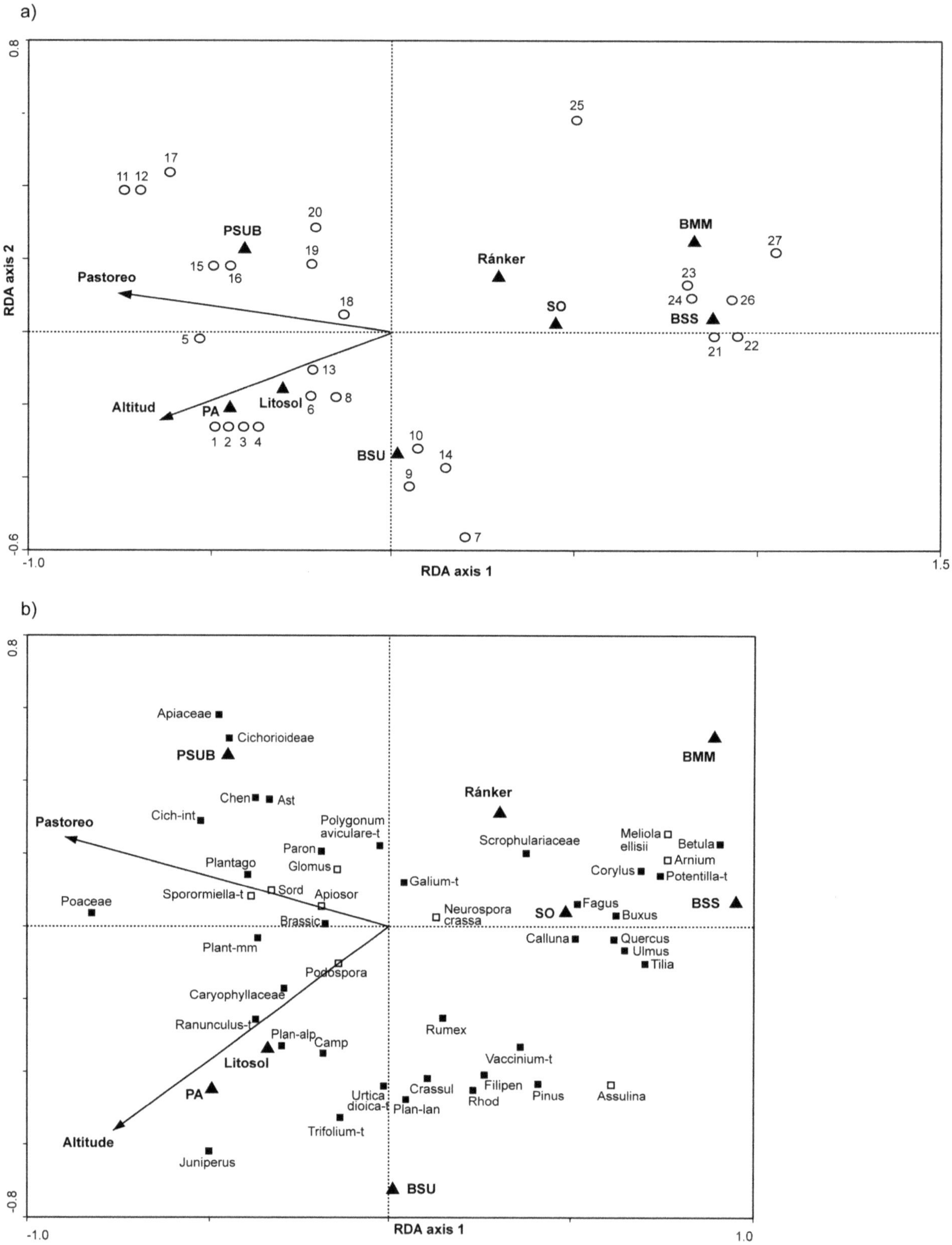

Figura 22. Análisis RDA parcial de los datos polínicos en relación a las 10 variables medioambientales y antrópicas más significativas. Las variables (en negrita) cuantitativas se representan mediante flechas y las cualitativas mediante triángulos. Axis1: 30.8%/ $\lambda 1$: 0.3; axis2: 38.8%/ $\lambda 2$:0.08. **Biplot a:** RDA de las 27 muestras referenciales y las variables seleccionadas. Las muestras se representan con círculos. **Biplot b**: RDA de los principales taxones polínicos (cuadrados negros) y NPPs (cuadrados blancos) y las variables medioambientales. **Abreviaturas**: Apiosor: *Apiodordaria verruculosa*; Ast: Asteroideae; Brassic: Brassicaceae; Camp: Campanulaceae; Chen: Chenopodiaceae; Cich-int: *Cichorium intybus*-t; Crassul: Crassulaceae; Filipen: *Filipendula*-t; Glomus: *Glomus* cf. *fasciculatum*; Paron: *Paronychia*-t; Plant-alp: *Plantago alpina*-t; Plan-lan: *Plantago lanceolata*-t; Plant-mm: *Plantago major/media*; Quercus: *Quercus* caducifolio-t; Rhod: *Rhododendron*; Sord: *Sordaria*.

El biplot a de la Figura 22 muestra el RDA parcial realizado con las variables seleccionadas y el total de muestras referenciales, mientras que el biplot b refleja la relación entre estas últimas y los taxones polínicos y de NPPs. Ambos axis son estadísticamente significativos (p-value: 0.01, tests de Monte Carlo, 999 permutaciones). El primer axis recoge el 30.8% de la variabilidad y el segundo el 38.8%.

En relación al biplot a, el primer axis muestra una gradación de lugares altamente pastoreados (cuadrante negativo) a lugares no pastoreados (cuadrante positivo). Además, este primer axis también guarda relación con el grado de apertura del medio, con prados y claros abiertos en el cuadrante negativo (11-13/16-20), donde se concentra el pastoreo, y zonas boscosas con baja o nula presión pastoral en el cuadrante positivo (BSU: 7,9, 10, 14; BSS y BMM: 21-27). El segundo axis refleja una gradación relacionada claramente con la altitud. Así, en el cuadrante negativo se sitúan las muestras ubicadas a mayor altitud (PA y BSU) y en el positivo aquellas situadas a cotas más bajas (PSUP, BSS y BMM). Esta gradación se asocia, además, al tipo de suelo en el valle, litosoles en zonas elevadas (cuadrante negativo) y ránkers en zonas más bajas (cuadrante positivo).

En el biplot b (Figura 22), Poaceae, *Cichorium intybus*-t, *Plantago*, *Sordaria*, *Sporormiella*, *Plantago major/media* y, en menor medida por situarse cerca del origen, Brassicaceae y *Apiosordaria verruculosa* se encuentran correlacionadas con la presión pastoral. Apiaceae, Cichorioideae undiff., Chenopodiaceae, Asteroideae y *Paronychia*-t se asocian fuertemente a la comunidad de prados subalpinos pastoreados y *Juniperus*, *Ranunculus*-t, Caryophyllaceae, *Plantago alpina*-t y Campanulaceae se correlacionan con comunidades de prados alpinos en zonas de mayor altitud. Por su parte, *Urtica dioica*-t, *Plantago lanceolata*-t, Crassulaceae, *Rhododendron*, *Rumex undiff.*, *Filipendula*-t, *Pinus* y *Assulina*, se correlacionan con zonas elevadas pertenecientes a la comunidad de bosque subalpino de *P. mugo ssp. uncinata* y se encuentran negativamente correlacionadas con la presión pastoral. Finalmente, *Betula*, *Corylus*, *Potentilla*-t, *Fagus*, *Buxus*, *Calluna vulgaris*, *Quercus* caducifolio-t, *Ulmus* y *Tilia* se encuentran negativamente asociados con zonas pastoreadas y se correlacionan con formaciones subalpinas de *P. sylvestris* y de bosque mixto montano situados en la parte inferior del valle.

Interpretación y discusión

Representación lluvia polínica-vegetación

Los índices de Davis calculados sobre las muestras referenciales en el valle del Madriu muestran que únicamente cuatro taxones poseen altos valores de asociación (A) entre el polen y la planta productora. Así, la presencia de Poaceae, *Sorbus*-t, Crassulaceae y *Vaccinium*-t en espectros fósiles puede considerarse como buena indicadora de la vegetación local. Entre ellas destaca Poaceae como taxón fuertemente representado con un índice de 93%, que indica que el polen y la planta coinciden en 24 de las 27 muestras recogidas. La amplitud taxonómica de esta familia, su predominio en las comunidades vegetales altimontanas y su buena dispersión polínica en medios de montaña (Oeggl 1994) explican esta elevada correspondencia que, por otro lado, es coincidente con otros estudios referenciales realizados en zonas de montaña (Davis 1987; Court-Picon *et al.* 2005; Mazier *et al.* 2006; Cañellas 2008).

Entre los taxones infrarepresentados (U) encontramos a *Rubus*-t como no asociado, y a Caryophyllaceae, *Epilobium*, *Rhododendron*, *Trifolium*-t y *Calluna vulgaris* como taxones débilmente asociados. A excepción de *Calluna vulgaris*, todos ellos son taxones de polinización entomófila y, por tanto, de baja dispersión polínica (Oeggl 1994). Ello explica su reducida representación en el espectro polínico y los convierte en buenos indicadores de la presencia local de vegetación cuando se documentan en el registro fósil. Con todo, es preciso destacar que, a excepción de *Epilobium*, el resto de taxones presentan valores de O relativamente elevados, lo que significa que se ha documentado el polen de esos taxones aun cuando las plantas no estaban presentes. Ello puede deberse, bien a la correcta dispersión polínica de estos taxones que, aun siendo entomófilos, se ven influidos por las fuertes corrientes ascendentes en medios altimontanos, o a la desaparición reciente de la planta en el momento del muestreo, que no implicaría la ausencia en la muestra de pólenes de años anteriores, cuando la planta todavía estaba presente (Davis 1984). Taxones agrupados dentro de familias predominantemente entomófilas como Fabaceae, Caryophyllaceae o Ericaceae han sido igualmente documentados como infrarepresentados o débilmente asociados en otros contextos de montaña (Mazier *et al.* 2006; Court-Picon 2007; Cañellas-Boltà *et al.* 2009).

Finalmente, cabe destacar la fuerte presencia de taxones sobrerepresentados en este estudio. Del conjunto de taxones, 27 poseen elevados índices de O. Entre ellos se encuentran los taxones arbóreos *Abies*, *Betula*, *Cory-lus*, *Quercus* caducifolio-t, y *Pinus*, cuya representación polínica se encuentra, al igual que en otros sectores pirenaicos (Cañellas-Boltà *et al.* 2009), ampliamente sobrerepresentada en el estudio referencial. La presencia prácticamente continua de polen de *Quercus* caducifolio-t, *Corylus* o *Abies* en las muestras situadas entre 2.300 y 2.541 m de altitud cuando únicamente se documentan en la vegetación entre 1.300 y 2.000 m demuestra claramente la amplia dispersión de estos taxones en el valle. Por otro lado, es preciso tener especial precaución con los datos fósiles de *Pinus*. Su sobrerrepresentación en los prados alpinos, con porcentajes entre 34 y 56% (Figura 20) no sólo responde a su mayor proximidad a las zonas de altitud, sino a una elevada productividad polínica y capacidad de dispersar el polen a grandes distancias, condiciones que han sido ampliamente demostradas en estudios previos (Heim 1970; Brugiapaglia *et al.* 1998; Broström *et al.* 2004). El carácter marcadamente regional de la señal polínica de *Pinus* dificulta en gran medida la interpretación de nuestros datos fósiles, ya que la zona estudiada está sujeta a las oscilaciones del límite superior del bosque y este taxón puede en algún momento haber formado parte de la vegetación local de las cubetas estudiadas. Por ello será de vital importancia la caracterización de estomas de pino, que ayudará a determinar la presencia local de este taxón (MacDonald 2001).

Otros taxones sobrerepresentados son Cyperaceae, Chenopodiaceae, *Juniperus*, *Plantago*, *Plantago alpina*-t., *Plantago major/media*, *Plantago lanceolata*-t, *Rumex* o *Urtica dioica*-t. Estos datos revierten especial interés en tanto a que incluyen gran parte de los indicadores polínicos de antropización tradicionalmente utilizados en la interpretación de diagramas fósiles y coinciden ampliamente con los proporcionados por otros estudios referenciales tanto de medios montañosos (Davis 1984; Oeggl 1994; Mazier *et al.* 2006; Court-Picon 2007; Cañellas-Boltà *et al.* 2009) como de baja altitud (Hjelle 1997; Bunting 2003; Brun *et al.* 2007). Así pues, la presencia de estos taxones debe ser interpretada con precaución, pues pueden indicar prácticas desarrolladas a nivel regional y no local.

Es preciso destacar ciertas discrepancias cuando se comparan estudios referenciales de zonas de montaña. Así mientras que en el presente estudio *Potentilla*-t se encuentra sobrerepresentada, al igual que sucede en los Alpes franceses (Court-Picon *et al.* 2007), en el estudio de Davis (1984) en las *Albion Mountains* (Idaho) se registra como taxón no asociado y en el estudio de Mazier *et al.* (2006) en los Pirineos franceses occidentales como taxón fuertemente asociado. Igualmente, *Galium*-t se encuentra sobrerepresentado en este trabajo y en el de Davis (1984), pero correctamente asociado en el de Court-Picon (2007) y fuertemente asociado en el de Mazier *et al.* (2006). Otras discrepancias ocurren con otros taxones como Asteroideae, Cichorioideae y Apiaceae, que están correctamente asociados en los Alpes Franceses (Court-Picon 2007) y sobrerepresentados en este estudio. Mientras que Asteroideae y Cichorioideae también están fuerte y correctamente asociados en el estudio de Cañellas-Boltà *et al.* (2009) en los Pirineos centrales, estos taxones se encuentran débil y correctamente asociados, respectivamente, en Mazier *et al.* (2006). Finalmente, otra discrepancia a destacar es *Sorbus*-t, taxón fuertemente asociado en este estudio e infrarepresentado en los Pirineos franceses occidentales (Mazier *et al.* 2006). Diferencias de este tipo entre los resultados de estudios referenciales de medios diversos han sido previamente discutidas subrayandose distintas causas como diferencias medioambientales entre sectores, distintos usos del suelo, diferencias en la productividad polínica de las diferentes especies incluidas en familias o diferencias en la estrategia de muestreo e inventariado botánico (Mazier *et al.* 2006). A todo ello cabe añadir que las condiciones medioambientales y la topografía acusada de los sectores de montaña acentúan tanto las singularidades fitosociológicas de estos medios como la manera en que se ve representada la lluvia polínica de las diferentes comunidades vegetales, por ejemplo diferencias en las corrientes ascendentes de viento en relación a la configuración topográfica de cada zona (Ortu *et al.* 2006). Es por ello que, posiblemente, las discrepancias en los estudios referenciales sean especialmente destacadas en medios montañosos, los cuales presentan una amplia variabilidad topográfica, climática y de usos del suelo.

Caracterización polínica y de NPPs de los grupos de vegetación y relación con las variables ambientales y antrópicas

El análisis de ordenación realizado ha permitido establecer las principales variables medioambientales y antrópicas que influyen en la distribución de los taxones polínicos y de NPPs en el transepto referencial del VMPC. De esta manera, el grado de pendiente, la orientación y el pisoteo no parecen contribuir significativamente, mientras que altitud, pastoreo, tipo de vegetación (apertura) y tipo de suelo se perfilan como las principales variables en el VMPC. El segundo axis del RDA (biplot a, Figura 22) refleja claramente el gradiente altitudinal del valle, separando las muestras de prados alpinos y bosque subalpino de *P. mugo ssp. uncinata* de las muestras de menos elevación, correspondientes a prados y claros subalpinos, bosque subalpino de *P. sylvestris* y bosque mixto montano. El gradiente altitudinal ha sido ampliamente reconocido como el principal factor en la distribución de la vegetación y variabilidad polínica en los estudios de lluvia polínica actuales en zonas de montaña europeas (Brugiapaglia *et al.* 1998; Court-Picon *et al.* 2005; Cañellas-Boltà *et al.* 2009). Sin embargo, el estudio aquí realizado demuestra que el pastoreo y el tipo de vegetación en relación a la apertura del paisaje son también factores determinantes a la hora de entender la distribución polínica en el VMPC. Ambas variables, además, no guardan una relación directa con la altitud. Así, encontramos una mayor presión pastoral en los prados y claros subalpinos que en los prados alpinos de mayor elevación, que en el RDA se encuentran más correlacionados con la altitud que con la presión pastoral. Es en los primeros donde se emplazan preferentemente los reposaderos de ganado y las comunidades nitrófilo-ruderales (Figura 20), que en el RDA se sitúan el extremo izquierdo del primer axis (Figura 22, biplot a, muestras 11, 12, 17). De la misma manera, el grado de apertura del paisaje no se relaciona estrictamente con la altitud, encontrando de manera simultánea formaciones abiertas y cerradas en las cotas superiores (PA/BSU) y en las cotas inferiores (PSUB/BSS/BMM). Ello muy probablemente responda a la influencia histórica de la actividad antrópica y pastoral en el valle, que potenciado la formación de espacios abiertos en zonas predominantemente boscosas del estadio subalpino, que es donde documentamos actualmente la mayor presión pastoral. La estrecha relación entre pastoreo y medios abiertos en el VMPC dificulta la diferenciación entre aquellos taxones asociados a la apertura del paisaje y aquellos relacionados con la actividad pastoral. Finalmente, cabe destacar que tanto pastoreo como apertura del medio han sido considerados como factores determinantes en otros estudios referenciales realizados en zonas de alta (Court-Picon *et al.* 2005; Court-Picon *et al.* 2006) y media montaña (Mazier *et al.* 2006; Mazier *et al.* 2009).

A continuación se discutirán y analizarán los resultados de los diagramas polínicos y de NPPs y del análisis de ordenación estadístico con el fin de caracterizar aquellos taxones indicativos de los principales grupos de vegetación y de las prácticas pastorales actuales en el valle.

Prados alpinos y subalpinos

La situación de ambos grupos de vegetación a la izquierda del primer axis del RDA (biplot b, Figura 22) se debe a su condición de formaciones abiertas fuertemente pastoreadas cuya principal diferencia radica en el gradiente altitudinal que ocupan en el valle. El diagrama polínico muestra una marcada diferenciación entre los valores de polen herbáceo de ambas comunidades con respecto al bosque subalpino y montano. De esta manera, valores >30% de herbáceas son indicativos de las comunidades de prados en el VMPC, mientras que las zonas de bosque mantienen medias de 11% (BSU) y 3% (BSS/BMM) y nunca sobrepasan el 20%. El principal taxón herbáceo es, sin lugar a dudas, Poaceae, taxón fuertemente asociado a zonas abiertas intensamente pastoreadas en el RDA. El hecho de que Poaceae mantenga valores medios de 18.5 (PSUP) y 20% (PA), sustancialmente más elevados en zonas abiertas con respecto a las zonas forestadas, con valores medios de 6% (BSU) y no superiores a 2% (BSS/BMM), y a que se trate de un taxón fuertemente asociado según los índices de Davis, implica que porcentajes elevados de Poaceae (>20%) indiquen comunidades de prados y claros altimontanos en el VMPC a nivel local. Sin embargo, no hay que olvidar que Poaceae es un taxón anemófilo y que porcentajes reducidos pueden ser resultado de un aporte extra-local o regional (Brun *et al.* 2007). Estos resultados coinciden con otros estudios de lluvia polínica actual en zonas de montaña (Brugiapaglia *et al.*1998; Court-Picon *et al.* 2005; Mazier *et al.* 2006; Cañellas 2008) que caracterizan a Poaceae como taxón indicador de zonas deforestadas y prados.

La elevada ratio de AP/T, nunca inferior a 40%, en las áreas alpinas deforestadas no hace sino ratificar la fuerte exposición de las zonas de mayor altitud del valle a lluvia polínica extra-local procedente de pisos a menor altitud. La sobrerepresentación de *Pinus* y otros taxones arbóreos ya ha sido discutida en la sección anterior, sin embargo, merece la pena destacar la mayor sensibilidad de las zonas alpinas a la lluvia polínica regional con respecto a los otros grupos de vegetación. Así, los valores de *Pinus* en las muestras de prados alpinos (34-56%) son, de manera general, superiores a los registrados en las muestras de prados subalpinos (23-56%), donde la proximidad del bosque de pino es significativamente superior. Ello responde a la fuerte exposición del estadio alpino a las corrientes de aire ascendente que, canalizadas por el valle del Madriu, aportan a estas áreas deforestadas una fuerte lluvia polínica regional. La exposición de estas zonas alpinas al polen regional se traduce en el registro de taxones alóctonos al valle. Además de la presencia de polen de taxones cultivados como *Castanea*, *Vitis* o Cerealia-t, destacan los niveles de *Olea* (2%) y *Quercus ilex*-t, que alcanza valores de 5% en la muestra de mayor altitud (muestra 1, 2.541 m), mientras que su presencia es meramente presencial en zonas inferiores a 2.000 m. Otro factor igualmente importante a la hora de entender esta sobrerepresentación es la baja productividad polínica de los taxones herbáceos altimontanos (Oeggl 1994), que genera una mayor representación porcentual del resto de taxones en las muestras procedentes de las zonas alpinas con respecto a las muestras de pisos inferiores.

Estos fenómenos dificultan la caracterización de los taxones indicadores de prados alpinos. Así, es difícil discernir si la mayor diversidad de taxones herbáceos documentada en prados alpinos con respecto al bosque subalpino de *P. mugo ssp. uncinata*, responde únicamente a una flora herbácea más diversa característica de estas comunidades (Braun-Blanquet 1948) o si, en parte, a dicha diversidad contribuye el aporte polínico extra-local y regional. Tanto más esto es así cuando la mayoría de taxones herbáceos documentados en los sectores alpinos se han caracterizado como sobrerepresentados en los índices de Davis. El RDA (biplot b, Figura 22) correlaciona con este grupo de vegetación a Caryophyllaceae, *Ranunculus*-t, *Plantago alpina*-t, Campanulaceae y *Juniperus*, todo ellos con valores >1% en el diagrama polínico. El hecho de que este grupo sea en el que mejor representada se encuentra Caryophyllaceae y que se trate de un taxón infrarepresentado en los índices de Davis, convierte a este taxón en un excelente indicador local de prados alpinos en el VMPC, lo que es coincidente con los resultados de otros estudios referenciales de zonas altimontanas (Brugiapaglia *et al.* 1998). El resto de taxones deben ser interpretados con precaución, sobretodo cuando se trata de porcentajes reducidos, ya que se tratan de taxones anemófilos sobrerepresentados en el valle (Tabla 4, Figura 19). Por otra parte, destaca que *Juniperus* se halle más correlacionado con el grupo de prados alpinos que con el de bosque subalpino de *P. mugo ssp. uncinata* (Figura 22), grupo al que este taxón se encuentra especialmente asociado fitosociológicamente en la vertiente meridional como formación arbustiva principal. Su papel como taxón pionero en el límite superior del bosque unido a su buena dispersión polínica explica su buena representación polínica en el sector de prados alpinos. Finalmente, entre los NPPs, los valores más elevados de *Arthrinium cf. luzulae* se dan en la muestra de mayor altitud (2.541 m), mientras que su presencia se restringe a los sectores más elevados del valle (PA, BSU y PSUB), desapareciendo en las comunidades de menor elevación. Ello subraya la asociación de esta espora, que se desarrolla sobre ciperáceas del género *Luzula* (Ellis 1971, 575), con las zonas de mayor altitud, y en especial, con las zonas de prados alpinos y subalpinos donde se desarrollan ampliamente estos taxones.

En relación a los prados subalpinos, el RDA (biplot b, Figura 22) muestra que Cichorioideae, Apiaceae y, en menor medida, Chenopodiaceae, Asteroideae y *Paronychia*-t se correlacionan con las comunidades de prados subalpinos pastoreados. Los valores de Asteroideae son meramente presenciales en el conjunto de las muestras del referencial, mientras que, si bien los valores más elevados de *Paronychia*-t se dan en este grupo, su presencia es destacadamente puntual en el conjunto del transepto. Ello dificulta la interpretación de ambos taxones en este estudio. Por otro lado, cabe subrayar el valor de Apiaceae como indicador de comunidades subalpinas deforestadas frente a Caryophyllaceae como marcador de prados alpinos, una relación que ha sido comprobada con anterioridad en el macizo altimontano de Taillefer (Isère, Francia) (Brugiapaglia *et al.* 1998). Entre los NPPs, el RDA destaca la mayor asociación de *Glomus* con las comunidades subalpinas (biplot b, Figura 22), mientras que el diagrama también muestra una preferencia de *Neurospora*, *Sphaerodes* y *Urocystis* por esta comunidad, aunque sus valores meramente presenciales dificultan la interpretación de éstos últimos. Con respecto a *Glomus*, los máximos valores de esta espora se dan en una comunidad viaria (muestra 3), y en dos comunidades subalpinas alteradas bien por el ganado (muestra 25) o bien por el tránsito asociado a la proximidad de refugios de montaña (muestra 19), lo que podría implicar la relación de esta espora con procesos erosivos o de perturbación del suelo (Argant *et al.* 2006; Marinova y Atanassova 2006; van Geel *et al.* 1989), especialmente en comunidades subalpinas.

Bosque subalpino y bosque mixto montano

Los resultados polínicos evidencian que valores >80% de AP/T pueden ser considerados como indicativos de formaciones forestales en el valle a escala local. El mayor responsable de este índice y el principal taxón polínico en la zona de estudio es *Pinus*. El RDA muestra como este taxón se encuentra principalmente asociado a los bosques subalpinos de *P. mugo* ssp. *uncinata*. En efecto, los valores más elevados de *Pinus* se dan en esta comunidad altimontana (media de 72%) frente al BSS y BMM (62%). Este predominio en los valores porcentuales responde al protagonismo prácticamente absoluto del pino negro como taxón arbóreo en las comunidades subalpinas de las partes altas del valle. En las comunidades subalpinas de *P. sylvestris* y en el bosque mixto montano, otros taxones arbóreos como *Betula, Corylus* y *Quercus* caducifolio-t juegan también un papel importante en la comunidad forestal, lo que se muestra de igual manera en el espectro polínico. Con todo, esta variabilidad porcentual de *Pinus* no es tan significativa como para poder diferenciar los pinares subalpinos de pino negro y silvestre, y menos aún considerando la ya discutida sobrerepresentación polínica de este taxón en medios altimontanos. En términos generales podemos afirmar que valores muy elevados de *Pinus* >70% son indicativos del pinar subalpino en el valle a nivel local. El hecho de que los valores de estomas de pino sean meramente presénciales en el transepto realizado dificulta su interpretación. Con todo, cabe destacar que su presencia es más frecuente en el grupo de bosque subalpino de *P. mugo ssp. uncinata* (BSU) y en el de prados y claros subalpinos (PSUB), donde la proximidad del bosque es mayor. Sin embargo, el hecho de que no se documenten estomas en muestras donde el bosque está localmente presente (muestras 7,8, 10, 21, 22, 23, 24, 26 y 27) indica que la ausencia de estomas en los diagramas polínicos puede no ser indicativa de la ausencia del pinar. Todo esto, junto al hecho de que se documenten de manera puntual estomas en los prados alpinos (muestra 3) indica la necesidad interpretar con precaución la señal de estomas cuando ésta sea puntual o los valores sean muy reducidos.

Entre el conjunto de taxones que de manera más destacada se encuentran asociados con el BSU en el RDA (biplot b, Figura 22), merecen ser destacados Crassulaceae, *Vaccinium*-t *Rhododendron*, y *Trifolium*-t. Todos estos taxones de polinización entomófila han sido clasificados como taxones asociados o infrarepresentados en la zona de estudio según los índices de Davis y, por tanto, pueden ser considerados como indicadores de la presencia local del bosque subalpino de *P. mugo ssp. uncinata*. El diagrama polínico muestra además, una diferencia entre el BSU de orientación meridional y septentrional en relación a los taxones arbustivos que los caracterizan. De esta manera, los valores más elevados de *Juniperus* (6-7%) se dan en las muestras emplazadas en el bosque de orientación meridional (muestras 7/10), donde el enebro constituye el principal taxón arbustivo del pinar (ver apartado 2), mientras que sólo en las muestras de orientación septentrional (muestras 8/14) *Rhododendron* presenta valores >1%. La diferencia fitosociológica existente entre ambas orientaciones (Folch 1984; Vigo 1976) se ve, así pues, reflejada en el espectro polínico referencial, y porcentajes elevados de ambos taxones podrán ser representativos de las formaciones arbustivas meridionales y septentrionales. Ello es importante en tanto que, como ha sido observado en el apartado relativo a la vegetación altimontana, la degradación del bosque subalpino conlleva el incremento de estas formaciones en sus respectivas orientaciones. Por tanto, incrementos sustanciales de dichos taxones podrían ser representativos en el espectro polínico fósil de procesos de apertura del bosque en sectores determinados del valle. Con respecto a los NPPs, el BSU destaca por la reducida diversidad de taxones. *Assulina* es el único taxón que se encuentra correlacionado con este grupo y, aunque también se da en las forma-ciones forestales de cotas inferiores (BSS/BMM), los va-lores más elevados (3%) se dan en el BSU (Figuras 20 y 21). *Assulina* es un rizópodo asociado a medios húmedos (López Sáez *et al.* 2005), lo que explica su preferencia por zonas forestales más umbrías y húmedas.

En relación al bosque subalpino de *P. sylvestris* y al bosque mixto montano, los resultados del RDA no permiten distinguir taxones indicativos de cada una de las agrupaciones. Ello en parte puede ser debido al reducido número de muestras que fueron tomadas en cada agrupación con respecto del resto de grupos de vegetación. Es por ello que trataremos del conjunto de taxones situados a la derecha del primer axis del RDA como pertenecientes a formaciones forestales poco pastoreadas propias de ambas agrupaciones y situadas a cotas inferiores a 1.855 m. Entre ellos, *Fagus* y *Buxus* parecen estrechamente asociados a los sectores de orientación suroeste, que predomina en estos sectores forestales. Por lo demás, destacan especialmente *Betula* y *Corylus*, así como *Meliola* entre los NPPs, como taxones cuya abundancia porcentual se correlaciona especialmente con dichas formaciones forestales. Con respecto a *Betula* y *Corylus*, la abundancia porcentual de ambos taxones en las muestras de sectores forestales inferiores responde al destacado papel actual del abedul y el avellano en estas formaciones (Figura 9). Con respecto a *Meliola*, el que se trate de un parásito de *Calluna vulgaris* (van Geel *et al.* 2006), puede explicar que la mayor abundancia de esporas de *Meliola* en el transepto realizado se de en las muestras donde el polen de *Calluna vulgaris* está mejor representado (muestras 21, 22, 23).

Indicadores de pastoreo

El RDA realizado sitúa a Poaceae, *Plantago* undiff., *Sordaria* y *Sporormiella* como taxones cuya abundancia se encuentra preferentemente correlacionada con una mayor presión pastoral en el VMPC. Además, por su situación a la izquierda del primer axis y por tratarse del grupo de vegetación que muestra una mayor presión pastoral en todas sus muestras (Figuras 20 y 22), podemos considerar que los taxones característicos de prados y claros subalpinos (Apiaceae, Cichorioideae, Chenopodiaceae y Asteroideae), también pueden ser indicativos del pastoreo desarrollado actualmente en este sector del valle. Por su parte, *Cichorium intybus*-t se encuentra estadísticamente situado entre esta última comunidad y una mayor presión pastoral. Con la excepción de Poaceae, el conjunto de taxones polínicos mencionados se encuentran sobrerepresentados con respecto a su presencia en la vegetación local según los índices de Davis, por lo que su interpretación como indicadores de pastoreo debe ser considerada en términos extra-locales o regionales. De la misma manera, ya ha sido comentada anteriormente la precaución que debe tenerse con los valores reducidos de Poaceae, al tratarse de un taxón anemófilo y con una buena dispersión polínica.

Destaca especialmente el valor de *Sordaria* y *Sporormiella* en este estudio como taxones indicativos de pastoreo a nivel local. *Sordaria* es un hongo que se desarrolla preferentemente sobre restos fecales (van Geel *et al.* 2003; van Geel y Aptroot 2006) y que ha sido relacionado de manera destacada con actividades de pastoreo locales en otros estudios referenciales de montaña en los Alpes (Court-Picon *et al.* 2006) y los Pirineos franceses (Mazier *et al.* 2009; Cugny *et al.* 2010). Por su parte, diferentes estudios referenciales sobre sedimentos actuales pastoreados (Davis y Shafer 1987; Blackford e Innes 2006) han caracterizado a *Sporormiella*, hongo coprófilo estricto que sólo se desarrolla sobre restos fecales de herbívoros (Ahmed y Cain 1972; Hoaen y Coles 2000), como uno de los indicadores más fiables de la presencia local de ganado. Los resultados aquí presentados no hacen sino ratificar la validez de ambas esporas como indicadores locales de ganadería en el VMPC. Es destacable, no obstante que la asociación estadística de ambos taxones con la variable pastoreo es ciertamente moderada. Ello se explica por el hecho de que los valores máximos de ambos taxones no se correlacionan con las zonas calificadas como de mayor presión ganadera (nivel 3), esto es reposaderos de ganado o comunidades nitrófilo-ruderales, sino con zonas de prados con una fuerte o moderada presión pastoral (niveles 1 y 2), donde se registran valores de *Sordaria* entre 3 y 5% y de *Sporormiella* entre 6 y 18% (Figura 21). La escasez de estudios específicos sobre el comportamiento de estos taxones en relación a factores climáticos y/o ambientales impide precisar la menor presencia de *Sordaria* y *Sporormiella* en los lugares más intensamente pastoreados. Otros estudios referenciales han señalado asimismo que *Sporormiella* no siempre se encuentra presente en lugares pastoreados, lo que ha sido atribuido a factores de tipo climático, o características edáficas o de la cubierta vegetal que pueden alterar la abundancia de la flora fúngica (Davis y Shafer 2006).

Con respecto a los indicadores polínicos cabe destacar la existencia de similitudes y discrepancias con respecto a otros estudios referenciales de lluvia polínica actual. Cichorioideae y Asteroideae son familias que han sido asociadas a la actividad pastoral en zonas de media montaña del Pirineo francés (Mazier *et al.* 2006) y en áreas de baja altitud en Europa del norte (Hjelle 1999), mientras que Cichorioideae se ha asociado preferentemente a actividades de siega en los Alpes franceses (Court-Picon *et al.* 2006). Ambas familias incluyen taxones preferentemente asociados a comunidades altimontanas pirenaicas de prados y ruderales (Braun-Blanquet 1948; Folch 1981; Carreras *et al.* 2003), como es el caso de *Taraxacum pyrenaicum*, taxón agrupado dentro del tipo polínico *Cichorium intybus*-t y que forma parte destacada de la principal asociación nitrófilo-ruderal en el valle. Así, este estudio corrobora el valor indicativo de la señal polínica de ambas familias y de *Cichorium intybus*-t como indicadores de pastoreo en zonas altimontanas. Por el contrario, si bien el valor indicativo de Chenopodiaceae como indicador ruderal y pastoral ha sido ampliamente cuestionado en recientes estudios de media y alta montaña (Court-Picon *et al.* 2006; Mazier *et al.* 2006), el que en este estudio los valores más significativos de Chenopodiaceae se den bien en reposaderos de ganado o en comunidades nitrófilo-ruderales (muestras 5/12/17), donde llegan a alcanzar valores de 22% (Figura 20), subrayan la utilidad de valores elevados de este taxón como indicador ruderal y pastoral en el VMPC. Por su parte, el valor indicativo de *Plantago* undiff. es ciertamente cuestionable si consideramos los reducidos valores porcentuales que muestra en el transepto referencial.

Finalmente, es preciso destacar dos de los taxones que están fuertemente asociados a la actividad pastoral, pero que se ha decidido valorar de manera independiente y no incluirlos en la lista de *apophytes* como son Apiaceae y Poaceae. Si bien Apiaceae posee una amplia variedad fitosociológica, es cierto que muchos de sus taxones se encuentran asociados a comunidades de pastos (*Eryngium campestre, Anthriscus sylvestris*) y asociaciones nitrófilo-ruderales (*Chaerophyllum aureum, Carum carvi, Heracleum sphondilium*) en áreas altimontanas pirenaicas (Braun-Blanquet 1948; Folch 1981; Vigo *et al.* 2003). Ésto, unido a los resultados del estudio referencial, implica que se deba valorar el potencial de esta familia como indicador polínico de pastoreo. Con todo, debido al peso destacado de Apiaceae en el espectro polínico fósil, se ha considerado oportuno no incluirla en la curva de *apophytes* y valorarla de manera independiente. Por su parte, la correlación de Poaceae con la presión pastoral en este estudio difiere con otros estudios referenciales de montaña. En ellos, los valores de Poaceae son reducidos e incluso decrecen en comunidades con fuerte presión pastoral o sobrepastoreo debido fundamentalmente a que la selección positiva de las gramíneas en la alimentación ganadera dificulta la correcta floración y polinización de las mismas (Brugiapaglia *et al.* 1998; Court-Picon *et al.* 2006; Mazier *et al.* 2006). La buena correlación entre Poaceae y la presión pastoral en este estudio puede responder al predominio actual de los prados de *Nardus stricta* en el sector estudiado del VMPC. Es ésta una gramínea con bajo valor forrajero que suele ser desdeñada por el ganado con respecto a otras herbáceas, lo que favorece su expansión frente a otras comunidades (Braun-Blanquet 1948; Folch 1981; Aldezabal *et al.* 2002). Con todo, aunque el estudio referencial correlaciona positivamente la abundancia de Poaceae con la presión pastoral, es preciso tener en cuenta de que esto es así en un paisaje donde actualmente predominan los prados de *Nardus stricta*, que no tienen porque necesariamente haber predominado en el pasado. Ya se ha hecho referencia en el apartado dedicado a la vegetación del valle que diversos autores relacionan la extensión de estas formaciones con prácticas ganaderas (Vigo 1976; Folch 1981; Sebastià *et al.* 1998), y éstas pueden haber tenido un origen y unas características variables en el tiempo. La imposibilidad de diferenciar taxonómicamente el polen de Poaceae impide caracterizar el tipo de prado existente en el pasado en el VMPC y, por ello, garantizar que las comunidades de *Nardus stricta*, que polínicamente responden positivamente a la presión pastoral actual, hayan sido las principales también en el pasado. Por ello y por el peso de Poaceae en el espectro fósil, se considera oportuno no incluir Poaceae en la lista de *apophytes*, considerar esta familia *a priori* como un indicador de prados altimontanos y lugares abiertos y corroborar su posible asociación con la práctica ganadera con otros indicadores de pastoreo local como pueden ser las esporas coprófilas o los datos histórico-arqueológicos.

4.2. ELABORACIÓN DE LA LISTA DE *APOPHYTES*

De manera complementaria al estudio referencial se ha considerado oportuno la elaboración de una lista de *apophytes* más genérica adaptada a la zona de estudio. Aunque actualmente se cuestiona la validez de este tipo de aproximación basada en el valor indicativo de los taxones para la reconstrucción de paisajes culturales de montaña (Mazier *et al.* 2009), consideramos que puede constituir una herramienta útil y complementaria a los datos proporcionados por el estudio referencial. No hay que olvidar que éste únicamente refleja la composición paisajística actual del VMPC y la respuesta de las comunidades vegetales existentes a un tipo de pastoreo específico y diferente en su composición e intensidad con respecto al pastoreo tradicional que se practicaba en el valle (ver apartado de usos del suelo actuales). El referencial no nos proporciona, sin embargo, información sobre la respuesta de las comunidades vegetales locales a la multiplicidad de prácticas antrópicas que han caracterizado la explotación del valle en el pasado y que hoy en día han desaparecido en el mismo. En el caso de actividades como el carboneo, la explotación de resina, el aprovechamiento forestal o la ganadería ovina trashumante (Orengo 2007; Palet *et al.* 2007; Palet *et al.* 2010). En este sentido, consideramos poco adecuado simplificar la variabilidad propia de la explotación de los medios de montaña mediterráneos en el pasado (Palet *et al.* 2007; Ejarque *et al.* 2009; Ejarque y Orengo 2009) a la información proporcionada por el estudio de un paisaje actual que no se adecua a la complejidad que lo ha caracterizado históricamente. Por ello, la consulta de una información más global y genérica puede ser útil y complementaria en determinados momentos para la interpretación de los espectros fósiles analizados.

En primer término, se ha realizado un vaciado de estudios de vegetación de alta montaña pirenaica (Braun-Blanquet 1948; Vigo 1976; Folch 1981; Vigo *et al.* 2003) y trabajos especializados en la flora de Andorra (Folch 1984; Zamora y Escútia 1993; Mateo 1994; Carreras *et al.* 2003) con el fin de elaborar un listado de taxones potencialmente indicativos de acción antrópica o *apophytes*. El inventario botánico completo puede consultarse en Ejarque 2009, mientras que la Tabla 7 recoge únicamente aquellos tipos y taxones polínicos relacionados con comunidades de pastos y nitrófilo-ruderales. Esta lista se ha completado, además, con los indicadores de prados pastoreados y pastoreo caracterizados en el estudio referencial en el VMPC, con la excepción de Apiaceae y Poaceae, y con la relación de otros indicadores de pastoreo caracterizados en estudios referenciales de lluvia polínica actual en medios de media y alta montaña europeos (Court-Picon *et al.* 2005; Court-Picon *et al.* 2006; Mazier *et al.* 2006; Mazier *et al.* 2009).

Tabla 7. Selección de *apophytes* realizada a partir del vaciado de estudios de vegetación y de estudios referenciales de lluvia polínica en sectores de montaña.

Taxones	Pastos	Nitrófilo-ruderal	Pastoreo VMPC	Pastoreo (otras áreas)
Aconitum-t		■		
Achillea-t	■			
Alchemilla-t	■	■		
Asteroideae undiff.		■	■	■
Apiaceae	■	■	■	
Brassicaeae undiff.		■		
Campanulaceae		■		
Capsella bursa- pastori-t		■		
Caryophyllaceae	■	■		
Centaurea nigra-t	■			
Cichorium intybus-t	■	■	■	
Cichorioideae undiff.	■		■	■
Cirsium-t	■	■		■
Chenopodiaceae		■	■	
Echium-t		■		
Epilobium		■		
Euphorbia		■		
Galium-t	■	■		■
Lamium-t		■		
Lotus-t	■			
Plantago undiff.		■	■	
Plantago alpina-t	■	■		
Plantago coronopus-t		■		
Plantago lanceolata-t		■		
Plantago major/media		■		■
Poaceae	■		■	
Polygonum aviculare-t		■		
Potentilla-t				■
Ranunculus acris-t		■		
Rumex undiff.		■		■
Sanguisorba minor-t		■		
Solanun nigrum-t		■		
Trifolium-t		■		■
Urtica dioica-t		■		■

5. MATERIAL Y MÉTODOS: ESTUDIO PALEOAMBIENTAL DE SECUENCIAS FÓSILES

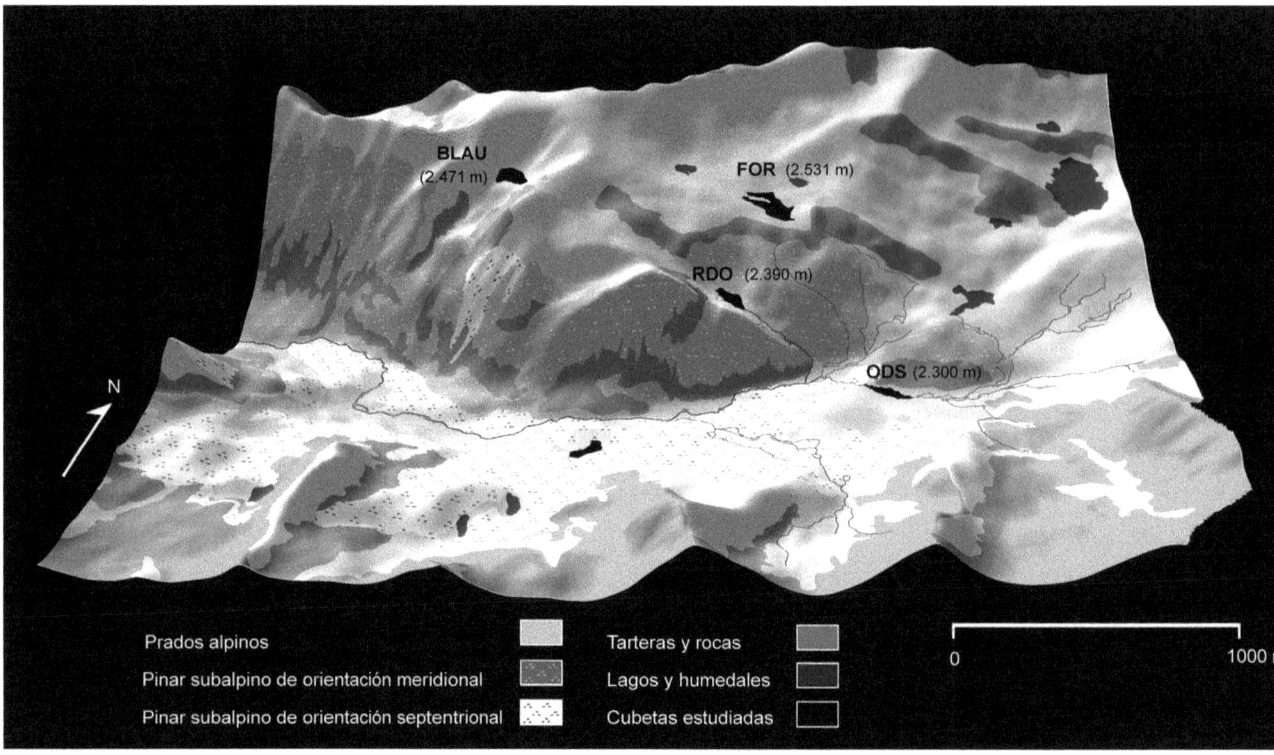

Figura 23. Mapa 3D con los registros estudiados en valle del Madriu mostrando las principales unidades de vegetación. Figura: H.A. Orengo.

5.1. DESCRIPCIÓN, SONDEO Y MUESTREO DE CUBETAS SEDIMENTARIAS

Secuencias estudiadas en el valle del Madriu

Dos lagos y dos turberas han sido estudiadas en la vertiente sur del valle del Madriu y serán presentadas a continuación (Figura 23). Su ubicación a lo largo de un transepto altitudinal en distintos nichos de vegetación del valle permitirá contrastar similitudes y diferencias a nivel microregional en la evolución paisajística y gestión humana del valle a lo largo del tiempo. El estudio de las dos secuencias turbosas ha sido publicado recientemente (Ejarque *et al.* 2010).

Orris de Setut, 2.300 m

La turbera Orris de Setut (ODS) se situa a 2.300 m s.n.m., en el extremo oriental del valle del Madriu (42° 28' 57'' N; 1° 39' 1'' E). Delimitada al noroeste y al sureste por dos morrenas glaciares, esta turbera acidófila de *Carex fusca* de reducidas dimensiones (1.2 ha) se ubica por encima del límite superior del bosque entre prados alpinos de *Nardus stricta* y alguna formación dispersa de *Pinus mugo ssp. uncinata* (Figuras 23 y 24). En torno a esta turbera se han localizado varios yacimientos arqueológicos que han sido objeto de excavación y que permiten una óptima correlación entre datos arqueológicos y paleoambientales.

En julio de 2005, un sondeo con sonda rusa (Figura 25) en la zona central de la turbera permitió la obtención de un registro sedimentario de 68 cm de longitud. En el laboratorio de Arqueología de la Universidad de Barcelona se realizó la descripción sedimentaria del testigo y su correspondiente muestreo cada 2 cm. En total, 33 muestras de 1 cm^3 se destinaron al análisis de polen, NPP y macrocarbones.

Riu dels Orris, 2.390 m

La turbera Riu dels Orris (RDO) se sitúa en el límite superior del bosque de la vertiente sur del valle, a 2.390 m s.n.m. (42° 29' 20'' N; 1° 38' 14'' E). Esta situación la convierte en una cubeta especialmente sensible a las oscilaciones del límite supraforestal (Figura 24). Ocupando una pequeña cubeta alargada de sobreexcavación glacial (0.8 ha), se trata de una turbera acidófila de *Carex fusca* rodeada de prados alpinos de *Nardus stricta* y formaciones pioneras de pino negro y enebro propias del límite supraforestal (Carreras *et al.* 2003). La documentación en sus extremos septentrional y meridional de yacimientos arqueológicos pastorales, la convierte en un excelente registro para intercalibrar datos arqueológicos y paleoembientales a nivel local.

Figura 24. Fotografías de los diferentes lagos y turberas estudiados en este trabajo. Fotografías: A. Ejarque.

En julio de 2005 se realizó el sondeo de la turbera mediante una sonda rusa de 50 cm de longitud y 5 cm de diámetro (Figura 25), obteniéndose un registro sedimentario de 200 cm de longitud del extremo meridional de la cubeta. El registro de RDO fue trasladado al IJA-CSIC, donde el Dr. R. Julià realizó la descripción sedimentológica del testigo y se procedió al muestreo del mismo cada 4 cm. Se obtuvieron un total de 69 muestras de 1 cm^3 que se destinaron al estudio de polen, NPPs y macrocarbones. Entre 18 y 36 cm se incrementó la resolución del muestreo, realizándose un análisis continuo cada 1 cm y sin intervalos con el fin de caracterizar con mayor resolución el periodo comprendido entre la Edad del Hierro y la Antigüedad Tardía. Igualmente, entre 0 y 18 cm el muestreo se realizó a cada 2 cm para una mejor caracterización de la época medieval y moderna, dada la menor tasa de crecimiento del tramo superior del registro.

Figura 25. Diferentes métodos de sondeo utilizados en este estudio en lagos y turberas: a) sonda rusa; b) sistema de *piston-core* sobre plataforma; c) sonda de tipo gravitacional (a partir de Altuna 2004: 6)

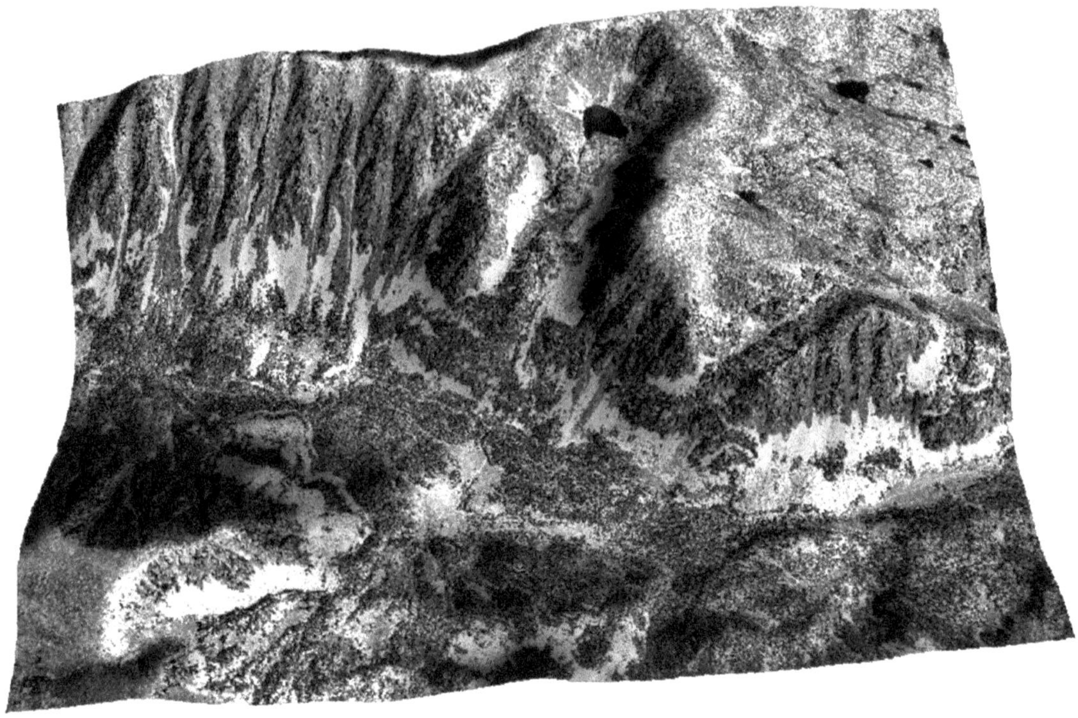

Figura 26. Modelo 3D donde se observa la orientación abierta del Estany Blau al valle del Madriu-Perafita-Claror. Figura: H. A. Orengo.

Estany Blau, 2.471 m

El Estany Blau (BLAU) es un lago oligotrófico de cabecera situado en la vertiente sur del estadio alpino, a una altitud de 2.471 m s.n.m., por encima del límite superior del bosque (42° 29' 49'' N; 1° 37' 19'' E). Ocupando una cubeta de sobreexcavación glaciar se encuentra rodeado por prados de *Festuca eskia*, mientras que en la parte inferior de la cubeta se extienden matorrales de azalea (*Rhododendron ferrugineum*). La naturaleza escarpada e inclinada de la cuenca dificulta, no obstante, que la vegetación alpina colonice la proximidad inmediata del lago, ampliamente ocupada por roquedales. De morfología circular y de *c.* 8 m de profundidad, el lago posee unas dimensiones reducidas (2.1 ha.), si bien la cubeta que ocupa es relativamente amplia (25 ha) (Figuras 24 y 26). Una de las principales características de BLAU es su ubicación en el fondo de un circo independiente de los de Gargantillar, por lo que, al contrario que otros lagos del valle del Madriu, no recibe aportaciones hídricas externas procedentes de fuentes superiores.

La descripción del sondeo y muestreo del Estany Blau, que se presenta a continuación, ha sido realizada en base al informe redactado por M. Altuna (2004) el marco del proyecto "Ocupació del sòl i formes de paisatge de muntanya en els Pirineus Orientals de l'Antiguitat a l'època medieval". El sondeo fue realizado en julio de 2004 a partir de una sonda de tipo gravitacional (Figura 25). En total se obtuvieron tres testigos de entre 45 y 60 cm de longitud. Uno de los testigos se guardó como reserva, otro se destinó a los análisis estratigráficos y el tercero, de 48 cm, fue muestreado "in situ" para su posterior estudio paleoambiental. La sección del sedimento fue realizada con una máquina extrusora en láminas de 4 mm de grosor, obteniendo un total de 120 muestras. Un primer análisis visual del testigo de BLAU permitió caracterizarlo como muy orgánico, con la presencia de varvas y biofilms de algas en la parte superior. En el Centre d'Estudis Avançats de Blanes (CSIC) se procedió a la liofilización de las muestras de sedimento congeladas y a su división en submuestras destinadas a los diferentes análisis paleoambientales. El análisis polínico y de NPPs se realizó sobre un total de 40 muestras a intervalos de 8 y 16 mm, mientras que 49 muestras cada 8 mm se destinaron al estudio de microcarbones.

Estany Forcat, 2.531m

El Estany Forcat (FOR) es un lago oligotrófico de cabecera situado en el extremo oriental del valle del Madriu, en la vertiente sur del estadio alpino (42° 29' 338'' N; 1° 38' 21'' E). Se emplaza a 2.531 m s.n.m. en una cubeta granodiorítica de sobreexcavación glacial de *c.* 3.5 ha situada por encima del límite superior del bosque y creada por el avance de los glaciares de los circos de Gargantillar (Figuras 23 y 24). Rodeado de prados alpinos de *Nardus stricta*, el lago recibe aportes fluviales procedentes de pequeñas cubetas lacustres y turbosas situadas a cotas superiores.

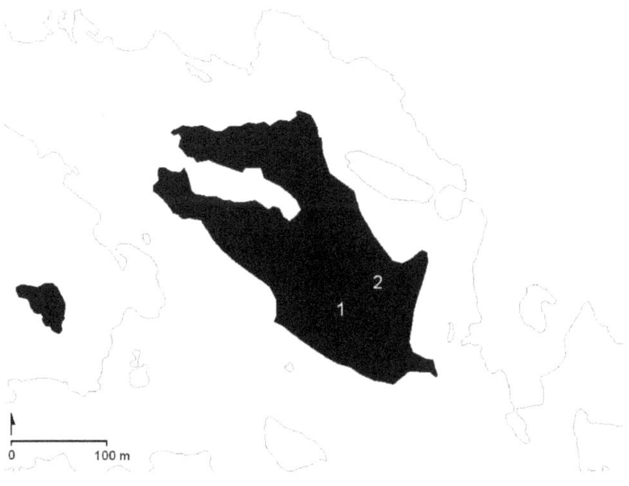

Figura 27. Mapa con la ubicación de los sectores sondeados en el Estany Forcat. Figura: A. Ejarque.

En julio de 2006 se realizó el sondeo del lago utilizando un sistema de *piston-core* montado en trípode sobre una plataforma flotante desmontable (Figura 25). Se llevaron a cabo un total de cuatro sondeos ubicados en dos zonas alejadas de los aportes fluviales que recibe el lago (Figura 27). En el sector 1, que presenta una columna de agua de 8.5 m de profundidad, se obtuvieron dos registros de 238 y 350 cm respectivamente. En el sector 2, de 10.5 m de profundidad, se obtuvieron otros dos registros de 232 y 400 cm de potencia.

Los registros sedimentarios, recuperados en tubos de PVC, se trasladaron al laboratorio del IJA-CSICR, donde el Dr. R. Julià prodeció a su descripción y correlación sedimentológica. Como resultado, se seleccionaron dos registros estratigráficamente complementarios, FOR-1 y FOR-4, que, una vez correlacionados sedimentológicamente (ver apartado 6), fueron muestreados a intervalos de 1 cm con el fin de llevar a cabo los diferentes análisis paleoambientales. El análisis polínico, de NPPs y de microcarbones del registro del Estany Forcat se realizó sobre un total de 110 muestras de 1 cm de grosor a intervalos de 2 y 3 cm. Además, entre 68 y 85 cm se incrementó la resolución de análisis cada 1 cm con el fin de estudiar con mayor resolución temporal la transición entre el Neolítico final y el Bronce antiguo.

Comparación con otras secuencias fósiles estudiadas en el valle del Madriu-Perafita-Claror

Los resultados del estudio de las secuencias presentadas serán comparados con aquellos procedentes del trabajo paleoambiental realizado por el Dr. Y. Miras en los valles del Madriu y Perafita en el marco del proyecto *Ocupació del sòl i formes del paisatge de muntanya als Pirineus Orientals de l'Antiguitat a l'Època Medieval.* Dos secuencias fósiles serán así pues consideradas: Bosc dels Estanyons y Planells de Perafita.

Turbera Bosc dels Estanyons, 2.180 m

Bosc dels Estanyons (BDE) es una pequeña turbera de 0.8 ha (42° 28' 49'' N; 1° 37' 45'' E) situada en la vertiente norte del valle del Madriu, a 2.180 m s.n.m. (Figuras 28 y 29). Emplazada por debajo del límite superior del bosque, BDE se encuentra rodeada por un pinar subalpino bastante denso y proporciona información importante sobre los cambios paisajísticos y prácticas humanas desarrollados en el estadio subalpino de este sector del valle a lo largo del Holoceno. El estudio paleoambiental multiproxy realizado en BDE, que cubre los últimos 12.000 años, se detalla en Miras *et al.* (2007). Posteriormente a su publicación y con el fin de caracterizar con mayor detalle la Época Romana así como garantizar una óptima correlación con los datos del resto de secuencias estudiadas en el valle del Madriu, el Dr. Y. Miras amplió la resolución del estudio de BDE a intervalos de entre 1 y 4 cm entre los 67 y 96 cm. La Figura 30 muestra un diagrama simplificado con los resultados de BDE.

Turbera Planells de Perafita, 2.240 m

Planells de Perafita (PDP) localiza en el estadio de transición del estadio subalpino-alpino del valle de Perafita, a 2.240 m s.n.m. (42° 28' 45'' N; 1° 34' 1'' E) (Figuras 28 y 31). Esta turbera de 2.9 ha se encuentra rodeada por prados de *Nardus stricta*, entre los que cabe destacar pequeñas agrupaciones dispersas de pino negro. El registro de PDP presenta una sedimentación continua entre 8150 y 1025 años cal. a. C. y, tras un hiato sedimentario, ésta se reanuda desde 1350 cal. d. C. hasta nuestros días (Miras *et al.* 2010). Por ello, los resultados del estudio multiproxy de este registro serán fundamentales a la hora de contrastar las dinámicas paleoambientales y antrópicas de los valles del Madriu y Perafita durante la Prehistoria y la Época Moderna. La Figura 32 muestra un diagrama simplificado de PDP con los principales resultados polínicos obtenidos.

Figura 31. Fotografía de PDP en el límite supraforestal del valle de Perafita. Fotografía: A. Ejarque.

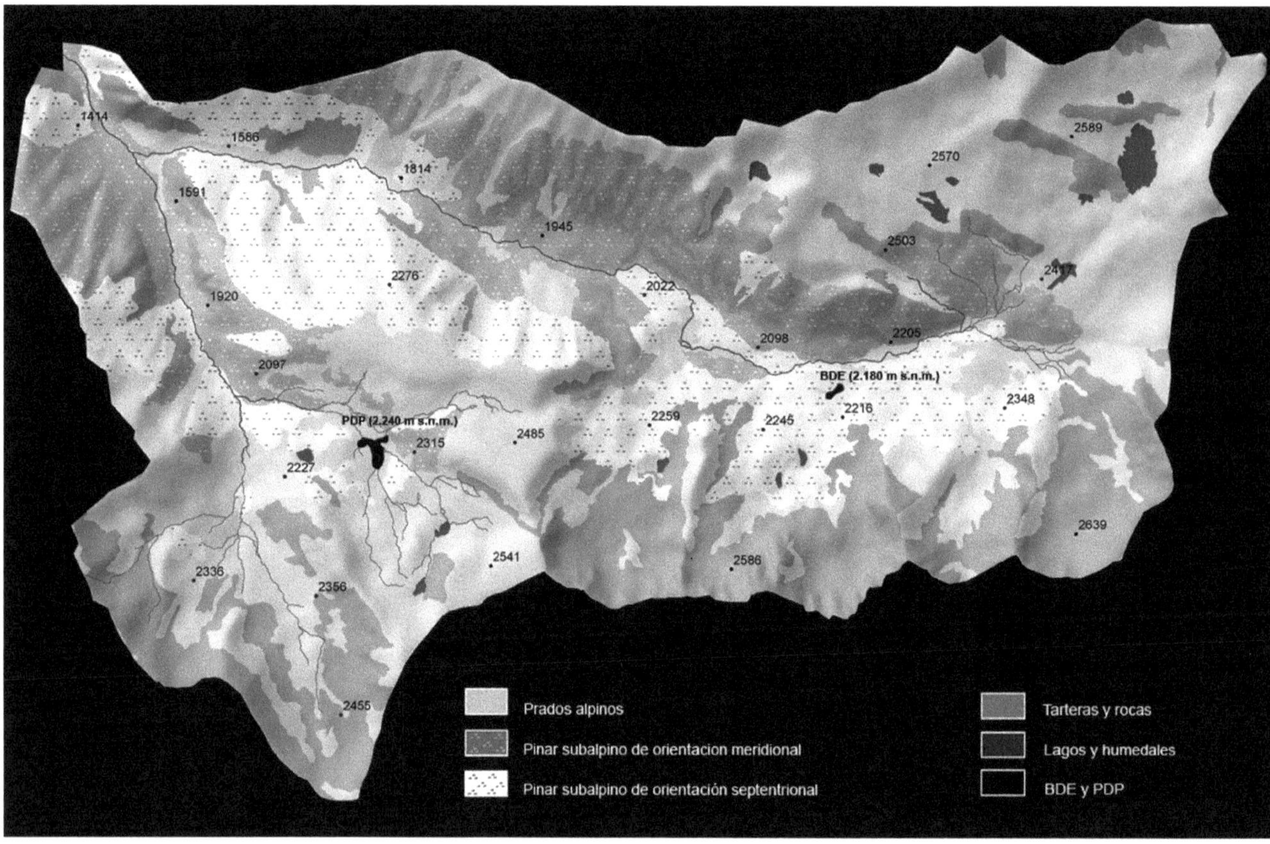

Figura 28. Mapa de situación de BDE y PDP en el VMPC. Figura: H.A. Orengo, unidades de vegetación obtenidas a partir del *Mapa digital dels hàbitats d'Andorra 1:25.000* (Carreras et *al.* 2003).

Figura 29. Fotografía del sondeo con sonda rusa de BDE donde se observa la proximidad del pinar subalpino a la turbera. Fotografía: A. Ejarque.

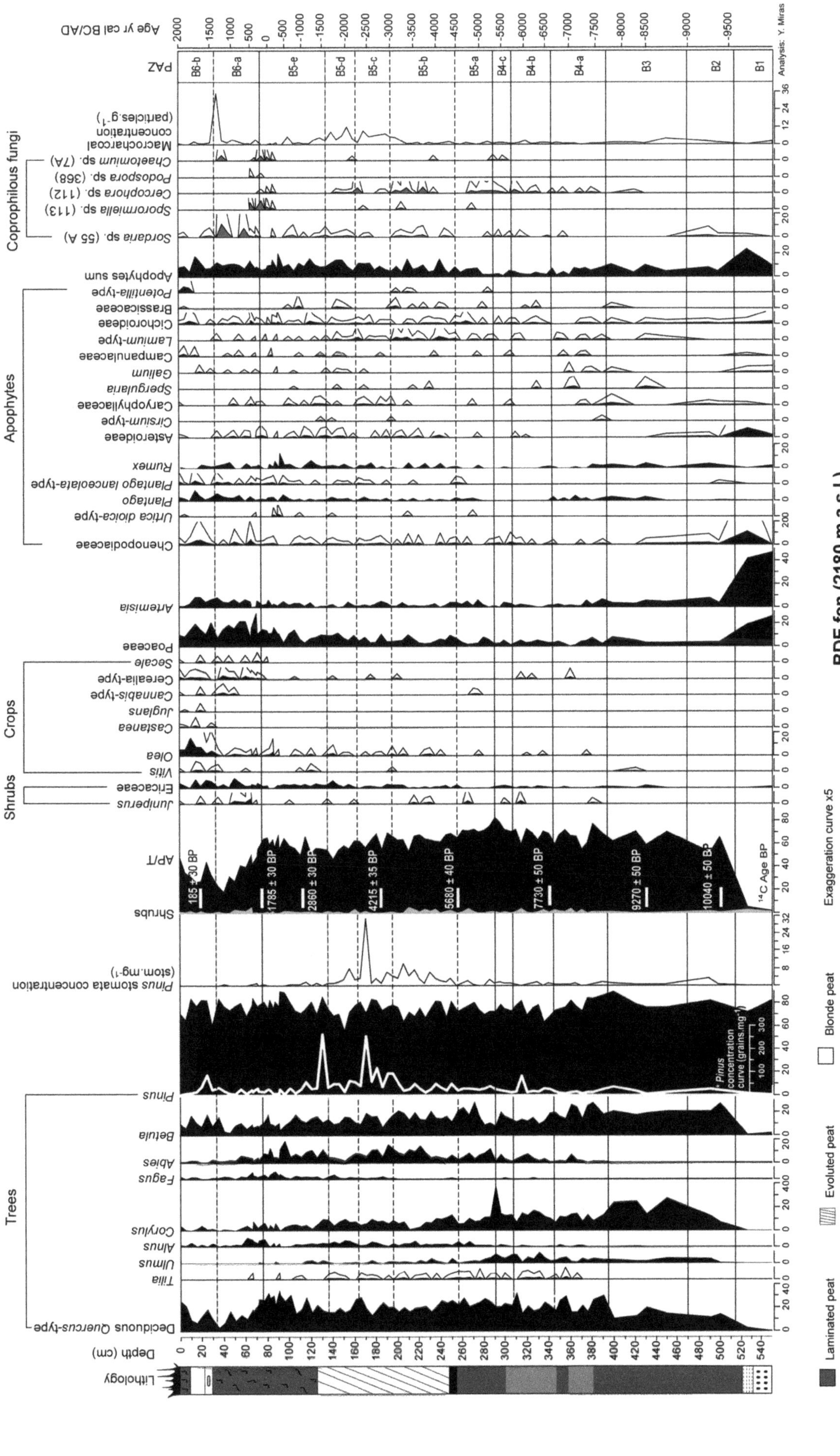

Figura 30. Diagrama simplificado de BDE donde se muestran los principales resultados de polen, NPP y macrocarbones siguiendo una escala de profundidad (Miras *et al.* 2010).

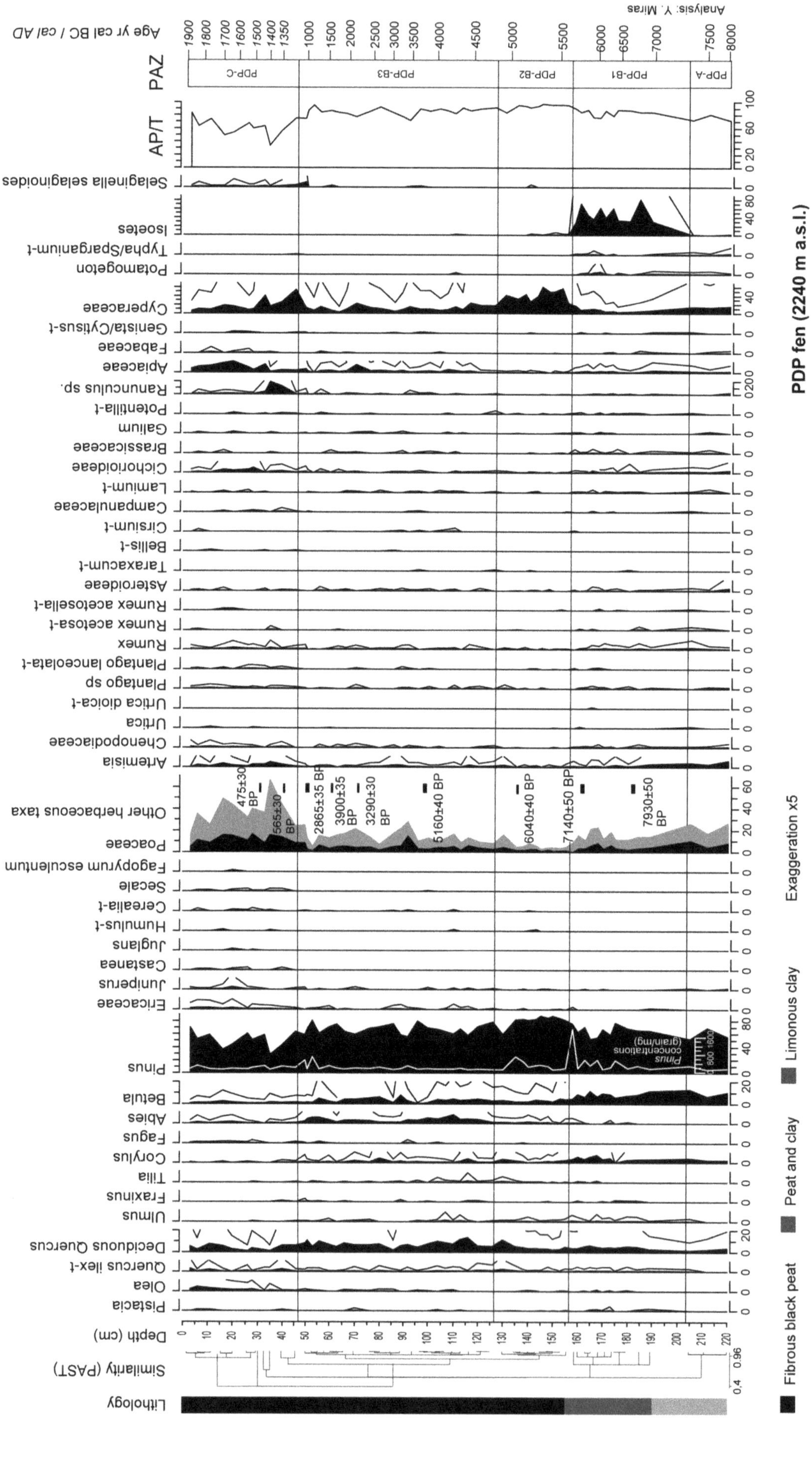

Figura 32. Diagrama simplificado de PDP donde se muestran los principales resultados polínicos de PDP siguiendo una escala de profundidad (Miras *et al.* 2010).

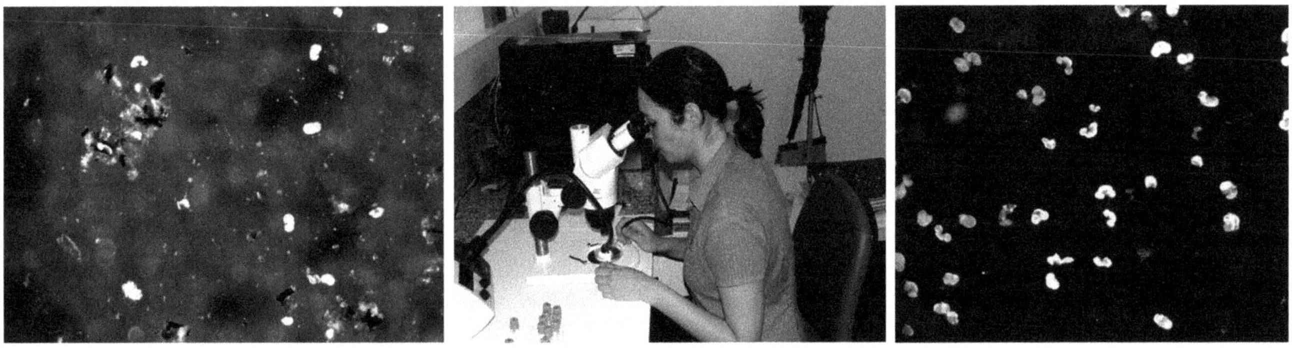

a b c

Figura 33. Ilustración del proceso de concentración de pólenes de pino donde se muestra la solución tras el tratamiento con restos no polínicos (a), el proceso de pipeteado (b) y la concentración resultante para datar (c). Fotografías: A. Ejarque y H.A. Orengo

5.2. Datación de secuencias fósiles

Datación radiocarbónica

Un total de 24 muestras (7 de FOR, 6 de BLAU, 5 de RDO y 4 de ODS) han sido sometidas a datación radiocarbónica mediante *Accelerator Mass Spectrometry* (AMS) en el *Poznan Radiocarbon Laboratory* (Polonia) y *Beta Analytic Inc* (USA), con el objetivo de construir modelos cronológicos de alta resolución. Las fechas radiocarbónicas han sido calibradas utilizando una desviación estándar de 2σ (95% de probabilidad) con el programa CALIB 5.0.2 (Reimer *et al.* 2004). Posteriormente, se procedió a la elaboración de modelos cronológicos a partir de la extrapolación lineal de las dataciones radiocarbónicas disponibles con la profundidad del testigo, asumiendo que la tasa de sedimentación existente entre dos muestras es constante.

Además, es importante destacar que los sistemas lacustres experimentan una serie de procesos que producen un envejecimiento de las dataciones radiocarbónicas realizadas sobre materia orgánica, en lo que se denomina comúnmente como *reservoir effect* (Olsson 1979; 1986). El *reservoir effect* se produce cuando el ratio C^{14}/C^{12} del carbono a partir del cual las plantas acuáticas construyen sus tejidos es menor que el ratio existente en el CO^2 atmosférico contemporáneo. El aporte de CO^2 envejecido en un lago de sustrato no calcáreo es menos frecuente, pero puede producirse a través de diferentes mecanismos. Entre ellos cabe destacar, por el contexto en que se encuentran FOR y BLAU, el aporte de aguas procedente de glaciares, ricas en CO^2 antiguo, o el aislamiento del lago del carbono atmosférico debido a una capa de hielo perenne. A ello debemos añadir procesos erosivos movilizadores de materia orgánica antigua presente en los suelos superficiales de la cuenca lacustre o en sus proximidades, por ejemplo en turberas próximas (MacDonald *et al.* 1991 *a*; Björck y Wohlfarth 2001).

Datación de macrofósiles y granos de polen

La reducida presencia de macrofósiles en FOR y BLAU ha obligado a datar sedimento lacustre (*bulk*) que puede estar afectado por procesos de envejecimiento. Es por ello que distintos métodos de datación alternativos han sido utilizados para calibrar dichas dataciones. En FOR se ha procedido a la datación de material vegetal terrestre incorporado de forma alóctona al lago y, por tanto, no afectado por este envejecimiento, es decir, macrofósiles y granos de polen (Brown 1989; Geyh *et al.* 1998; Hutchinson *et al.* 2004). Cinco de las dataciones realizadas en FOR han sido, así, realizadas sobre macrofósiles. Además, un mismo nivel (120 cm) fue datado doblemente sobre macrofósiles y sobre sedimento lacustre con el fin de calibrar el envejecimiento y corregir aquellos niveles en los que la ausencia de los primeros obligó a datar *bulk*.

Dada la escasez de macrorestos en el tramo superior de FOR, en el nivel a 25 cm se llevó a cabo la concentración de granos de polen con el fin de obtener dataciones radiocarbónicas no envejecidas. Para ello se siguió la metodología detallada por Mensing y Southon (1999) que, destinada a concentrar granos de polen de *Pinus*, se consideró óptima en este caso por la gran cantidad de los mismos en esta secuencia altimontana. La concentración de polen conlleva el siguiente tratamiento químico de las muestras: hidróxido de potasio (KOH) + ácido hidrofluorídrico (HF) + ácido clorhídrico (HCl) + hipoclorito sódico (NaOCl), que se completa con filtrajes con mallas de 200, 120 y 63 µm de luz adecuadas al tamaño de los granos de polen de pino del área de estudio. Como resultado del tratamiento se obtuvo una solución rica en pólenes de pino, pero que todavía contenía restos de material no polínico que podía seguir contribuyendo al envejecimiento de la datación. Por este motivo, se procedió a la extracción manual de los pólenes de pino mediante un sistema de pipeteado bucal y utilizando una lupa binocular (Figura 33) hasta alcanzar un total de 10.000 pólenes de pino, cantidad recomendada para conseguir una datación radiocarbónica fiable (Mensing y Southon 1999). Los pólenes extraídos de esta forma fueron seguidamente enviados a *Beta Analytic Inc* (USA) para su datación radiocarbónica.

Una primera consideración metodológica debe ser aquí mencionada, a saber, que el coste temporal de recogida de los 10.000 pólenes fue significativamente mayor que la apuntada por Mensing y Southon (1999). Si estos autores requirieron entre 4 y 8 horas para reunir dicha cantidad, aquí fueron necesarias *c.*80 horas de trabajo, lo que probablemente debe ser atribuido a la diferente composición del sedimento analizado. En el caso de FOR, los granos de polen quedaban adheridos a otros restos orgánicos, lo que dificultó en gran medida el proceso de pipeteado. Finalmente, es preciso destacar en este punto que la cantidad de polen recomendada en la publicación y reunida no fue suficiente para conseguir una datación radiocarbónica fiable, aún cuando a la muestra inicial de 10.000 pólenes se le añadieron 6.000 pólenes más en una segunda fase. A este respecto, el método de concentración de pólenes recomendado por Mensing y Southon (1999) resultó del todo infructuosa en el caso de un medio altimontano pirenaico como el que nos ocupa donde *Pinus mugo ssp. uncinata* y *Pinus sylvestris* son las especies dominantes.

Concentración de *Spheroidal Carbonaceous Particles*

En BLAU, dada la ausencia de macrofósiles en el testigo sedimentario lacustre, se llevó a cabo la datación de niveles más recientes mediante la concentración de *Spheroidal Carbonaceous* Particles (SCP). Las SCP son microesferas (>5µm) de carbón elemental generadas por la combustión incompleta de combustibles fósiles a altas temperaturas (Rose 1990; 2001). Formadas por carbón elemental, estas micropartículas poseen un color y una morfología característica que permite su rápida identificación mediante microscopio óptico y electrónico. Una vez emitidas son transportadas por las corrientes de aire a largas distancias quedando incorporadas a los diferentes registros sedimentarios. La extremada resistencia de estas micropartículas a procesos químicos permite su concen-tración físico-química en el laboratorio y su ulterior cuan-tificación (Wik y Renberg 1996).

Al no generarse de forma natural, las SCP se han convertido en un mecanismo eficaz de datación del periodo industrial y su fiabilidad ha sido comprobada partir de diferentes estudios en Europa (Rose *et al.* 1995), U.S.A. (Goldberg *et al.* 1981), Asia (Rose *et al.* 1998) y África (Flower *et al.* 2006). La calibración del las curvas de SCP de 80 registros sedimentarios lacustres ingleses con dataciones radiométricas (Pb^{210}, Cs^{137} y Am^{241}) realizada por Rose y Appleby (2005) ha demostrado la coherencia de la aparición y evolución de las SCP con el proceso de industrialización británico. De la misma manera, en base al programa europeo "*Acidification of Mountain Lakes: Palaeolimnology and Ecology*" (AL:PE) se ha podido corroborar la validez de la utilización de SCP como medio de datación en 31 lagos de alta montaña europeos, cuatro de los cuales se emplazaban en el Pirineo central (Rose *et al.* 1999).

Si bien se observan particularidades cronológicas en las curvas de SCP ligadas a los procesos regionales de industrialización de cada país, en general han sido destacados tres rasgos comunes principales (Rose 2001):

1. El inicio del registro de SCP: en la mayoría de países industriales el inicio de la curva de SCP se sitúa entre 1850-1900, si bien se han dado casos de presencia de SCP en momentos anteriores (Rose *et al.* 1999).

2. El incremento en la concentración de SCP: generalmente se produce tras la finalización de la 2ª Guerra Mundial en relación al incremento de la demanda eléctrica y a la aparición de las primeras industrias energéticas alimentadas con petróleo.

3. El pico máximo de concentración de SCP final: registra generalmente el incremento en el gasto energético de los años 50-60 del s. XX.

Las doce primeras muestras de la secuencia de BLAU (4-48 mm) fueron tratadas siguiendo el método fisico-químico propuesto por Rose para la concentración de SCP (1990). La solución obtenida fue montada en glicerina y la identificación y cuantificación realizada en el ICAC con un microscopio óptico de luz transmitida Zeiss Axioscop 40 a x 400 aumentos. La concentración de SCP ha sido calculada añadiendo una pastilla calibrada de *Lycopodium clavatum* (Stockmarr 1971) a cada muestra y los datos son, por tanto, expresados en unidades de SCP por gramo de sedimento.

Medición de actividad de Pb^{210} y Cs^{137}

Finalmente, en BLAU se ha llevado a cabo la medición de actividad de Pb^{210} y Cs^{137}. La presencia de Pb^{210} está constreñida por los procesos de desintegración radioactiva de este isótopo, cuyos niveles de actividad disminuyen hasta ser mínimos a partir de un lapso temporal de 130 a 150 años (*c.* 1875), en lo que constituye el denominado *Pb^{210} dating horizon* (Appleby 2001). Por su parte, el Cs^{137} es un radionucleido artificial de una vida media de 30.2 años que comenzó a difundirse en la atmósfera a partir del inicio de los ensayos nucleares a mediados del s. XX. Su incorporación estratigráfica a secuencias sedimentarias lacustres permite su utilización como marcador cronológico de época contemporánea, especialmente en relación a dos momentos (Pennington *et al.* 1973; Catalan *et al.* 2002; Lotter *et al.* 2002):

a) 1963: periodo en que las pruebas nucleares alcanzaron su actividad máxima.

b) 1986: momento en que se produce el accidente del reactor nuclear de Chernobyl.

La medición de actividad de Pb^{210} y Cs^{137} se llevó a cabo en un total de 7 muestras de la parte superior del registro a partir de espectrometría gamma en el *Laboratori Radioquímic i d'Anàlisis de Radioactivitat (LARA)* de la Universidad Politécnica de Cataluña. Para ello se utilizó un detector de semiconductor de Germanio Intrínseco (Canberra, modelo GX4020-7915-30). Debido a la insuficiente cantidad de sedimento tras las múltiples analíticas realizadas sobre las muestras de BLAU fue imprescindible unir muestras para realizar estos análisis. Así, cada muestra analizada constituye la unión de dos muestras originales de 4 mm de grosor consecutivas de la parte superior del testigo, lo que implica que cada muestra integre 8 mm de sedimento. De esta manera, es importante tener en cuenta que, debido a la escasez de material sedimentológico no ha sido posible respetar la resolución temporal recomendada para este tipo de estudios (Olsson 1986).

5.3. ANÁLISIS DE POLEN, ESTOMAS Y MICROFÓSILES NO POLÍNICOS

Análisis químico

La analítica química de un total de 252 muestras palinológicas (110 de FOR, 40 de BLAU, 69 de RDO y 33 de ODS) se ha realizado en el Laboratorio de Arqueología de la Universidad de Barcelona siguiendo protocolos estándar utilizados en palinología (Faegri e Iversen 1989; Moore *et al.* 1991). El objetivo es conseguir una solución rica en palinomorfos, NPP y estomas a partir de la eliminación de materiales orgánicos e inorgánicos contenidos en el sedimento. El protocolo analítico ha sido el siguiente y se ha realizado sobre muestras de 1 cm^3 en RDO y ODS y de 1 cm en FOR y BLAU:

- Secado de muestras a 60 ºC
- ☠ KOH 10% a 80ºC x 30': disgregación de la muestra y disolución de ácidos húmicos.
- Filtración con malla de 200 µm: separación de macro y microrestos.
- Aclarado con H_2O, concentración de la solución mediante centrifugado a 2.500 r.p.m. durante 5'.
- Incorporación de pastillas de *Lycopodium clavatum* y disolución con HCl.
- ☠ HF a 80ºC x 1h: disolución de silicatos.
- ☠ HCl a 80 ºC x 30': disolución de fluorosilicatos y carbonatos.
- ☠ Acetolisis a 80ºC x 20': disolución de celulosa.
- Aclarado con H_2O y centrifugado a 2.500 r.p.m.

La solución obtenida para cada muestra ha sido depositada en tubos de PVC etiquetados incorporando Glicerina. Esta solución ha sido montada en láminas selladas con DPX para realizar el análisis microscópico. El montaje se ha realizado con volumen para permitir la movilidad de las partículas. Debido al proceso previo de liofilización a que fueron sometidas las muestras de BLAU, éstas poseían una elevada concentración de grumos de difícil disgregación. Ello ha obligado a efectuar pequeñas modificaciones en el orden y la intensidad del protocolo analítico y a incluir un leve proceso de disgregación mecánica en las muestras de este registro.

Cálculo del contenido en agua y densidad

En las turberas RDO y ODS se calculó el contenido en H_2O y la densidad de las muestras analizadas. Primero se pesaron las muestras de 1 cm^3 húmedas, luego se secaron en una estufa a 60°C durante 24h y se volvieron a pesar. La diferencia constituye el contenido en H_2O y se expresa en porcentajes respecto al peso total de la muestra. La densidad se calculó a partir del peso seco de las muestras y se expresa en $g.cm^{-3}$.

El cálculo del contenido en H_2O y en las muestras de FOR lo realizó el Dr. R, Julià en el Instituto de Ciencias de la Tierra Jaume Almera (CSIC) siguiendo el mismo procedimiento. Las mismas muestras se utilizaron para calcular el contenido en materia orgánica tras la quema del sedimento durante 4h en una mufla a 550ºC (Dean 1974; Heiri *et al.* 2001). El contenido en materia orgánica se expresa asimismo en porcentajes.

Identificación y cuantificación de microfósiles: construcción de una palinoteca referencial de alta montaña

La cuantificación e identificación de microfósiles ha sido realizada en el SERP con un microscopio óptico de luz transmitida *Motic* a x600 aumentos y en el ICAC con un microscopio óptico de luz transmitida *Zeiss Axioscop* a x630 aumentos. En ambos casos, se ha utilizado un aumento de x1000 en los casos de difícil identificación. Se han realizado cuantificaciones mínimas de 700 granos de polen por muestra para garantizar datos estadísticamente fiables (Bennett y Willis 2001). Además, se ha considerado oportuno realizar cuantificaciones mínimas de 200 granos de polen herbáceo para contrarrestar la sobrerepresentación de polen arbóreo, principalmente pino, en secuencias alpinas y garantizar una correcta representación de la vegetación local (Oeggl 1994; Pardoe 2001).

La determinación polínica ha sido realizada alcanzando el nivel máximo de determinación taxonómica posible en cada caso (familia, género o especie) o siguiendo las normas de nomenclatura estandarizadas a nivel internacional y recomendadas por Berglund y Ralska-Jasiewiczowa (1986).

La identificación polínica se ha realizado con la ayuda de atlas polínicos (Moore *et al.* 1991; Reille 1992; 1995; 1998) y claves morfológicas para la identificación de taxones y tipos concretos, especialmente en los casos de Cichorioideae, Asteroideae, Ericaceae, Fabaceae, Plantaginaceae, Polygonaceae o Urticaceae (Faegri e Iversen 1989; Punt *et al.* 1976-2009). La distinción entre *Cannabis* y *Humulus* ha sido realizada a partir de Mercuri *et al.* (2002). Asimismo, el tipo polínico "Cerealia-t" se ha establecido en base a los criterios de tamaño de Faegri e

Iversen (1989), es decir, incluyendo Poaceae con diámetro de grano >40-45 µm y un diámetro mínimo de *annulus* >10-12 µm. Por su parte, la identificación de estomas se ha realizado a partir de Trautmann (1953) y Hansen (1995) y la de NPP a partir de ilustraciones y descripciones morfológicas publicadas (Haas 1996; van Geel 2001; Carrión y Navarro 2002; van Geel y Aptroot 2006).

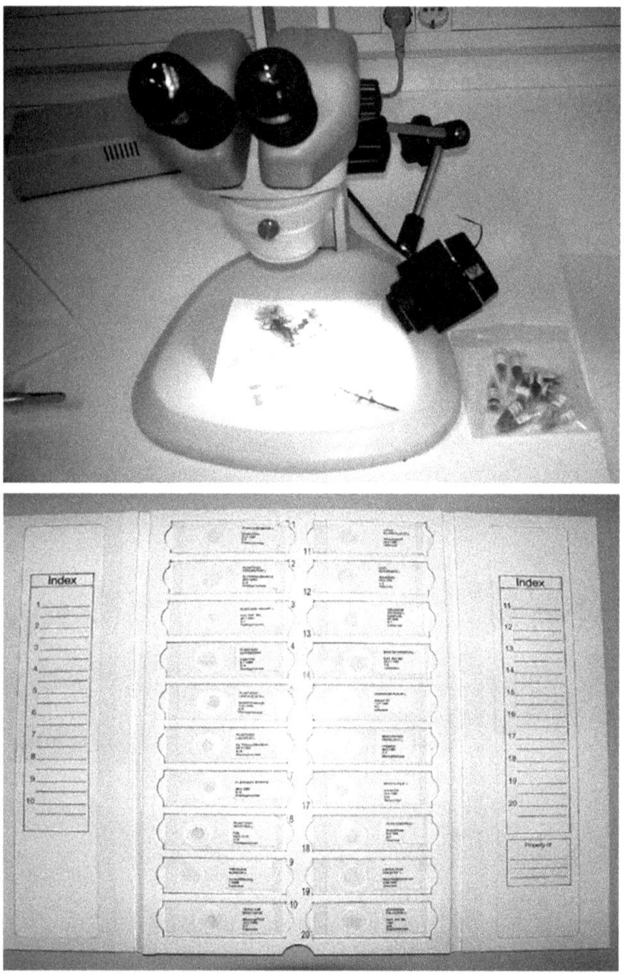

Figura 34. Muestreo y parte de la palinoteca confeccionada. Fotografías: A. Ejarque.

Junto a este material bibliográfico, se consideró fundamental la creación de una palinoteca referencial de taxones de alta montaña con el fin de conseguir una mayor precisión en la identificación de los palinomorfos fósiles. La palinoteca se confeccionó mediante el muestreo de taxones altimontanos pirenaicos previamente seleccionados en el Centro de Documentación de Biodiversidad Vegetal (CeDocBiV) de la Universidad de Barcelona. Tras el tratamiento fisicoquímico de las muestras (KOH+acetolisis), éstas fueron montadas en glicerina, selladas en láminas con cera para su conservación y adecuadamente clasificadas. La palinoteca se completó con muestras procedentes de la colección polínica de referencia del *Institute für Botanik* de la Universidad de Innsbruck (Austria). Actualmente, la palinoteca de taxones de alta montaña del ICAC se compone de un total de 224 especies (Figura 34).

Cálculo de los datos polínicos, NPPs y estomas

Porcentajes polínicos y de NPPs

El cálculo de porcentajes polínicos es el método tradicional utilizado a la hora de expresar numéricamente los datos obtenidos tras la identificación microscópica. El cálculo porcentual permite expresar el valor de cada taxón polínico en proporción a una suma base de la que forma parte. La suma base comprende el total de polen de plantas terrestres y excluye aquellos taxones locales específicamente acuáticos del medio estudiado (Moore *et al.* 1991; Bennet y Willis 2001). De esta manera, los porcentajes polínicos de las secuencias estudiadas han sido calculados en base a una suma base que incluye el total de polen terrestre y que excluye Cyperaceae y el conjunto de taxones acuáticos e higrófilos. Los taxones excluidos en cada registro quedan especificados en los respectivos diagramas realizados. La suma base polínica ha sido también utilizada para calcular los datos porcentuales de NPP. Al constituir ésta un valor independiente al conjunto de microfósiles no polínicos, es la manera comúnmente utilizada para calcular los valores de NPP (Blackford *et al.* 2006).

El principal inconveniente de utilizar datos porcentuales es que el valor de cada taxón no es independiente al resto y las variaciones de cada taxón influyen en el resto. Esto puede ser problemático en situaciones en que, por ejemplo, un taxón disminuya acusadamente, pues el resto puede incrementar sus valores porcentuales de manera compensatoria aunque el aporte polínico de los mismos sea estable. Esto es especialmente importantes configuraciones vegetales de alta montaña pirenaica, donde las oscilaciones porcentuales de *Pinus*, que posee altos valores absolutos en la suma polínica, pueden influir en los valores de otros taxones. Es por ello que otro tipo de cálculos serán asimismo considerados en este estudio.

Tasa de concentración y acumulación de polen, NPPs y estomas

El cálculo de la tasa de acumulación ("accumulation rate" o AR), también llamado "influx" (Bennet y Willis 2001; Birks 2007), y de la concentración de polen (CP) existente en cada muestra permite calibrar los valores porcentuales en el momento de la interpretación. Esta unidad expresa la cantidad de granos de polen, NPPs y estomas que se han acumulado por año en la superficie de la muestra (cm^2) en el caso de la AR y por gramos de sedimento en el caso de la CP. En ambos cálculos, los valores de cada taxón son independientes los unos de otros y, contrariamente a los datos porcentuales, los cambios que experimentan unos taxones no afectan al resto. De esta manera, los datos obtenidos representan las oscilaciones reales de los taxones polínicos y de NPPs y permiten corroborar o desmentir las fluctuaciones de los datos porcentuales. Además, el cálculo de la tasa de acumulación polínica incorpora el factor temporal y los cambios en la tasa de sedimentación que afectan a los registros estudiados, un fenómeno que tiene especial importancia en las secuencias turbosas con dinámicas de crecimiento variables a lo largo del tiempo. Es por ello que en las turbera estudiadas lo datos absolutos se expresan en AR. Al incorporar el factor temporal, este método de cálculo sólo se puede utilizar en el caso que se dispongan de modelos cronológicos de alta resolución y fiabilidad, como es el caso de las secuencias estudiadas. Aun así, es preciso considerar que se incorpora un nuevo factor de incertidumbre, es decir, el asociado a las inexactitudes de la datación radiocarbónica y a la imposibilidad de datar la totalidad de las muestras de los registros estudiados (Birks y Birks 1980; Bennet y Willis 2001). Además, será preciso valorar procesos sedimentarios que de forma interna o alóctona (factores erosivos) pueden afectar a lagos y turberas y que pueden inducir a errores interpretativos de los datos de la tasa de acumulación polínica (Birks y Birks 1980). Debido a la existencia de procesos de envejecimiento de dataciones radiocarbónicas en los registros lacustres estudiados y a la mayor linealidad de las tasas de crecimiento en los lagos, se ha considerado oportuno expresar los valores absolutos de BLAU y FOR en concentración polínica.

En las secuencias turbosas se ha efectuado el cálculo de la tasa de acumulación de polen, estomas y NPP, mientras que en las secuencias lacustres se ha mantenido el cálculo de la concentración de partículas. Los cálculos se han realizado mediante las siguientes fórmulas (Bennet y Willis 2001):

1) cálculo de la concentración polínica y de NPP (partículas^{-1}):

$$\frac{\text{n}^{\circ}\text{ de } \textit{Lycopodium} \text{ añadidos} \quad \times \text{ n}^{\circ}\text{ de polen y NPPs fósiles contados}}{\text{n}^{\circ}\text{ de } \textit{Lycopodium} \text{ contados}} \Big/ \text{g}$$

2) cálculo de la PAR y NPPAR:

$$\frac{\text{concentración polínica y de NPPs (partículas.cm-3)}}{\text{tasa de acumulación sedimentaria}} = \text{partículas.cm}^{-2}\text{.año}^{-1}$$

Representación de los datos: construcción de diagramas

El conjunto de diagramas representados de polen, NPP y estomas, tanto porcentuales como de AR y concentración han sido realizados con el programa informático C2 (Juggins 1991). Los taxones se han agrupado en arbóreos, arbustivos, cultivos, *apophytes*, herbáceos, y taxones excluidos. Además se han incluido curvas con el índice de AP/T y las sumas parciales de taxones realizadas: herbáceas, cultivos herbáceos (Cerealia-t, *Secale* y *Cannabis*-t.), cultivos arbóreos (*Olea, Castanea, Juglans* y *Vitis*), *apophytes* y bosque mixto sin *Pinus*. La curva de *apophytes* incluye los taxones indicadores de actividad humana seleccionados en base a la información fitosociológica pirenaica, el referencial de lluvia polínica y los indicadores polínicos de zonas de montaña publicados. La curva de bosque mixto sin *Pinus* agrupa el conjunto de taxones arbóreos en el valle excluyendo *Pinus* (*Quercus* caducifolio-t, *Tilia, Ulmus, Alnus, Acer, Fraxinus, Corylus, Populus, Fagus, Abies* y *Betula*). Además, los taxones arbóreos se han ordenado siguiendo un criterio de distribución altitudinal en base a sus preferencias fitosociológicas. En relación a los taxones representados se han realizado sumatorios adicionales de ciertos géneros o familias, que se identifican por la notación sigma Σ (ej: *Plantago* Σ). Los NPPs se han agrupado en esporas de hongo coprófilas, esporas de hongo, algas, restos de fauna y protozoos. Se ha realizado un sumatorio de esporas de hongo coprófilas que incluye aquellos taxones que se desarrollan de manera exclusiva y/o preferencial sobre restos fecales (Ahmed y Cain 1972; Hoaen y Coles 2000; Blackford e Innes 2006; Davis y Shafer 2006; van Geel y Aptroot 2006).

Zonación de diagramas

Una práctica común en palinología es la subdivisión del diagrama en zonas polínicas denominadas *pollen assemblage zones* (PAZ). Las divisiones se establecen estrictamente en función del comportamiento polínico de los taxones, en lo que se denomina una unidad bioestratigráfica (Moore *et al.* 1991; Faegri e Iversen 1989). De manera tradicional la zonación se realiza subjetivamente a partir de la variación porcentual significativa y coetánea de, al menos, dos taxones polínicos, mientras que dentro de cada zona los espectros polínicos deben ser lo más coherentes posible (Faegri e Iversen 1989). La zonación facilita la descripción e interpretación de los datos polínicos, así como la correlación del diagrama con otras secuencias de la zona de estudio, lo que permite establecer PAZ regionales (Moore *et al.* 1991).

La zonación de los distintos registros estudiados se ha realizado utilizando el método *Constrained Incremental Sum of Squares Cluster Analysis* (CONISS) (Grimm 1987) sobre valores porcentuales. La zonación numérica es un método aconsejable por su rapidez y por generar resultados fácilmente repetibles, contrastables y exentos de subjetividad (Bennet y Willis 2001).

Análisis de partículas carbonosas

Concentración de macro y microcarbones

De manera general, la concentración de macro y microcarbones se realiza a partir del mismo protocolo utilizado en los análisis palinológicos. Así la concentración de macrocarbones se realizó en el conjunto de secuencias estudiadas a partir de la disgregación de la muestra seca en KOH y su posterior filtrado con una malla de 200 µm de luz. Por su parte, la concentración de microcarbones en FOR se realizó siguiendo el mismo protocolo utilizado para la concentración de palinomorfos y NPP. La principal ventaja de este método es el ahorro de tiempo que supone no realizar un tratamiento adicional a los palinológicos.

No obstante, diferentes desventajas pueden ser destacadas. La más importante es, tal vez, el proceso de fragmentación a que están sometidas las partículas carbonizadas durante el protocolo palinológico debido al centrifugado de las muestras (Rhodes 1998). Ello puede comprometer la fiabilidad de la señal de microcarbones cuantificados, sobretodo cuando se clasifican diferentes tamaños con el objetivo de establecer criterios de distribución local o regional (Clark 1984; 1988 *b*). Las digestiones químicas (en especial la acetolisis) empleadas en los protocolos palinológicos pueden, además, oscurecer material orgánico que puede ser confundido con microcarbones y contabilizado como tal (Clark 1984; Rhodes 1998). Es por ello que en el estudio del registro de BLAU se procedió de manera experimental a utilizar un método alternativo de concentración de microcarbones.

Clark propuso el estudio de microcarbones en láminas delgadas petrográficas (1988 *b*). El hecho de disponer de un registro con microcarbones de todos los tamaños no expuestos a procesos de fragmentación permite caracterizar procesos de combustión locales con gran fiabilidad. Es un método, sin embargo, que implica un elevado coste temporal de preparación. La analítica propuesta por Rhodes (1998), por su parte, implica una mínima fragmentación de microcarbones a partir del tratamiento de las muestras con peróxido de hidrógeno (H_2O_2). El tratamiento con este reactivo permite una eliminación parcial y/o decoloración de la materia orgánica y la fácil distinción de partículas carbonizadas evitándose los procesos de centrifugado. Sin embargo, la no eliminación completa de la materia orgánica provoca que, en muestras con escasa cantidad de microcarbones y abundante materia orgánica como las del Estany Blau, la cuantificación de microcarbones mediante este proceso sea laboriosa, al igual que su cuantificación simultánea en muestras de polen. Además, se ha comprobado que la utilización de H_2O_2 puede reducir la concentración de partículas carbonosas cuantificadas en sedimentos lacustres al eliminar o blanquear partículas parcialmente carbonizadas (Schlachter y Horn 2010).

Finalmente se decidió utilizar un método alternativo adaptado a las características de las muestras de BLAU. Se trata del protocolo utilizado en la concentración de SCP propuesto por Rose (1990) y descrito en el apartado anterior. Un total de 49 muestras, que incluyen las mismas muestras analizadas palinológicamente y algunas adicionales en fases que requerían una mayor resolución, han sido analizadas.

Varias ventajas pueden destacarse en la utilización de este método. En primer término, la digestión con ácido nítrico en caliente permite eliminar toda la materia orgánica no carbonizada. Gracias a ello se eliminan confusiones en la identificación y se consigue una elevada concentración de microcarbones que agiliza el posterior proceso de cuantificación. Por su parte, el centrifugado suave a 1.500 r.p.m. reduce considerablemente el riesgo de fragmentación de las partículas. Cabe destacar que en los protocolos palinológicos este proceso se realiza a velocidades entre 2.500 y 5.000 r.p.m. (Faegri e Iversen 1989; Moore *et al.* 1991). Finalmente, al no realizarse filtración, las partículas >150 μm son también incluidas en la concentración. Por tanto, las muestras del Estany Blau se compondrán tanto de micro como de macrocarbones (Carcaillet *et al.* 2001), permitiendo una mayor precisión a la hora de estimar el carácter local o regional de la señal obtenida.

Cuantificación y cálculo de macro y microcarbones

Ya se ha comentado que la señal de microcarbones suele ser interpretada como indicadora de procesos de combustión preferentemente regionales. Ello, unido a la fragmentación resultante de la aplicación de protocolos palinológicos, ha provocado que muchos autores desestimen la utilidad de clasificar los microcarbones por diferentes tamaños, optando bien por la cuantificación total de partículas en la lámina o por la cuantificación del área total del conjunto de microcarbones presentes en la lámina a partir de medios informáticos o a partir de cuadrículas de medida calibrada (Clark 1982, 1984). La suma total del área del conjunto de microcarbones pretende corregir el error generado por la fragmentación a que se ven sometidas las partículas, ya que la fragmentación no afectará al área total que éstas ocupan.

Sin embargo, este tipo de cuantificación implica una pérdida importante de información, ya que se sacrifica la posibilidad de distinguir procesos de combustión de diferente procedencia a partir de la evolución de los microcarbones de mayor tamaño, así como de identificar tipos de vegetación combustionada a partir de la morfología de los microcarbones. Hemos, por tanto, decidido realizar la cuantificación de microcarbones utilizando el método de clasificación por tamaños (Patterson *et al.* 1987; Blackford 2000). La cuantificación y clasificación de microcarbones ha sido realizada a partir de un microscopio óptico de luz transmitida a x 400 aumentos. El tamaño de cada partícula se ha obtenido midiendo su axis longitudinal mediante una regla calibrada en el ocular del microscopio. Por último, la cuantificación de macrocar-bones se ha realizado mediante una lupa binocular *Zeiss Stemi* a x80 aumentos. En FOR se han establecidos tres grupos diferentes de microcarbones en base a su longitud máxima: <50 μm, 50-100 μm y >100 μm, mientras que en BLAU el grupo <50 μm se ha subdividido en partículas 10-20 μm y 20-50 μm. Adicionalmente en BLAU, siguiendo la tipología de Umbanhowar y McGrath (1998) para la identificación de microcarbones herbáceos, los microcarbones >50 μm más alargados y estrechos se han agrupado en el "tipo A". En la Figura 35 se puede observar la coincidencia morfológica de microcarbones de herbáceas especificados por estos autores y el tipo individualizado en las muestras del Estany Blau, así como la especificidad morfológica del tipo A con el resto de microcarbones clasificados únicamente en base a su tamaño. La correlación de la señal del tipo A con los datos polínicos será un elemento imprescindible a la hora de corroborar o rechazar su utilidad como posible indicador local de vegetación herbácea.

La AR y concentración de micro y macrocarbones ha sido calculada de igual manera a la detallada en la sección de cálculos polínicos y los datos se encuentran, por tanto, expresados en partículas.$cm^{-2}g^{-1}$ y en partículas.g respectivamente.

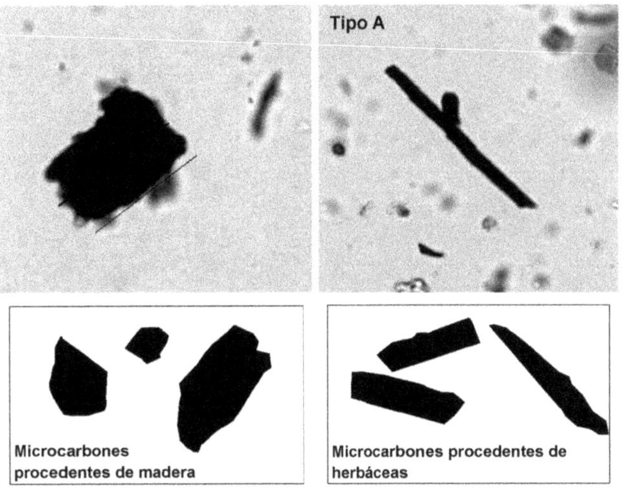

Figura 35. Correspondencia entre el tipo A individualizado en BLAU y la morfología de los microcarbónes herbáceos según Umbanhowar y McGrath (1998). Figura: A. Ejarque, a partir de Umbanhowar y McGrath (1998).

6. RESULTADOS

6.1. ORRIS DE SETUT, 2.300 M

Descripción litológica

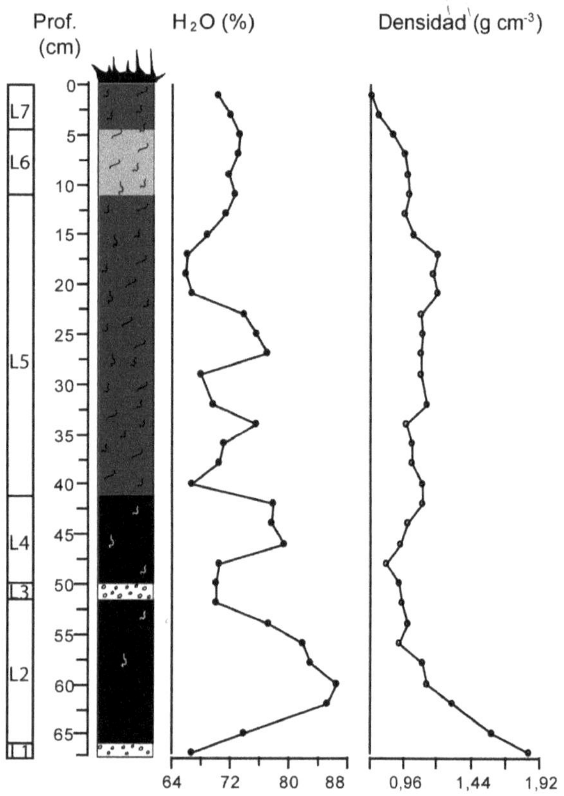

Figura 36. Litología y resultados del contenido en H_2O y densidad en ODS.

En el testigo sedimentario de 67 cm extraído en ODS se documentan dos niveles orgánicos principales intercalados por niveles de arena y capas finas de gravas (Figura 36). Siete litozonas han sido diferenciadas:

- L1 (67-66 cm): formada por arenas y gravas finas. Presenta los valores más elevados de densidad y los menores porcentajes de H_2O.
- L2 (66-51.5 cm): se compone de turba negra con la presencia puntual de fibras. El contenido en H_2O se incrementa hasta alcanzar los porcentajes máximos del registro (87%), mientras que la densidad disminuye.
- L3 (51.5-50 cm): corresponde a un nivel de arenas y gravas. Se observan porcentajes reducidos de H_2O.
- L4 (50-41 cm): formada por turba negra con presencia ocasional de fibras. El contenido en H_2O y los valores de densidad se incrementan.
- L5 (41-11 cm): se caracteriza por la presencia de turba marrón oscuro fibrosa con arcillas. Un incremento en H_2O se observa en la parte superior de la litozona, junto a un descenso de los valores de densidad.
- L6 (11-4.5 cm): está formada por turba marrón claro fibrosa y con arcillas.
- L7 (4.5-0 cm): consiste en turba marrón oscuro fibrosa con arcillas. Se registra un descenso de los niveles de H_2O y densidad en esta zona.

Los dos niveles finos de gravas (L1 y L3) son probablemente resultado de la actividad deposicional de los canales fluviales que discurren por la turbera, lo que muestra el dinamismo de la actividad fluvial en este sector a lo largo del tiempo. Los niveles inmediatamente posteriores a ambas capas de gravas (49 y 66 cm) han sido datados radiocarbónicamente con el fin de detectar una posible pérdida de sedimento causado por erosión fluvial. Sin embargo, la linealidad del modelo cronológico (ver apartado siguiente) subraya tanto la existencia de una sedimentación continua a lo largo del testimonio como la naturaleza esporádica de dichos procesos fluviales.

Modelo cronológico

Los resultados de las dataciones radiocarbónicas realizadas en la turbera ODS se muestran en la Tabla 8.

El modelo cronológico de ODS se ha construido interpolando linealmente los valores de las dataciones C^{14} en relación a la profundidad del registro (Figura 37). Los resultados radiocarbónicos de ODS demuestran una sedimentación continua durante los últimos 3700 años.

Considerando el modelo cronológico y la resultante tasa de sedimentación entre 1.3 y 2.7 mm.añ.$^{-1}$, la estrategia de muestreo cada 2 cm llevada a cabo en ODS garantiza una alta resolución cronológica, con intervalos temporales entre muestras de entre 35 y 75 añ.cm (Tabla 9).

Registro	Referencia laboratorio	Prof. (cm)	Material	Edad convencional (C^{14} años BP)	Edad calibrada (2 σ) (años cal. a.C./d.C.)	Edad media (2 σ)
ODS	Beta-256861	25	Turba	890 ± 40	1035 – 1219 d.C.	1127 ± 92 d.C.
ODS	Poz-28988	38	Turba	1875 ± 30	70 – 224 d.C.	147 ± 77 d.C.
ODS	Beta-247793	49	Turba	2320 ± 40	511 – 213 a.C.	362 ± 149 a.C.
ODS	Poz-13712	66	Turba	3330 ± 35	1728 – 1520 a.C.	1624 ± 104 a.C.

Tabla 8. Resultados de las dataciones radiocarbónicas AMS de ODS. Las fechas han sido calibradas con el programa CALIB 5.0

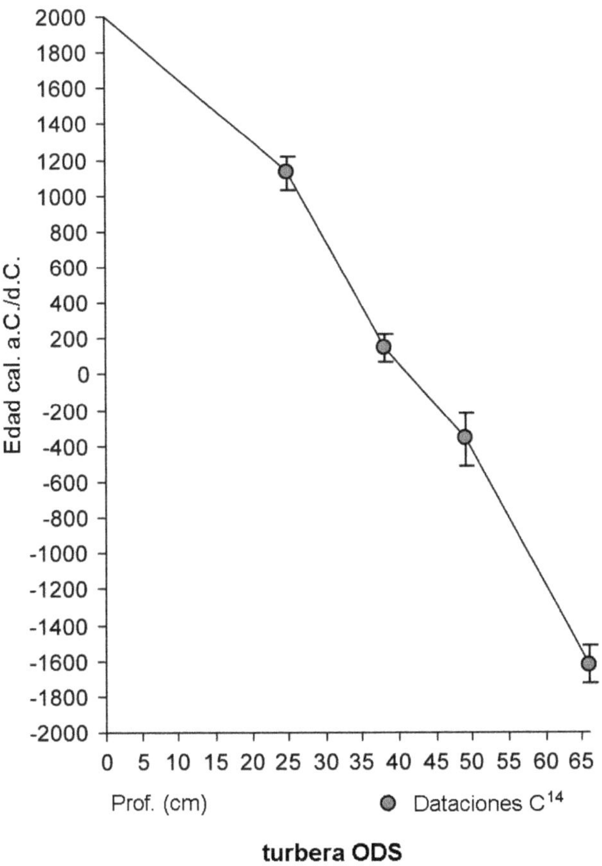

Figura 37. Modelo cronológico de la turbera ODS construido con dataciones radiocarbónicas calibradas.

Prof. (cm)	Años por muestra	Intervalo entre muestras (año)	Resolución de muestreo (cm)
0-25	35	35	2
26-38	75	75	2
39-49	45	45	2
50-67	75	75	2

Tabla 9. Resolución temporal y de muestreo llevada a cabo en ODS.

Resultados de polen y estomas

En la secuencia ODS se han distinguido dos PAZs y cuatro subzonas. Los resultados polínicos y de estomas se describen en la Tabla 10, mientras que las Figuras 38 y 39 muestran una selección de curvas de porcentajes y tasas de acumulación (PAR) polínicas.

Resultados de NPPs y macrocarbones

Los resultados de NPPs y macrocarbones de ODS se describen en la Tabla 11. Los porcentajes de NPPs y las tasas de acumulación de macrocarbones se muestran en la Figura 40. La Figura 41 ilustra las tasas de acumulación de NPPs.

Tabla 10. Zonación polínica de ODS con los resultados de polen y estomas.

PAZ		cm	Edad cal. a.C./d.C.	Descripción
ODS-1	ODS-1a	67	-1700	AP muestra altos porcentajes (80%). *Quercus* caducifolio-t, *Fagus*, *Abies* y *Betula* decrecen tanto en porcentajes como en PAR en la parte superior del registro, al igual que *Pinus*, cuyos porcentajes y PAR disminuyen respectivamente hasta 60% y 4.680 granos.cm^{-2} año^{-1}. Aunque los taxones herbáceos muestran un patrón oscilante a lo largo de la zona, se observa un incremento de los mismos en la mitad y la parte superior de la misma, coincidiendo con una mejor representación de *Juniperus*. Se documentan *apophytes* de manera ocasional y *Ranunculus*-t decae en la parte superior de la zona.
	ODS-1b	55	-800	Los porcentajes de AP y *Pinus* registran respectivamente valores máximos de 84% y 72%, mientras que *Corylus* y *Abies* retroceden. Los porcentajes de *Quercus* caducifolio-t crecen, pero no su tasa de acumulación, mientras que *Juniperus* se documenta de una manera más frecuente. Los valores mínimos (15% y 380 granos.cm^{-2} año^{-1}) de taxones herbáceos de registrados en la parte superior de la zona se deben principalmente a una menor presencia de Poaceae, *Artemisia*, Apiaceae y Cichorioideae. Algunos *apophytes* como *Plantago major/media*, *Rumex acetosella*-t y *Lamium*-t se documentan de una manera más regular. Cyperaceae alcanza valores máximos porcentuales, mientras que *Selaginella selaginoides* sube. Se documentan por primera vez estomas de *Pinus*.
	ODS-1c	43	-85	Se observan valores medios de *Pinus* de 65% y la presencia regular de estomas de *Pinus* a lo largo de la zona. La tasa de acumulación de *Corylus, Alnus, Abies* y *Betula* desciende en el inicio de la zona. Los porcentajes herbáceos se incrementan, en especial Poaceae. Algunos taxones ruderales como *Plantago lanceolata*-t, *Rumex* undif. y Campanulaceae crecen, mientras que *Potentilla*-t se documenta por primera vez y *Polygonum aviculare*, *Papaver rhoeas*-t y *Ranunculus acris*-t reaparecen. Cyperaceae disminuye hasta un 6% en la parte inferior de la zona y *Selaginella selaginoides* retrocede.
ODS-2	ODS-2a	28	900	Una caída importante de AP (41%) y el incremento de taxones herbáceos (56%) constituyen los rasgos más significativos de esta zona. Dos caídas de *Pinus* (36%) se documentan en la parte superior de la zona, aunque sólo la última se refleja en la reducción de la tasa de acumulación. Los estomas de *Pinus* desaparecen. La mayor parte de taxones arbóreos decaen, mientras que *Juniperus* se incrementa. Poaceae alcanza valores máximos de 35% y 8.200 granos.cm^{-2}año^{-1}, y Cichorioideae undiff., Apiaceae y *Artemisia* crecen. La mayoría de *apophytes* incrementan sus valores, especialmente Cichorioideae y Plantaginaceae. Se registra asimismo la reaparición de *Plantago major/media* y un pico de Chenopodiaceae, mientras que *Achillea*-t y *Polygonum aviculare* se encuentran mejor representados. *Ranunculus* crece y *Olea, Vitis* y *Secale* se registran de manera continua.
	ODS-2b	14	1530	Los porcentajes de AP y *Pinus* se recuperan, mientras que Poaceae evidencia una retracción moderada que es más acentuada en tasa de acumulación. *Juniperus* incrementa sus porcentajes hasta un 5%. Entre los *apophytes*, Chenopodiaceae retrocede, *Cirsium*-t se documenta por primera vez y *Potentilla*-t y *Echium*-t reaparecen. Los valores de *Olea* se incrementan y *Castanea* se encuentra mejor representada.
	ODS-2c	4	1900	Esta zona muestra la recuperación de AP (65% y 4.300 granos.cm^{-2} año^{-1}) y la reaparición de estomas de *Pinus*. La retracción de la mayor parte de taxones herbáceos, *apophytes* y cultivos es asimismo documentada.
		0	2005	

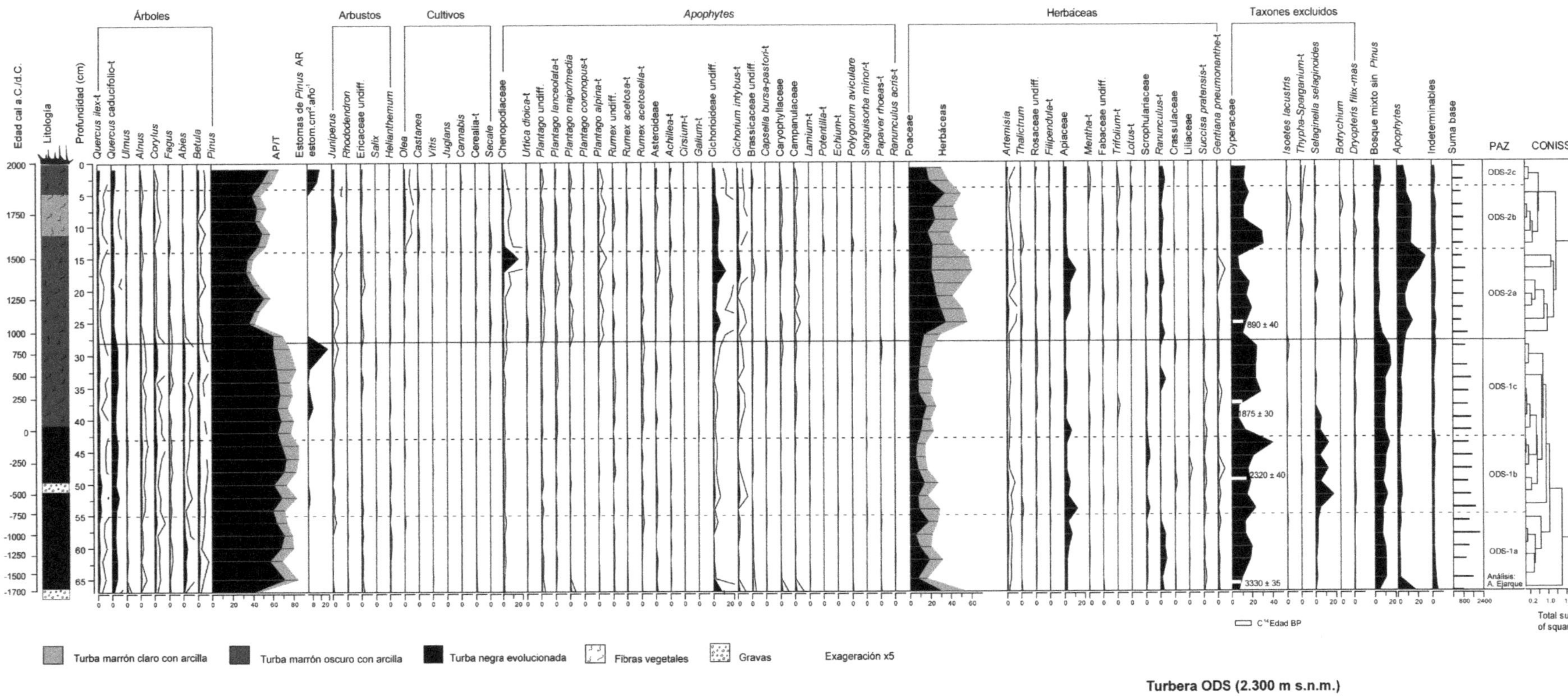

Figura 38. Porcentajes polínicos y tasa de acumulación de estomas de ODS siguiendo una escala de profundidad.

Tabla 11. Resultados de NPPs y macrocarbones obtenidos en ODS.

PAZ		cm	Edad cal. a.C./d.C.	Descripción
ODS-1	ODS-1a	67	-1700	Los porcentajes y tasas de acumulación de NPPs permanecen bajos, con la presencia esporádica de *Sordaria* y esporas de hongo undiff. en la parte superior de la zona. Sólo de manera ocasional se documentan macrocarbones.
	ODS-1b	55	-800	Esta zona se caracteriza por una pobre representación de NPPs. *Glomus* y algunas esporas de hongo coprófilas, como *Sordaria*, *Podospora*, y *Apiosordaria verruculosa*, reaparecen en la parte superior de la zona. También se documentan oocitos de la clase Turbellaria, especialmente de *Micodalyellia armigera*.
	ODS-1c	43	-85	Las esporas coprófilas se expanden, con el incremento porcentual de *Sordaria* y un primer registro de *Podospora*, *Apiosordaria verruculosa* y *Sporormiella*, que muestra valores de *c.* 7% y 70 esporas.cm^{-2} año^{-1}. Entre el resto de esporas fúngicas, *Gaeumannomyces* crece tanto en porcentajes como en tasa de acumulación y algunas algas como *Pediastrum*, *Botryococcus* y *Zygnema* se documentan por vez primera. Finalmente, los macrocarbones alcanzan las tasas de acumulación máximas, tanto en la parte superior de la zona como en la inferior.
ODS-2	ODS-2a	28	900	Las esporas coprófilas desaparecen, *Glomus* se incrementa en la parte superior de la zona y los macrocarbones se registran de manera más esporádica.
	ODS-2b	14	1530	Se observa la reaparición de las esporas coprófilas, junto al incremento de *Gaeumannomyces* que alcanza valores máximos de 200 esporas.cm^{-2} año^{-1}, *Glomus* y algunas algas como *Botryococcus* y *Zygnema*. Los oocitos de Turbellaria están mejor representados y los macrocarbones desaparecen en esta zona.
	ODS-2c	4	1900	Se documenta una retracción general de NPPs, incluyendo las esporas coprófilas.
		0	2005	

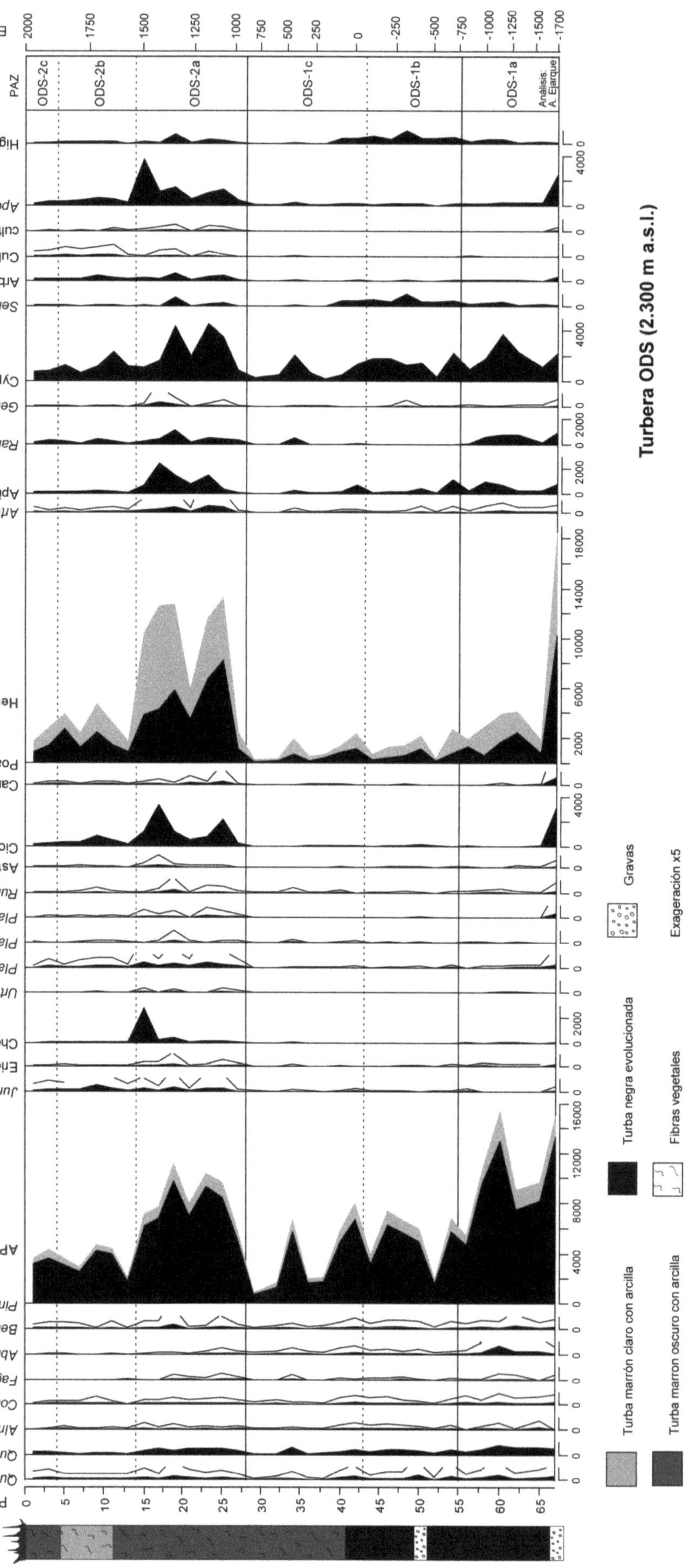

Figura 39. Curvas seleccionadas de tasas de acumulación polínicas (PAR) de ODS siguiendo una escala de profundidad. Los resultados se expresan en granos.cm^{-2} año^{-1}.

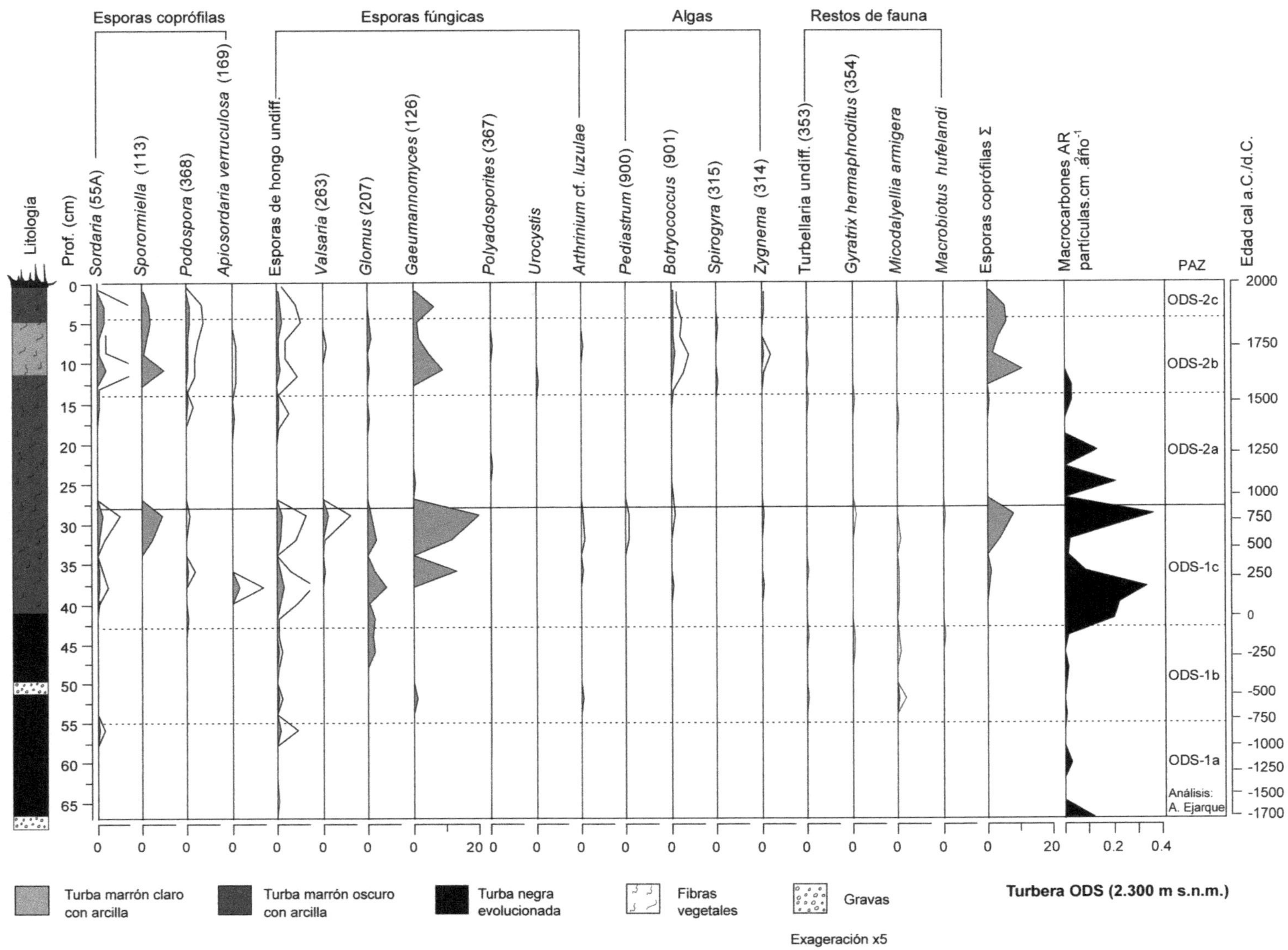

Figura40. Selección de porcentajes de NPPs y resultados de macrocarbones (AR) de ODS siguiendo una escala de profundidad.

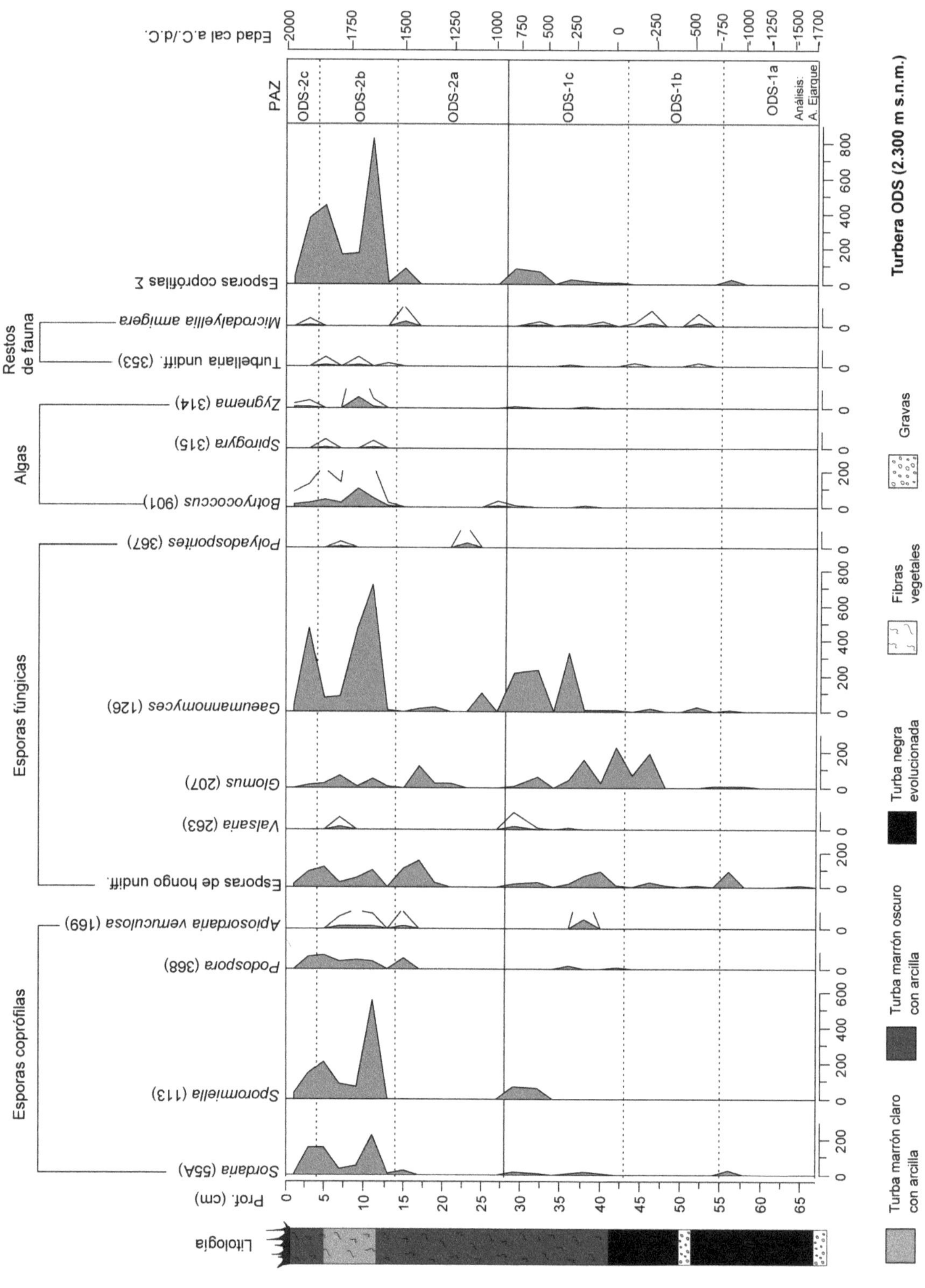

Figura41. Selección de porcentajes de NPPs y resultados de macrocarbones (AR) de ODS siguiendo una escala de profundidad.

6.2. RIU DELS ORRIS, 2390 M

Descripción litológica

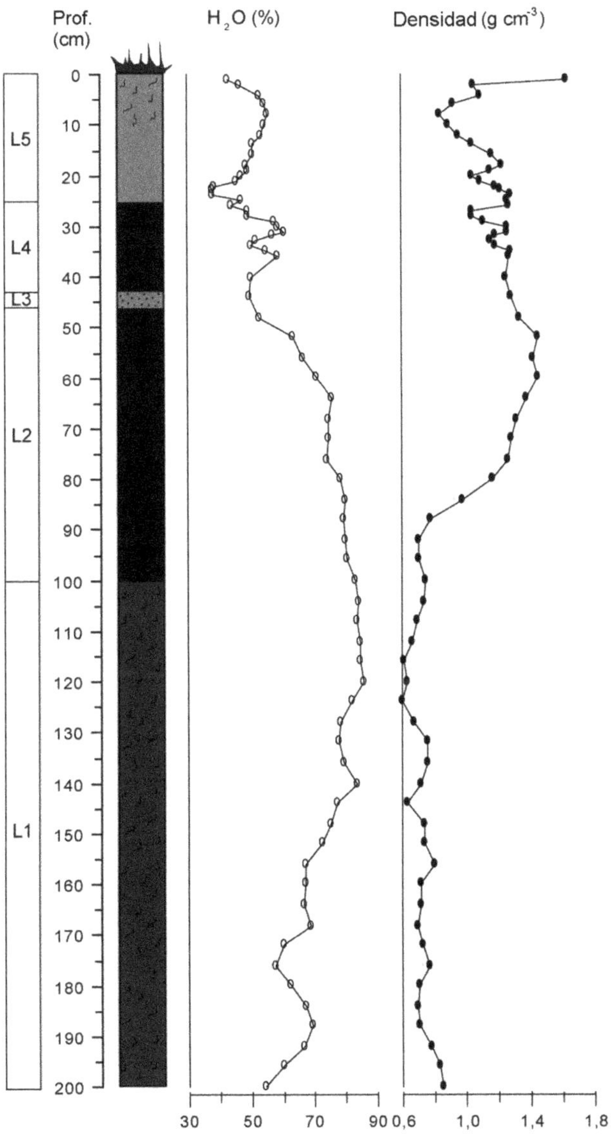

Figura 42. Litología y resultados del contenido en H_2O y densidad en RDO.

En el testigo de 200 cm de la turbera RDO se han observado cinco litozonas (Figura 42):

- L1 (200-100 cm): esta formada por turba marrón oscuro fibrosa con la presencia ocasional de fragmentos de madera. En este nivel se observan los valores máximos de H_2O (86%) y los mínimos de densidad (<1 g cm^{-3}).
- L2 (100-46.5 cm): se compone de limos orgánicos negros con fibras vegetales. Los porcentajes de H_2O disminuyen en la parte superior de la zona, mientras que los valores de densidad se incrementan.
- L3 (46.5-43 cm): corresponde a limos orgánicos marrón oscuro con arena. Los porcentajes de H_2O continuan disminuyendo.
- L4 (43-25 cm): está formada por limos orgánicos negros. Tras un incremento inicial, los porcentajes de H_2O descienden acusadamente.
- L5 (25-0 cm): se compone por limos orgánicos negros con la presencia creciente de fibras vegetales hacia la parte superior del registro. Los porcentajes de H_2O se recuperan mientras que los valores de densidad disminuyen para aumentar ligeramente en la parte superior de la zona.

Modelo cronológico

La Tabla 12 muestra los resultados de las dataciones radiocarbónicas realizadas en la turbera RDO. El modelo cronológico del registro se ha construido interpolando linealmente los valores de las dataciones C^{14} en relación a la profundidad del registro (Figura 43). Los resultados radiocarbónicos de RDO demuestran la existencia de una sedimentación continua durante los últimos 8000 años.

Se puede observar a lo largo del registro una tendencia a una menor tasa de acumulación sedimentaria (Tabla 13). Ello resulta especialmente evidente a partir del nivel 88 cm en adelante, cuando la tasa de sedimentación desciende de 4.7 mm año^{1} a 1.3 mm año^{1}. Esto muy probablemente se deba a la mayor densidad del registro en esta zona, lo que sugiere una mayor composición mineral. En los 14 cm superiores se documenta una menor tasa (1 mm año^{1}), por lo que se requiere precaución a la hora de discutir los resultados de RDO durante los periodos Medieval y Moderno. Aparte de la fase comprendida entre 37 y 81 cm, con intervalos temporales entre muestras $\geq$200 años cm, se observa una alta resolución temporal para el resto de la secuencia, con intervalos entre muestras $\leq$60 años cm.

Resultados de polen y estomas

RDO consta de dos PAZs y seis subzonas polínicas. Los resultados de polen y estomas se describen en la Tabla 14. Los porcentajes polínicos y la tasa de acumulación de estomas se muestran en la Figura 44, mientras que la Figura 46 muestra una selección de curvas de PAR

Resultados de NPPs y macrocarbones

Los resultados de NPPs y macrocarbones de RDO se describen de manera detallada en la Tabla 15. La Figura 45 muestra los porcentajes de NPPs y la tasa de acumulación de macrocarbones y la Figura 46 contiene una selección de curvas de PAR de NPPs.

Registro	Referencia laboratorio	Prof. (cm)	Material	Edad convencional (C^{14} años BP)	Edad calibrada (2 σ) (años cal a.C./d.C.)	Edad media (2 σ)
RDO	Beta-246717	14	Turba	1230 ± 40	684 – 887 d.C.	785 ± 101 d.C.
RDO	Beta-250084	26	Turba	1730 ± 40	224 – 412 d.C.	318 ± 94 d.C.
RDO	Poz-25566	41	Turba	2650 ± 40	898 – 783 a.C.	840 ± 57 a.C.
RDO	Poz-24486	81	Turba	4850 ± 40	3708 – 3527 a.C.	3617 ± 90 a.C.
RDO	Poz-24523	171	Turba	6565 ± 35	5611 – 5476 a.C.	5543 ± 67 a.C.

Tabla 12. Resultados de las dataciones radiocarbónicas AMS de RDO. Las fechas han sido calibradas mediante el programa CALIB 5.0 (Reimer *et al.* 2004).

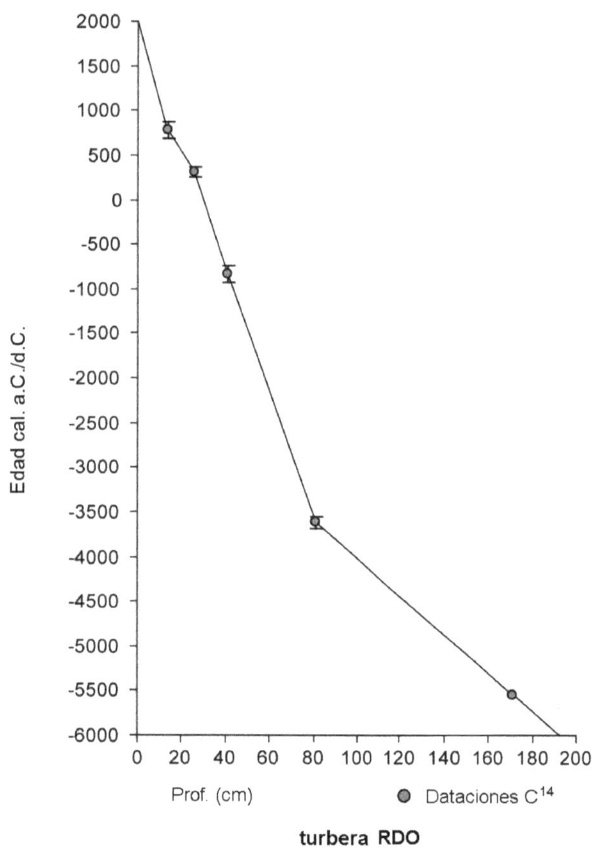

Figura 43. Modelo cronológico de la turbera RDO construido con dataciones radiocarbónicas calibradas.

Prof. (cm)	Años por muestra	Intervalo entre muestras (años)	Resolución de muestreo (cm)
0-14	94	90	2
15-17	39	39	2
18-26	39	0	1
27-36	77	0	1
37-41	77	225	4
42-81	70	210	4
82-171	21	60	4
172-200	16	48	4

Tabla 13. Resolución temporal y de muestreo llevada a cabo en RDO.

Tabla 14. Zonación polínica de RDO con los resultados de polen y estomas

PAZ		cm	Edad cal. a.C./d.C.	Descripción
RDO-1	RDO-1a	200	-6010	En esta zona se documentan altos porcentajes de AP y *Pinus* de 85%. *Pinus* muestra un patrón oscilante, con valores máximos de 80%, mínimos de 56% y valores medios porcentuales y de PAR de 69% y *c*. 31.500 granos.cm^{-2} año^{-1}, respectivamente. Los estomas de *Pinus* muestran altas tasas de acumulación, con retracciones significativas en la parte media y superior de la zona. Un pico de taxones herbáceos (30%) aparece al final de la zona, reflejando parcialmente un incremento porcentual de Poaceae que es coetáneo a un episodio de reducción de AP. Se observa un incremento moderado de *apophytes* en la mitad de la zona, que se hace más destacado en la parte superior de la misma cuando algunos taxones como Plantaginaceae (*P. lanceolata*-t, *P. major/media* y *P. coronopus-t*), *Rumex acetosella*-t, *Achillea*-t, *Cirsium*-t, Cichorioideae, Brassicaceae, Caryophyllaceae y Campanulaceae se documentan de manera sincrónica. Estos hechos coinciden con las primeras evidencias de Cerealia-t.
	RDO-1b	150	-5095	Se observa el incremento de la mayor parte de taxones arbóreos, principalmente *Pinus*, que presenta altos valores porcentuales medios de 75%. Por el contrario, los estomas de *Pinus* disminuyen y *Quercus ilex*-t, *Quercus* caducifolio-t, *Tilia*, *Ulmus, Abies* y *Betula* disminuyen en torno a 125 cm. Mientras que los taxones herbáceos retroceden hasta un 7%, una ligera recuperación porcentual y en PAR se documenta en la parte superior de la zona, lo que principalmente se debe a un incremento de Poaceae. Algunos *apophytes*, como *Plantago major/media*, *Rumex acetosella*-t, Asteroideae, *Achillea*-t o *Potentilla*-t, se documentan en la parte superior de la zona, mientra que los porcentajes de Cyperaceae suben hasta alcanzar valores de 43%.
	RDO-1c	110	-4235	Se observa una disminución de *Pinus* (48 %) en la zona, lo que ocurre de manera sincrónica a un incremento de estomas de *Pinus*. La tasa de acumulación de *Pinus* se mantiene en general baja, con valores medios de 12.000 granos.cm^{-2} año^{-1}. Los porcentajes de *Quercus ilex*-t, *Quercus* caducifolio-t, *Alnus, Corylus*, y *Betula* se incrementan, mientras que *Fagus* aparece por primera vez. Se documenta una expansión de taxones herbáceos, especialmente Poaceae, *Artemisia*, Apiaceae y Cyperaceae. Igualmente, los porcentajes de *apophytes* crecen, con una mejor representación de *Plantago lanceolata*-t, *Rumex acetosella*-t, *Lamium*-t, Brassicaceae y Cichorioideae y la reaparición de *Urtica dioica*-t, *Echium*-t, *Polygonum aviculare* y *Papaver rhoeas*-t. Cerealia-t se documenta de manera ocasional en la mitad de la zona.
	RDO-1d	78	-3400	Mientras que la presencia de *Quercus* caducifolio-t, *Quercus ilex*-t, *Corylus, Ulmus* y *Betula* disminuye, *Abies* y *Pinus* muestran una tendencia al alza, lo que se encuentra corroborado por la tasa de acumulación de *Pinus*. En esta zona no desaparecen los estomas de *Pinus*. Los taxones herbáceos, principalmente Cyperaceae, se retraen, mientras que se documenta una ligera disminución porcentual de *apophytes* que también se observa en la tasa de acumulación. Ello puede deberse a una menor o menos frecuente presencia de Chenopodiaceae, *Plantago* undiff., *Plantago lanceolata*-t, *Rumex acetosella*-t, *Achillea*-t y *Lamium*-t.
RDO-2	RDO-2a	46	-1185	Los porcentajes de *Pinus* caen hasta un 37%, una tendencia que también se observa en la tasa de acumulación, con valores de *Pinus* de 4.350 granos.cm^{-2} año^{-1}. Comienza una curva continua de *Fagus* y *Juniperus*. Los taxones herbáceos se incrementan hasta alcanzar valores de 52%, con la subida significativa de Poaceae (37% y 17.750 granos.cm^{-2} año^{-1}) y Apiaceae (12%). También se observa un incremento de *Artemisia* y *Ranunculus*-t y un pico de Cyperaceae.
	RDO -2b	35	-375	*Alnus* y *Corylus* se encuentran mejor representados, mientras que *Pinus* muestra un patrón oscilante durante la zona, con tres fases de recuperación seguidas de tres retracciones hasta 42%. Es ésta una tendencia también presente en la curva de *Pinus* PAR, lo que corrobora las fases de retracción de este taxón. De manera coetánea a las fases recesivas de *Pinus*, se observa el incremento de los taxones herbáceos, mientras que *Juniperus* y Ericaceae undiff. se desarrollan a lo largo de la zona. Los *Apophytes* se expanden, especialmente a partir de 25-30 cm, cuando Chenopodiaceae, Cichorioideae, *Plantago* undiff. y *Plantago alpina* incrementan, *Plantago lanceolata*-t, *Plantago major/media*, *Achillea*-t, Brassicaceae y Campanulaceae se registran más frecuentemente y *Urtica dioica*-t, *Capsella bursa-pastori*-t, *Cirsium*-t, *Potentilla*-t, *Aconitum*-t y *Epilobium*, entre otros, reaparecen. Algunos taxones cultivados como *Olea*, Cerealia-t, y *Cannabis*-t también muestran una más alta representación en la parte superior de la zona. Cyperaceae disminuye, mientras que *Typha-sparganium*-t se incrementa en la parte superior de la zona.
	RDO-2c	13 0	880 2005	Esta zona registra una retracción de AP, con la excepción de *Quercus ilex*-t. *Pinus* se retrae hasta alcanzar valores de 42% y 4.500 granos.cm^{-2} año^{-1}, mientras que se registran eventualmente estomas de *Pinus* a lo largo de la zona. Los taxones arbustivos, especialmente *Juniperus*, crecen, junto a la mayoría de *apophytes* y el conjunto de taxones cultivados. Entre los *apophytes*, Chenopodiaceae (*c*. 3%) y Cichorioideae (*c*. 4%) muestran los máximos valores del registro, mientras que otros *apophytes*, como *Plantago* undiff., *Plantago major/media*, *Plantago alpina*, *Cichorium intybus*-t o Brassicaceae presentan valores ≥1%. Se observa un incremento porcentual de los taxones herbáceos que no se documenta en tasa de acumulación.

Tabla 15. Resultados de NPPs y macrocarbones obtenidos en RDO.

PAZ		cm	Edad cal. a.C./d.C.	Descripción
RDO-1	RDO-1a	200	-6010	La mayor parte de NPPs muestran valores reducidos. Se documentan ocasionalmente esporas coprófilas, como *Sordaria* o *Sporormiella*, junto a la continua presencia de esporas fúngicas undiff. y al frecuente registro de *Glomus*. *Pediastrum* muestra valores máximos de 3%, *Botryococcus* esta presente de manera continua y se observa la presencia ocasional de macrocarbones.
	RDO-1b	150	-5095	*Pediastrum* desaparece y se observan picos de *Sordaria* y *Sporormiella* y notaciones de *Cercophora* en la parte superior de la zona, tanto en porcentajes como en tasas de acumulación. Las esporas fúngicas undiff. se incrementan en la parte superior de la zona, mientras que se registran macrocarbones de manera muy esporádica.
	RDO-1c	110	-4235	*Sordaria* crece hasta alcanzar valores de 2% y 500 esporas.cm^{-2} año^{-1}, mientras que se documenta la presencia de *Sporormiella* y *Cercophora*. También se observa un pico de *Chaetomium* y el incremento de esporas fúngicas undiff. hasta un 8% y 2.400 esporas.cm^{-2} año^{-1}. *Glomus*, *Gaeumannomyces*, y *Polyadosporites* también incrementan sus valores, al igual que *Zygnema* y oocitos de la clase Turbellaria. Finalmente, se registran macrocarbones de manera esporádica.
	RDO-1d	78	-3400	La mayoría de esporas de hongo se retraen y las esporas coprófilas desaparecen. De la misma manera, los restos de algas y de fauna presentan valores reducidos o desaparecen. Picos de macrocarbones se documentan en la mitad y la parte superior de la zona.
RDO-2	RDO-2a	46	-1185	No se documentan NPPs en la zona, con la excepción del registro esporádico de oocitos de la clase Turbellaria. La tasa de acumulación de macrocarbones disminuye.
	RDO -2b	35	-375	*Glomus*, *Gaeumannomyces* y *Polyadosporites* reaparecen. *Pediastrum, Botryococcus, Spirogyra* y oocitos de la clase Turbellaria se documentan en la parte superior de la zona. También se observa el incremento de macrocarbones.
	RDO-2c	13 0	880 2005	La esporas coprófilas (*Sordaria, Sporormiella* y *Cercophora*) reaparecen, mientras que se observa la presencia de oocitos de *Macrobiotus* y *Botryococcus*. La tasa de acumulación de macrocarbones disminuye hasta desaparecer en la parte superior de la zona.

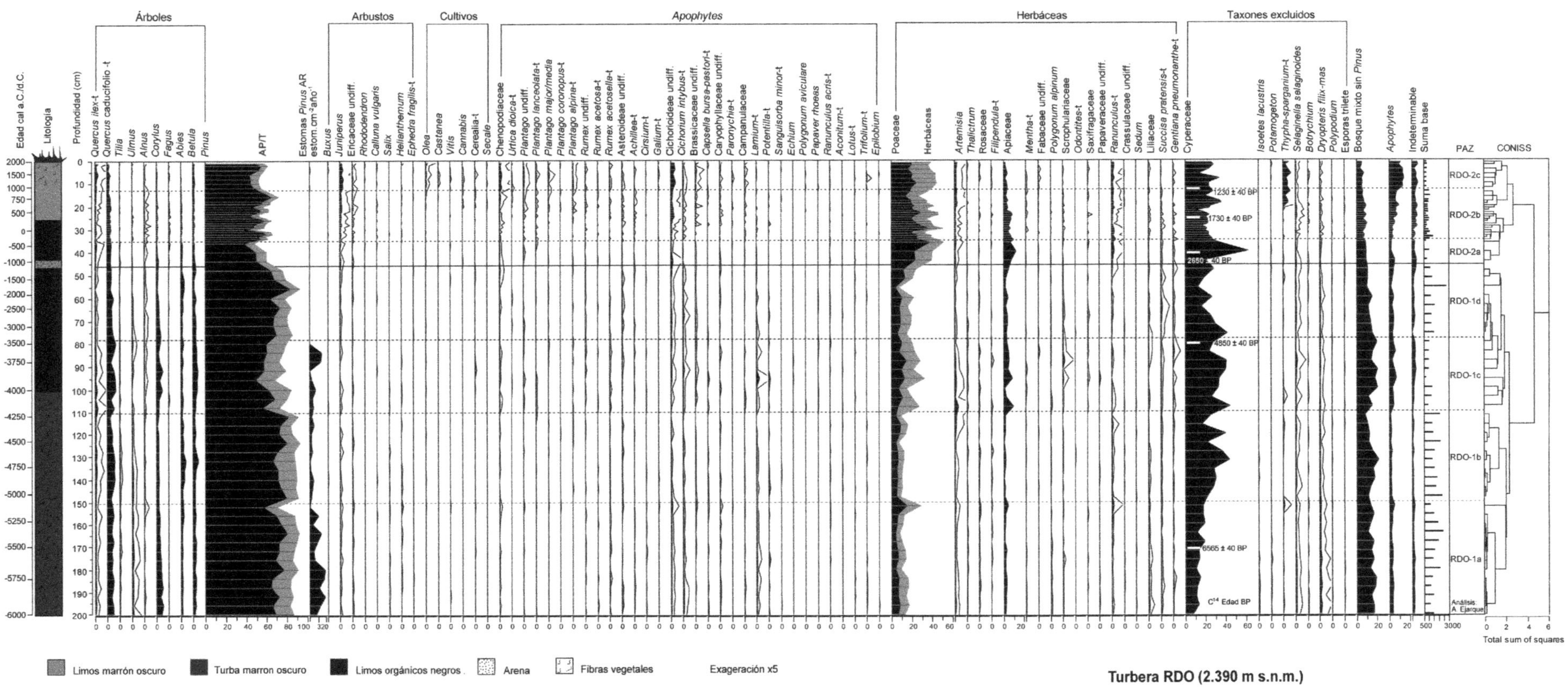

Figura 44. Porcentajes polínicos de RDO siguiendo una escala de profundidad.

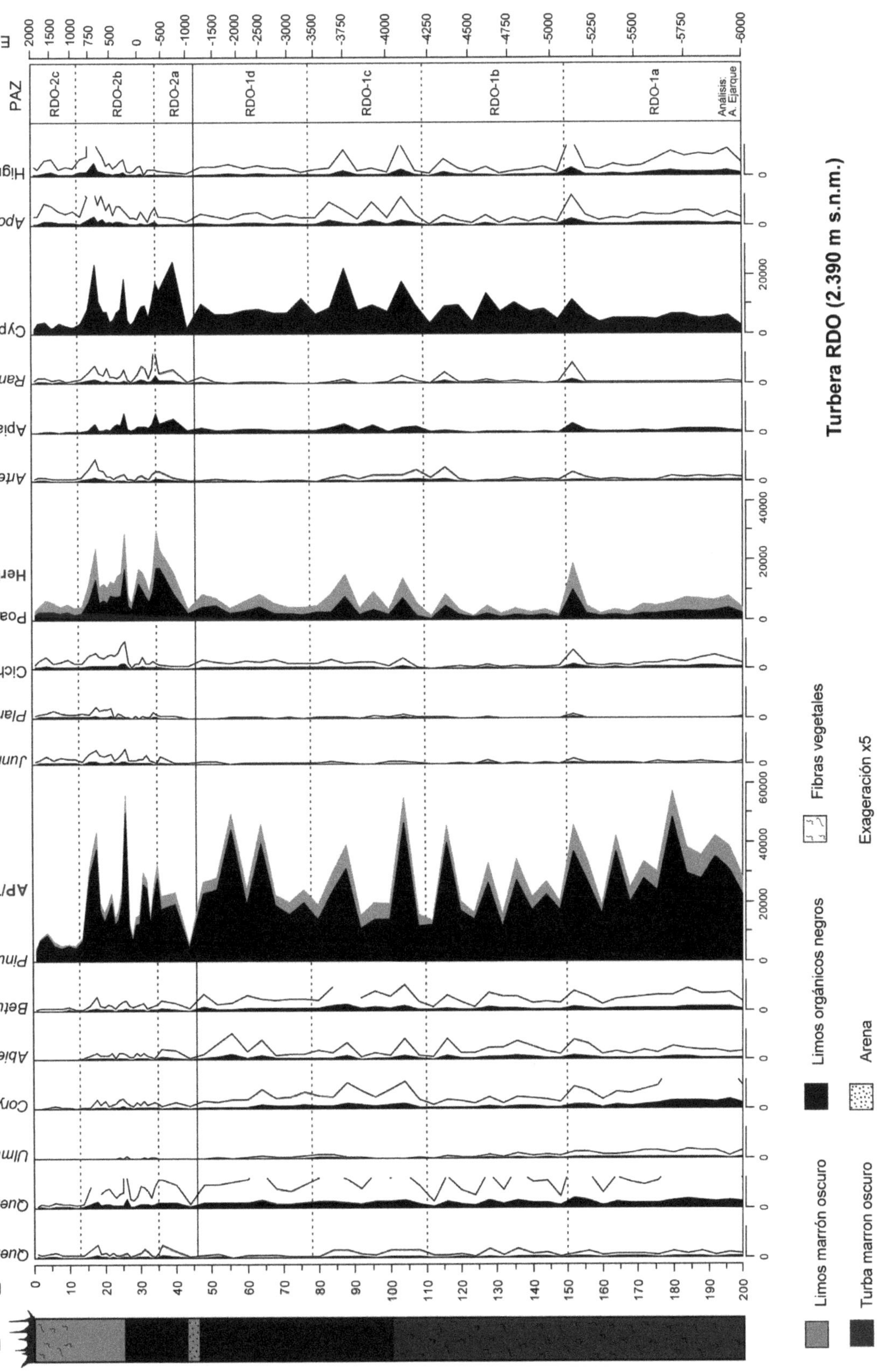

Figura 45. Curvas seleccionadas de tasas de acumulación polínicas (PAR) de RDO siguiendo una escala de profundidad. Los resultados se expresan en granos.cm^{-2} año^{-1}.

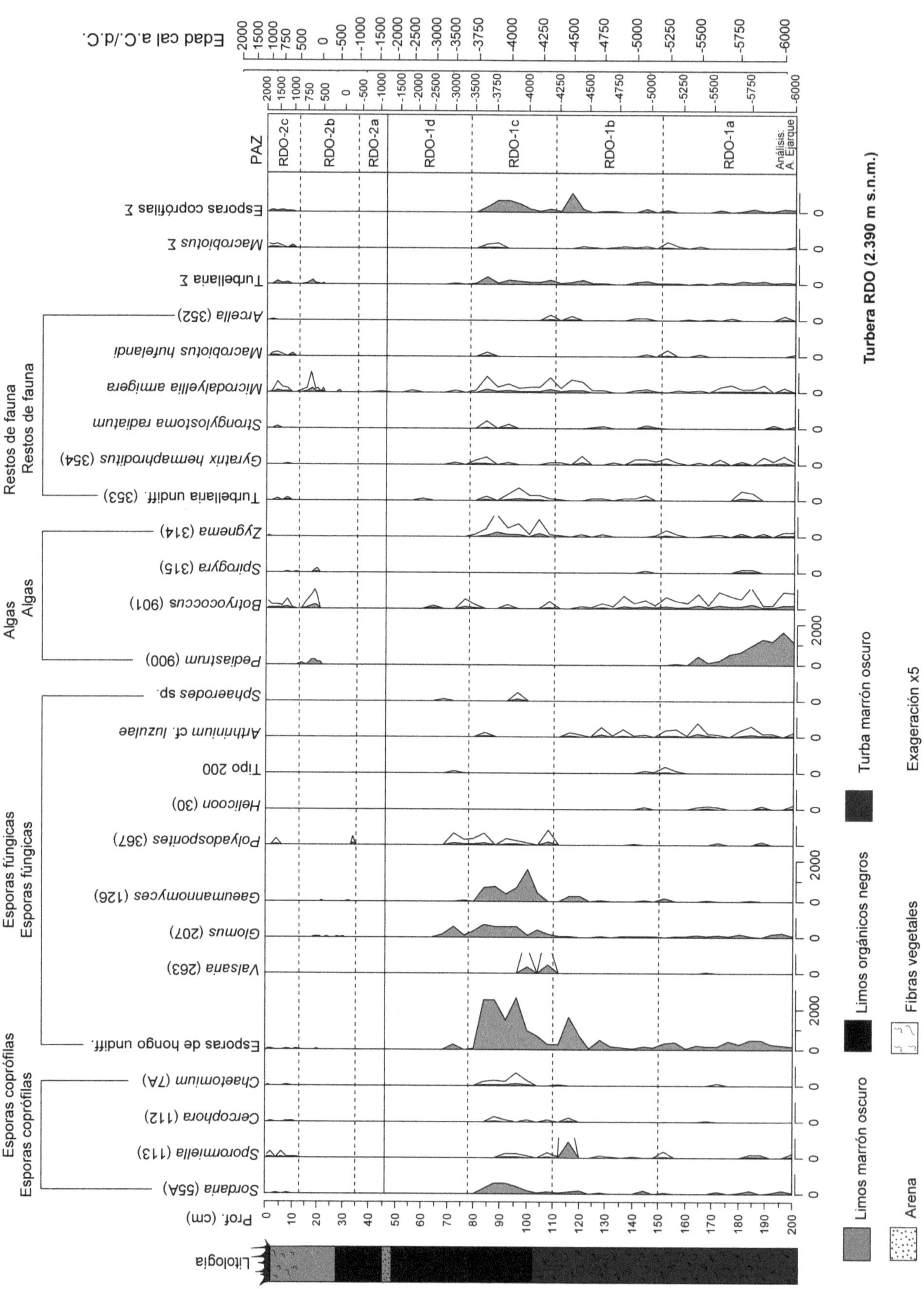

Figura 46. . Selección de porcentajes de NPPs y resultados de macrocarbones (AR) de RDO siguiendo una escala de profundidad.

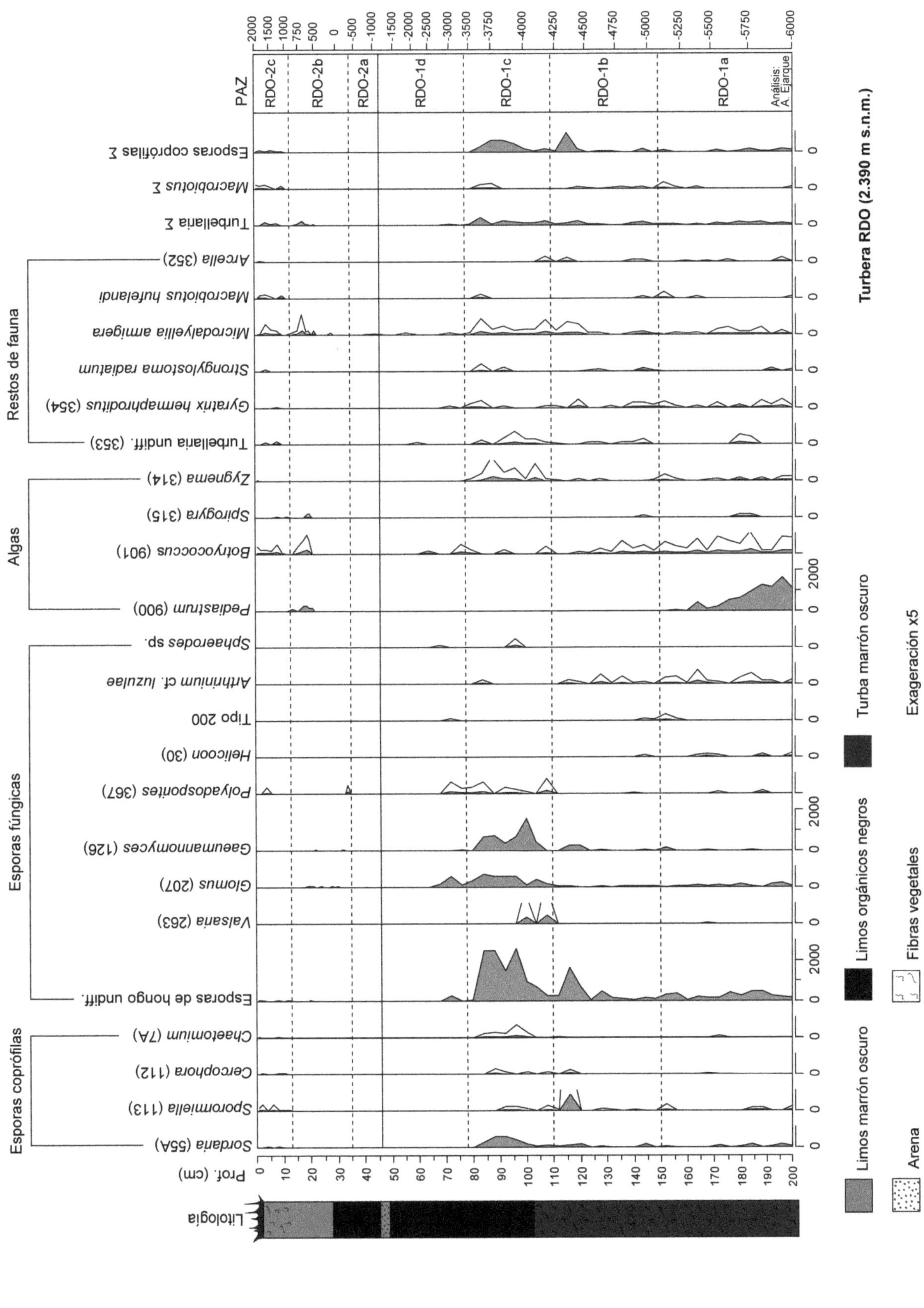

Figura 47. Selección de resultados de las tasas de acumulación de NPPs de RDO siguiendo una escala de profundidad. Los resultados se expresan en partículas.cm^{-2} año^{-1}.

6.3 ESTANY BLAU, 2.471 M

Descripción litológica

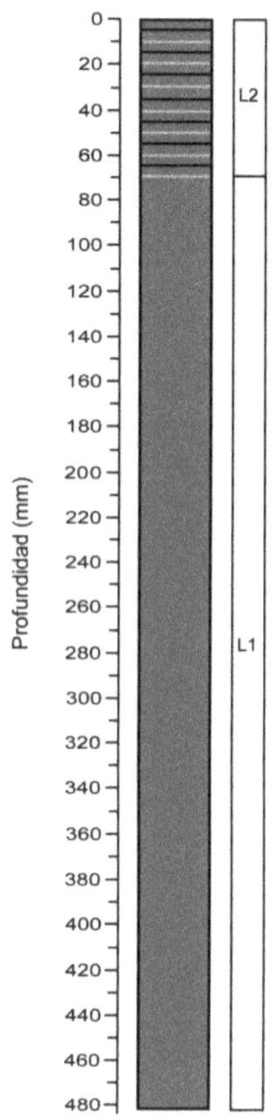

Figura 48. Litología de BLAU.

La sección mecánica del testigo de BLAU realizada "ín situ" y de manera inmediata al sondeo únicamente permitió la realización de una descripción litológica general del registro de 48 cm, el cual presenta dos niveles principales (Figura 48):

- L1 (480-70 mm): la zona se caracteriza por arcillas grises masivas.
- L2 (70-0 mm): se compone de arcillas con laminaciones claras y oscuras.

Modelo cronológico

La Tabla 16 recoge los resultados de las 6 dataciones radiocarbónicas realizadas en BLAU. Los resultados de las mediciones de actividad de Pb^{210} y Cs^{137} realizadas en la parte superior del registro se muestran en la Tabla 17, mientras que la Figura 49 ilustra dichos resultados junto a la concentración de SCP siguiendo una escala de profundidad.

Los resultados proporcionados por las dataciones radiocarbónicas, la concentración de SCP y de las mediciones de Pb^{210} y Cs^{137} son contradictorios a la hora de caracterizar cronológicamente la parte superior del registro de BLAU. La datación de la muestra superior del testigo a 0-4 mm ha proporcionado una datación C^{14} de 1431 ± 20 cal. d.C. y la siguiente muestra a 32-36 mm se encuentra datada a 713 ± 66 d.C. Por el contrario, los resultados de la concentración de SCP y la medición de Pb^{210} y Cs^{137} a partir de 40-44 mm indican una cronología contemporánea para la parte superior del testigo. A este respecto, la drástica disminución de los valores de Pb^{210} a partir de 40-44 mm de profundidad marca el Pb^{210} *dating horizon* (c. 1875) (Appleby 2001). Esto es coherente con el inicio de la curva de SCP a 40-44 mm, que indica el inicio de la industrialización en la mayoría de países industriales europeos durante la segunda mitad del s. XIX (Rose *et al.* 1999; Rose 2001). Estos resultados son, además, coherentes con los resultados de la medición de Cs^{137} en BLAU. Así, el primer pico de Cs^{137} a 16-24 mm subraya el periodo en que las pruebas nucleares alcanzaron su máxima actividad (1953-1963) (Pennington *et al.* 1973; Olsson 1986; Catalan *et al.* 2002).

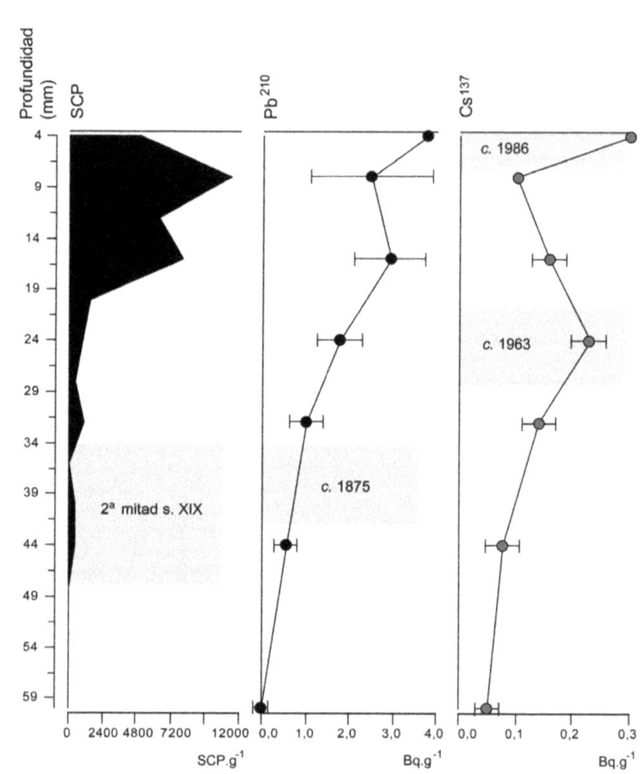

Figura 49. Comparación de los resultados de SCP, Pb^{120} y Cs^{137} siguiendo una escala de profundidad. En gris se han señalado los diferentes marcadores cronológicos de los sistemas de datación utilizados.

La existencia de varvas en los 70 mm superiores del testigo de BLAU demuestra la integridad deposicional de la secuencia sedimentaria y descarta uno de los principales factores que afectaría a la credibilidad de las dataciones de Pb^{210}, a saber, la perturbación estratigráfica de los sedimentos superficiales (Appleby 2001). Por otra parte, los valores residuales de Cs^{137} registrados en los niveles 36-44 y 56-60 mm, que según el Pb^{210} *dating horizon* deberían ser fechados antes del inicio de las pruebas

Testigo	Ref. lab.	Prof. (mm)	Material	Edad convencional (C^{14} años BP)	Edad calibrada (2 σ) (años cal. a.C./d.C.)	Edad media (2 σ)	C^{13} / C^{12} (o/oo)
BLAU	Poznan-10704	0-4	Materia orgánica	475 ± 28	1411- 1451 d.C.	1431 ± 20 d.C.	-21.7
BLAU	Beta-211108	32-36	Materia orgánica	1310 ± 40	647 - 778 d.C.	713 ± 66 d.C.	-26.6
BLAU	Beta-211400	132-136	Materia orgánica	1520 ± 40	430 - 617 d.C.	523 ± 94 d.C.	-26.6
BLAU	Beta-206700	240-244	Materia orgánica	1780 ± 40	130 - 378 d.C.	254 ± 124 d.C.	-26.6
BLAU	Poz-20457	432-434	Micro-carbones	2415 ± 30	746 - 400 a.C.	573 ± 173 a.C.	---
BLAU	Poznan-10705	480-484	Materia orgánica	2340 ± 35	521 - 260 a.C.	391 ± 131 a.C.	-26.4

Tabla 16. Resultados de las dataciones radiocarbónicas AMS de BLAU. Las fechas han sido calibradas mediante el programa CALIB 5.0 (Reimer *et al.* 2004).

Testigo	Peso muestra (g)	Prof. (mm)	Actividad Pb^{210} ($Bq.g^{-1}$)	Actividad mínima detectada Pb^{210}	Actividad Cs^{137} ($Bq.g^{-1}$)	Actividad mínima detectada Cs^{137}	Tiempo de medición (segundos)
BLAU	0.06	0-4	<3.8	_	<0.3	_	_
BLAU	0.118	4-8	<2.49 ± 1.44	_	<0.1	_	_
BLAU	0.616	8-16	2.93 ± 0.84	0.52	0.16 ± 0.03	0.04	84.621
BLAU	0.6798	16-24	1.79 ± 0.54	0.43	0.23 ± 0.03	0.04	84.364
BLAU	0.619	24-32	1.01 ± 0.41	0.51	0.14 ± 0.03	0.04	82.299
BLAU	0.6973	36-44	0.56 ± 0.28	0.39	0.078 ± 0.03	0.04	83.545
BLAU	0.77	56-60	0.26 ± 0.20	0.32	0.05 ± 0.02	0.03	169.060

Tabla 17. Actividad de Pb^{210} y Cs^{137} en la parte superior del testigo de BLAU.

nucleares durante la 2ª mitad del s. XX, deben ser resultado de la relativa movilización postdeposicional de este isótopo radioactivo en la columna sedimentaria. De hecho, se ha demostrado que los procesos de migración sedimentaria postdeposicional se dan de manera más acusada en el Cs^{137} con respecto a otros isótopos como el Pb^{210}, lo que da lugar a la presencia de Cs^{137} en sedimentos fechados con anterioridad a las pruebas nucleares (Cohen 2003). Finalmente, los resultados polínicos de BLAU también corroboran la cronología contemporánea de la parte superior del registro. Así, la recuperación forestal que se evidencia en la parte superior del registro es coherente con el proceso de colonización forestal subsiguiente al abandono de los usos del suelo de los sectores altimontanos andorranos documentado durante el último cuarto del s. XX.

De esta manera, la presencia conjunta de SCP, Pb^{210} y Cs^{137} en la parte superior de la secuencia y los argumentos polínicos cuestionan la validez de la cronología propuesta por las dataciones radiométricas. Esta discrepancia podría deberse a la existencia de un envejecimiento de las dataciones radiocarbónicas en BLAU producido por un *reservoir effect*. Aunque estos procesos de envejecimiento se dan de manera más frecuente en lagos de substrato calcáreo, se han documentado de igual manera en cubetas silíceas (Sutherland 1980; Hutchinson *et al.* 2004). De hecho, se ha registrado un *reservoir effect* de *c.* 1000 años en el Estany Redon (Pirineos Centrales, 2.241 m s.n.m.) (Camarero *et al.* 1998), lago silíceo próximo a nuestro sector de estudio y situado en un contexto geológico similar.

Además, en BLAU se procedió a la datación de microcarbones concentrados a una profundidad de 432 mm, con el fin de comprobar si dicho material podía proporcionar fechas radiocarbónicas no afectadas por procesos de envejecimiento. Sin embargo, la datación radiocarbónica de microcarbones en ese nivel (Tabla 17) proporcionó una fecha *c.* 170 años más antigua que la obtenida en nivel anterior a 480 mm, en el que se dató materia orgánica lacustre afectada por el *reservoir effect*. Ello puede ser resultado de un aporte significativo de microcarbones antiguos incorporados a la cubeta lacustre por procesos erosivos. Como consecuencia, esta datación radiocarbónica no ha sido considerada a la hora de construir el modelo cronológico de BLAU.

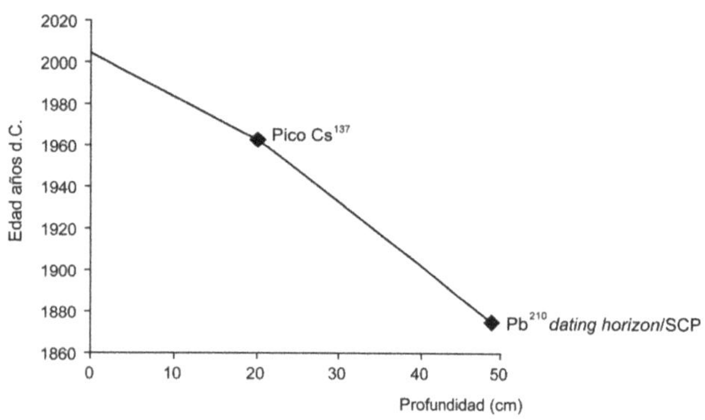

Figura 50. Modelo cronológico de la parte superior del testigo de BLAU construido a partir de las dataciones proporcionadas por la medición de Pb^{210} y Cs^{137} y los resultados de la concentración de SCP.

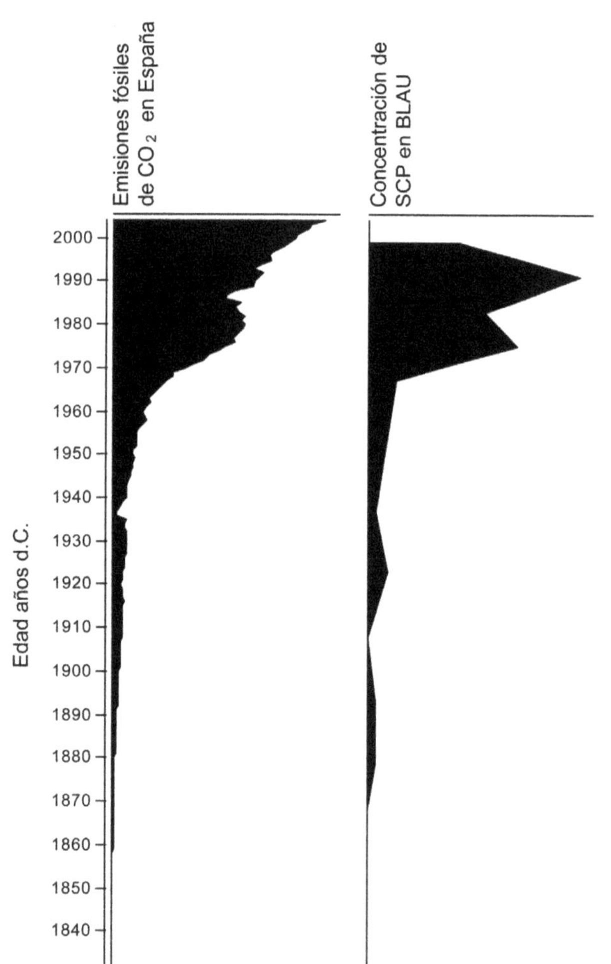

Figura 51. Comparación de las emisiones totales de CO^2 procedentes de combustibles fósiles en España y resultados de la concentración de SCP en BLAU siguiendo una escala temporal.

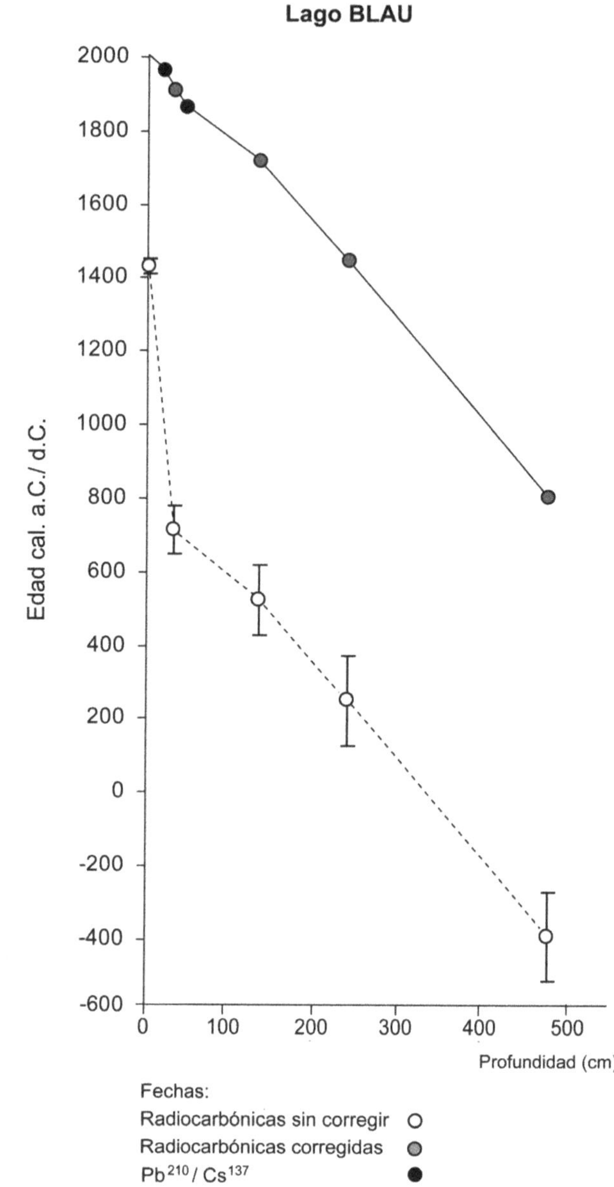

Figura 52. Comparación de los modelos cronológicos de BLAU corregido y sin corregir construidos a partir de las dataciones C^{14} calibradas y las dataciones de Pb^{210} y Cs^{137}.

Se construyó un primer modelo cronológico para la parte superior del registro de BLAU a partir de las dataciones proporcionadas por la medición de Pb^{210} y Cs^{137} y los resultados de la concentración de SCP (Figura 50). La fiabilidad de este modelo cronológico se encuentra respaldada por la significativa correlación de la curva de concentración de SCP en BLAU y la curva de emisiones fósiles totales de CO_2 estimadas en España durante el periodo 1830-2006 (Boden *et al.* 2009) (Figura 51). Es preciso, además, destacar una especial correlación de ambas curvas en los incrementos fechados durante las décadas de 1970s y 1990s, que reflejan el desarrollo económico español durante el último cuarto del s. XX, así como la recesión puntual que provocó la guerra civil española durante el final de la década de 1930s y que se refleja en una retracción tanto de la curva de de SCP como de la de emisiones de CO_2.

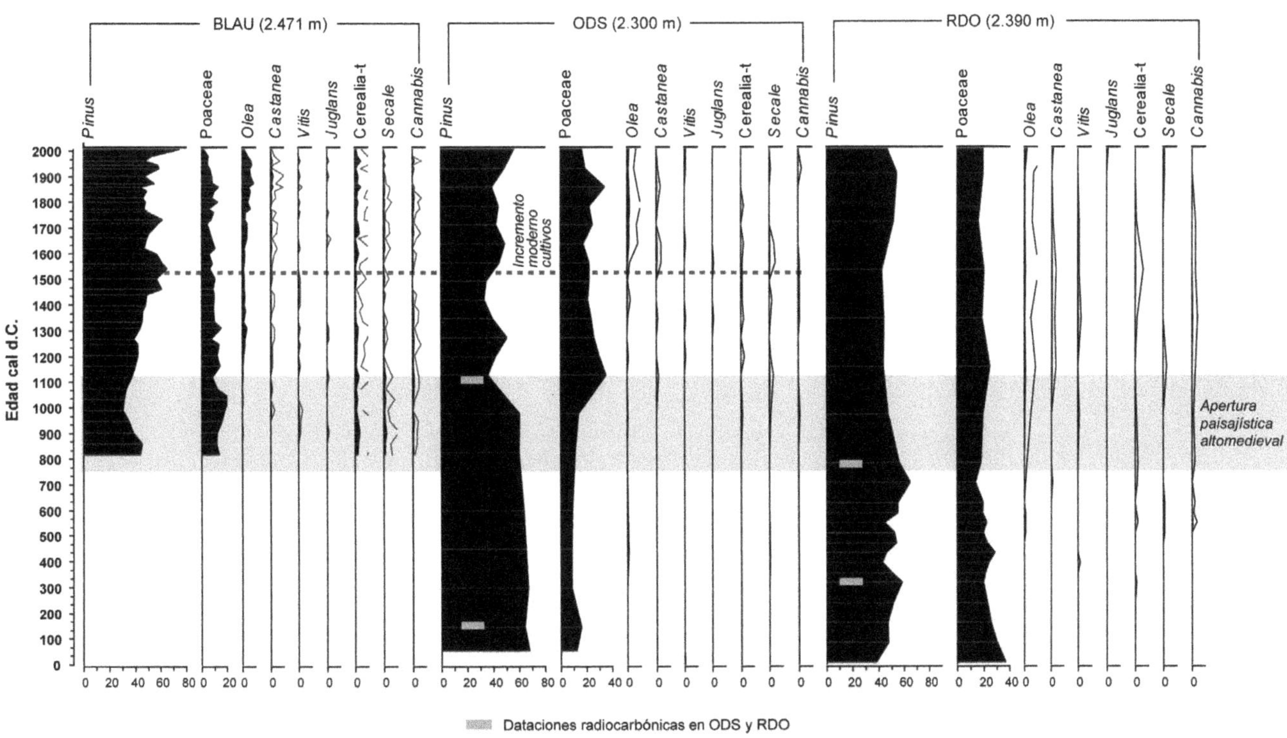

Figura 53. Selección de porcentajes polínicos de BLAU, RDO y ODS siguiendo una escala temporal.

Para calcular y corregir el envejecimiento de las dataciones radiocarbónicas en BLAU, los resultados C^{14} obtenidos en la parte superior del registro fueron contrastados con el modelo cronológico construido a partir de los resultados de Pb^{210}, Cs^{137} y SCP (Figura 50). La fecha radiocarbónica superior del registro a 0-4 mm fue descartada por estar expuesta a la contaminación atmosférica producida por las pruebas nucleares realizadas a partir de la 2ª mitad del s. XX, que aportaron un exceso de carbono moderno a la atmósfera y alteraron el contenido de carbono de los sedimentos lacustres contemporáneos (Cohen 2003). Así, el resultado C^{14} obtenido a 34 mm (713 cal. d.C.) se compararó con la fecha proporcionada por el modelo cronológico construido para la parte superior del registro a la misma profundidad (1908 d.C.). El resultado es un envejecimiento temporal de *c.* 1195 años que ha sido asumido como constante en el tiempo para el resto de la secuencia. Es ésta una práctica habitual en paleolimnología cuando la secuencia no muestra perturbación sedimentaria (Camarero *et al.* 1998; Pawlita *et al.* 2004), y en el caso de BLAU este hecho viene corroborado por la correspondencia lineal de las dataciones de BLAU con la profundidad. De esta manera, las tres dataciones de la parte inferior del registro a 132-136, 240-244 y 480-484 mm fueron corregidas de un envejecimiento de 1192 años.

Finalmente, se construyó un modelo cronológico compuesto a partir de las mediciones de Pb^{210} y Cs^{137} y los resultados de SCP entre 0 y 44 mm, y las tres fechas radiocarbónicas corregidas y calibradas entre 44 y 475 mm (Figura 52). Todas las fechas se han representado siguiendo una escala de profundidad mediante interpolación lineal. Como se puede observar, la evolución de las dataciones es marcadamente lineal en relación a la profundidad, revelando una tasa de sedimentación constante en el tiempo durante los últimos 1200 años.

Aunque se ha demostrado que en ocasiones el *reservoir effect* puede experimentar variaciones temporales a lo largo de un mismo registro (Geyh *et al.* 1998; Hutchinson *et al.* 2004), la comparación de los resultados polínicos de BLAU y las próximas turberas RDO y ODS en el valle del Madriu, cuya datación no se encuentra afectada por procesos de envejecimiento, corrobora el modelo cronológico construido para BLAU. La Figura 53 muestra una selección de curvas porcentuales (*Pinus*, Poacae y cultivos) de dichos registros siguiendo una escala temporal que permite una óptima comparación de los resultados. A pesar de la existencia de evidentes diferencias debidas a las diferentes áreas de captación polínica de las cubetas y a la distinta resolución temporal seguida en cada registro, se observa la existencia de importantes coincidencias que corroboran el modelo cronológico de BLAU:

- Los valores de los taxones cultivados en BLAU son más coherentes con los espectros polínicos medievales y modernos de RDO y ODS que con los correspondientes a la Antigüedad Tardía, cuando sólo de manera puntual se documentan taxones cultivados en ambas turberas. Por el contrario, el desarrollo e incremento de *Olea* en BLAU y ODS es coetáneo en ambos registros durante los siglos XIII y XVIII, según el modelo cronológico construido. De la misma manera, *Castanea* se desarrolla en los tres registros en el mismo momento, mientras que otros cultivos anuales como Cerealia-t, *Secale Vitis* y *Cannabis*-t se documentan de manera regular a lo largo de los periodos Medieval y Moderno en BLAU, ODS y RDO.

- La curva de *Pinus* en BLAU es destacadamente coherente con la observada en ODS, especialmente en la disminución drástica inicial que se documenta en ODS y RDO entre *c.* 700 y 1000 d.C., lo cual es sincrónico en todos los registros con el incremento de Poaceae. La recuperación de *Pinus* durante los siglos XVI y XVII y finales del s. XX también es coetánea en BLAU y ODS.

La estrategia de muestreo llevada a cabo en BLAU da lugar a la siguiente resolución temporal del estudio paleoambiental (Tabla 18):

Prof. (mm)	Años por muestra	Intervalo entre muestras (años)	Resolución de muestreo (mm)
0-20	2	12/28	8/16
21-44	4	24/56	8/16
45-134	2	12/28	8/16
135-242	2	12/28	8/16
243-331	3	18/42	8/16
332-476	3	42	16

Tabla 18. Resolución temporal y de muestreo llevada a cabo en BLAU.

A lo largo del registro se observa una baja y constante tasa de acumulación sedimentaria de entre 0.28 y0.49 mm años^{-1}. A pesar de esta moderada tasa de acumulación, la resolución del análisis llevado a cabo cada 8-16 mm ha permitido una alta resolución temporal de los resultados paleoambientales. Ésta comprende 2-4 años por muestra analizada e intervalos entre muestras de entre 30 y 42 años cm^{-1}.

Resultados de polen

Se han documentado dos PAZs y cinco subzonas polínicas en BLAU cuyas características principales se detallan en la Tabla 19. La Figura 54 muestra los porcentajes polínicos, mientras que curvas seleccionadas de concentración polínica se ilustran en la Figura 55.

Resultados de NPPs y microcarbones

Los resultados de NPPs y microcarbones de BLAU se describen en la Tabla 20. La Figura 56 muestra una selección de porcentajes de NPPs y los resultados de la concentración de microcarbones en BLAU, mientras que curvas seleccionadas de concentración de NPPs se representan en la Figura 57.

Tabla 19. Zonación polínica de BLAU con los resultados de polen.

PAZ		mm	Edad cal. d.C.	Descripción
BLAU-1		474	822	Al inicio de la zona se documentan valores relativamente reducidos de AP (57% y 72.000 granos.g^{-1}) y en la mitad de ésta, *Pinus* se retrae hasta alcanzar los valores porcentuales mínimos del registro (30%). *Quercus ilex*-t, *Betula*, y en menor medida, *Abies*, también se retraen en este momento. Se documenta asimismo el incremento significativo de *Juniperus* hasta un 12% y el moderado incremento de Ericaceae undiff. Los taxones herbáceos y Poaceae (22% y 17.500 granos.g^{-1}) se expanden, mientras que Artemisia, *Rumex* undiff., *Plantago* undiff., *Plantago lanceolata*-t, Chenopodiaceae y Apiaceae se encuentran también bien representados. Se documentan porcentajes de Cerealia-t hasta 3.6% y de *Secale* hasta 2.2%, así como la presencia de *Cannabis*-t, *Olea, Castanea, Juglans* y *Vitis*.
BLAU-2	BLAU-2a	356	1139	Se observa una progresiva recuperación de AP, principalmente debida al incremento de *Pinus* hasta 50% y 60.000 granos.g^{-1}. *Betula, Corylus, Alnus* y *Quercus ilex*-t disminuyen, mientras que *Quercus* caducifolio-t incrementa sus valores ligeramente. *Juniperus* también se retrae y, aunque algunas herbáceas mantienen valores bajos, se mantienen bien representadas a lo largo de la zona, con valores medios de Poaceae de 11% y porcentajes máximos de *Artemisia* de 11%. Se observa una retracción general de *apophytes* y del conjunto de cultivos anuales (*Cerealia*-t, *Secale* y *Cannabis*-t) en la parte superior de la zona. Sin embargo, *Olea* y *Castanea* incrementan ligeramente sus valores.
	BLAU-2b	240	1450	En el inicio de la zona se da la recuperación de AP y *Pinus* (65% y 106.000 granos.g^{-1}). Posteriormente, los porcentajes de *Pinus* muestran dos fases de recesión intercaladas por una recuperación que no se encuentra claramente reflejada en los valores de concentración. *Juniperus* presenta porcentajes mínimos (2%) al inicio de la zona. Si bien Poaceae registra porcentajes medios reducidos (7%), sus valores en concentración se mantienen en general similares a los de la fase anterior. Apiaceae y *apophytes* se incrementan a partir de mediados de la zona, especialmente *Urtica dioica*-t, *Plantago lanceolata*-t, *Rumex acetosella*-t, Asteroideae y Caryophyllaceae, mientras que algunos taxones (*Alchemilla*-t, *Echium*-t, *Aconitum*-t y *Epilobium*) se documentan por primera vez. *Olea* (6%) y Cerealia-t (3%), junto a *Castanea* y *Cannabis*-t, incrementan sus valores.
	BLAU-2c	56 4	1850 1995	AP (87%) y *Pinus* (74% y 126.000 granos.g^{-1}) muestran los valores máximos del registro. *Betula, Alnus, Quercus* caducifolio-t y *Quercus ilex*-t se expanden y los porcentajes de los taxones herbáceos y Poaceae, Artemisia y Apiaceae disminuyen. En la parte superior de la zona se documenta un pico de Chenopodiaceae, *Urtica dioica*-t y *Plantago lanceolata*-t. Los taxones cultivados muestran altos valores a lo largo de la zona para disminuir en la parte superior de la misma.

Tabla 20. Resultados de NPPs y microcarbones obtenidos en BLAU.

PAZ		mm	Edad cal. d.C.	Descripción
BLAU-1		474	822	Las esporas de hongo undiff. presentan las más altas concentraciones del registro (*c.*17.900 esporas.g^{-1}), mientras que cabe destacar los valores reducidos de *Sordaria* (<0.5% y 2.891 esporas.g^{-1}) y de *Sporormiella* (2.740 esporas.g^{-1}). A lo largo de la zona se observa, además, una tendencia al incremento de la curva de concentración de *Sordaria*. Los Tipos 972, 23, 956, *Helicoon* y *Arthrinium* cf. *luzulae* se documentan de manera frecuente, mientras que *Botryococcus* se encuentra igualmente bien representado. Entre los microcarbones, los grupos 10-20μm y 20-50μm muestran altos valores de concentración de 14.800 y 10.000 partículas.g^{-1}, respectivamente, en el inicio de la zona, para descender a continuación. Los grupos >50, >100 y Tipo A se documentan de manera continuada a lo largo de la zona.
BLAU-2	BLAU-2a	356	1139	Esta zona registra el espectro de NPPs más diversificado del registro. *Sordaria* y *Sporormiella* alcanzan máximos valores de 4.700 y 5.200 esporas.g^{-1} respectivamente. *Valsaria* y *Chaetomium* aparecen por primera vez, mientras que *Gelasinospora* y *Glomus* se documentan de manera esporádica. Las algas se encuentran mejor representadas, con la aparición de *Debarya* y *Spirogyra* y una más frecuente presencia de Zygnemataceae. Entre los restos de fauna, *Conochilus natans*-t se encuentra mejor representado y *Gyratrix hermaphroditus* aparece.
	BLAU-2b	240	1450	Esta zona se caracteriza por una disminución, tanto en los valores como en la diversidad de las esporas de hongo, incluyendo las esporas coprófilas. Entre las algas, *Botryococcus* incrementa sus porcentajes hasta un 5% y alcanza valores máximos de concentración de 46.000 restos.g^{-1}. Ello es coetáneo con una retracción de *Debarya* y de Zygnemataceae. Entre los microcarbones, se observa un pico puntual de los grupos 10-20μm, 20-50 μm y >50μm al principio de la zona, mientras que en la parte superior todos los grupos aumentan sus valores de manera significativa. Se observa también un temprano desarrollo del grupo 10-20μm con respecto al grupo 20-50μm.
	BLAU-2c	56 4	1850 1995	Las esporas de hongo undiff., *Sordaria*, *Sporormiella* y *Botryococcus* disminuyen en la parte superior del registro. Por el contrario, se observa el aumento de los valores en concentración de Zygnemataceae, *Debarya*, *Arthrinium* cf. *luzulae* y, de manera más significativa, de Tipo 976. La retracción final de todos los grupos de microcarbones es asimismo documentado en esta zona.

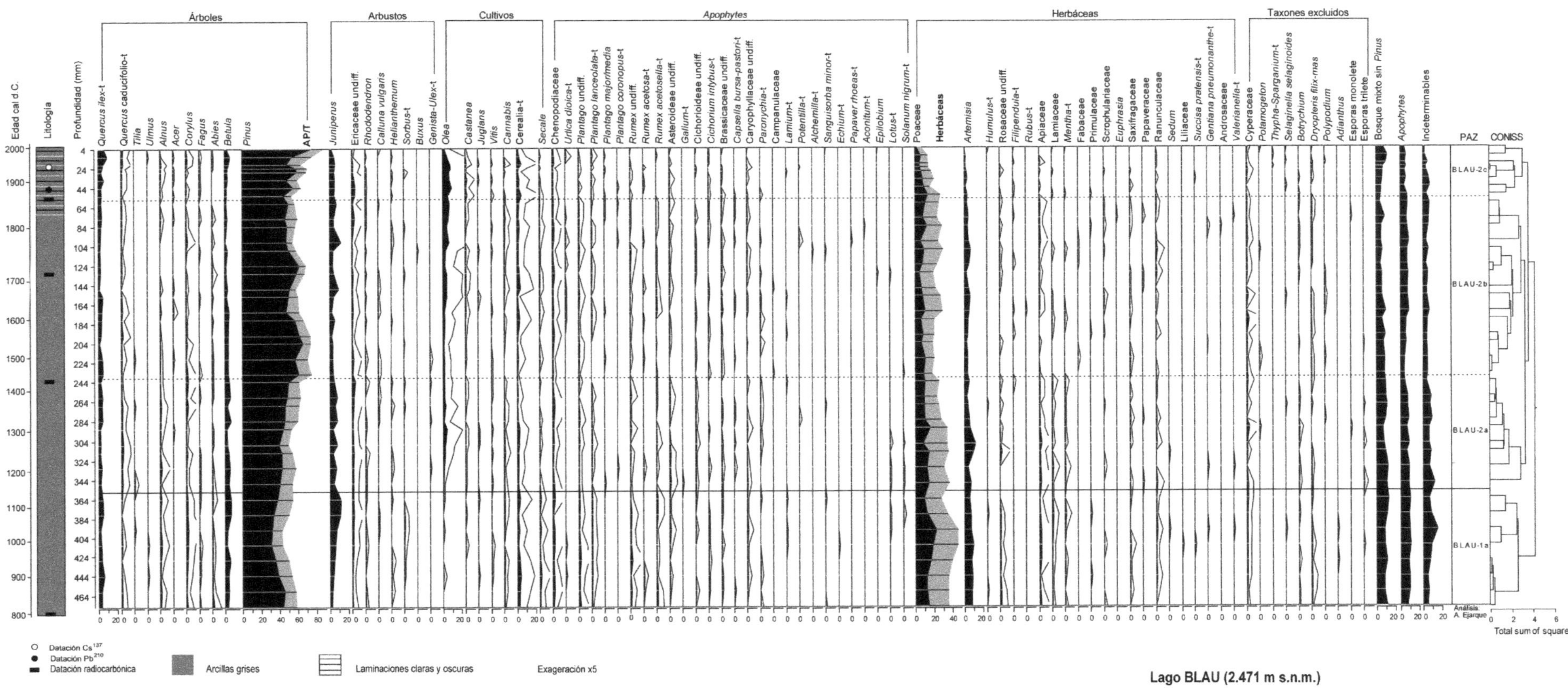

Figura 54. Porcentajes polínicos de BLAU siguiendo una escala de profundidad.

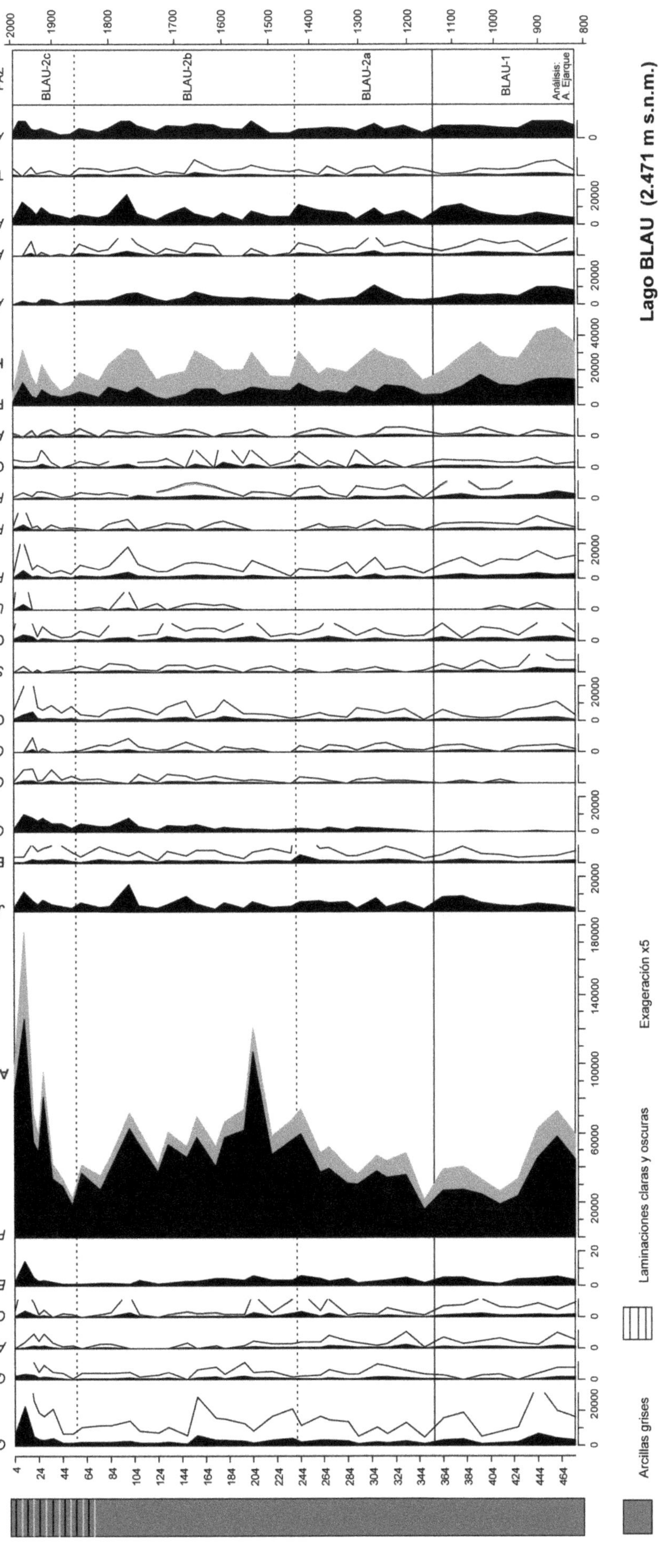

Figura 55. Curvas de concentración polínica seleccionadas en BLAU siguiendo una escala de profundidad. Los resultados se expresan en granos.g^{-1}.

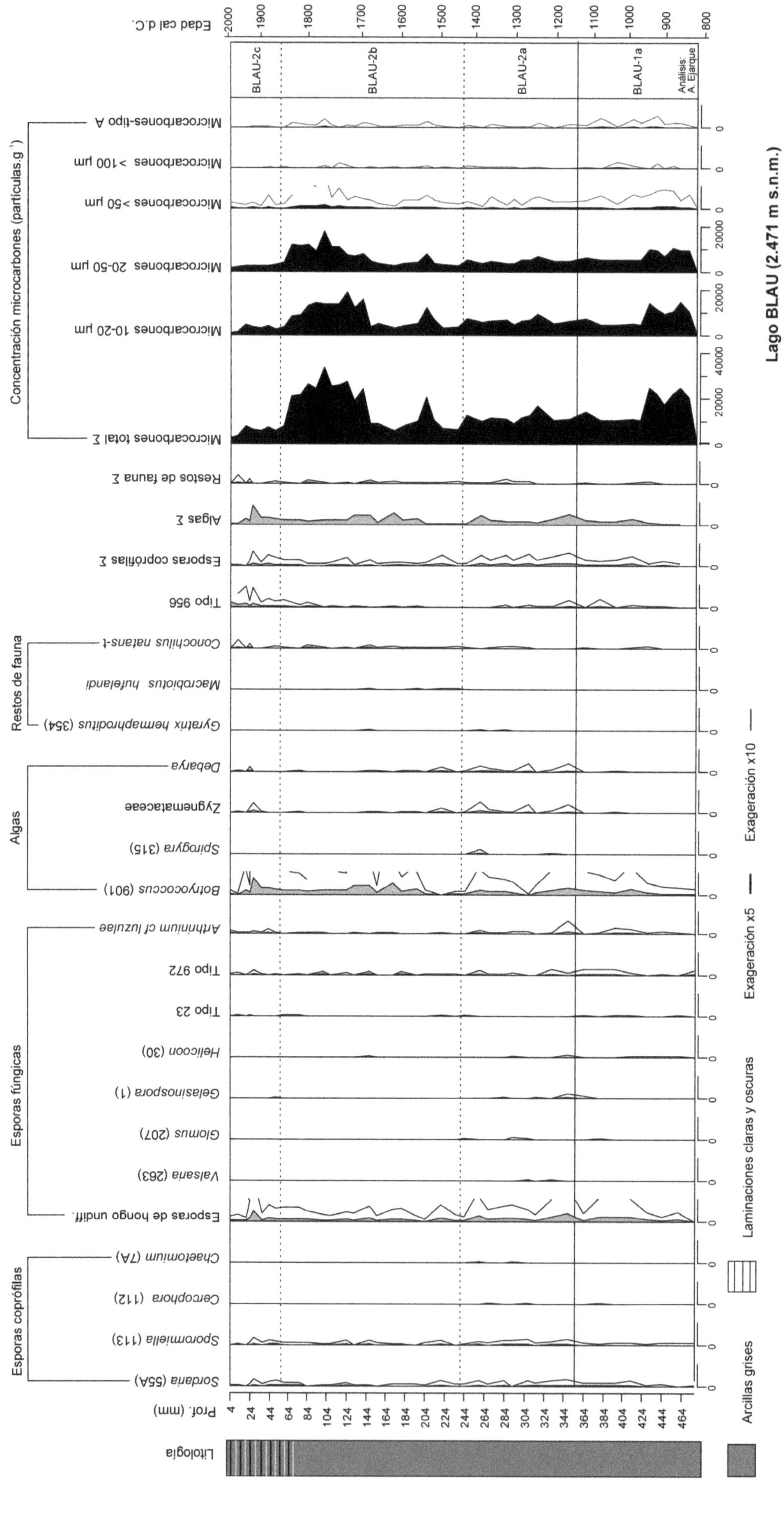

Figura 56. Selección de curvas porcentuales de NPPs y resultados de la concentración de microcarbones en BLAU siguiendo una escala de profundidad.

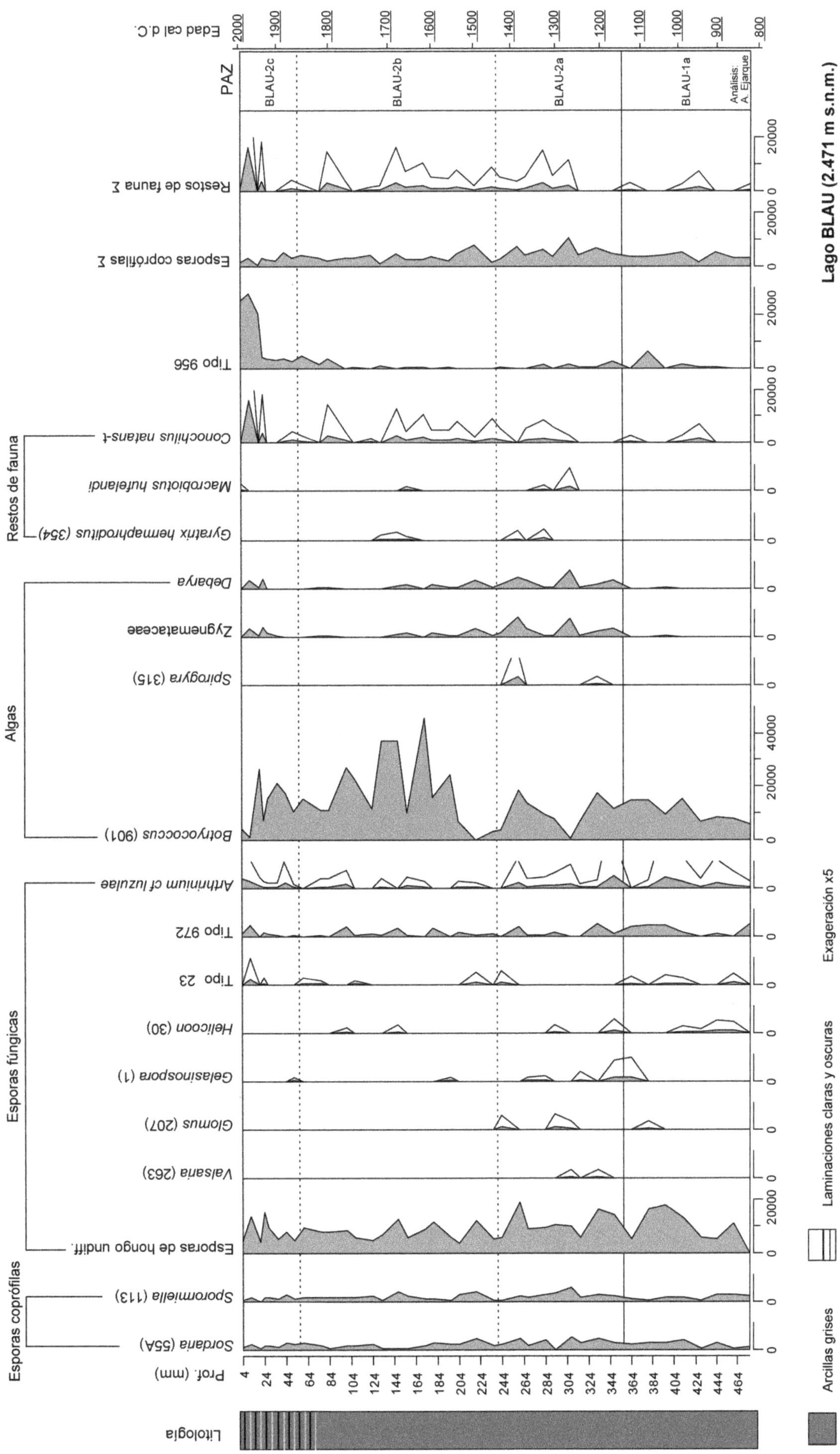

Figura 57. Curvas seleccionadas de concentración de NPPs en BLAU siguiendo una escala de profundidad. Los resultados se expresan en partículas.g^{-1}.

6.3 ESTANY FORCAT, 2.531 M

Descripción litológica

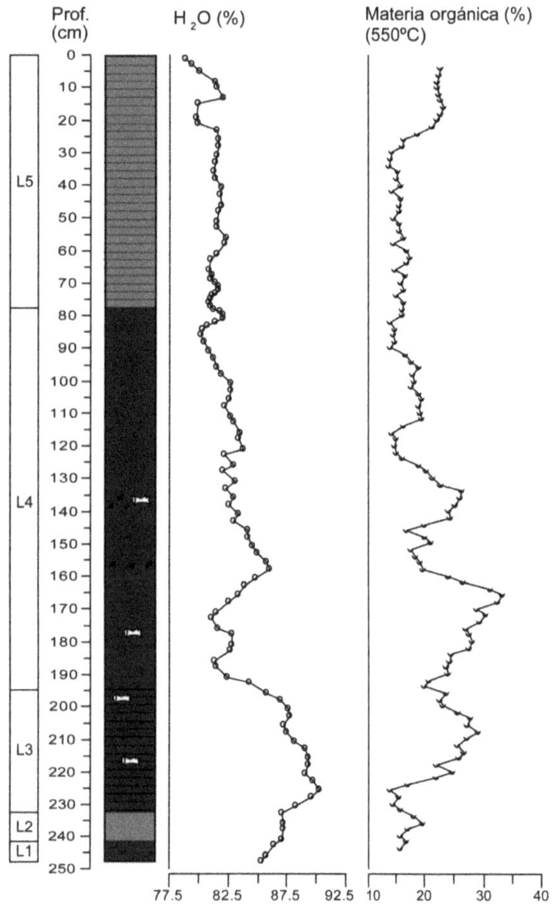

Figura 58. Litología y resultados del contenido en H_2O y de materia orgánica en FOR.

La correlación estratigráfica de los testigos FOR-1 y FOR-4 mostró que, aunque FOR-1 es 11 cm más largo que FOR-4, este último consta de 18 cm más de sedimento superficial que FOR-1. Por esta razón, el análisis polínico de FOR-1, se completó con los 18 cm superiores de FOR-4 para crear un diagrama compuesto. Las cotas de la sección compuesta resultante (FOR), de 248 cm de extensión, se han estandarizado utilizando la escala de FOR-4. Los resultados del contenido de materia orgánica de FOR han sido proporcionados por R. Julià (IJA-CSIC) y se muestran en la Figura 58, junto a las litozonas y los resultados del contenido en H_2O. Se han observado un total de cinco litozonas en el registro:

- L1 (248-242 cm): está formada por arcillas marrón oscuro con la presencia de fibras vegetales. Se documentan altos porcentajes de H_2O y un bajo contenido en materia orgánica.
- L2 (242-233 cm): compuesta por arcillas marrón claro.
- L3 (233-196 cm): corresponde a arcillas orgánicas marrón oscuro con laminaciones centimétricas difusas aún más oscuras. Los porcentajes de H_2O suben, al igual que los del contenido en materia orgánica, que no obstante disminuyen en la parte superior de la zona.
- L4 (196-78 cm): se compone de arcillas orgánicas marrón oscuro. Los porcentajes de H_2O disminuyen al inicio de la zona para incrementarse ligeramente con posterioridad. El contenido en materia orgánica crece al principio de la zona, alcanzando los porcentajes más elevados del registro. Tras ello, el contenido de materia orgánica sigue una tendencia oscilante, con ligeros incrementos y una caída final en la parte superior de la zona.
- L5 (78-0 cm): está formada por arcillas marrón claro con laminaciones centimétricas oscuras. Aunque los porcentajes de H_2O y del contenido en materia orgánica se mantienen bajos a lo largo de la zona, se da un incremento en materia orgánica en la parte superior de la misma.

Testigo	Ref. lab.	Prof. (cm)	Material	Edad convencional (C^{14} años BP)	Edad calibrada (2 σ) (cal. años a.C./d.C.)	Edad media (2 σ)
FOR-1	Beta-250772	42	Materia orgánica	3500 ± 40	1930 – 1740 a.C.	1835 ± 95 a.C.
FOR-4	Poz-24521	72 -76	Carbón y restos vegetales	3430± 35	1878 - 1636 a.C.	1757 ± 121 a.C.
FOR-1	Poz-18776	138	Madera	4180 ± 35	2888 - 2635 a.C.	2762 ± 127 a.C.
FOR-1	Poz-24484	138	Materia orgánica	5140 ± 40	4040 - 3801 a.C.	3921 ± 120 a.C.
FOR-4	Poz-24522	177-180	Carbón y restos vegetales	6190 ± 40	5292 - 5025 a.C.	5159 ± 134 a.C.
FOR-1	Poz-18777	198	Madera	7240 ± 40	6213 - 6028 a.C.	6121 ± 93 a.C.
FOR-4	Poz-24485	217	Madera	8320 ± 50	7518 - 7190 a.C.	7354 ± 164 a.C.

Tabla 21. Resultados de las dataciones radiocarbónicas AMS de FOR. Las fechas han sido calibradas mediante el programa CALIB 5.0 (Reimer *et al.* 2004).

Modelo cronológico

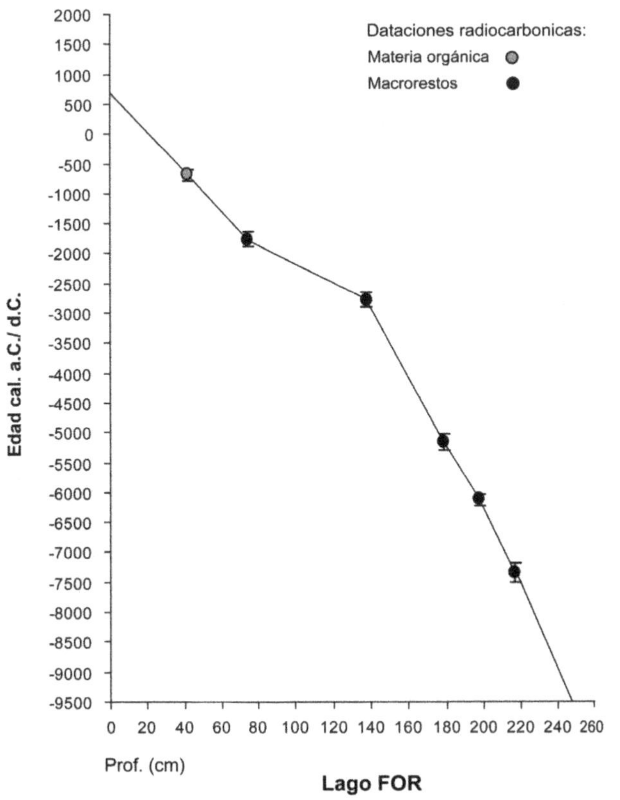

Figura 59. Modelo cronológico del lago FOR construido con dataciones radiocarbónicas calibradas.

Las siete dataciones radiocarbónicas obtenidas en FOR se muestran en la Tabla 21.

La mayor parte de las dataciones radiocarbónicas de FOR fueron realizadas sobre fragmentos de madera o macrorestos vegetales con el fin de evitar procesos de envejecimiento de las mismas. Sin embargo, a partir de 72 cm la ausencia de macrorestos obligó a datar materia orgánica lacustre. Para evaluar si el sedimento de FOR estaba, al igual que BLAU, afectado por procesos de envejecimiento, se procedió a datar el nivel 138 cm, en que se documentaron macrorestos, doblemente. Una datación se realizó sobre materia orgánica (Poz- 24484) y otra se realizó sobre madera (Poz-18776), garantizando con esta última la disponibilidad de una datación radiocarbónica fiable y no envejecida.

Los resultados obtenidos en ambos niveles (Tabla 21) indican que, en efecto, la muestra de materia orgánica es 960 años convencionales y 1145 años calibrados más antigua que la muestra datada sobre madera. Ello corrobora la existencia de un envejecimiento de 1145 años en las dataciones de sedimento lacustre de FOR, lo cual es altamente coherente con el envejecimiento de 1195 años observado en BLAU.

Dado el intento infructuoso realizado en FOR de datar granos de polen para obtener dataciones radiocarbónicas fiables en la parte superior del registro, donde no se documentan macrorestos vegetales, se procedió a corregir el *reservoir effect* de 1145 años de la muestra de materia orgánica datada a 42 cm. La datación fue seguidamente utilizada junto a las otras seis dataciones de FOR no afectadas por procesos de envejecimiento para la construcción del modelo cronológico. Éste se realizó interpolando linealmente las dataciones radiocarbónicas siguiendo una escala de profundidad. La edad de los 40 cm superiores ha sido determinada en base a la tasa de sedimentación existente entre las dataciones inmediatamente anteriores y situadas 42 y a 72-76 cm (Figura 59).

Los resultados de las dataciones C^{14} de FOR muestran la existencia de una sedimentación continua entre 7.350 cal a.C. y el s. VII d.C., cuando la sedimentación finaliza. Los resultados polínicos de FOR son destacadamente coherentes con la ausencia de sedimentos de cronología Medieval y Moderna. A este respecto, no se aprecia en los porcentajes de *Pinus* y AP de la parte superior del registro la deforestación extensiva que se documenta en el conjunto de secuencias estudiadas en el valle durante el periodo medieval (Figura 53). Además, la mayoría de taxones cultivados en FOR muestran unos valores reducidos, e incluso, meramente presenciales. Ello es especialmente evidente en el caso de *Olea*, el taxón cultivado mejor representado en los registros altimontanos debido al transporte de larga distancia. En FOR, presenta porcentajes bajos <0.5% y no se aprecia ningún incremento en la parte superior del registro. Ello contrasta con el marcado incremento de taxones cultivados documentado durante el periodo Medieval en los otros seis registros estudiados en el valle, con *Olea* alcanzando valores máximos que oscilan entre un 1% en RDO y un 15% en BDE. La ausencia de los últimos once siglos de sedimentación en FOR puede deberse a la pérdida de sedimento superficial poco consistente durante el proceso de sondeo del lago. En este sentido, será necesaria la realización de un sondeo complementario mediante una sonda de tipo gravitacional, como se realizó en BLAU, para recuperar el sedimento superficial de FOR y, de esta manera, completar la datación y estudio paleoambiental del lago.

Entre 248 y 75 cm se observa una tendencia incremental en la acumulación sedimentaria de FOR de 1.5 mm año^{-1} a 6.4 mm año^{-1}. Posteriormente, a partir de 75 cm, se da un ligero incremento hasta alcanzar una tasa de 3 mm año^{-1}. Considerando la estrategia de muestreo llevada a cabo en FOR, se puede afirmar que el estudio paleoambiental del lago se ha realizado a una alta resolución temporal, con intervalos temporales entre muestras ≤66 años (Tabla 22). Esto es especialmente destacable durante la transición Neolítico final y la Edad del Bronce, cuando el análisis continuo cada 1 cm permitió una resolución temporal de 16-33 años cm.

Prof. (cm)	Años por muestra	Intervalo entre muestras (años)	Resolución de muestreo (cm)
0-68	33	33/66	2-3
69-74	33	0	1
75-84	16	0	1
85-138	16	16-32	2-3
139-178	59	59-118	2-3
179-198	49	49-98	2-3
199-248	65	65-130	2-3

Tabla 22. Resolución temporal y de muestreo llevada a cabo en FOR.

Resultados de polen y estomas

Se han observado dos PAZs y seis subzonas polínicas en FOR. Los resultados de polen y estomas se describen en la Tabla 23. Los resultados porcentuales de polen y la concentración de estomas se muestran en la Figura 60, mientras que la Figura 61 recoge una selección de curvas de concentración polínica de FOR.

Resultados de NPPs y microcarbones

En la Tabla 24 se detallan las principales características de los resultados de NPPs y microcarbones en FOR. Curvas porcentuales de NPPs y la concentración de microcarbones de muestran en la Figura 62, mientras que la Figura 63 recoge una selección de los resultados en concentración de NPPs.

Tabla 23. Zonación polínica de FOR con los resultados de polen y estomas.

PAZ		cm	Edad cal. a.C./d.C.	Descripción
FOR-1	FOR-1a	248	-9360	Esta zona muestra el incremento porcentual y en concentración de *Quercus ilex*-t, *Quercus* caducifolio-t, *Ulmus* y *Corylus*. Mientras que se mantienen valores porcentuales estables de *Pinus* (*c.* 60%) y *Betula* (*c.* 5%), se observa el incremento de la concentración de *Pinus* (hasta 3.300 granos.mg^{-1}) en la parte superior de la zona, junto a los primeros registros de *Alnus* y *Abies*. Los máximos valores de *Juniperus* (8% y 200 granos.mg^{-1}) son, por otra parte, documentados. Poaceae (13%), Artemisia (4%), y en menor medida, Apiaceae y Cyperacecae son las herbáceas mejor representadas, mientras que *Rumex acetosella*-t, Chenopodiaceae y Asteroideae undiff. son los *apophytes* con una mejor representación. Finalmente, se evidencia un primer incremento de *Isoetes lacustris* y el registro aislado de Cerealia-t y *Lygeum*.
	FOR-1b	222	-7670	AP (90% y 5.000 granos.mg^{-1}) y *Pinus* (73% y 3.800 granos.mg^{-1}) alcanzan los valores máximos del registro. Sin embargo, se documenta la retracción de *Pinus* (56% y 1.600 granos.mg^{-1}) en la mitad de la zona. Tras un desarrollo inicial, la concentración de estomas de *Pinus* también disminuye hasta desaparecer en la mitad de la zona. Con todo, los estomas se recuperan poco después para alcanzar los valores máximos del registro (*c.* 1.780 estomas.g^{-1}). *Quercus* caducifolio-t también alcanza valores máximos de 10%, mientras que *Ulmus* y *Abies* se expanden y se inicia una curva continua de *Tilia*. Los valores de *Juniperus* se retraen, junto a los de la mayoría de herbáceas, como *Artemisia* y Poaceae. *Isoetes lacustris* se incrementa considerablemente, registrándose un pico de este taxón.
FOR-2	FOR-2a	174	-4890	Se observan dos retracciones de *Pinus* de 50-47% y *c.*1.175-1.075- granos.mg^{-1} en el inicio y el final de la zona, intercaladas por una recuperación. Mientras que los estomas de *Pinus* mantienen altos valores de 1.450 estomas.g^{-1}, se observan tres retracciones principales al principio, mitad y final de la zona. La caída de *Ulmus* y *Corylus* se da junto al incremento de *Alnus* y *Abies*, que alcanzan los máximos porcentajes y concentraciones de la secuencia. *Fagus* se registra por primera vez de manera puntual. Los porcentajes de herbáceas se incrementan, siendo Poaceae, *Artemisia,* Apiaceae y Cyperaceae los taxones mejor representados. *Apophytes* incrementa sus valores de manera progresiva a lo largo de la zona, con un pico de Chenopodiaceae y un registro más consistente de *Urtica dioica*-t, *Plantago lanceolata*-t, Asteroideae undiff., Chichorioideae y Caryophyllaceae. Finalmente, dos caídas de *Isoetes lacustris* ocurren al principio y final de la zona.
	FOR-2b	112	-2350	Los valores de *Pinus* caen en la parte superior de la zona, registrándose los porcentajes y concentraciones mínimos de este taxón en el registro (*c.* 37% y 500 granos.mg^{-1}). La curva continua de estomas de *Pinus* es reemplazada por una presencia puntual de estas partículas. Se da un incremento de *Quercus ilex*-t y *Quercus* caducifolio-t, se desarrolla una curva continua de *Fagus* y *Abies* retrocede. Entre los taxones arbustivos, *Juniperus* crece tanto en porcentajes como en concentración. Los porcentajes de herbáceas y Poaceae se incrementan a lo largo de la zona para alcanzar los máximos valores del registro de 33% y 18%, respectivamente. La mayor parte de los porcentajes de *apophytes* crecen también, especialmente de *Urtica dioica*-t, *Plantago lanceolata*-t y *Rumex acetosella*-t, mientras que otros como *Plantago major/media, Plantago alpina*-t, *Galium*-t, *Potentilla*-t o *Sanguisorba minor*-t se documentan de una manera más consistente. También se observa el incremento porcentual de Apiaceae, *Ranunculus*-t y Cyperaceae. El pico de *Isoetes lacustris* registrado en la zona es seguido por una caída final de los valores de esta taxón.
	FOR-2c	71	-1660	Los valores de *Pinus* registran un incremento en la parte superior de la zona hasta alcanzar 64% y 1.640 granos.mg^{-1}, momento en que éstos caen. *Quercus* caducifolio-t, *Corylus*, *Betula* y *Abies* se retraen y los estomas de *Pinus* se registran únicamente de modo puntual. Los valores de *Juniperus* se mantienen estables, mientras que Ericaceae undiff. se encuentra mejor representada, junto a los nuevos registros de *Rhododendron* y *Vaccinium*-t. Se documenta una retracción puntual de los porcentajes herbáceos en la parte superior de la zona, que principalmente refleja la caída de Poaceae. Se registran *Apophytes* de manera puntual y *Plantago lanceolata*-t y *Plantago major/media* disminuyen en la parte superior de la zona. Finalmente, se observa el incremento de los valores de *Artemisia* y Cyperaceae, mientras que Cerealia-t, *Olea* y *Cannabis*-t se encuentran representados de una forma más consistente.
	FOR-2d	17 0	144 677	Las principales características de la zona son un pico de *Pinus* de 67% y 1.500 granos.mg^{-1}, el incremento de *Quercus* caducifolio-t y *Abies,* y la retracción de *Alnus*. Se observan, además, dos picos de Poaceae, Cyperaceae y herbáceas, tanto en porcentajes como en concentración. Algunos *apophytes* incrementan sus porcentajes, como Asteroideae undiff y *Achillea*-t, y Cichorioideae undiff. sube al principio de la zona para caer poco después. Se registra de igual manera un incremento de *Ranunculus*-t y Cyperaceae.

Tabla 24. Resultados de NPPs y microcarbones obtenidos en FOR.

PAZ		cm	Edad cal. a.C./d.C	Descripción
FOR-1	FOR-1a	248	-9360	*Pediastrum* (3% y 9.900 esporas.g^{-1}) es el componente dominante del espectro de NPPs, mientras que las esporas de hongo undiff., *Sordaria, Sporormiella, Glomus* y *Sphaerodes* sp se encuentran también bien representadas, especialmente en concentración. Entre los microcarbones, se documentan altos valores en concentración de los grupos <50 µm (22.500 partículas.g^{-1}) y >50 µm (9.700 partículas.g^{-1}), mientras que también se encuentra presente el grupo de microcarbones >100 µm.
	FOR-1b	222	-7670	Esta zona muestra el incremento porcentual y en concentración de *Pediastrum* y *Botryoccocus* en su parte superior. Se da una retracción de las esporas de hongo undiff., *Sporormiella* y *Sphaerodes* sp. Los valores de *Sordaria* también disminuyen en la parte superior de la zona, mientras que aparecen nuevos taxones como *Cercophora, Coniochaeta lignaria, helicoon* y *Zygnema*. También se documentan oocitos de la clase Turbellaria, de *Macrobiotus* y el protozoo *Arcella*. Finalmente, es preciso destacar la retracción del conjunto de microcarbones durante la zona.
FOR-2	FOR-2a	174	-4890	Los únicos NPPs bien representados son *Pediastrum* (4% y 15.000 esporas.g^{-1}) y *Botryococcus* (4% y 21.300 esporas.g^{-1}). *Sordaria, Sporormiella, Glomus, Gaeumannomyces* y microcarbones se documentan sólo de manera puntual.
	FOR-2b	112	-2350	Se observa un registro más constante de *Sordaria* y *Sporormiella*, mientras que se dan de manera puntual al inicio de la zona los valores de concentración más altos de *Sporormiella* (1900 esporas.g^{-1}). *Pediastrum* crece en la parte superior de la zona y se documentan oocitos de la clase Turbellaria y de *Macrobiotus*.
	FOR-2c	71	-1660	Se documenta un incremento en la concentración de *Sordaria* y esporas de hongo undiff., mientras que los porcentajes y la concentración de *Sphaerodes* sp suben en la parte superior de la zona. Se dan valores altos de esporas coprófilas. Los porcentajes y la concentración de *Pediastrum* caen y los de *Botryococcus* se incrementan en la parte superior de la zona, cuando desaparecen los oocitos de la clase Turbellaria undiff.
	FOR-2d	17 0	144 677	La expansión de las algas *Pediastrum* y *Botryococcus* y de las esporas de hongo undiff. son los principales eventos de la zona, junto a un moderado incremento de microcarbones.

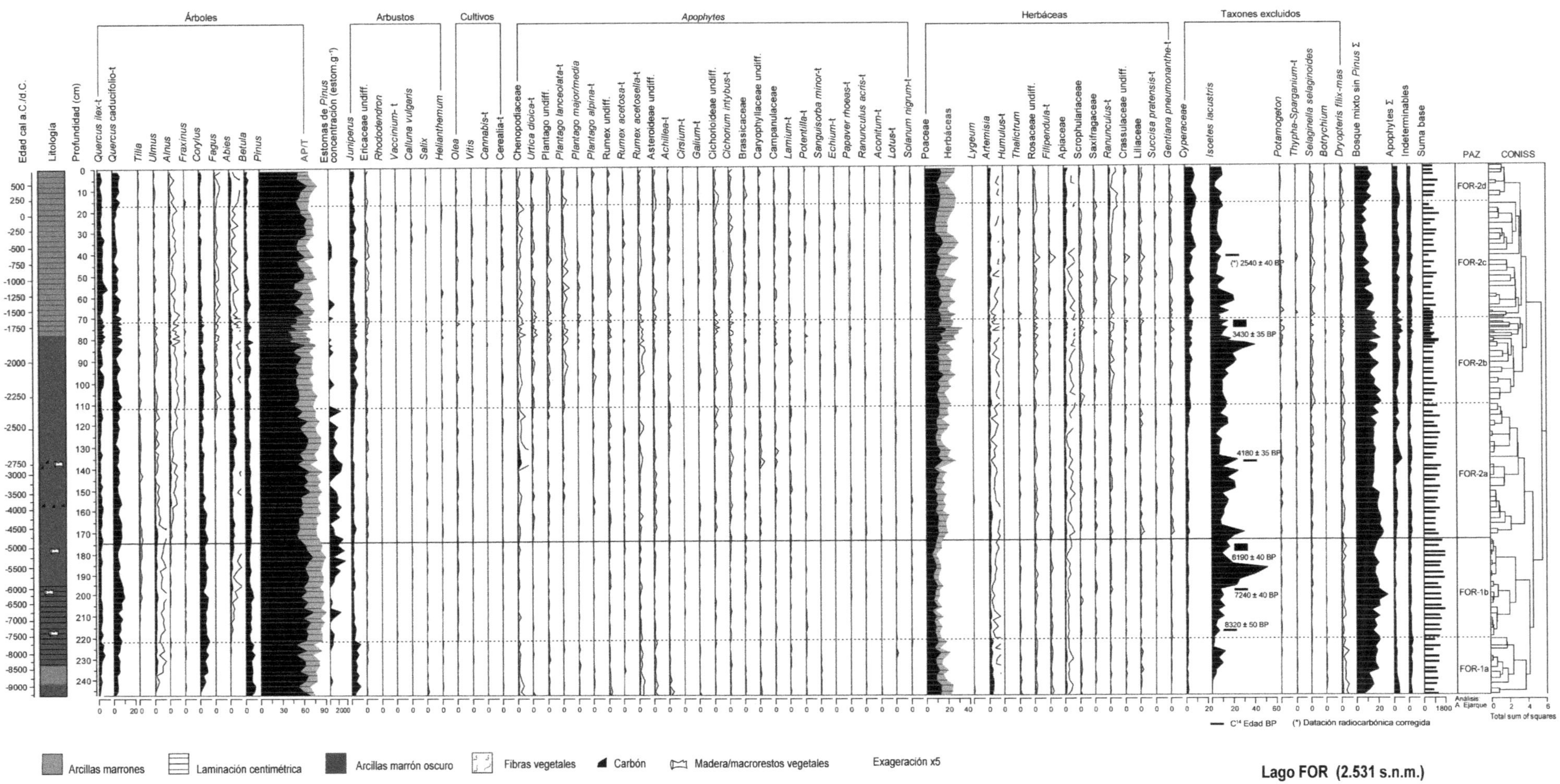

Figura 60. Porcentajes polínicos y concentración de estomas en FOR siguiendo una escala de profundidad.

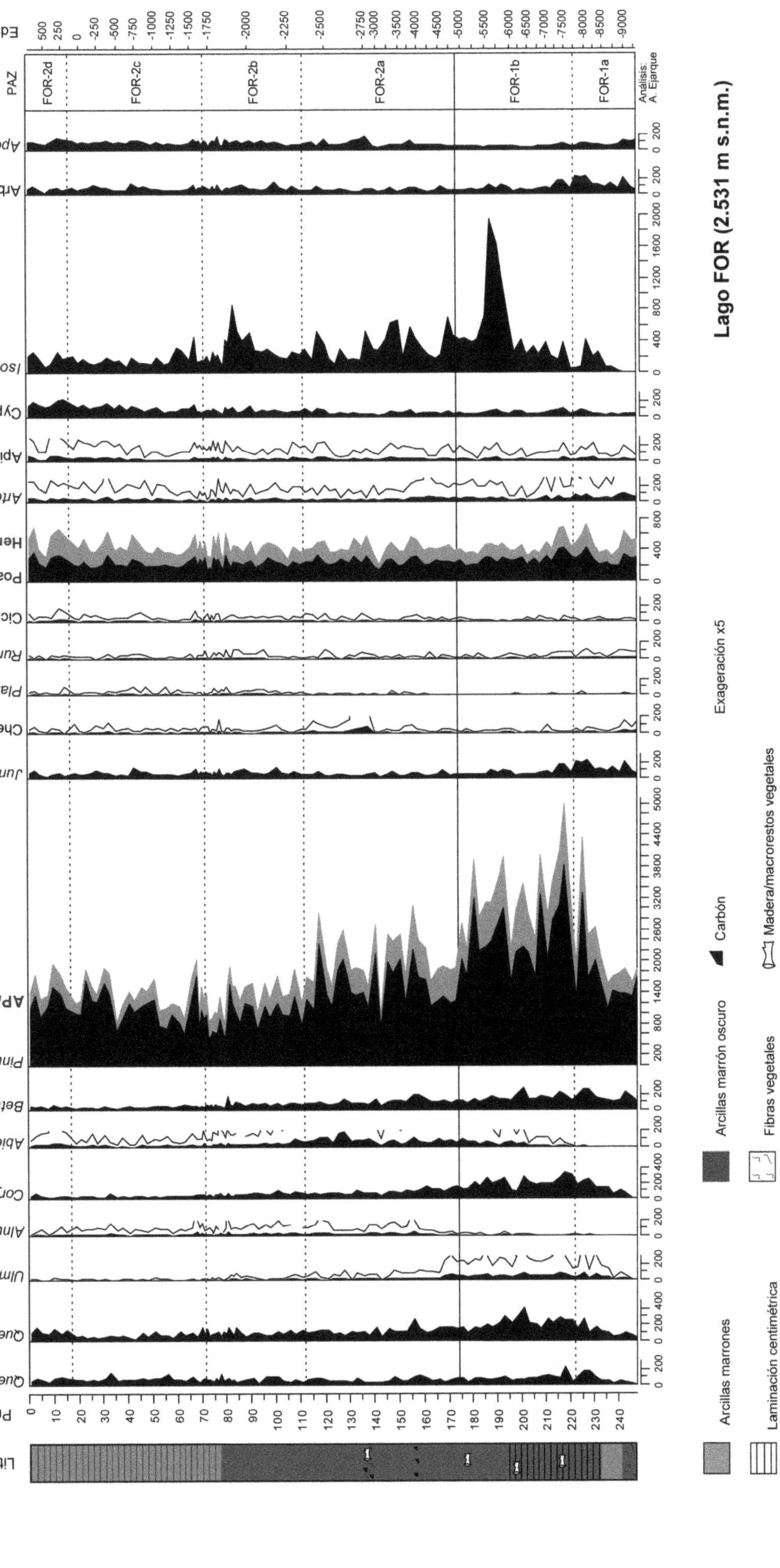

Figura 61. Selección de curvas de concentración polínica en FOR. Los resultados se expresan en $granos.g^{-1}$.

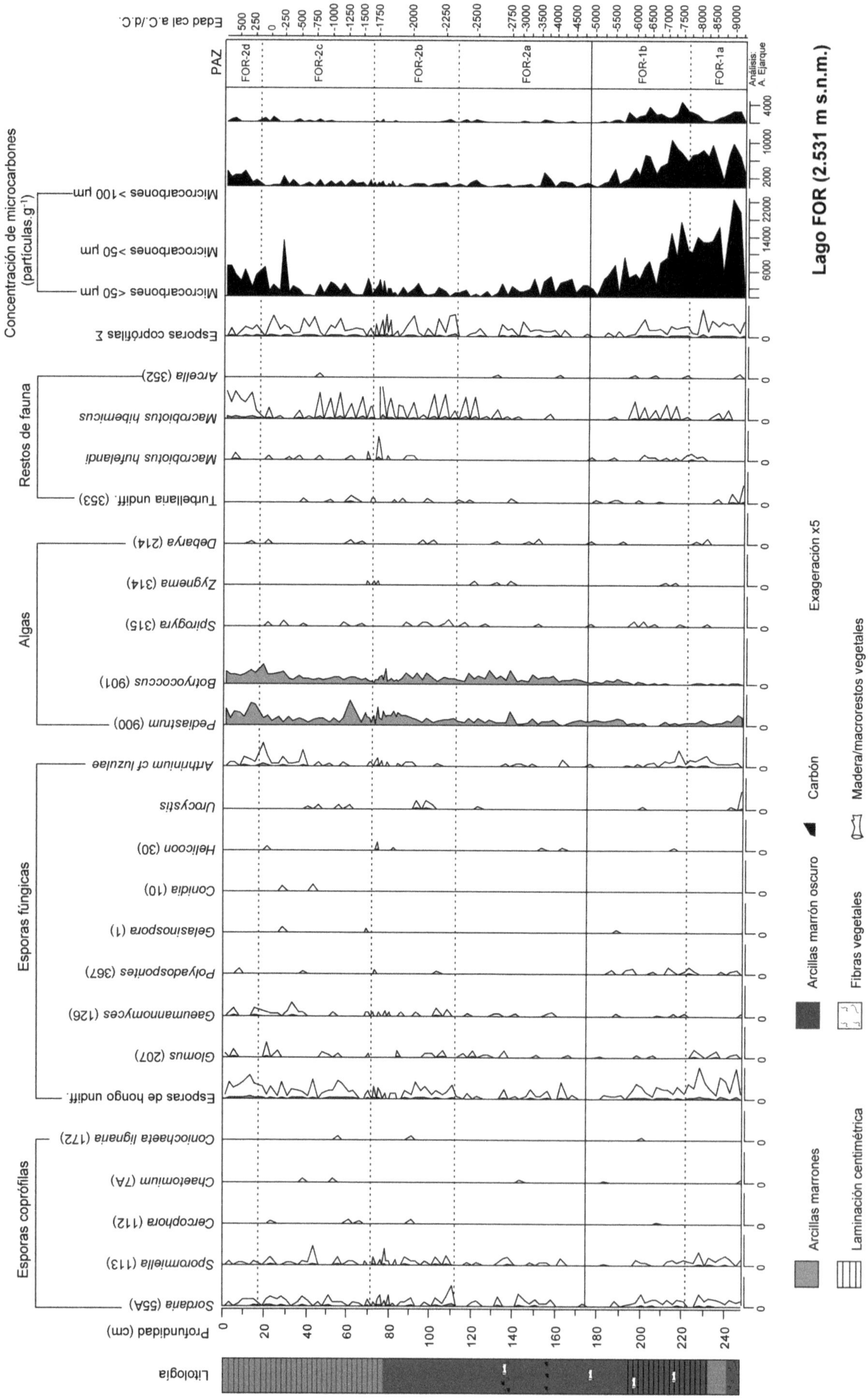

Figura 62. Selección de curvas porcentuales de NPPs y resultados de la concentración de microcarbones en FOR siguiendo una escala de profundidad.

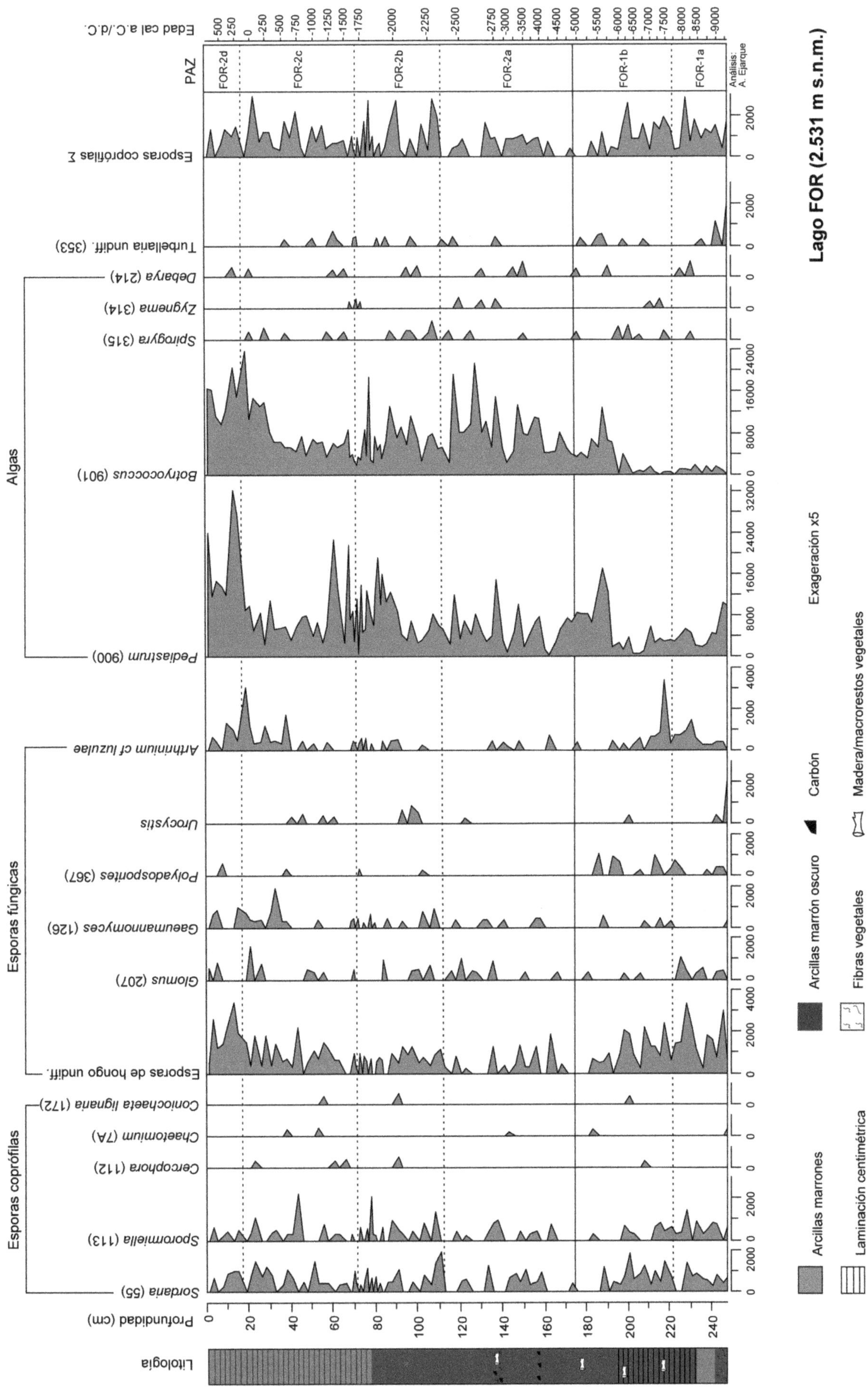

Figura 63. Selección de curvas de concentración polínica en FOR. Los resultados se expresan en granos.g^{-1}.

7. DISCUSIÓN

7.1. EVOLUCIÓN DEL PAISAJE VEGETAL EN EL VMPC DURANTE EL HOLOCENO INICIAL Y MEDIO

En este apartado se considerará la evolución tardiglaciar y holocena de las formaciones vegetales del VMPC, poniéndola en relación con las dinámicas biogeográficas documentadas a partir de trabajos polínicos y paleobotánicos en los Pirineos orientales y centrales. La discusión se centrará en el periodo comprendido entre la transición Tardiglaciar-Holoceno y el Holoceno medio (11900-5000 cal. BP), periodo durante el cual la presión antrópica es inexistente o mínima y las fluctuaciones climáticas y las dinámicas ecológicas son los principales condicionantes en la evolución vegetal. Ello permitirá caracterizar la respuesta de las formaciones vegetales del valle a los condicionantes ambientales y contrastar la dinámica vegetal con de periodos posteriores en que la actividad humana juega un papel cada vez más destacado.

Con tal de correlacionar los datos del presente estudio con los obtenidos en otros sectores pirenaicos, las cronologías de este apartado de la discusión se expresan en años calibrados antes del presente (BP), tomando como *presente* el año 1950. Asimismo, en aquellos trabajos donde las dataciones se presentaban sin calibrar (Montserrat 1992; Reille y Lowe 1993; Leroyer 1995; Jalut *et al.* 1996; Aubert *et al.* 2004; Guiter *et al.* 2005), se ha procedido a la calibración de las mismas con el programa CALIB 5.0.2 utilizando una desviación estándar de 2α (Reimer *et al.* 2004). La Figura 64 presenta, en una escala temporal, la evolución de los principales taxones vegetales de las secuencias de BDE (2.180 m), PDP (2.240 m), FOR (2.531 m) y RDO (2.390 m), los registros en el valle que cubren el lapso cronológico que se propone analizar. La correlación de las zonas polínicas del conjunto de registros estudiados en el VMPC se puede observar en la Figura 65.

Transición Tardiglaciar - Holoceno inicial (11900-11200 cal. BP: BDE B1/B2)

Configuración del pinar subalpino en el valle del Madriu.

Entre 11900 y 11500 cal. BP, los datos polínicos de BDE (Miras *et al.* 2007) evidencian el predominio en el valle del Madriu de una vegetación abierta dominada por taxones estépicos (*Artemisia*, Chenopodiaceae, Poaceae) (Figuras 30 y 64). Ésta es propia de las condiciones climáticas frías que caracterizan el Dryas Reciente y que implicaron una expansión de las formaciones rasas en los sectores altimontanos pirenaicos a partir de *c.* 13000-12600 cal. BP (*c.* 11100-10700 BP) (Montserrat 1992; Reille y Lowe 1993; Jalut *et al.* 1996).

A partir de 11550 cal. BP los taxones estépicos en BDE se retraen ante el progresivo avance de formaciones forestales (Figura 64). Así, a partir de este momento, la presencia continua de estomas de pino y el aumento de la concentración polínica de este taxón a partir de 11200 cal. BP, indica la instalación del pinar en torno a la turbera a una altitud de 2.180 m s.n.m, mientras que *Betula*, *Corylus* y *Quercus* caducifolio-t se extienden a cotas inferiores. La sustitución de las formaciones rasas tardiglaciares por una vegetación subarbustiva y arbórea en respuesta al cambio climático holoceno coincide con los datos disponibles en los Pirineos orientales, donde este proceso se sitúa entre *c.* 12000 cal. BP (*c.* 10300 BP) y *c.* 11000-10700 cal. BP (*c.* 9700-9400 BP) (Reille y Lowe 1993; Guiter *et al.* 2005). Sin embargo, cabe destacar la temprana colonización del pinar hasta *c.* 2.200 m en el valle del Madriu con respecto a sectores septentrionales del Pirineo oriental de similar altitud, como el valle del Têt (Lago Racou, 2.000 m, Francia) o la sierra de Madrès (turbera Gourg Nègre, 2.080 m, Francia), donde la presencia local del pinar se atestigua mediante la presencia regular de estomas de pino a partir de 11050 cal. BP (Guiter *et al.* 2005) y de 10700 cal. BP (Reille y Lowe 1993, respectivamente. La diferencia es todavía mayor con respecto a sectores de media montaña del Pirineo central septentrional, como es el caso de La Poutère (valle de Marcadau, 1720 m) (Figura 2), donde el incremento de las concentraciones polínicas y estomas de pino no se da hasta el Boreal, entorno a *c.* 9400 cal. BP (Aubert *et al.* 2004). De la misma manera, aunque la colonización del pinar se documente de manera más temprana, a partir del 10500 cal BP, en sectores altimontanos de la vertiente meridional de los Pirineos centrales (Estany Redon, 2.105 m, Catalan *et al.* 2001), éste proceso se da de manera más tardía que en el valle del Madriu.

La respuesta precoz de la vegetación subalpina en el valle del Madriu a las primeras pulsaciones de la mejora climática responde muy seguramente a unas condiciones microclimáticas favorables propiciadas por la situación meridional del valle del Madriu y la influencia del valle del Segre, por donde penetran hacia sectores interiores condiciones climáticas mediterráneas más cálidas (Vilà-Valentí y Martín-Vide 1997, Esteban *et al.* 2009). La proximidad del valle a los refugios forestales sublitorales catalanes que persistieron a la pulsación fría del Dryas Reciente (Costa *et al.* 2005), podría haber favorecido además la rápida expansión de las formaciones forestales durante el Holoceno inicial.

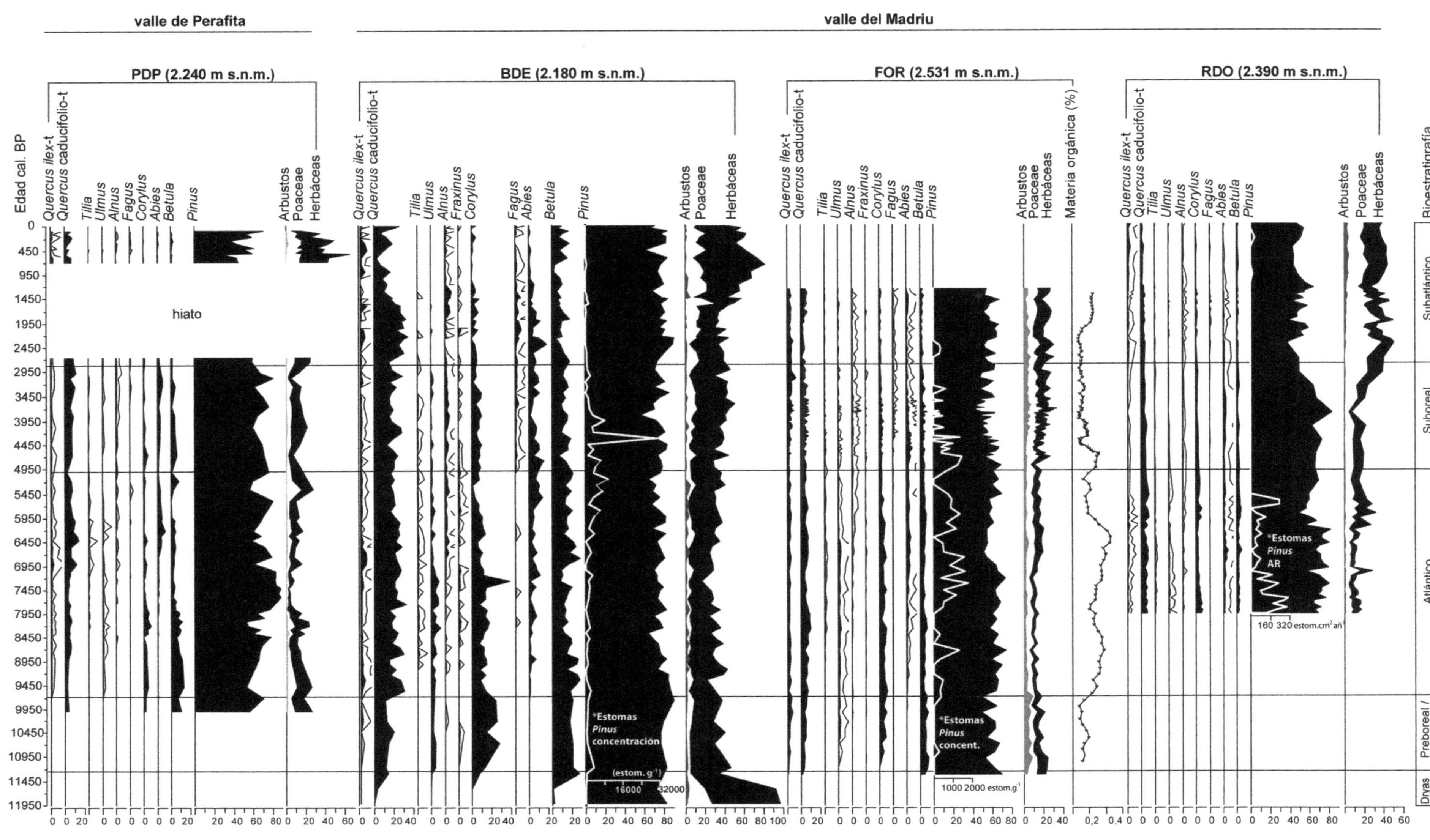

Figura 64. Diagrama a escala temporal con los principales taxones vegetales y estomas de pino de PDP, BDE, FOR y RDO. Se ha añadido la curva con los resultados del contenido de materia orgánica de FOR, proporcionados por el Dr. R. Julià.

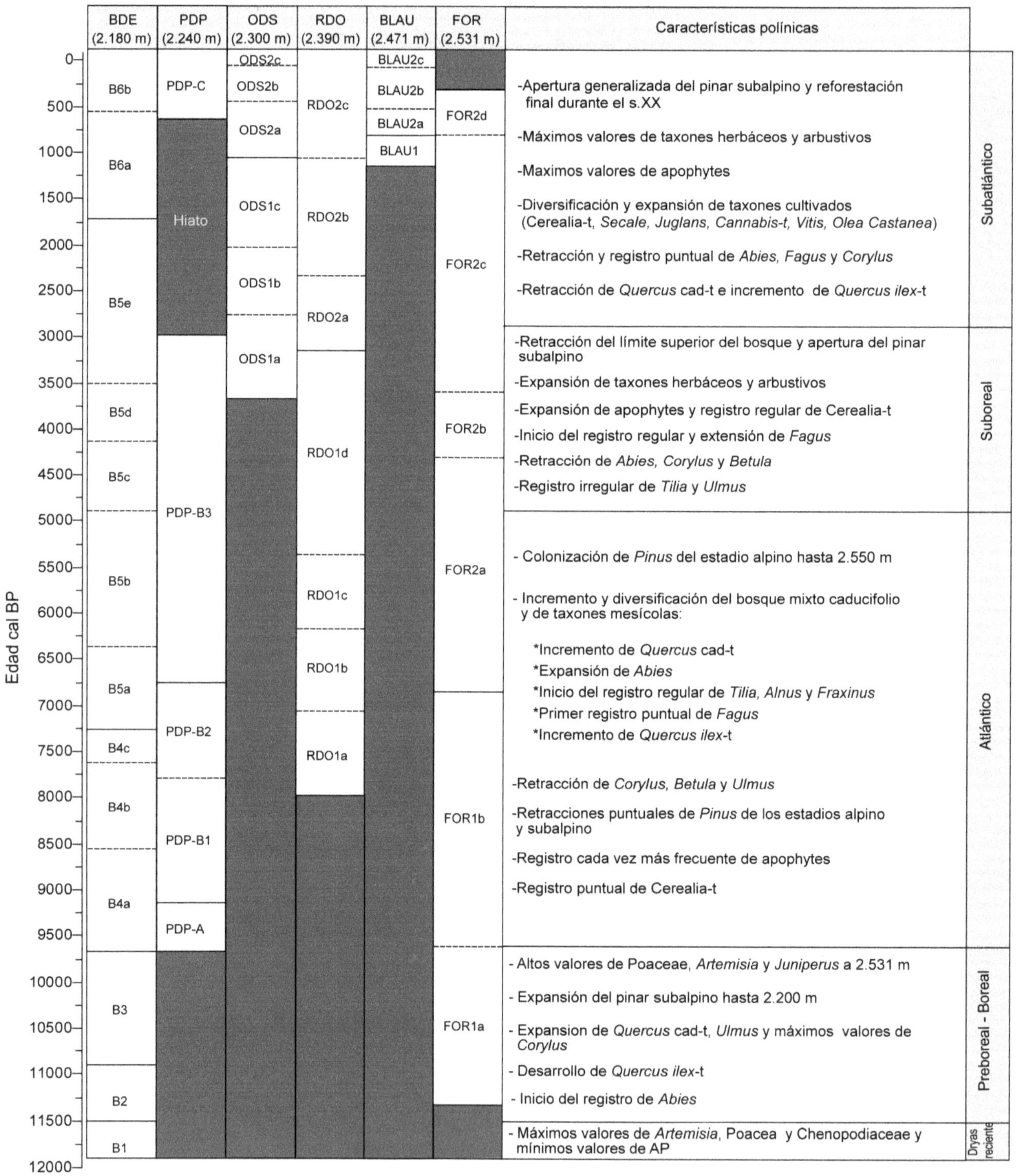

Figura 65. Porcentajes polínicos y concentración de estomas en FOR siguiendo una escala de profundidad.

Finalmente, entre *c.* 11500 y 11200 cal. BP el inicio del desarrollo de taxones mesícolas como *Quercus* caducifolio-t, *Betula* y, de manera un tanto posterior, de *Corylus* y *Ulmus* no hace sino subrayar el progresivo desarrollo del bosque caducifolio mixto en los sectores inferiores del valle. Estos datos coinciden con los datos polínicos procedentes de la Balma de la Margineda (970 m), donde la presencia de *Pinus*, *Quercus* y *Corylus* está presente desde *c.* 11450 cal. BP (9900 ± 110 BP) (Leroyer 1995). La presencia local en el piso basal andorrano del *Pinus uncinata* y, en menor medida, de *P. sylvestris* y *Corylus* en este periodo queda por otra parte ratificada por las evidencias antracológicas documentadas en dicho yacimiento (Heinz y Vernet 1995).

Holoceno inicial (11200 – 9700 cal. BP: FOR 1a; BDE B2/B3)

Expansión y consolidación de las formaciones forestales montanas y subalpinas y mantenimiento de los prados alpinos

Entre 11200 y 9700 cal BP, una fase equivalente a las fases holocenas del Preboreal y Boreal, el incremento y expansión, tanto en BDE (2.180 m) como en FOR (2.531 m), de los valores porcentuales y de concentración polínica de *Quercus* caducifolio-t, *Corylus* y *Ulmus* ratifican la expansión y consolidación del bosque mixto caducifolio en los pisos basal y montano. Este proceso se documenta igualmente a escala regional en los Pirineos orientales septentrionales entre *c.* 10500 y 8800 cal. BP (*c.* 9250-8000 BP) (Jalut 1974; Reille y Lowe 1993). Especialmente destacable es el desarrollo sincrónico de *Corylus* tanto en BDE como en el lago Racou (2.100 m, Figura 2) (Guiter *et al.* 2005) entre 11200-11100 cal. BP, así como también su máxima expansión en torno a 9.700 cal. BP. El mismo marco cronológico se observa en los Pirineos centrales meridionales, donde la presencia de formaciones de robles, abedules, avellanos y olmos se encuentra representada polínicamente en el Estany de Burg (1.821 m) desde la base de la secuencia en torno a 10600 cal. BP (Pèlachs 2004). De la misma manera, la expansión del avellano y, en menor medida del robledal y otras formaciones mesófilas, se documenta en el Portalet (1.802 m, Pirineos centrales), a partir de 11500 cal BP (González-Sampériz *et al.* 2006). Este incremento de las formaciones forestales es una respuesta a la mejora climática del Holoceno inicial, así como a una tendencia general hacia condiciones más húmedas que, documentada en el Mediterráneo occidental entre 11500 y 7000 cal. BP (Jalut *et al.* 2009), favorecería el desarrollo de las formaciones caducifolias. A su vez, en torno a 10300 cal. BP, los valores de concentración polínica de *Pinus* en BDE se incrementan significativamente indicando la consolidación de un pinar cada vez más denso en el estadio subalpino del valle del Madriu como respuesta al inicio de la mejora climática holocena (Miras *et al.* 2007).

Por otra parte, los elevados valores porcentuales y en concentración polínica (CP) de taxones herbáceos en FOR (2.531 m) durante este periodo (FOR1a) indican la existencia de un paisaje abierto en el estadio alpino, principalmente formado por Poaceae y taxones estépicos (*Artemisia*, Chenopodiaceae) pero también por herbáceas altas mesícolas como Apiaceae, Cyperaceae o *Rumex*. La buena representación de la espora *Arthrinium cf luzulae* en esta zona (Figuras 62 y 63) subraya a nivel local el predominio de formaciones abiertas en este sector del valle. A este respecto, los resultados del estudio referencial evidencian que la presencia de esta espora se restringe a los sectores más elevados del valle, mientras que sus máximos valores ocurren en la muestra de mayor altitud (2.545 m), situada en las inmediaciones del Estany Forcat en un entorno dominado actualmente por formaciones abiertas alpinas (Figura 21). Los valores moderados de *Pinus* en CP y así como de sus valores porcentuales, estos últimos se encuentran por debajo del umbral indicativo del pinar subalpino (>72%) según el estudio referencial de lluvia polínica, deben ser interpretados como resultado de la sobrerepresentación polínica de este taxón en los sectores altimontanos. De esta manera, la expansión de las formaciones forestales durante el Holoceno inicial queda probablemente circunscrita al estadio subalpino y no alcanza las partes más elevadas del estadio alpino. La moderada representación de plantas acuáticas y algas y los bajos porcentajes del contenido en materia orgánica del lago en esta zona (Figura 64) apuntan la existencia de una baja productividad lacustre. Ésta podría estar relacionada con la persistencia de unas condiciones todavía frías en este sector alpino que podrían haber limitado el desarrollo del pinar a pesar del incremento térmico del inicio del Holoceno. En este sentido, el estudio de Ilyashuk *et al.* (2009) realizado en los Alpes suizos ha mostrado la sensibilidad de los niveles de materia orgánica de lagos altimontanos (1.865 m) a las oscilaciones climáticas tardiglaciares. Así, mientras la caída de las temperaturas del Dryas Reciente se corresponde con una reducción del contenido de materia orgánica lacustre, la mejora térmica del inicio del Holoceno implica un incremento de la misma. El mantenimiento de unas condiciones climáticas frías en los sectores altimontanos es, por otra parte, coherente con la reconstrucción de temperaturas realizada en el Estany Redon (2.240 m) a partir de funciones de transferencia en base a la distribución de crisofíceas y que indica la persistencia de condiciones climáticas frías entre *c.* 10000-9000 cal. BP en los Pirineos centrales meridionales (Pla y Catalan 2005) (Figura 66).

La mejora climática holocena no sería, así pues, todavía suficientemente acusada como para permitir la extensión del pinar hasta los sectores más elevados del valle. Respecto a esto, recientes estudios sobre el comportamiento demográfico del límite superior del bosque en los Pirineos orientales y centrales han demostrado que las temperaturas bajas invernales constituyen uno de los principales factores limitantes del crecimiento y la supervivencia de *Pinus mugo spp. uncinata* (Batllori 2008)

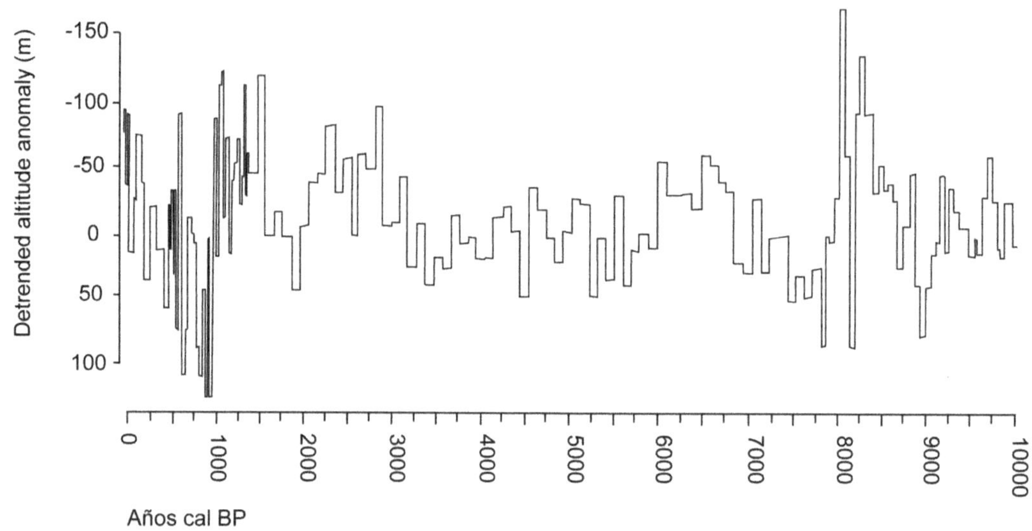

Figura 66. Reconstrucción paleoclimática en el Estany Redon. Figura: elaboración propia a partir de Pla y Catalan 2005.

Sin embargo en FOR (Figura 64), la importancia de los porcentajes y la CP de *Juniperus,* que constituye el principal taxón arbustivo durante este periodo, subraya la progresiva colonización del estadio alpino por una cobertura arbustiva pionera y un avance progresivo del límite superior del bosque hacia los sectores más elevados del valle. El hecho de que el incremento de *Juniperus* durante este momento sea exclusivo de FOR (exposición meridional) y no se documente en BDE (exposición septentrional) no hace sino ratificar el papel del enebro como taxón pionero en el avance altitudinal del límite superior del bosque en la vertiente meridional, tal y como han subrayado los resultados del estudio referencial. Junto al avance de las formaciones subarbustivas en la vertiente meridional, no se puede descartar que algún taxón arbóreo pionero se aproximase de manera aislada a FOR, lo que podría explicar la documentación aislada de estomas de pino durante esta fase. Todo esto indica que, a pesar del mantenimiento de unas condiciones térmicas todavía frías, el sector alpino se encuentra en plena reorganización y no es del todo ajeno al proceso de mejora climática y colonización forestal.

La existencia de un paisaje abierto en torno a FOR durante el Holoceno inicial favorecería, al igual que en la actualidad, la exposición de la cubeta a una lluvia polínica destacadamente regional. Ello puede explicar el registro puntual de Cerealia-t y *Lygeum* en la base de la secuencia, en torno a *c.*11300 cal. BP. La exposición de las secuencias alpinas a corrientes de aire de larga distancia ha sido ya ampliamente destacada (Oeggl 1994; Pardoe 2001; Court-Picon *et al.* 2005). A este respecto, Bortenschlager (1965) documentó polen de origen africano en glaciares alpinos, mientras que Drescher-Schneider (1993) registró en los Alpes meridionales pólenes de taxones que actualmente únicamente crecen en África del Norte y el Próximo Oriente durante el periodo Tardiglaciar y el Holoceno. Por su parte, la documentación puntual de Cerealia-t en secuencias europeas durante la primera parte del Holoceno inicial es comúnmente atribuida al transporte de larga distancia, al no documentarse prácticas agrícolas hasta momentos posteriores (Behre 2007). Pólenes salvajes de Cerealia-t, ancestros de los cereales cultivados, son por otra parte frecuentes en el Próximo Oriente desde 15000 BP (Bottema 1992). Con todo, la presencia puntual de Cerealia-t en FOR durante este momento puede ser también resultado de procesos de poliploidización, esto es duplicación de la dotación cromosómica, en gramíneas salvajes. Behre (2007) ha subrayado que la poliploidización espontánea de gramíneas salvajes puede dar lugar a pólenes de gran tamaño que encajan en los parámetros de clasificación morfológica de Cerealia-t. De hecho, el registro puntual de Cerealia-t durante el Preboreal y el Boreal en diferentes secuencias europeas ha sido atribuido a este proceso (Beug 1964; Seiwald 1980), mientras que en Irlanda O'Connell (1987) comprobó como pólenes de gramíneas de gran tamaño ($\geq 55\mu m$) de una cronología pre-neolítica en realidad procedían de gramíneas salvajes. De hecho, las condiciones frías y secas que predominan en este sector durante el Holoceno inicial pudieron contribuir a este fenómeno, ya que se ha demostrado que el estrés hídrico puede contribuir de manera importante a la poliploidización de las plantas, especialmente Poaceae (Amirouche 2008). El registro coetáneo de *Lygeum,* taxón de carácter estépico, y Cerealia-t durante este momento en FOR no hace sino reafirmar la hipótesis de que estos pólenes sean resultado de procesos de poliploidización favorecidos por la existencia de unas condiciones climáticas todavía frías y secas en el sector alpino del valle del Madriu.

De hecho, la retracción de taxones caducifolios (*Quercus* caducifolio-t y *Ulmus*) en BDE, el desarrollo de *Quercus ilex*-t tanto en BDE como en FOR y la persistencia de plantas estépicas en ambas secuencias parecen indicar la existencia durante este periodo de unas condiciones climáticas secas, sobre todo a partir de 10300 cal. BP, cuando *Q. ilex*-t se incrementa en ambas secuencias. Tal y como ha demostrado el estudio de Pigott y Pigott (1993) en zonas de baja montaña del Pirineo oriental francés, *Q. ilex* es un taxón altamente resistente al estrés hídrico. Estos datos son coherentes con un episodio de aridez que se documenta en el Mediterráneo occidental entre 10900 y 9700 cal. BP y que se intercala dentro de la tendencia general de condiciones húmedas del holoceno inicial (Jalut *et al.* 2000; Jalut *et al.* 2009). Dichas condiciones podrían haber contribuido al todavía incipiente desarrollo de *Isoetes lacustris* en FOR. Estudios en lagos altimontanos pirenaicos han demostrado que la existencia de niveles reducidos de oxígeno en la columna hídrica lacustre asociados a niveles elevados de agua es un factor negativo en el desarrollo y supervivencia de estas comunidades (Gacia y Ballesteros 1996), mientras que el desarrollo de *Isoetes* se asocia a periodos de bajo nivel hídrico en el Lago Racou (2000 m, Pirineos orientales) durante el Preboreal y Boreal (Guiter *et al.* 2005). Consecuentemente, la existencia de unos niveles bajos del nivel hídrico de FOR asociados a un periodo de mayor sequía como éste podría haber favorecido el desarrollo de estas comunidades en FOR durante el Holoceno inicial.

A su vez, el incremento de la concentración de partículas carbonosas en BDE y FOR indica la existencia de incendios en el valle del Madriu durante esta fase. Éstos parecen afectar de manera local al estadio subalpino, tal y como muestran el incremento de macrocarbones en BDE entre *c.* 11180 y 10680 cal BP (Miras *et al.* 2007, Figura 30). Al comprender las láminas de polen lapsos temporales de varios años, el incremento continuado de la señal de partículas carbonosas de BDE debe ser interpretado no tanto en términos de intensidad como de mayor frecuencia de los mismos a través del tiempo, ya que procesos puntuales, por muy intensos que fueran, podrían no verse reflejados en las mismas (Swain 1978; MacDonald *et al.* 1991 *b*; Whitlock y Larsen 2001; Carcaillet *et al.* 2002). El incremento de partículas >100 µm en FOR, si bien discontinuo y poco significativo, podría indicar la existencia de algunos incendios poco frecuentes también en el estadio alpino. Con todo, al ser los microcarbones <50 µm y, sobretodo, los <25 µm los que experimentan un mayor incremento, la señal de microcarbones del lago debe ser fundamentalmente interpretada como reflejo de procesos de combustión tanto a nivel regional como extra-local, como por ejemplo los que se producen en el nivel subalpino del valle (Clark 1988 *a*; Whitlock y Larsen 2001). De hecho, estos incendios no se limitan al valle del Madriu sino que también se dan en el valle de Perafita. Así, la documentación de un nivel arqueológico con abundantes macrocarbones en el yacimiento de Orris de la turbera de Perafita I (P02) y datado a 10570 ± 144 cal. BP (Orengo 2008), no hace sino corroborar procesos de combustión locales en el estadio subalpino del valle de Perafita. La existencia de fases de incendios regionales en zonas de baja montaña andorrana se encuentra por otra parte demostrada a partir de la documentación de niveles de acumulación de macrocarbones >1 mm en sedimentos fluviales y de vertiente en Sornàs (1.300 m) en torno a *c.* 9400 cal. BP (Turú 1992). Este incremento de incendios documentado tanto a nivel regional como a nivel local en el valle del Madriu pudo estar relacionado con el incremento de aridez que tiene lugar durante este periodo. En este sentido, el estudio realizado por Vannière *et al.* (2008) en Lago del'Accesa (157 m, Toscana, Italia) muestra como momentos áridos y de elevada estacionalidad del Holoceno inicial (11700-10500 cal. BP) conllevan un incremento en la frecuencia de incendios en medios de influencia mediterránea. Sin embargo, es preciso destacar que esta fase de incendios coincide una fase de ocupación humana de la Balma de la Margineda (970 m, Figura 2) durante el Mesolítico medio, datada entre *c.*11450 y 9880 cal BP (Guilaine *et al.* 1995). En este sentido, la presencia de grupos cazadores-recolectores en sectores de media montaña andorranos próximos, a tan sólo 8 km, hace que tampoco se pueda descartar la posible naturaleza antrópica de estos procesos de combustión. Con todo, la ausencia de evidencias arqueológicas en el VMPC durante este periodo no permite corroborar esta hipótesis.

Holoceno medio (9700 – 5000 cal. BP: FOR 1a; BDE B4a)

Colonización del pinar de los espacios altimontanos y expansión y diversificación del bosque mixto caducifolio.

Durante la última parte del Boreal se documenta de manera sincrónica en BDE y FOR el inicio de la curva continua *de Abies* en torno a 9500 cal. BP. Esta fecha coincide con el inicio de la documentación continuada de este taxón polínico en los Pirineos orientales septentrionales entre el 9700 y 9200 cal. B.P (Reille y Lowe 1993; Jalut *et al.* 1996; Guiter *et al.* 2005). De la misma manera, aunque la presencia puntual y local de *Abies alba* se registra antracológicamente entre 10500 y 9900 cal. BP en la Balma de la Margineda, no es hasta *c.* 9500 cal. BP cuando se documenta de manera continuada en este sector montano del valle del Valira (Heinz y Vernet 1995). A partir de 9500 cal. BP, la extensión de *Quercus* caducifolio-t y el detrimento de *Corylus*, algo que es especialmente evidente en BDE pero que también se documenta en FOR, indica una progresión altitudinal del bosque caducifolio en los sectores altitudinales inferiores del valle del Madriu. La reorganización de la cobertura forestal montana en la transición Boreal-Atlántico se completa con la extensión de *Abies* y el registro regular de *Tilia*, *Alnus* y *Fraxinus* entre 8800 y 8000 cal. BP en BDE, PDP y FOR. La extensión y diversificación del bosque mixto caducifolio y el incremento del abetal se ha documentado en un marco cronológico similar en los Pirineos orientales septentrionales (Reille y Lowe 1993; Jalut *et al.* 1996), lo que no hace sino poner de manifiesto el aumento de temperaturas y la mayor humedad propias del óptimo climático holoceno que se produce durante el Atlántico (Guiter *et al.* 2005; Miras *et al.* 2007). Dicha mejora climática posiblemente tiene relación con el incremento

Figura 67. Fotografía de los estanques situados por encima del Estany Forcat (c. 2.600 m) y del inicio de la línea de ruptura de pendiente de la carena donde se observa el papel secundario de las formaciones rasas en relación a los afloramientos rocosos. Fotografía: A. Ejarque.

porcentual del contenido en materia orgánica del Estany Forcat a partir de *c.* 9600 cal. BP, fecha ligeramente anterior al incremento de temperaturas evidenciado en el Estany Redon (2.240 m, Pirineos centrales) entre 9000 y 8000 cal. BP a partir de series de crisofíceas (Pla y Catalan 2005) (Figura 66). Dentro de este proceso de reorganización forestal, los datos obtenidos en el VMPC confirman la temprana aparición y desarrollo de *Abies* en los Pirineos orientales con respecto a los Pirineos centrales y occidentales, donde este proceso se inicia posteriormente, según el sector, entre *c.* 6200 y 3900 cal. BP (Andrieu 1991; Monserrat 1992; Aubert 1993; Catalan *et al.* 2001; Pla y Catalan 2005; Pèlachs *et al.* 2007). Respecto a esta constatación, se ha planteado que la tendencia colonizadora del abeto en el Pirineo este-oeste confirmaría la existencia de refugios post-glaciales en sectores de influencia mediterránea, desde los cuales el abeto se extendería (Pèlachs *et al.* 2009 *a*).

La mejora climática del Atlántico no sólo se traduce en una reorganización vegetal de los sectores inferiores del VMPC, sino que se extiende esta vez a todos los pisos altitudinales del valle. En este sentido, el declive porcentual y concentración de *Juniperus*, Poaceae y taxones herbáceos y el incremento significativo de *Pinus* en la subzona polínica FOR1b (Figs. 60 y 61) refleja la progresiva colonización de los prados alpinos por el pinar a partir del 9650 cal. BP. En este sentido, los valores porcentuales máximos de *Pinus* durante esta fase y los mínimos de Poaceae y herbáceas coinciden con los valores polínicos evidenciados por el estudio referencial como característicos del pinar subalpino (*Pinus*: >72%; Poaceae; 2-6%; herbáceas 3-10%, Fig. 20), hecho que corrobora dicho proceso. Por su parte, la documentación regular de estomas de pino a partir de este momento y la existencia de macrorestos leñosos en la secuencia sedimentológica a una profundidad de 217 cm datados en torno a 9300 cal. BP (Poz-24485) (Figura 58 y Tabla 21), ratifican la instalación local del pinar en torno al lago, a 2.531 m. El incremento de las temperaturas ha sido uno de los factores principales relacionados con procesos de densificación y avance altitudinal del ecotono supraforestal en los Pirineos orientales y centrales durante la segunda mitad del s. XX (Batllori y Gutiérrez 2008). De esta manera, es muy probable que la mejora climática de este periodo favoreciera el avance altitudinal del límite superior del bosque en el estadio alpino del VMPC. Por su parte, el pinar se mantiene en torno a BDE (2.180 m), tal y como indica el registro continuado de estomas en la turbera, si bien las concentraciones más débiles de estomas y de *Pinus* sugieren una menor densidad del mismo o un cierto alejamiento del entorno inmediato de la turbera (Miras *et al.* 2007). La localización de FOR a 2.531 m nos marca el límite mínimo de extensión del pinar durante el Holoceno medio en el VMPC. La existencia de un estadio alpino en este momento en todo caso se limitaría a una franja altitudinal desde, como mínimo, la cota 2.550 m hasta el límite de carena de Gargantillar, a 2.757 m s.n.m. Ello supone una extensión probablemente inferior a los 200 m si consideramos que la abrupta topografía y el afloramiento rocoso por encima de *c.* 2.600 m en este sector del valle dificultan el crecimiento de formaciones vegetales rasas (Figura 67). Esta situación implica un muy limitado desarrollo del estadio alpino en la vertiente meridional del valle, que estaría forestada hasta la ruptura de pendiente entre los llanos de Gargantillar y las tarteras, a una cota de *c.* 2600 m (Figura 68).

Es importante subrayar en este punto que, si bien la realización de estudios polínicos y de estomas habían caracterizado la extensión del límite supraforestal en los Pirineos orientales en torno a *c.* 2.200 m s.n.m. durante el Holoceno inicial, entre 11500 y 10700 cal. BP (Reille y Lowe 1993; Guiter *et al.* 2005; Miras *et al.* 2007), el análisis de un registro a cotas superiores, como es el caso de FOR, ha permitido documentar por vez primera el avance del ecotono supraforestal pirenaico hasta *c.* 2.550 m durante el Holoceno medio. Ello supone una situación por encima del límite actual en el VMPC, situado entre 2.300-2.400 m, que no es de extrañar si se considera la existencia actual de formaciones dispersas de pino negro por encima de los 2.500 m (Mateo 1994).

Con todo, la estrategia metodológica a alta resolución espacial seguida en este trabajo demuestra que éste no es un hecho extrapolable a nivel microregional. Así, en el valle adyacente de Perafita, en la turbera PDP (2.240 m) sólo a partir de 8500 cal. BP el incremento de las concentraciones y porcentajes de *Pinus* permiten subrayar el avance altitudinal del pinar en torno a los 2.200 m (Miras *et al.* 2010). De esta manera, mientras en el valle del Madriu la instalación local del pinar hasta 2.180 m (BDE) se produce en torno a *c.* 11200 cal. BP y su extensión hasta 2.531 m (FOR) se documenta en torno a *c.* 9300 cal. BP, en el adyacente valle de Perafita el límite supraforestal se

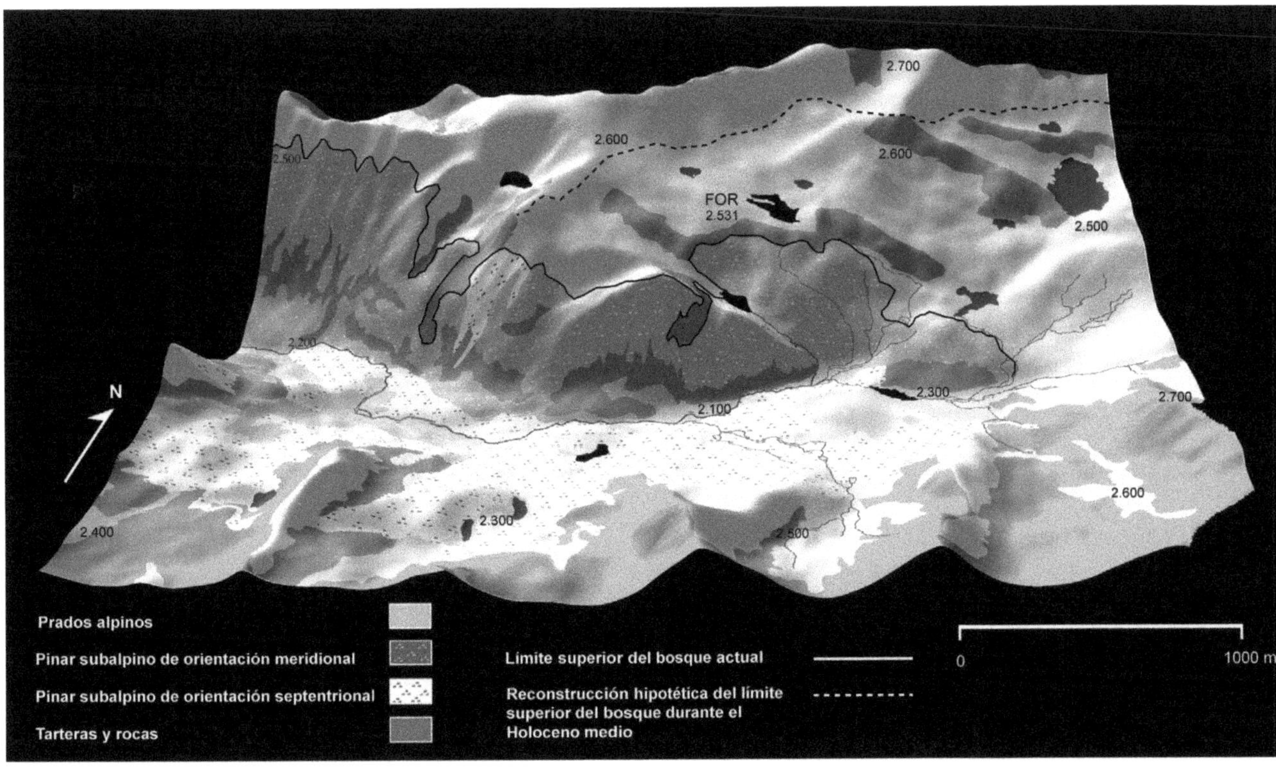

Figura 68. Reconstrucción hipotética del límite superior del bosque en la vertiente meridional del valle del Madriu durante el Holoceno medio donde se aprecia la limitada extensión de los prados alpinos con respecto a la época actual. Figura: A. Ejarque.

sitúa por debajo de la cota 2.200 m en este periodo, no alcanzando dicha cota hasta *c.* 8500 cal. BP. La existencia de esta variabilidad microregional no hace sino destacar la importancia de los factores microlocales (exposición, topografía, desarrollo de suelos) a la hora de caracterizar la evolución del ecotono supraforestal pirenaico. Este hecho ya ha sido subrayado a nivel regional en estudios demográficos del límite supraforestal pirenaico actual, si bien se destaca especialmente el papel de la acción humana a la hora de explicar dichas variaciones (Batllori y Guttiérrez 2008). Sin embargo, los resultados de nuestro estudio muestran como esta variabilidad no se formula únicamente a nivel regional sino que también es importante a nivel microregional y en momentos tan antiguos como el Holoceno medio inicial, cuando la actividad humana no se formula todavía en este sector como un factor determinante en la dinámica supraforestal.

La mejora climática no parece desarrollarse de una manera lineal y continuada en este sector pirenaico a lo largo del Atlántico, poniéndose de manifiesto la existencia de una destacada variabilidad climática holocena (Haas *et al.* 1998; Jalut *et al.* 2000; Cacho *et al.* 2002; Magny 2004; Pla y Catalan 2005; González-Sampériz *et al.* 2006; Magny *et al.* 2007). En este sentido, en FOR, el descenso de materia orgánica y de los valores porcentuales y en concentración de *Pediastrum* a mediados de la subzona FOR1b (Figuras 62 y 63) sugiere un descenso en la productividad lacustre entre *c.* 8300 y 7750 cal. BP, mientras que el declive de concentración polínica de *Pinus* y la rarefacción y desaparición de estomas de pino en este momento (Figura 64), indica el alejamiento del pinar de este sector altimontano. Otros taxones herbáceos, como Cyperaceae, *Artemisia* o Poaceae también experimentan, aunque de un modo mucho menos acusado, descensos en sus concentraciones polínicas. De la misma manera, entre 8300 y 8100 cal. BP y a cotas inferiores, se documenta en PDP (2.240 m) una rarefacción en la concentración polínica de *Pinus*, junto al incremento porcentual de Poaceae y una mayor diversidad de taxones herbáceos que indican una extensión de los prados en torno a la turbera. Por su parte, el espectro polínico de BDE (2.180 m) muestra una dinámica vegetal similar que, además, se ve acompañada por un descenso de *Abies* y una rarefacción puntual de estomas de pino (Figuras 30 y 64) (Miras *et al.* 2007). Todos estos hechos podrían responder a un recrudecimiento de las temperaturas entre *c.* 8300 y 7750 cal. BP. Por otro lado, el destacado incremento de *Isoetes lacustris* en torno a 7950 cal. BP puede ser resultado de un descenso del nivel hídrico del lago, que favorecería el desarrollo de estas formaciones acuáticas. Ello subraya la existencia de unas condiciones secas durante este momento, lo que sería coherente con el recrudecimiento de las temperaturas.

Este descenso térmico entre 8300 y 7950 cal. BP puede relacionarse con el denominado "evento 8.2" que, caracterizado como el episodio climático más extremo del Holoceno y asociado a diferentes factores como cambios en la actividad solar o cambios en la circulación marina en el océano Atlántico Norte, provocó un recrudecimiento de las temperaturas entre 8400 y 8000 cal. BP en el Hemisferio Norte (Alley *et al.* 1997; von Grafestein *et al.* 1998; Barber *et al.* 1999; Heiri *et al.* 2004; Wiersma y Renssen 2006). El evento 8.2 ha sido bien caracterizado en sectores noreuropeos (Klitgaard-Kristensenetal 1998; Magny *et al.* 2003), pero todavía es escasa su documentación tanto en medios altimontanos (Haas *et al.* 1998) como en el sur de Europa (Reed *et al.* 2001; Davis y Stevenson 2007). A este respecto, cabe destacar que el estudio referencial y de polen fósil de Kofler *et al.* (2005) en los Alpes austriacos demostró una correlación significativa entre la producción polínica de *Pinus cembra* y Cyperaceae en el límite supraforestal y las temperaturas medias de verano, y documentó un descenso de la tasa de acumulación polínica de éstos y otros taxones en relación al evento 8200 cal. BP en dos secuencias alpinas situadas a 2.395 y 2.640 m. Estos datos son coherentes con la reducción de concentración polínica de *Pinus* y otros taxones en FOR, BDE y PDP durante este momento y no hace sino subrayar la sensibilidad de los registros altimontanos a esta pulsación climática. A este respecto, es preciso destacar que el evento 8.2 ha sido asimismo evidenciado en otros registros altimontanos pirenaicos. Así, la reconstrucción climática realizada en el Estany Redon (2.240 m, Pirineos centrales) muestra un declive puntual y repentino de las temperaturas en torno a 8.200 cal. BP, intercalado en una tendencia general más cálida que se extiende entre 9.000 y 8.000 cal. BP (Pla y Catalan 2005) (Figura 66). Igualmente, en los Pirineos occidentales, la secuencia de El Portalet (1.802 m) muestra entre 8300 y 8000 cal. BP un cambio hacia unas condiciones climáticas frías y áridas a partir de la retracción de taxones mesófilos (*Juniperus, Betula, Corylus, Quercus* caducifolio-t), valores bajos en el contenido de carbonatos y facies sedimentológicas que sugieren la existencia de unos niveles hídricos del lago poco profundos (González-Sampériz *et al.* 2006).

A partir de *c.* 7750 cal. BP el incremento de materia orgánica en FOR, así como de *Pediastrum* y *Botryococcus*, indican una mayor productividad del lago, mientras que la recuperación de la concentración de polen y estomas de *Pinus* subrayan la recuperación del pinar hasta 2.531 m de altitud. La recuperación del pinar es evidente también tanto en PDP como en BDE, donde las concentraciones polínicas y de estomas de este taxón se recuperan. Son hechos que no hacen sino evidenciar la mejora climática subsiguiente a la pulsación fría del 8.2 ka. A partir de este momento y a lo largo de todo el Holoceno medio, el pinar será la formación vegetal protagonista en el VMPC. La documentación de los máximos valores de concentración de estomas de pino en FOR (2.531 m), BDE (2.180 m) y RDO (2.390 m) durante este periodo así lo demuestra, si bien se observan fluctuaciones y aperturas del paisaje a nivel local en diferentes momentos. La existencia de una cada vez mayor presión antrópica sobre el paisaje del VMPC a partir del Neolítico (8000 cal. BP, 6000 cal. a. C.) (Miras *et al.* 2007; Palet *et al.* 2007; Ejarque *et al.* 2010) hace que los cambios vegetales altimontanos en el VMPC a partir de ese momento sean el resultado de la combinación de factores naturales y antrópicos, siendo este un aspecto que será abordado con detalle en el próximo apartado de la discusión.

7.2. GESTIÓN HUMANA DEL MEDIO Y ESTRUCTURACIÓN HOLOCENA DEL PAISAJE ALTIMONTANO EN EL VMPC

Este apartado se centrará en la discusión de los resultados obtenidos en los cuatro registros estudiados en el VMPC en el presente trabajo y su comparación con BDE y PDP (Miras *et al.* 2007; Miras *et al.* 2010), así como la integración de estos datos paleoambientales con los resultados histórico-arqueológicos obtenidos en este sector y que han sido sintéticamente presentados en el capítulo 3. Ello permitirá explorar la variabilidad espacial de las prácticas desarrolladas en los sectores altimontanos del VMPC, así como analizar la configuración paisajística microregional de los mismos durante el Holoceno medio y final. Aunque la discusión se centrará en los sectores altimontanos, donde la integración de datos arqueológicos y paleoambientales puede realizarse a escala microregional, también se analizarán los cambios paisajísticos relativos a los sectores de media y baja montaña del valle que se observan en los registros paleoambientales. Finalmente, se contextualizará toda esta información con los datos obtenidos en otros sectores de montaña pirenaicos y/o europeos.

Se han elaborado diagramas simplificados de FOR (Figura 69), BLAU (Figura 70), RDO (Figura 71), ODS (Figura 72) y, que muestran los resultados de polen, estomas, NPPs y partículas carbonosas de cada registro siguiendo una escala temporal. Asimismo, se incluyen diagramas simplificados de BDE (Figura 734) y PDP (Figura 74) elaborados a partir de las respectivas publicaciones (Miras *et al.* 2007; Miras *et al.* 2010).

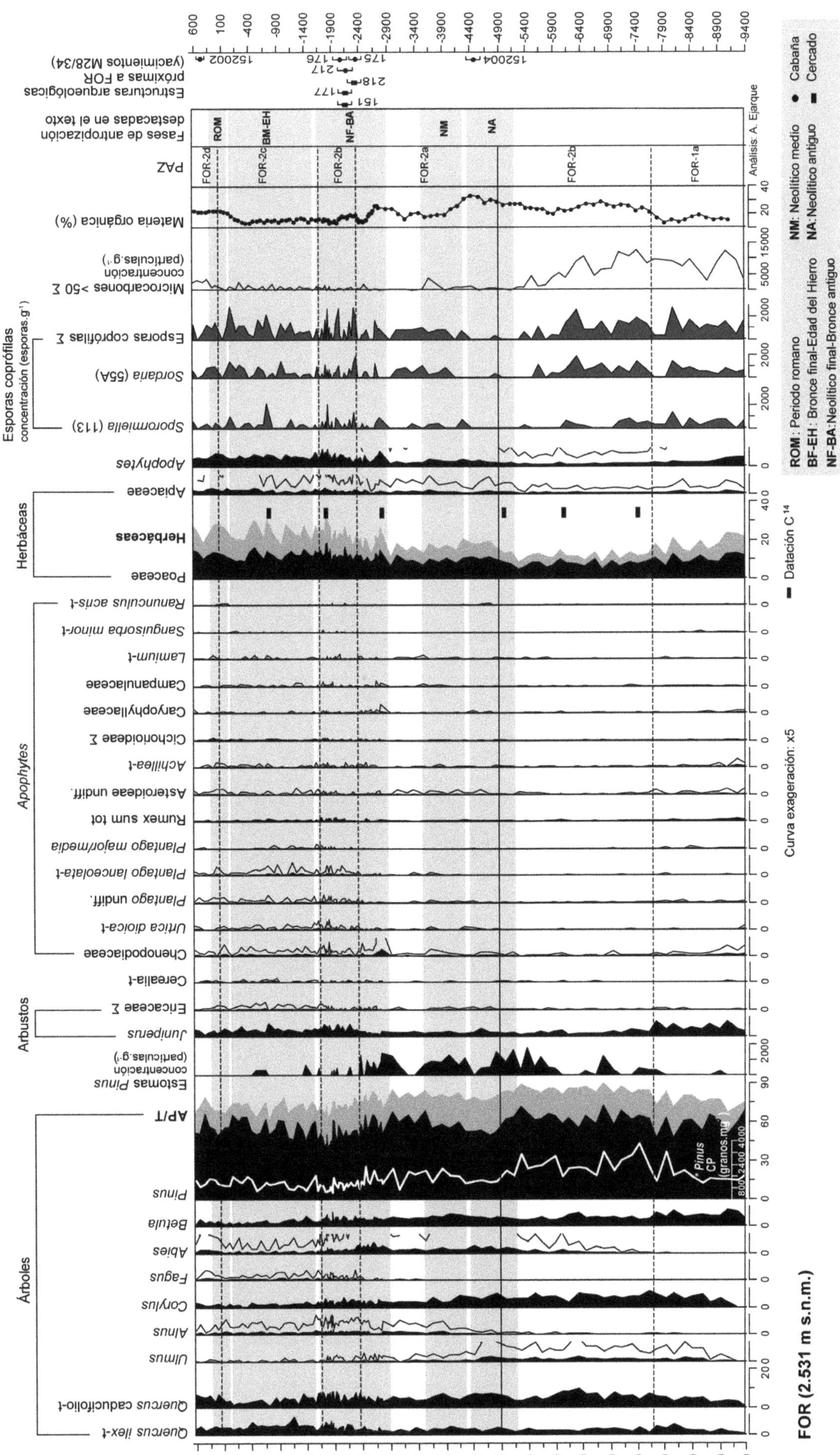

Figura 69. Diagrama simplificado de FOR a escala temporal con los principales resultados de polen, estomas, esporas coprófilas y microcarbones. Se ha añadido la curva con los resultados del contenido de materia orgánica de FOR proporcionados por el Dr. R. Julià. Las diferentes fases de antropización mencionadas en el texto han sido destacadas en gris.

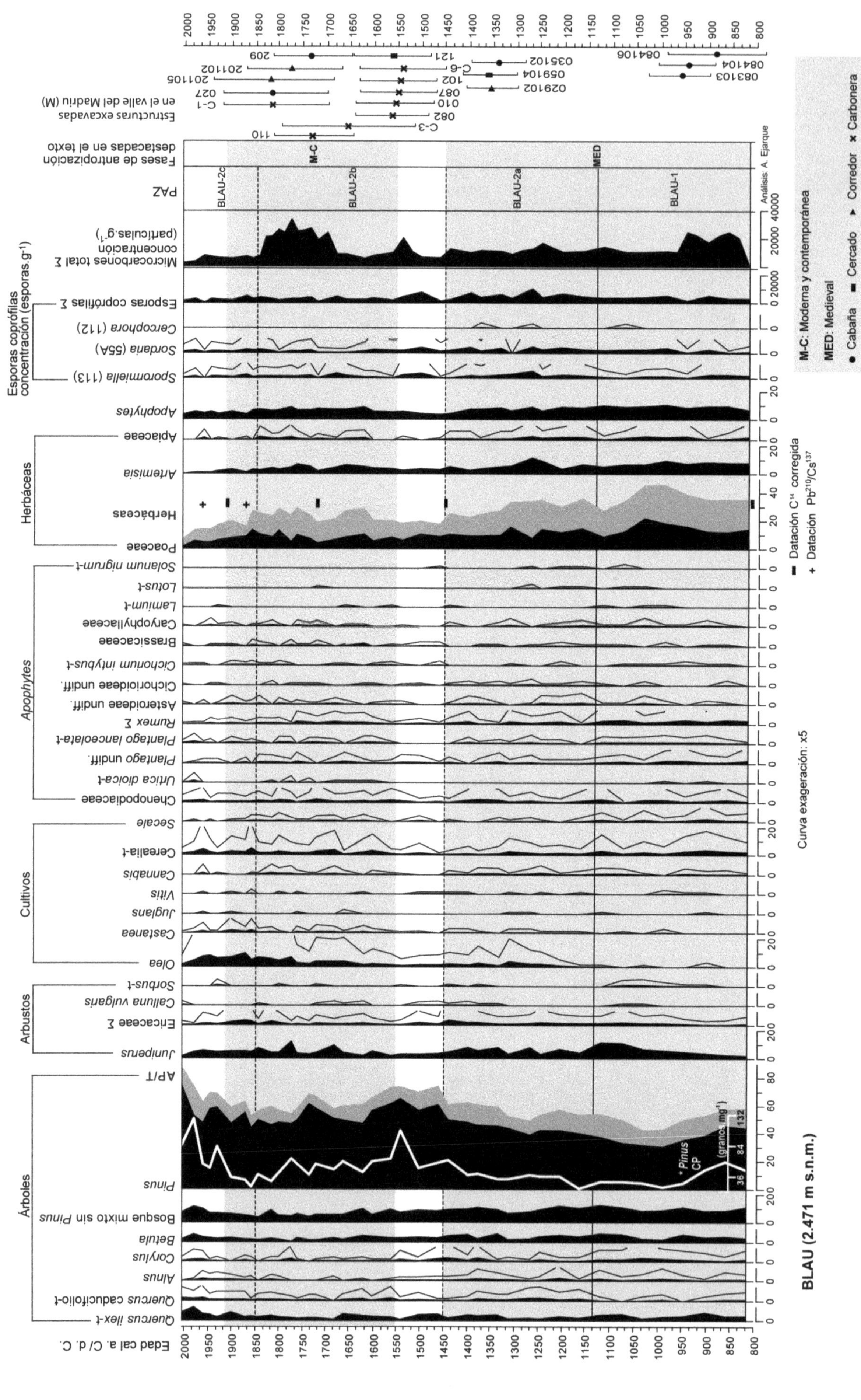

Figura 70. Diagrama simplificado de BLAU a escala temporal con los principales resultados de polen, esporas coprófilas y microcarbones. Las diferentes fases de antropización mencionadas en el texto han sido destacadas en gris.

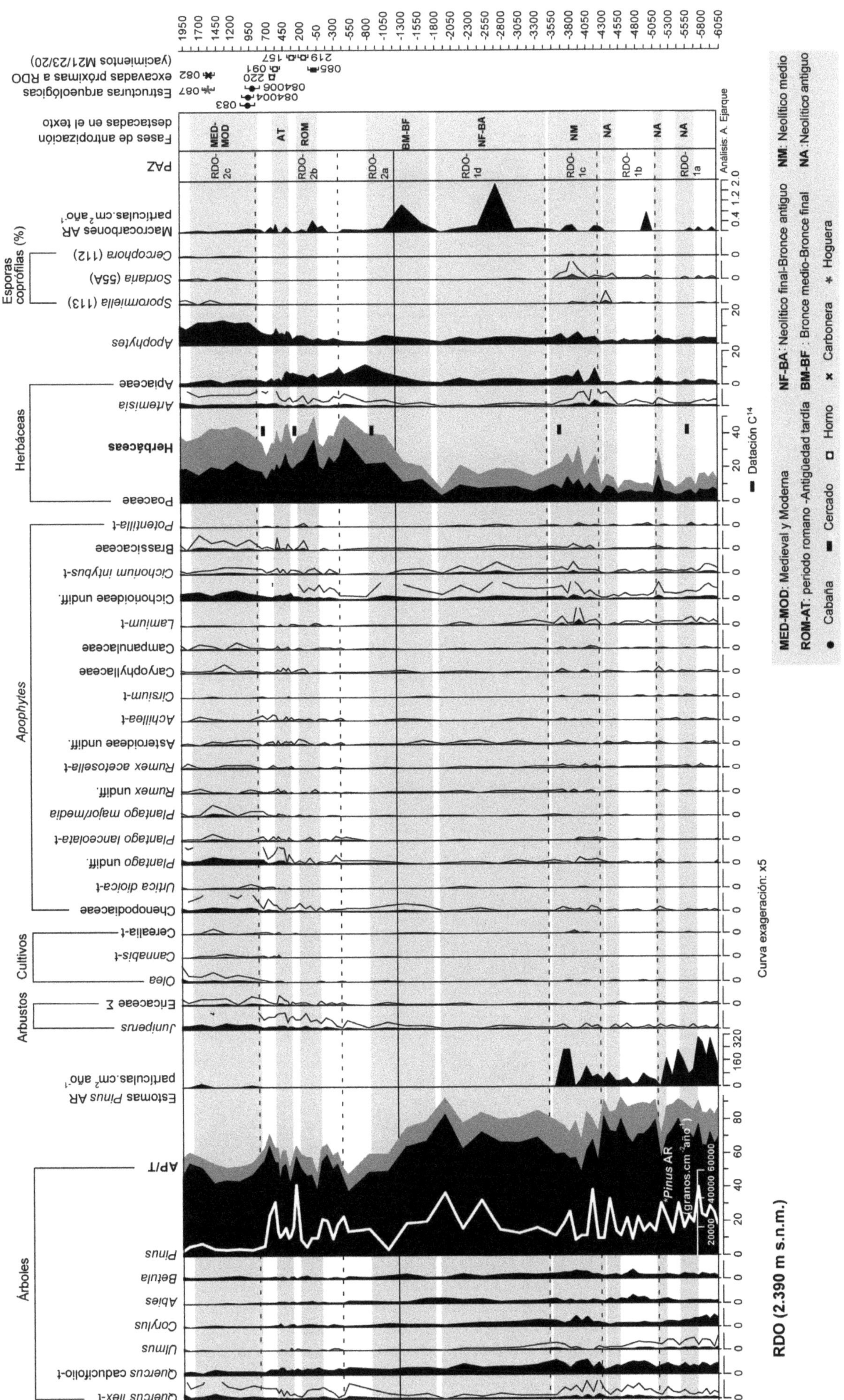

Figura 71. Diagrama simplificado de RDO a escala temporal con los principales resultados de polen, estomas, esporas coprófilas y macrocarbones. Las diferentes fases de antropización mencionadas en el texto han sido destacadas en gris.

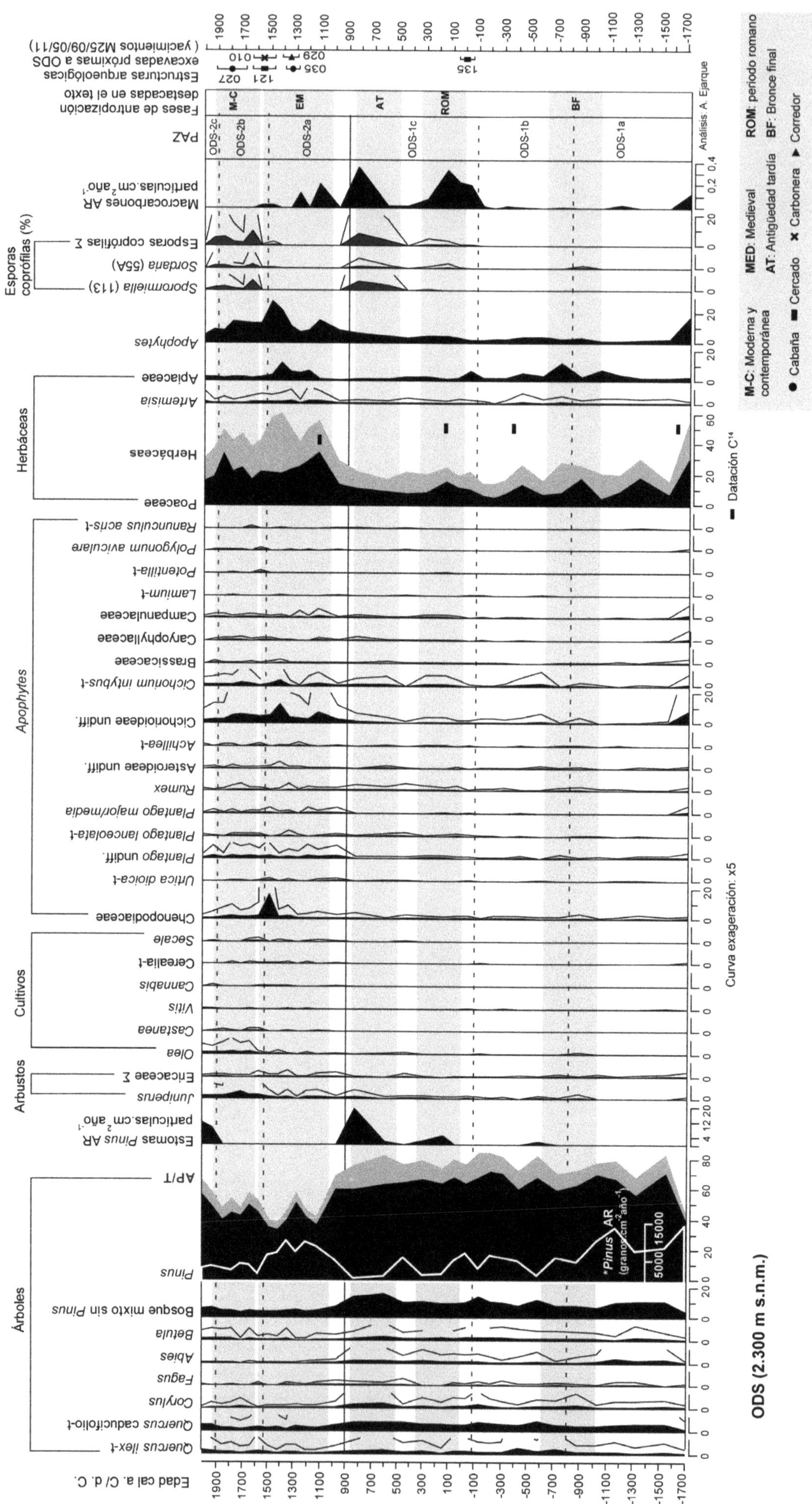

Figura 72. Diagrama simplificado de BLAU a escala temporal con los principales resultados de polen, esporas coprófilas y microcarbones. Las diferentes fases de antropización mencionadas en el texto han sido destacadas en gris.

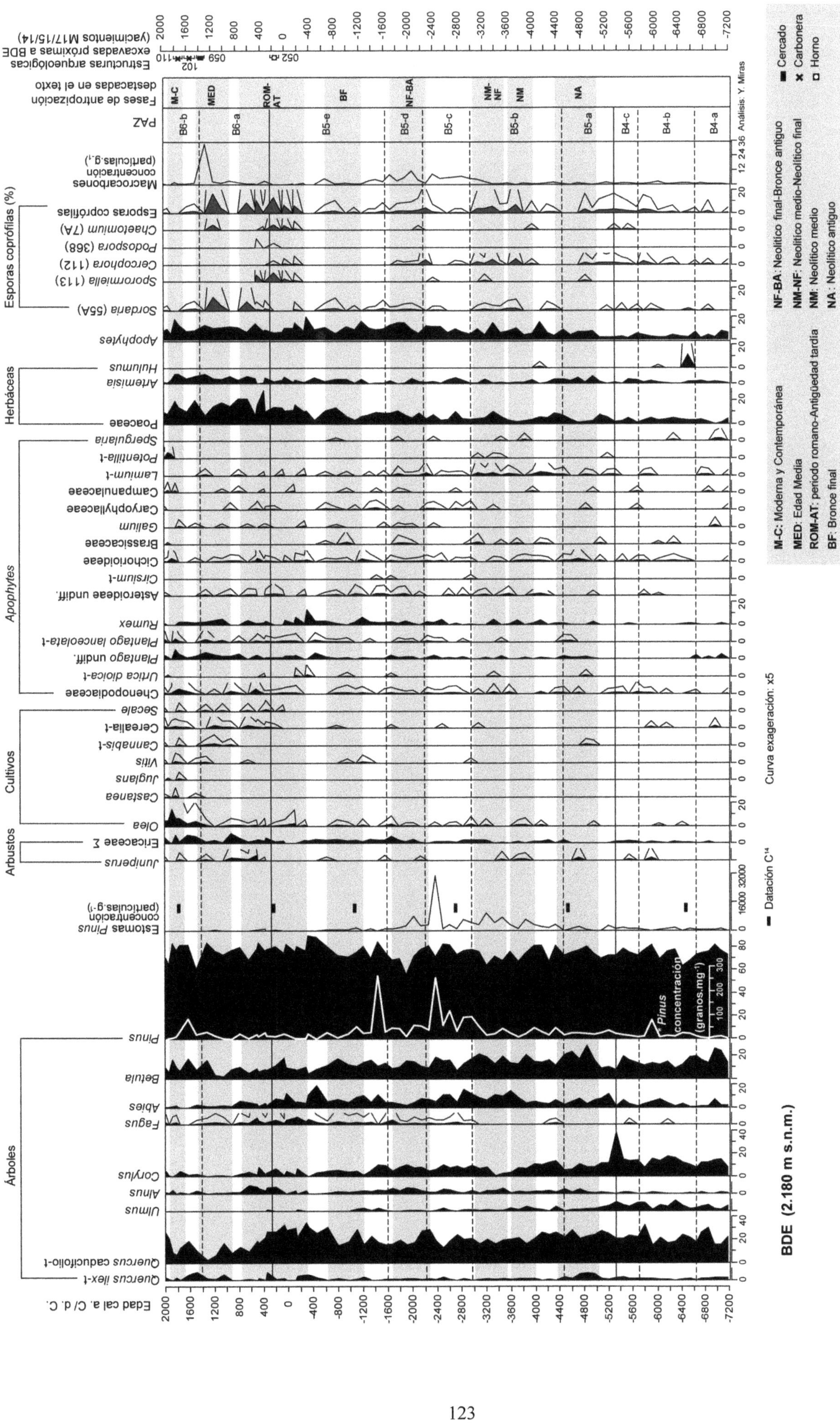

Figura 73. Diagrama simplificado de BDE a escala temporal con los principales resultados de polen, estomas, esporas coprófilas y macrocarbones. Las diferentes fases de antropización mencionadas en el texto han sido destacadas en gris (partir de Miras *et al.* 2007 y Miras *et al.* 2010).

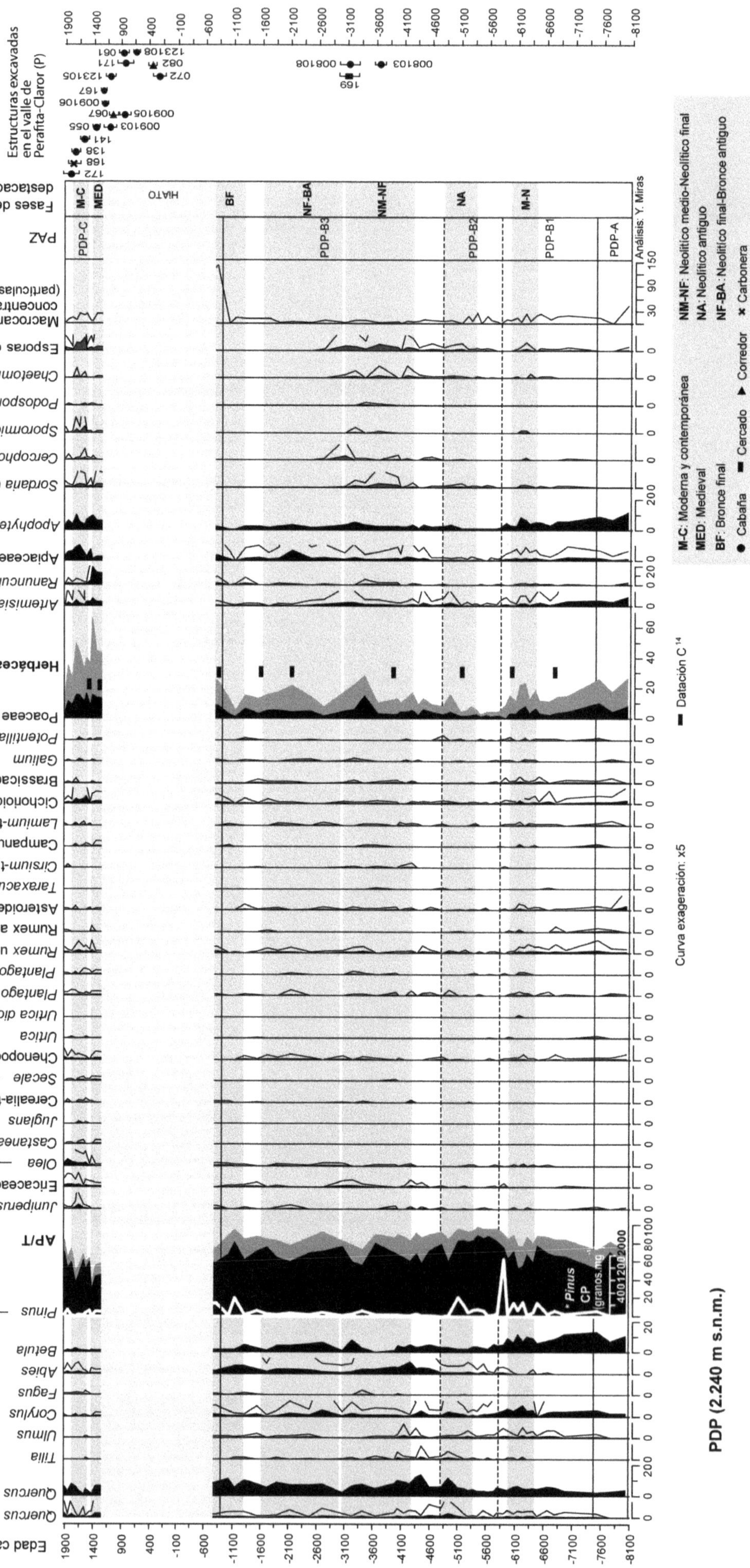

Figura 74. Diagrama simplificado de PDP a escala temporal con los principales resultados de polen, estomas, esporas coprófilas y macrocarbones. Las diferentes fases de antropización mencionadas en el texto han sido destacadas en gris (a partir de Miras *et al.* 2010)

Transición Mesolítico final-Neolítico antiguo (de *c.* 6400 a *c.* 5700 cal. a. C./8350-7950 cal. BP) (FOR-2b; B-4b; PDP-B1)

Una primera frecuentación de los grupos cazadores-recolectores de los espacios subalpinos del valle

Los resultados polínicos y arqueológicos obtenidos hasta el momento en el marco del presente proyecto de investigación no proporcionan evidencias de ocupación y/o frecuentación humana en el VMPC previa al periodo de transición Mesolítico final-Neolítico antiguo. Sin embargo, las excavaciones de la Balma de la Margineda (970 m s.n.m.), a tan sólo *c.*10 km del VMPC, evidencian la existencia de una frecuentación estacional de grupos cazadores-recolectores epipaleolíticos y mesolíticos en sectores de montaña andorrana que comenzaría en torno al XII milenio cal. a. C. y continuaría hasta el VII milenio cal. a. C. [1] (capas 10-4) (Guilaine *et al.* 1995; Guilaine y Evin 2007). Los estudios de fauna realizados en los primeros niveles de ocupación del abrigo subrayan la importancia de la caza de la cabra pirenaica (*Capra pyrenaica*) por parte de estos grupos humanos epipaleolíticos y mesolíticos (Geddès 1995; Gardeisen 2007). Según los estudios palinológicos (Leroyer 1995) y antracológicos (Heinz y Vernet 1995) el entorno vegetal de la cueva durante el X milenio cal. a. C. se encontraba dominado por un bosque subalpino de pino negro. Ello podría haber propiciado la frecuentación por parte de dichos grupos humanos de sectores donde se diera el hábitat propio de estos ungulados, a saber, zonas abiertas situadas por encima del límite supraforestal (Geddès 1995, 89). A este respecto, la extensión del pinar en el valle del Madriu a partir de 9250 cal. a. C. (11200 cal. BP) alcanzaría cotas de *c.* 2.200 m, en las proximidades de BDE, mientras que los datos polínicos de FOR indican la pervivencia de prados alpinos durante este periodo a mayor altitud, en torno a 2.531 m. Esta configuración vegetal habría convertido los sectores más elevados del valle, por encima de los 2.200 m, en áreas especialmente atractivas para grupos de herbívoros ungulados. A pesar de que los reducidos valores porcentuales de *Sporormiella* <1%, están por debajo de los porcentajes asociados a la presencia local de herbívoros en torno a medios húmedos durante el Holoceno (Davis y Shafer 2006) y no permiten asegurar de manera inequívoca la presencia local de animales en las inmediaciones del lago, la presencia continuada de las esporas coprófilas *Sordaria* y *Sporormiella* en FOR-1a (Figura 69) podría indicar la frecuentación de los prados alpinos por grupos de herbívoros salvajes. La disponibilidad de prados altimontanos y los abundantes recursos hídricos convertiría los sectores altimontanos del valle del Madriu en zonas altamente atractivas para la frecuentación de animales salvajes y, en consecuencia, para los grupos cazadores-recolectores asentados a escasa distancia del valle en la Balma de la Margineda, y que poseerían un patrón de movilidad destacado (Figura 75).

Figura 75. Mapa donde se observa la proximidad al VMPC de la Balma de la Margineda y de los yacimientos altimontanos pirenaicos con niveles datados en el Mesolítico.

El Mesolítico final coincide con la pulsación climática fría 8.2 ky BP evidenciada en el VMPC entre el 6350 y el 6000 cal. a. C. (8300-7950 cal. BP). Ya ha sido subrayado en el apartado anterior como esta pulsación climática fría implicó un descenso del límite supraforestal en los sectores más elevados del valle del Madriu en torno a FOR (2.531 m). De la misma manera, la apertura del paisaje y el retroceso del pinar subalpino, tal y como evidencian los datos polínicos de BDE (2.180 m) y PDP (2.240 m), fue un proceso generalizado en los sectores subalpinos de los valles del Madriu y Perafita. Es en este contexto cuando el estudio de PDP (Figura 74) en el valle de Perafita muestra entre 6400 y 6100 cal. a. C. un incremento general de taxones nitrófilo-ruderales (*Plantago lanceolata*-t, *Rumex acetosa*-t, *Urtica dioica*-t, *Potentilla*-t, etc.) y esporas de hongo coprófilas (*Sordaria*, *Chaetomium*, *Cercophora* y *Sporormiella*) (Miras *et al.* 2010). En este sentido, cabe destacar que el estudio referencial ha corroborado el valor de *Sordaria* y *Sporormiella* como indicadores de la presencia local de animales en el VMPC, algo ya destacado en diferentes estudios (Davis y Shafer 2006; van Geel y Aptroot 2006), mientras que el valor de *Cercophora* como indicadora coprófila local ha sido subrayado en otros estudios referenciales (Blackford e Innes 2006). Por su parte, evidencias de *apophytes* y esporas coprófilas han sido igualmente observados en BDE durante este lapso cronológico (Figura 73) (Miras *et al.* 2007). Todo ello sugiere la presencia local de animales herbívoros en las inmediaciones de ambas turberas. La apertura del paisaje y la recesión del límite supraforestal en los sectores altimontanos del VMPC durante esta pulsación fría pudieron favorecer una mayor frecuentación por parte de animales salvajes de estos espacios abiertos en torno a los 2.200 m. La mayor disponibilidad de recursos de caza en estos sectores altimontanos podría haber favorecido, a su vez, la frecuentación de los mismos por los grupos cazadores-recolectores mesolíticos. Por su parte, las elevadas frecuencias de taxones higrófilos, acuáticos y algales tanto en BDE como en PDP durante este momento no hacen sino caracterizar estos lugares como humedales con importantes recursos hídricos. Ello los convertirían en lugares especialmente atractivos para animales y comunidades humanas durante la pulsación climática fría y seca del 8.2 ky BP (Miras *et al.* 2010). En

[1] Las dataciones obtenidas en la Balma de la Margineda se han calibrado utilizando CALIB 5.0.2 utilizando una desviación estándar de 2σ (Reimer *et al.* 2004).

este sentido, a pesar de la reducción térmica que supuso el evento 8.2, el descenso del límite supraforestal y la apertura de espacios anteriormente forestados, así como la disponibilidad de recursos hídricos en los sectores abiertos del VMPC, pudo implicar unos beneficios para las comunidades cazadoras-recolectoras que superaran las nociones de riesgo y las constricciones climáticas adversas existentes en este periodo. Ello subrayaría la capacidad de adaptación de las comunidades mesolíticas a los procesos de cambio climático. De hecho, la documentación de utillaje lítico prehistórico en sectores próximos careneros situados entre los 2.300 y los 2.733 m en los Pirineos centrales ha sido relacionada con la utilización de los sectores supraforestales pirenaicos como lugares de caza (Gassiot y Jiménez 2006). De la misma manera, evidencias arqueológicas en los Alpes franceses meridionales corroboran la utilización de los espacios supraforestales como zonas de caza estacionales a lo largo del mesolítico, aún en momentos de deterioro climático (Walsh 2005). A este respecto, tal y como ha afirmado Walsh, «notions of risk and marginality are contingent on place and time and societies in different places and different times define and treat it differently» (2005, 299).

Los datos paleoambientales son todavía débiles y esporádicos a la hora de documentar las primeras señales de frecuentación de zonas de montaña por las comunidades mesolíticas. Con todo, en sectores de media montaña (1.270 m) de los Alpes meridionales franceses se documentan las primeras frecuentaciones del medio e impacto antrópico sobre la vegetación entre 6200 y 6000 cal. a. C., a partir del incremento de *apophytes* y esporas de hongo coprófilas en un contexto de perturbación forestal y apertura del paisaje probablemente favorecido por el uso del fuego (Court-Picon 2007, 543, 635). Evidencias paleobotánicas también sugieren la frecuentación de grupos humanos mesolíticos en los Alpes centrales y orientales (Wegmüller 1977; Moe y Hjelle 1999), mientras que la aparición de los primeros indicadores de antropización en los Pirineos orientales se dan en los sectores de piedemonte franceses del Rosellón y el valle bajo del Aude entre 6700 y 5900 a. C. (Planchais 1985; Guenet 1995; Jalut 1995; Galop 2006). También el Estany de Burg (1.821 m) registra evidencias de apertura del medio unido al incremento de incendios locales entre 6400 y 5850 cal a. C. (Gassiot *et al.* 2010), proceso que, sin embargo, no se encuentra relacionado con signos evidentes de antropización. Por otra parte, la presencia estacional de grupos cazadores-recolectores se encuentra documentada arqueológicamente durante el Mesolítico final en zonas de media montaña de los Pirineos y Prepirineos orientales, como la Balma de la Margineda entre 9500 y 5800 cal. a. C. (Guilaine y Martzluff 1995), o la Balma de Guilanyà (Lleida, 1.157 m) entre 8700 y 7700 cal. a. C. (Casanova *et al.* 2007), mientras que la ocupación humana se documenta asimismo en sectores altimontanos del Pirineo central. A este respecto la excavación de *l'Abric de l'Estany de la Coveta* I (Gassiot *et al.* 2010, 35-36) ha permitido documentar arqueológicamente a 2.425 m la presencia de grupos humanos mesolíticos entre 7001 y 6572 cal. a. C. en este sector pirenaico del Pallars Sobirà (Lleida) cercano a nuestra zona de estudio. Igualmente, en el valle de Baiasca, a 1.830 m, la datación de un agujero de poste previo a la construcción de la sepultura megalítica del Dolmen de la Font des Coms ha proporcionado una cronología mesolítica entre el 8745 y el 8560 cal a.C. (Gassiot *et al.* 2010, 35) (Figura 75). Estas evidencias sugieren un incremento de la frecuentación de los espacios altimontanos pirenaicos por parte de las comunidades cazadoras-recolectoras durante el Mesolítico, algo que es coherente con otros sectores montañosos europeos. Así, se han documentado campamentos al aire libre mesolíticos entre 7000 y 6000 cal. BC en sectores altimontanos de los Alpes franceses meridionales en torno a 2.400 m s.n.m. (Walsh y Richer 2006). También en los Alpes suizos meridionales se ha documentado la existencia de campamentos mesolíticos estacionales en el abrigo de Alp Hermettji (monte Cervin, 2.600 m s.n.m.) entre 8000 y 7500 a.C. (Curdy *et al.* 2010, 187), mientras que diversas excavaciones realizadas en el col du Simplon (1.940 m) y la región del Albrun (2.100 m) han documentado niveles de ocupación mesolíticos asociados a utillaje lítico y datados en el VII milenio cal. a.C. (Curdy *et al.* 2010, 188). Igualmente, se ha demostrado un incremento en el número de yacimientos documentados en las uplands (*c.* 600 m s.n.m.) del norte de Inglaterra durante el Mesolítico, en un contexto de gestión del territorio por parte de las sociedades cazadoras-recolectoras mesolíticas que integraría la explotación estacional de nichos ecológicos diferenciados y que incluiría tanto sectores altimontanos con amplios recursos vegetales y cinegéticos como zonas litorales donde se explotarían los recursos marinos (Donahue y Lovis 2006). Un modelo similar de movilidad logística de los grupos cazadores-recolectores mesolíticos ha sido observado entre los Cárpatos y el mar Báltico (Sulgostowska 2006). A este respecto, la documentación de diferentes moluscos marinos de origen mediterráneo en yacimientos como la Balma de Guilanyà (1.150 m, Lleida), sugiere la existencia de contactos de larga distancia entre las comunidades prepirenaicas y el litoral catalán, a más de 100 km de distancia, si bien es cierto que estas evidencias pueden ser también resultado del desarrollo de redes sociales de intercambio de amplio alcance (Casanova *et al.* 2007). Tanto el desarrollo de modelos logísticos de larga distancia como la configuración de redes sociales de intercambio a múltiples escalas espaciales han sido subrayados como procesos característicos del Mesolítico europeo (Lovis *et al.* 2006).

Cabe, por otra parte, mencionar las evidencias puntuales de pólenes de Cerealia-t documentadas en FOR entre 6750 y 6000 cal. a. C. y en BDE entre 6200 y 6000 cal. a. C. El registro de pólenes de Cerealia-t durante el Mesolítico y la transición al Neolítico antiguo en diferentes secuencias noreuropeas ha dado lugar a una discusión sobre la posible existencia de un sistema de producción agropastoral pre-neolítico o «Mesolithic agriculture» (Behre 2007, 203). No obstante, los pólenes de Cerealia-t registrados en BDE y FOR coinciden con el recrudecimiento climático del evento 8.2 y las condiciones predominantemente áridas subrayadas a partir de descensos en el nivel hídrico de ambos registros, procesos que ya han sido destacados en el apartado anterior. Estas condiciones áridas podrían haber contribuido a la existencia de procesos de poliplodización en gramíneas salvajes durante este momento que darían lugar a pólenes de gran tamaño (Miras *et al.* 2010). La documentación de pólenes de Cerealia-t en FOR durante momentos tan tempranos como el Holoceno inicial, en un contexto también frío y árido, no hace sino reforzar esta hipótesis. Con todo, es preciso destacar la documentación en los niveles del Mesolítico final de la Balma de la Margineda (capa C4), datados entre 7500 y 7137 cal. BC (Guilaine *et al.* 1995), de paleo-semillas de *Hordeum* sp. y *Triticum* sp. (Marinval 1995, 69-72). El autor intrerpreta estas evidencias como especies intrusivas, aunque no se alega argumento justificativo alguno más que la cronología mesolítica de los niveles excavados. A este respecto cabe plantearse si la ausencia de evidencias microscópicas de cereales en yacimientos europeos de cronologías mesolíticos (Behre 2007) no se encuentra ciertamente influenciada por la práctica habtual de considerar estas evidencias como contaminaciones o intrusiones en base únicamente a su pronta cronología.

Neolítico antiguo (de c. 5700 a c. 4350 cal. a. C./8350-6300 cal. BP) (FOR-2a; RDO-1a/1b; B-5a; PDP-B1/B2)

Inicio de actividades de pastoreo de carácter itinerante, primeras aperturas del paisaje en el estadio alpino y subalpino y primera variabilidad inter-valle

Durante el Neolítico antiguo, entre c. 5700 y 4350 cal. a. C., los sectores altimontanos del VMPC constituyen un paisaje fundamentalmente forestado. Como se ha subrayado en la primera sección de la discusión, la recuperación climática posterior a la pulsación del 8200 cal. BP favorecerá el avance del pinar por el piso subalpino y alpino de este sector pirenaico hasta alcanzar los 2.531 m, tal y como evidencian la presencia de estomas de pino en BDE (2.280 m), RDO (2.390 m) y FOR (2.531 m) y las elevadas concentraciones y tasas de acumulación de polen de pino en el conjunto de secuencias estudiadas. De esta manera, el valle estaría forestado hasta la ruptura de pendiente con las líneas de carena, a *c.* 2570-2600 m s.n.m (Figura 68).

Es sin embargo durante este periodo cuando se documentan las primeras evidencias de perturbación forestal y frecuentación humana de los sectores más elevados del valle del Madriu. Una primera perturbación del pinar se observa en torno a RDO-1a (2.390 m) entre *c.* 5650 y 5480 cal. a. C., tal y como indican el declive de las tasas de acumulación polínica y el moderado descenso porcentual de *Pinus*, así como el descenso de estomas de pino y el incremento de polen herbáceo (Figura 71). No obstante, los valores porcentuales mínimos de *Pinus* y máximos de Poaceae y herbáceas durante esta fase son propios de comunidades de bosque subalpino en el estudio referencial. Además, la continuada presencia de estomas en este momento sugiere una apertura del paisaje moderada, configurándose un pinar abierto en las inmediaciones de la turbera. El incremento poco significativo de *apophytes* en este momento no permite corroborar de manera inequívoca la naturaleza antrópica de este proceso, sin embargo, una constricción del pinar en el estadio alpino a causa de un deterioro climático parece poco probable si consideramos que esta fase se caracteriza por el mantenimiento de unas condiciones climáticas cálidas, tal y como indica el incremento constante del contenido de materia orgánica en FOR. Un nuevo proceso más intenso de apertura del paisaje ocurre en RDO en torno a 5130 cal. a. C., cuando la recesión de *Pinus* y la caída de estomas vienen acompañadas por un incremento de taxones herbáceos y *apophytes*. La presencia y/o incremento de taxones nitrófilo-ruderales como Chenopodiaceae, Asteroideae, *Plantago* undiff. o Cichorioideae, junto a Apiaceae y Poaceae, así como la presencia de las esporas coprófilas *Sporormiella* y *Sordaria*, todos ellos taxones asociados a prados pastoreados en el estudio referencial (Figura 22), sugiere una frecuentación humana ligada a actividades de pastoreo en los claros forestales configurados en torno a la turbera. A partir de 5000 cal. a. C. la expansión de Cyperaceae y la desaparición de *Pediastrum* indican unas condiciones de la turbera más secas que permiten la colonización de ciperáceas de la cuenca en un proceso de colmatación de la misma

Un proceso similar de apertura forestal se observa a cotas superiores, en FOR-2a en torno a 5200 cal. a. C., tal y como indica la retracción porcentual y en con-centración polínica de *Pinus* (Figura 69). Este proceso se acentúa entre 4700 cal. a. C. y 4400 cal. a. C., cuando la retracción y desaparición de estomas de pino, junto al incremento de Poaceae y otros taxones herbáceos, indica un alejamiento del pinar en las inmediaciones del lago y, por lo tanto, una apertura del paisaje. La progresión de la curva de *apophytes* refleja una mejor representación de taxones nitrófilo-ruderales como Chenopodiaceae, *Plantago* undiff., Asteroideae, Cichorioideae, *Cichorium intybus*-t o *Urtica dioica*-t, la mayoría de los cuales se encuentran asociados a prados pastoreados y a la variable pastoreo, según ha puesto de manifiesto el estudio referencial. Todo esto sugiere una apertura del paisaje posiblemente vinculada a la frecuentación humana del estadio alpino. La presencia humana en los sectores más elevados del valle se encuentra, de hecho, documentada arqueológicamente a partir de una cabaña de piedra seca a 2.517 m s.n.m. (M152104) en el yacimiento de Pleta de les Bacives I (M28), muy próximo a FOR (*c.* 800 m, Figura 76) y cuya primera fase de ocupación ha sido datada a 4481 ± 112 cal. a. C. (Palet 2007, 12).

Es precisamente entre 4500 y 4350 cal. a. C. cuando se documenta en RDO (RDO1b) un nuevo proceso de apertura del paisaje. La retracción de los porcentajes de *Pinus* y el incremento de taxones herbáceos, especialmente de Poaceae, indican el progreso de los prados alpinos en un contexto de pinar abierto. La documentación de *Plantago major/media*, *Rumex acetosella*-t, Asteroideae, *Achillea*-t o *Potentilla*-t, algunos de ellos caracterizados como indicadores locales de pastoreo (Mazier *et al.* 2009) o ligados a espacios pasturados (Court-Picon *et al.* 2005) en sectores de montaña europeos, así como también de esporas coprófilas como *Sporormiella*, *Sordaria* o *Cercophora* (Blackford e Innes 2006; van Geel y Aptroot 2006), sugieren la presencia local de animales herbívoros y la existencia actividades de pastoreo en las inmediaciones de la turbera.

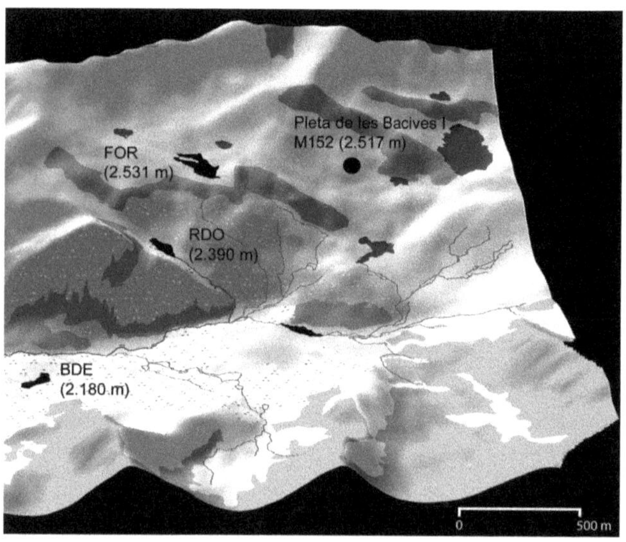

Figura 76. Mapa del valle del Madriu donde se observa la proximidad de la cabaña M152 al Estany Forcat. Figura: A. Ejarque.

De la misma manera, entre 5050 y 4350 cal. a. C., la reducción de estomas de pino, la proliferación de taxones herbáceos y un mayor y más variado espectro de *apophytes* en BDE, así como la primera observación de la espora coprófila estricta *Sporormiella* (Ahmed y Cain 1972; Hoaen y Coles 2000) indican una apertura del paisaje probablemente vinculada al desarrollo de actividades pastorales en los sectores subalpinos del valle en torno a 2.200 m (Figura 77).

Estas evidencias subrayan una cada vez mayor frecuentación humana en el valle durante el Neolítico antiguo. Ésta frecuentación se traducirá en sucesivas aperturas del paisaje a pequeña escala, dando lugar a claros o formaciones de bosque abierto en torno a todos los sectores estudiados, tal y como se puede observar en la figura 78. Además, las tres fases de perturbación foretal detectadas en RDO a lo largo de este periodo, entre 5650 y 5480 cal. a. C., en torno a 5130 cal. a. C. y entre 4500 y 4350 cal. a. C. y de una duración entre *c.* 90 y 170 años, se intercalan con periodos de recuperación del pinar, como muestra el incremento de los valores de *Pinus* y la retracción de taxones herbáceos y *apophytes* (Figuras 71 y 77). Este proceso de aperturas del paisaje sucesivas seguido de fases de recuperación forestal y abandono se encuentra muy probablemente asociado a actividades de pastoreo de tipo itinerante. Ello puede relacionarse con el modelo de explotación agropastoral itinerante asociado a las comunidades neolíticas que se conoce como de tipo *landman* en sectores de llano (Iversen 1941; Vuorela 1986; Behre 1988) y que se documenta en el litoral catalan (Riera 1994). En sectores altimontanos la explotación itinerante del medio se centraría en el aprovechamiento de recursos de montaña (pastoreo, caza, recolección, explotación forestal, etc.). A este respecto, aperturas forestales de corta duración inducidas por el fuego y asociadas a evidencias agropastorales, a las que les siguen procesos de regeneración forestal han sido documentadas en sectores de piedemonte del Pirineo septentrional central (Cuguron, 513 m) entre 4500 y 3300 cal. a. C. (Galop *et al.* 2002). Además, a pesar de que la continuada presencia de estomas en los registros estudiados confirme el mantenimiento del pinar en los sectores altimontanos del valle del Madriu durante este periodo, la evolución decreciente de la curva de estomas de RDO a lo largo de este proceso sugiere un proceso de intensificación en la apertura del paisaje forestal altimontano a lo largo del Neolítico antiguo (Figura 77). La documentación al final de este periodo, en torno a 4500 cal. a. C., de una estructura construida con materiales no perecederos en las inmediaciones de FOR, como es la cabaña neolítica del yacimiento de Pleta de les Bacives (2.518 m), no hace sino corroborar una mayor intensidad y/o regularidad en la frecuentación antrópica de los sectores altimontanos del valle a lo largo del Neolítico antiguo.

Todo este proceso se da una manera más temprana en los sectores más elevados del valle (RDO y FOR) para extenderse a los sectores subalpinos en torno a BDE entre 5050 y 4350 cal. a. C. (Figura 77). Ocurre, además, en un contexto climático favorable, que coincide con una tendencia climática cálida documentada en los Pirineos centrales entre 5.050 y 3.850 cal. a. C. (Pla y Catalan 2005), y en una situación general de predominio del pinar en los sectores altimontanos. En este contexto, los espacios alpinos de exposición meridional, con abundan-tes recursos hídricos y donde se desarrolla un pinar con sotobosque disperso de enebro más abierto que en los sectores subalpinos de exposición septentrional (Figura 9) probablemente constituyeron un sector especialmente atractivo para el desarrollo de actividades pastorales.

En el valle de Perafita, PDP registra una retracción del pinar acompañada por la aparición de indicadores ruderales entre 5300 y 4900 cal. a. C., una señal que se evidencia más puntual y menos intensa que la observada en los registros del valle del Madriu (Miras *et al.* 2010). Así, una primera variabilidad inter-valle puede ser destacada, con mayor actividad en el valle del Madriu con respecto al de Perafita (Figura 77).

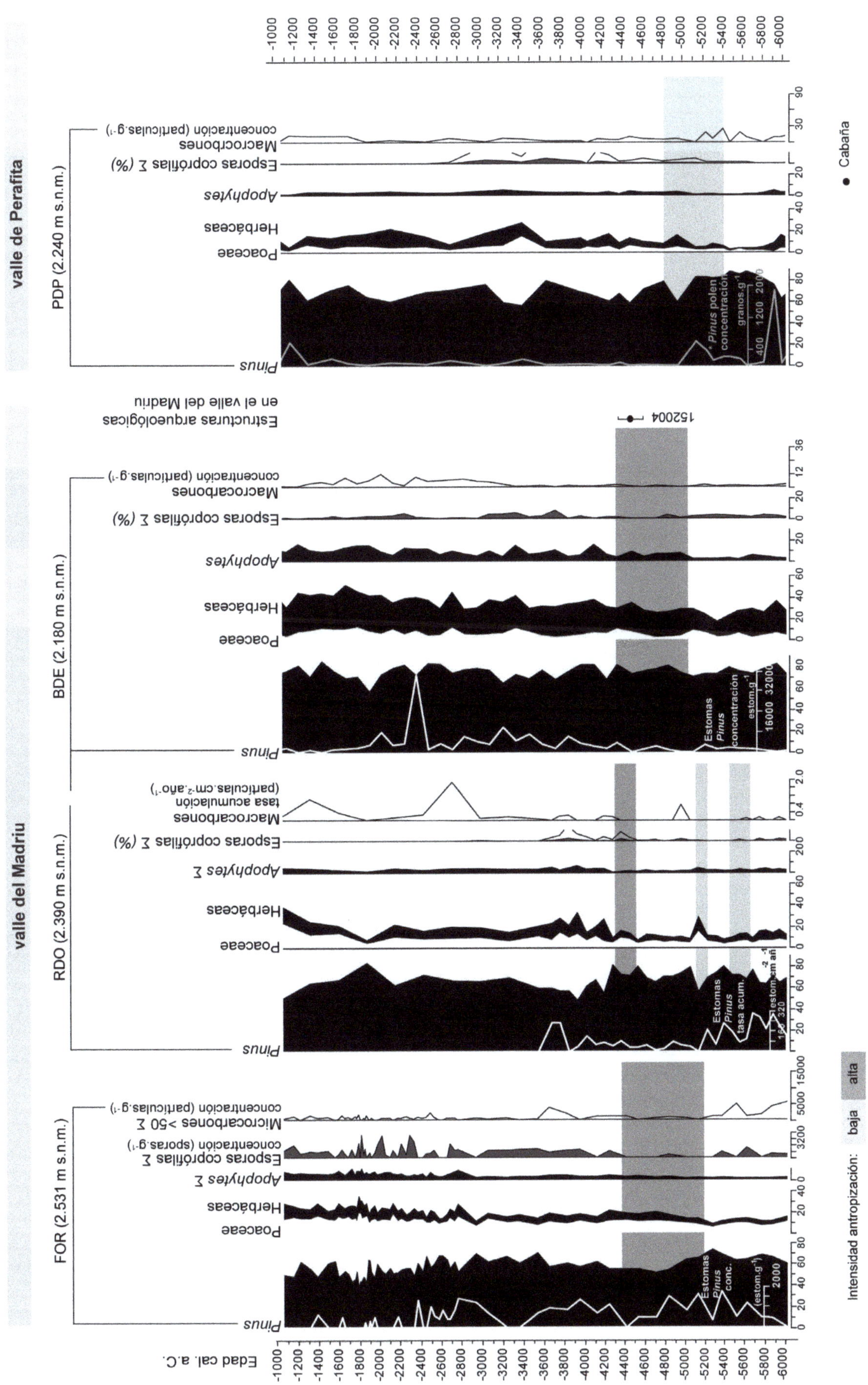

Figura 77. Diagrama sintético a escala temporal donde se muestran las fases de antropización de las secuencias estudiadas en el VMPC así como las estructuras arqueológicas datadas en el periodo Neolítico.

El desarrollo de actividades de pastoreo en sectores pirenaicos próximos al VMPC se documenta durante el Neolítico antiguo en la Balma de la Margineda (970 m) con la aparición e incremento de restos arqueofaunísticos de oveja (*Ovies aries* L.) y cabra doméstica (*Capra hircus* L.), y en menor medida de cerdo (*Sus scrofa domesticus* L.) durante la primera mitad del VI milenio cal. a. C. Estas actividades coexisten con actividades cinegéticas, tal y como demuestra la continuada presencia de restos de cabra pirenaica, ciervo o jabalí a lo largo de esta fase (Geddès 1995). De la misma manera, la representación de los ovicápridos domésticos en contextos arqueológicos de baja montaña (*c.* 600-700 m) es cada vez más importantes a partir del 5000 a. C. en sectores del valle del Aude (Pirineos orientales septentrionales), donde, nuevamente, el pastoreo se combina con actividades cinegéticas durante este periodo (Geddès 1983). Finalmente, cabe destacar, por su proximidad a Andorra y por su localización a mayor altitud, las evidencias arqueológicas documentadas en la Cova del Sardo (1.830 m) en el valle de Sant Nicolau (Pirineos centrales, Figura 2). La datación en este yacimiento de un hogar entre 5609 y 5376 cal a. C. (Gassiot *et al.* 2010, 38-39) corrobora la antigüedad de la frecuentación neolítica de la alta montaña pirenaica en un momento coincidente con la primera perturbación forestal observada en RDO (2.390 m). De la misma manera, se ha documentado un segundo contexto arqueológico datado entre 4667 y 4454 cal a. C. cuyos vestigios líticos apuntan a la convivencia de actividades de caza y posibles actividades de forrajeo (Gassiot *et al.* 2010, 39)

Como se puede observar, los datos palinológicos y arqueológicos disponibles en otros sectores pirenaicos son escasos a la hora de caracterizar la frecuentación humana de los sectores de alta montaña durante el Neolítico antiguo. Cabe, eso sí, destacar la existencia de procesos de perturbación del pinar y aperturas del medio en diferentes sectores altimontanos próximos, como los documentados en la turbera de la Feixa (2.150 m, Cerdanya francesa) entre 5460 y 5370 cal. a. C., en torno a 5250 cal. a. C. y a partir de 5050 cal. a. C. (Esteban 1995), en el Estany Redó (2.105 m) entre 5050 y 4350 cal. a. C. (Catalan *et al.* 2001) y en el Estany Redon (2.240 m) entre 5050 y 4000 cal. a. C. (Pla y Catalan 2005). Sin embargo, el hecho de que en estos registros los procesos de deforestación no se encuentren asociados a incrementos evidentes en los indicadores de antropización no permite establecer una causalidad antrópica para estas perturbaciones forestales. La falta de otros proxies paleoambientales en estas secuencias así como de datos arqueológicos en dichos sectores impide asimismo establecer el carácter antrópico de estas deforestaciones. Por otra parte, en sectores altimontanos de los Alpes meridionales franceses (valle del Champsaur, 2.180 m) sí se ha podido documentar una frecuentación humana de carácter pastoral, pero ésta se centraría en el aprovechamiento de los prados alpinos y no supondría un impacto destacado sobre las formaciones forestales subalpinas (Court-Picon 2007).

Por lo que respecta al piso subalpino inferior y montano del VMPC, distintas perturbaciones forestales se evidencian en los registros estudiados. Así, en PDE se observa una reducción de *Quercus* caducifolio-t, *Corylus* y *Betula* al principio del periodo, entre *c.* 6000 - 5700 cal. a. C. (Miras *et al.* 2010). BDE documenta asimismo en este momento una primera reducción de *Corylus* y *Abies*, a la que le seguirá, tras un periodo de recuperación, una segúnda reducción de estos taxones y de *Betula* a partir de 5300-5100 cal. a. C. Similares retracciones son registradas en los registros alpinos del valle, con la reducción de *Quercus* caducifolio-t y *Betula* en FOR entre 6000 y 5000 cal. a. C. y de *Corylus* en RDO a partir de 5800 cal. a. C. Todo ello coincide con una mayor regularidad en el registro de Cerealia-t en FOR entre 5375 y 4850 cal. a. C. y con las primeras evidencias puntuales de Cerealia-t en PDP en torno a 5300 cal. a. C. (Miras *et al.* 2010) y en RDO en torno a 5600 *c.* a. C. y 5200 cal. a. C. Ello sugiere la existencia de actividades agrícolas en los sectores inferiores del VMPC que propiciarían aperturas forestales en el robledal caducifolio y las formaciones mixtas de avellano, abeto y abedules. A pesar de que todas estas retracciones ocurren a lo largo de este periodo, es significativo el hecho de que éstas no se dan de manera sincrónica ni afectan a los mismos taxones en las secuencias estudiadas. Aunque ello podría muy bien responder a diferencias en el área de captación polínica de los registros, estas diferencias podrían también reflejar una explotación antrópica itinerante de los sectores inferiores del valle, que afectaría a distintas zonas y comunidades vegetales a lo largo del Neolítico antiguo. Todos estos hechos son coherentes con un incremento de taxones ruderales, la retracción de *Corylus* y el avance de vegetación subabustiva y arbórea colonizadora de espacios abiertos como el boj, el enebro y el abedul en los niveles del Neolítico antiguo de la secuencia polínica de la Balma de la Margineda (970 m) (Leroyer 1995). Esta apertura del paisaje y mayor antropización que se da en este yacimiento especialmente a partir del 5690 cal. a. C., responde al desarrollo de prácticas agropastorales neolíticas, como evidencian de una parte la ya mencionada documentación de restos de ovicápridos domésticos (Geddès 1995), así como evidencias carpológicas de cereales (*Triticum aestivum-compactum, T. durum, T. dicoccum, Hordeum vulgare*) y leguminosas (*Pisum sativum*) (Marinval 1995) en este nivel de ocupación del abrigo del Neolítico antiguo.

Así, los datos obtenidos en el VMPC permiten subrayar la existencia de perturbaciones forestales en los pisos inferiores del valle ya a partir del 6000-6800 cal. a. C. y evidencias de prácticas cerealícolas a partir del 5375 cal. a. C., que son corroboradas por los datos de la arqueobotánicos y arqueofaunístico de la Balma de la Margineda a cotas inferiores. La frecuentación pastoral de los sectores más elevados del valle del Madriu se incrementaría a partir del 5200 cal. a. C. (FOR, 2.531 m, y RDO, 2.390 m) y estaría posiblemente ligada a prácticas pastorales de carácter itinerante que darían lugar a procesos de apertura forestal y a la configuración de un pinar abierto hasta aproximadamente los 2.531 m s.n.m. (FOR). Estas actividades se darían igualmente, pero de una manera más puntual y menos intensa en el valle de Perafita (PDP, 2.240 m) durante este momento, para extenderse al piso subalpino del valle del Madriu (BDE, 2.180 m) partir de 5050 cal. a. C. Estos datos parecen corroborar la hipótesis propuesta por Galop (2006) en relación a una más temprana extensión de las prácticas agropastorales neolíticas en la vertiente sur de los Pirineos con respecto a la vertiente septentrional, donde únicamente a partir de 5200 cal. a. C. comienzan a registrarse procesos de apertura forestal unidos a indicadores polínicos agropastorales y/o pólenes de cereales. Éstos se dan principalmente en sectores de baja montaña de los Pirineos centrales y occidentales y, de manera puntual, en sectores pirenaicos orientales de media y alta montaña como el lago de Sagnes de Balcère (1.670 m) (Jalut 1974; Reille 1990) y el lago Racou (2.000 m) (Guiter *et al.* 2005) (Figura 2).

Neolítico medio y transición al Neolítico final (de c. 4350 a c. 3000 cal. a. C. /6300 -4950 cal. BP) (FOR-2a; RDO-1c/1d; B-5b; PDP-B3)

Primera variabilidad intra-valle, formación de claros forestal en el valle del Madriu e inicio de la ocupación humana y de la extensión de los prados alpinos en el valle de Perafita

Durante el Neolítico medio, desde 4350 hasta 3500 cal. a. C., el acusado declive de porcentajes y la reducción de la tasa de acumulación de *Pinus* en RDO (RDO-1c) sugiere la existencia de deforestaciones del pinar acompañadas por la extensión de prados alpinos más diversificados, principalmente formados por Poaceae pero también con presencia de *Artemisia*, Cichorioideae y herbáceas altas como Apiaceae (Figuras 71 y 45). Los porcentajes de *Pinus* (54%) y de taxones herbáceos (27%) en este momento son, por otra parte, indicativos de formaciones de parados altimontanos según pone de manifiesto el refrencial de lluvia polínica realizado. A pesar de que el registro regular de estomas de pino a lo largo de este periodo indica la persistencia local del pinar en las inmediaciones de RDO, las evidencias polínicas sugieren una apertura del mismo. Por su parte, el incremento y registro más consistente de taxones nitrófilo-ruderales como *Urtica dioica*-t, *Plantago lanceolata*-t, *Rumex,* Asteroideae undiff., *Cirsium*-t, *Lamium*-t, Brassicaceae o *Potentilla*-t, alguno de ellos considerados indicadores locales de pastoreo en los Pirineos occidentales (Mazier *et al.* 2009), es indicativo de una mayor presión pastoral en los prados alpinos. El incremento de esporas coprófilas como *Sordria* y *Sporormiella*, ambas asociadas a la variable pastoreo en el estudio referencial, así como el registro más regular de *Cercophora* y *Chaetomium* ratifican la naturaleza local de dichas actividades pastorales. Por su parte, la documentación de macrocarbones en este momento sugiere la existencia de procesos de combustión ocasionales de carácter local (Carcaillet *et al.* 2001), mientras que el incremento coetáneo de *Glomus* puede indicar procesos erosivos ligados a las deforestaciones, el pisoteo del ganado y la existencia de fuegos en las inmediaciones de la turbera (van Geel *et al.* 2003; Marinova y Atanassova 2006). El incremento en la densidad de la turba a partir de 90 cm (Figura 42) puede asimismo resultar de un mayor aporte minerogénico debido a los procesos erosivos así como de la compactación de la turba por el efecto del pisoteo del ganado (Braga y Tallis 2001; Sjögren *et al.* 2007). Por su parte, los máximos valores de esporas de hongo undiff. y la mayor regularidad en la documentación de oocitos de *Turbellaria* y *Polyadosporites* sugiere la existencia de unas condiciones más eutróficas y una mayor descomposición de la materia orgánica en la turbera (Haas 1996; Carrión y Navarro 2002), que puede tener relación con la frecuentación local del ganado en la misma. Finalmente, la desaparición de estomas de *Pinus* en torno a 3500 cal. a. C. sugiere un alejamiento del pinar de las proximidades de la turbera. Ello muy probablemente debe interpretarse como consecuencia de la presión pastoral documentada a lo largo de este periodo que, por primera vez en el valle, provocará una apertura permanente que comprometerá la regeneración forestal en el sector. Así, la presencia esporádica y/o ausencia de estomas de pino durante las siguientes zonas polínicas de RDO indica la permanencia de un paisaje abierto en torno a la turbera, tal y como se encuentra este sector en la actualidad.

Sin embargo, estas evidencias no son extensivas al conjunto del valle. Entre *c.* 4300 y 3500 cal. a. C. el mantenimiento general de *apophytes* en FOR, a los que se suman indicadores nitrófilo-ruderales propios de la vegetación altimontana pirenaica como *Plantago lanceolata-t, P. alpina, Echium*-t o *Solanum nigrum*-t (Tabla 7), y las evidencias regulares de las esporas coprófilas *Sporormiella* y *Sordaria* sugieren una continuada frecuentación pastoral de los sectores en torno a 2.530 m s.n.m. Sin embargo, el moderado incremento de *Pinus*, así como la recuperación de la curva de concentración de estomas de pino durante este periodo, indica una aproximación y/o densificación del pinar al las inmediaciones del lago. Esta regeneración forestal puede relacionarse con una menor presión pastoral y paisajística en los sectores más elevados del valle (Figuras 69 y 77).

Un proceso similar de regeneración forestal se observa a cotas inferiores, en los sectores subalpinos de exposición septentrional del valle del Madriu. Así, en BDE (2.180 m) entre 4000 y 3500 cal. a. C., el incremento de la concentración de estomas de pino, el declive de los taxones herbáceos y un espectro de *apophytes* menos diversificado indica la moderada recuperación del pinar en este sector y una cierta reducción de la presión antrópica (Miras *et al.* 2007). Aunque el registro de *Cercophora, Sordaria* y *Chaetomium* sugiere una continuidad en la frecuentación pastoral de BDE, la recuperación del pinar indica una menor presión pastoral en torno a la turbera. Finalmente, en el valle de Perafita la aparición y desarrollo de un espectro de *apophytes* más diversificado y una mejor representación de esporas coprófilas en PDP a partir de 4250 cal. a. C. sugiere una frecuentación pastoral de este sector que, sin embargo, no implica procesos de apertura del pinar significativos (Figura 77).

La progresiva reducción del contenido de materia orgánica en FOR, a partir de 4300 cal. a. C. subraya una reducción de la productividad lacustre a partir de este momento, que se verá acentuada entre 3950 cal. a. C. y 3250 cal. a. C., periodo en que los porcentajes de materia orgánica se mantienen ≤20%. Esta baja productividad del lago puede responder a un recrudecimiento de las condiciones climáticas, que comenzaría en torno a 4300 y que se acentuaría entre 3950 y 3250 cal. a. C. Asimismo, el progresivo incremento de *Isoetes lacustris* durante este periodo puede asociarse a un descenso del nivel hídrico del lago como consecuencia de unas condiciones ambientales más secas durante este recrudecimiento climático. Estos datos son coherentes con las reconstrucciones paleo-climáticas realizadas en los Pirineos centrales, donde un descenso de las temperaturas es evidenciado a partir de 3850 cal. a. C. en el Estany Redon (2.240 m) (Pla y Catalan 2005), así como en sistemas de montaña medioeuropeos, donde este proceso se observa a partir de 3700 cal. a. C. (Magny 2004). No obstante, el cambio hacia unas condiciones climáticas más frías debió ser progresivo y no parece afectar de forma significativa a las formaciones vegetales altimontanas entre 4300 y 3500 cal. a. C. De esta manera, la regeneración forestal observada en BDE (2.180 m) y FOR (2.531 m) sugiere una escasa repercusión de esta variabilidad climática sobre el pinar, incluso en los sectores más elevados del valle.

Mientras que un paisaje diversificado se configura entre *c.* 4350 y 3500 cal. a. C. en los sectores altimontanos, los sectores inferiores del VMPC experimentan un proceso de apertura forestal durante este momento. Así, entre 4500-4200 cal. a. C. y 3000 se observa la retracción de *Quercus ilex*-t, *Quercus* caducifolio-t, *Tilia, Ulmus, Abies* y *Betula e*n PDP. La retracción de *Corylus, Quercus* caducifolio-t y *Betula* está asimismo evidenciada en BDE, mientras que *Abies, Corylus, Quercus* caducifolio-t, *Ulmus* y *Tilia* también decaen en FOR. Por su parte, este mismo proceso se documenta en RDO a partir de 3600 cal. a. C., tal y como demuestra la retracción de *Quercus* caducifolio-t, *Corylus*, *Abies* y *Betula*. Si bien la apertura del paisaje observada a cotas inferiores podría verse favorecida por dicho descenso térmico, es iguamente importante considerar la existencia de actividades agropastorales y su contribución a la apertura paisajística. La ausencia de datos paleoambientales y/o arqueológicos en los sectores inferiores del VMPC no permite caracterizar con precisión los cambios paisajísticos ni la actividad humana allí desarrollada, sobretodo en estos periodos cuando la presión antrópica sobre el paisaje es todavía moderada. Sin embargo, la documentación regular de Cerealia-t en PDP entre 4250 y 3050 cal. a. C., así como en RDO entre 4100 y 3750 cal. a. C. y el registro puntual de este tipo polínico en FOR en torno a 3950 y 3350 cal. a. C., sugiere el desarrollo de prácticas cerealícolas en zonas de media y baja montaña que, muy probablemente, tendrían un papel destacado en la apertura forestal documentada a lo largo de este periodo.

De hecho, la ocupación neolítica de los sectores de media montaña andorranos está documentada en este periodo a partir de dos yacimientos pertenecientes a la denominada cultura de los sepulcros en fosa del Neolítico medio: el poblado-necrópolis de la Feixa del Moro (Juberri) a 1.335 m s.n.m., datada por radiocarbono en torno a 3790 cal. a. C. (Llovera 1986) y la Tomba del Segudet (Ordino), localizada a 1.324 m y datada en torno al 4100 cal. a. C. (Yáñez *et al.* 2002). De la mima manera, las evidencias polínicas en los sectores de baja y media montaña de los Pirineos septentrionales subrayan una generalización de las aperturas del paisaje forestal asociadas a prácticas agrícolas y pastorales durante el Neolítico medio, entre 4200 y 3700 cal. a. C. Este proceso se produce de manera especial en el sector oriental de la vertiente norte pirenaica, donde además se documentan los primeros indicadores de antropización en secuencias altimontanas como la turbera de Ruisseau de Laurenti (1.860 m), en un contexto de deforestación del pinar y del bosque mixto montano y subalpino (Jalut *et al.* 1996). La ocupación y explotación de los sectores altimontanos de la Cerdanya francesa (Enveig) se ha corroborado mediante la documentación de una cabaña a 2.300 m, datada por radiocarbono en torno a 4125 cal. a. C. (5290 ± 60 BP) (Rendu 2003), y una moderada deforestación del pinar unida a indicadores de antropización como *Rumex* o Chenopodiaceae en la cecana turbera de Pla de l'Orri (2.150 m) (Galop 1998).

Todo ello ha llevado a Galop a subrayar que en la vertiente norte de los Pirineos el Neolítico medio supone una "phase de conquête et d'anthropisation des espaces de moyenne et haute montagne" vinculada al desarrollo de las actividades pastorales (Galop 2006: 281). Los resultados paleoambientales y arqueológicos en el VMPC indican que este proceso ya se había iniciado con anterioridad en la vertiente meridional pirenaica durante el Neolítico antiguo, entre 5200 y 4500 cal. a. C., con el desarrollo de prácticas agropastorales en los sectores inferiores y una frecuentación de los espacios altimontanos con fines pastorales y de aprovechamiento de los recursos vegetales altimontanos que provocaría aperturas forestales limitadas en tiempo y espacio. Sin embargo, si durante el periodo anterior la frecuentación humana se daba de manera moderada en el conjunto de sectores altimontanos del VMPC, durante el Neolítico medio ésta se centra en áreas específicas del valle del Madriu, esto es en las inmediaciones de RDO (2.390 m) y se desarrolla de una manera más intensa, comprometiendo por primera vez la regeneración forestal. En este sentido, este periodo implica el desarrollo de diferencias en la intensidad y el modo de explotación del paisaje de los sectores altimontanos que se formulan a una escala microregional y que dan lugar a una primera variabilidad paisajística intra-valle

Esta variabilidad microregional no se circunscribe a este periodo sino que perdura durante la última parte del Neolítico medio y la transición al Neolítico final, cuando estas diferencias paisajísticas se evidencian entre el valle del Madriu y el valle de Perafita. Así, entre 3600 y 3050 cal. a. C., los datos palinológicos de PDP (PDP-B3) traducen una destacada apertura del pinar subalpino en torno a 2.240 m, que se combina con la expansión de los prados alpinos y una intensificación de las actividades pastorales locales (Figuras 79). En esta secuencia, los valores porcentuales mínimos de *Pinus* (56%) y los máximos de Poaceae (15%) y taxones herbáceos (28%), se ajustan a los valores indicativos de prados altimontanos obtenidos en el estudio de lluvia polínica actual, mientras que el incremento de *apophytes*, alguno de ellos (*Cirsium*-t y *Potentilla*-t) indicadores pastorales locales (Mazier *et al.* 2009) en otros sectores de montaña, y del conjunto de esporas coprófilas (*Cercophora, Sordaria, Sporormiella, Chaetomium*) indica la presencia de actividades de pastoreo de carácter local. La ocupación humana durante este periodo está confirmado arqueológicamente en las proximidades de la turbera mediante la excavación en el yacimiento Orris de la turbera de Perafita I (P02) de una cabaña circular de piedra seca cuyo nivel de ocupación/abandono (P008108) ha sido datado a 3116 ± 197 cal. a. C. y de una segunda cabaña (P009) cuyo primer nivel de ocupación puede, por afinidad tipológica de los artefactos recuperados y de las estructuras, ser también adscrito a este periodo (Orengo 2008: 15). Por su parte, el desarrollo de actividades de pastoreo se encuentra corroborada en el valle por un cercado de piedra seca (P169) en el yacimiento de Planells de Perafita I (P12), que ha sido igualmente datado a 3123 ± 200 cal. a. C. Además, el monumento funerario de tipo cista (P106) en el yacimiento Pleta de Claror V (P18) y que, por tipología, puede adscribirse al Neolítico medio, pone de manifiesto actividades de tipo funerario y ritual en este sector altimontano (Orengo 2010). Cabe, además, mencionar la obtención de segunda datación radiocarbónica de 3702 ± 62 cal. a. C. en un nivel de derrumbe de la cabaña P008103 formado por piedras procedentes de una reutilización medieval de la estructura y que contenía también materiales pertenecientes a los estratos más antiguos de la misma (Orengo 2008: 15). A pesar de la incertidumbre asociada a la posición secundaria de esta datación, la valoración del conjunto de dataciones indicaría una ocupación humana de este sector del valle de Perafita entre *c.* 3700 y 3010 cal. a. C., lo que es altamente coherente con la señal paleoambiental de apertura paisajística y desarrollo de actividades pastorales evidenciada en PDP entre 3600 y 3050 cal. a. C. (Miras *et al.* 2010).

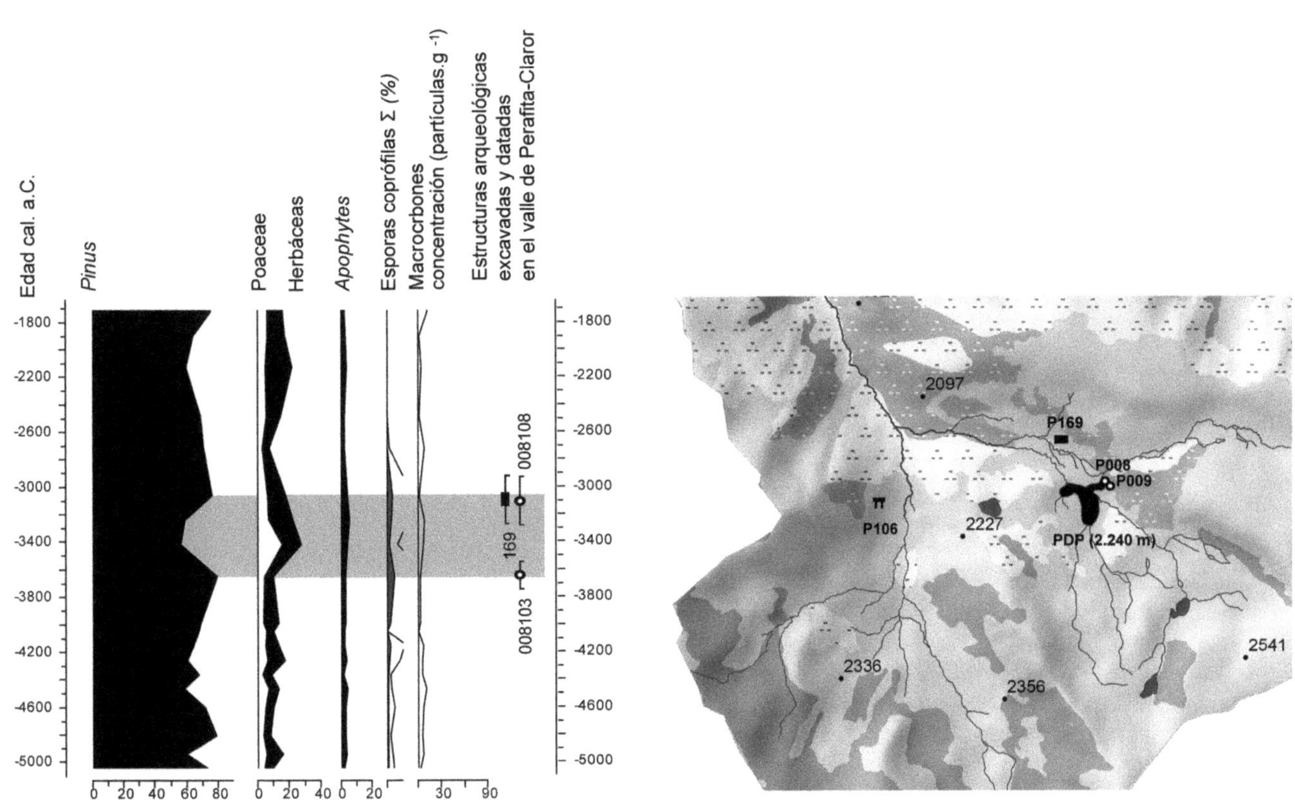

Figura 78. Diagrama simplificado de PDP a escala temporal donde se muestra la fase de apertura forestal e impacto pastoral observada durante este periodo. Se han incluido las dataciones procedentes de las estructuras excavadas en el valle de Perafita así como un mapa con la situación de las mismas. Diagrama: A. Ejarque. Mapa: H.A. Orengo.

Esta excelente correlación de los datos arqueológicos y paleoambientales nos permite, además, realizar una primera calibración de los indicadores de pastoreo subrayados por el referencial de lluvia polínica realizado en el VMPC. En este sentido, la mejor representación y/o incremento de Poaceae, Chenopodiaceae, Cichorioideae, Asteroideae, así como de *Sordaria* y *Sporormiella* en este momento de actividad pastoral es coherente con la correlación de estos taxones con prácticas pastorales en el estudio referencial (Figura 22). Por su parte, mientras que el incremento de Apiaceae y *Plantago* undiff. es menos evidente, la presencia de *Plantago lanceolata*-t sí parece estar asociada a este periodo, siendo este último un taxón no correlacionado estadísticamente en el referencial con la variable pastoreo.

Al tiempo que la ocupación humana y explotación pastoral se concentra en el valle de Perafita, en el del Madriu se observa una menor intensidad antrópica en los sectores más elevados del valle entre 3500 y 3000 cal. a. C. De esta manera, en RDO (2.390 m) la moderada reducción de Poaceae y otros taxones herbáceos, junto a una menor consistencia en el registro de *apophytes* y a la desaparición de las esporas coprófilas, permite apuntar una menor frecuentación pastoral de la turbera a partir de 3500 cal. a. C. Ello permitirá una moderada recuperación del pinar en este sector, tal y como indica el incremento porcentual y de la tasa de acumulación de *Pinus* (RDO-1d). Igualmente, la reducción general de *apophytes* (Chenopodiaceae, *Urtica dioica*-t, *P. lanceolata*-t, Asteroideae, *Achillea*-t, Cichorioideae, Campanulaceae, *Lamium*-t) en FOR (2.531 m) probablemente refleja también una menor frecuentación de los espacios más elevados del valle.

Con todo, la frecuentación humana del estadio alpino no desaparece, tal y como indica la documentación de un nivel de circulación o suelo con presencia de carbones (M085103) por debajo de la estructura M85 en el yacimiento Riu dels Orris I (M21) datado a 3132 ± 202 cal. a. C. De hecho, a cotas inferiores, en BDE (2.180 m), el mantenimiento de *apophytes* y esporas coprófilas indica una continuada frecuentación del estadio subalpino. El incremento de Poaceae y taxones herbáceos en esta secuencia, unido a la retracción porcentual de *Pinus* sugiere además una mayor apertura del pinar subalpino en torno a BDE, que probablemente se encuentra asociada al uso del fuego, tal y como indica en incremento de macrocarbones en este momento (B5-b). Esta frecuentación humana y apertura paisajística podría relacionarse con la ocupación documentada en ese periodo en el valle de Perafita y subrayaría la movilidad de los grupos humanos del Neolítico medio en el VMPC (Palet 2008 *a*).

La ocupación humana de sectores pirenaicos altimontanos próximos ha sido igualmente documentada durante este periodo. En la Cerdanya francesa (Enveig), la excavación de dos cabañas en el yacimiento del Serrat de la Padrilla (*c.* 2.300 m) ha permitido documentar dos hogares datados por radiocarbono en torno a 3390 cal. a. C. (4680 ± 80 BP) y 3300 cal. a. C. (4550 ± 60 BP), respectivamente (Rendu 2003). Por su parte, en torno a 3353 cal. a. C. se observa en la vecina turbera de Maurà (2.220 m) una ligera apertura del pinar (Galop 1998). Finalmente, la documentación de un hogar fechado por radiocarbono en torno a 3270 cal. a. C. (4475 ± 30 BP) (Jiménez 2006) en el Abric de la Coveta I (Pallars Sobirà, Pirineos centrales) a 2.431 m no hace sino corroborar la frecuentación por parte de las comunidades neolíticas de los sectores más elevados de los Pirineos durante este periodo.

Las evidencias paleoambientales y arqueológicas en el valle de Perafita y Madriu a lo largo del Neolítico Medio (4350-3500 cal. a. C.) y, sobretodo, durante la transición al Neolítico final (3500-3000 cal. a. C.), muestran la existencia de un tipo de explotación y ocupación de este sector pirenaico más regular, continuada e intensa, que implicará una mayor modificación paisajística de los espacios altimontanos. De manera progresiva la frecuentación de tipo itinerante observada durante el Neolítico antiguo pasa a un modo de explotación concentrada en sectores específicos del valle, que se frecuentan de manera regular. Ello se traduce en la configuración de claros forestales forestales que ya no se reforestan en los sectores altitudinales elevados del valle del Madriu (RDO, 2.390 m) entre 4350 y 3500 cal. a. C. y, posteriormente, a la apertura del pinar subalpino (PDP, 2.240 m) y la extensión de prados en el valle de Perafita entre 3600 y 3050 cal. a. C. Como ya ha sido subrayado, este proceso se da en un contexto general de degradación climática que, tal y como indican los resultados de FOR, se produce de manera progresiva a partir de 4200 cal. a. C. y se intensifica a partir del 3900 cal. a. C., momento en que se registra un recrudecimiento general de las temperaturas en otros sectores pirenaicos y de montaña europeos (Pla y Catalan 1999; Magny 2004).

Estos datos difieren a nivel regional con otros sectores pirenaicos septentrionales donde se observa una fase de retracción de la presión antrópica entre 3700-3600 cal. a. C. y hasta 3300 cal. a. C. que ha sido asociada con dicha degradación climática, en especial en los sectores de media y alta montaña (Galop 2006). La ocupación y desarrollo de actividades pastorales documentada arqueológica y paleoambientalmente en el valle de Perafita a lo largo de este periodo demuestra la adaptabilidad de las sociedades prehistóricas a los cambios climáticos y su elevada capacidad de gestión de los sectores altimontanos, también en momentos de recrudecimiento térmico.

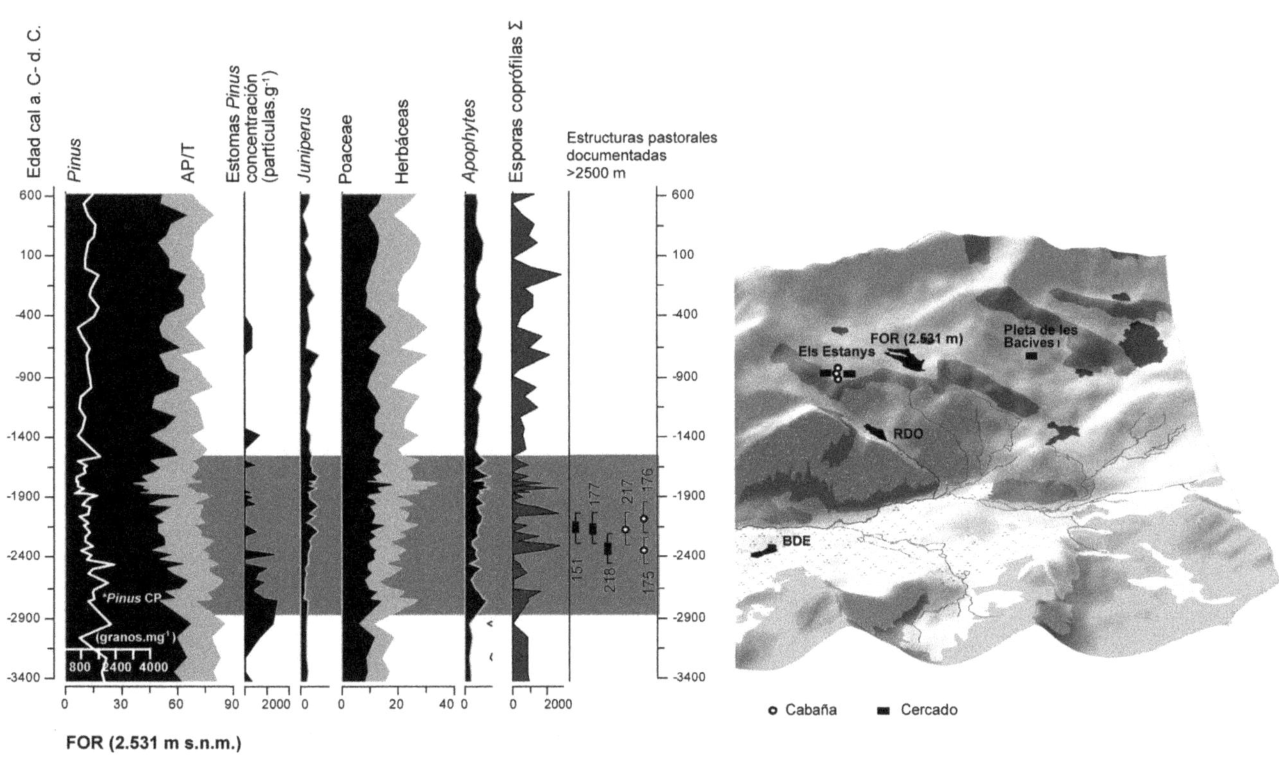

Figura 79. Diagrama simplificado de FOR con los principales resultados de polen, estomas y NPPs realizados siguiendo una alta resolución temporal durante el Neolítico final-Bronce antiguo. Se han incluido las estructuras pastorales excavadas y datadas en este periodo así como un mapa de situación de las mismas en el valle del Madriu. Diagrama: A. Ejarque. Mapa: H.A. Orengo.

Neolítico final- Bronce antiguo (de c. 3000 a c. 1650 cal. a. C./4950 -3600 cal. BP) (FOR-2a/2b; RDO-1d; B-5c/5d; PDP-B3)

Inflexión paisajística en el valle del Madriu: primera ocupación humana del estadio alpino y descenso del límite supraforestal. Un paisaje altimontano diversificado se configura en el VMPC.

El periodo comprendido entre el Neolítico final y el Bronce antiguo (3000-1650 cal. a. C.) constituye una auténtica inflexión en la configuración paisajística de los espacios altimontanos del valle del Madriu y en la gestión humana de los mismos. En FOR (2.531 m) la retracción polínica de *Pinus* y de estomas a partir de 2800 cal. a. C. indica una progresiva apertura del pinar que se acentúa a partir de 2450 cal. a. C., momento en que la curva continua de estomas de pino desaparece y su registro pasa a ser meramente puntual (Figura 79). Estas evidencias sugieren un descenso del límite superior del bosque en los sectores más elevados del estadio alpino del valle del Madriu. La extensión de Poaceae y del resto de taxones herbáceos, entre ellos Cyperaceae y Apiaceae, evidencia la expansión de los prados alpinos altimontanos durante esta fase, mientras que el desarrollo de *Juniperus* indica la progresiva colonización por formaciones arbustivas heliófilas de los espacios anteriormente forestados en la vertiente de exposición meridional del valle. En este sentido, el papel pionero del enebro en el ecotono supraforestal de esta vertiente del valle ha sido subrayado por el estudio polínico referencial, que muestra la correlación significativa de *Juniperus* con los prados alpinos y la variable altitud (Figura 22). Por su parte, los valores máximos de Poaceae (18%), taxones herbáceos (33%) y los mínimos de *Pinus* (43%) que se documentan al final de esta fase, en torno a 1800 cal. a. C., son propios de formaciones de parados altimontanos en el VMPC según el estudio referencial. Estos datos permiten, por tanto, afirmar una progresiva configuración de los prados alpinos y el descenso del límite supraforestal en los sectores más elevados del valle del Madriu a lo largo de esta fase. El coetáneo incremento de *apophytes*, con un registro más consistente y/o regular de taxones nitrófilo-ruderades como Chenopodiaceae, *Urtica dioica*-t, *Plantago* undiff. *P. lanceolata*, P. *major/medi*a, *Rumex acetosella*-t, *Achillea*-t, Cichorioideae undiff., *Chichorium intybus*-t, *Potentilla*-t, *Sanguisorba minor*-t, *Echium*-t o *Ranunculus acris*-t, que incluyen aquellos taxones asociados a la variable pastoreo en el estudio referencial y otros vinculados a actividades de pastoreo en otros sectores de media y alta montaña europeos (Court-Picon *et al.* 2006; Mazier *et al.* 2009), indica una intensificación de la frecuentación humana y pastoral en los prados alpinos. La mayor regularidad en el registro de las esporas coprófilas *Sporormiella* y *Sordaria* es indicativa de la existencia de actividades de pastoreo en las inmediaciones del lago, mientras que el incremento en el registro de oocitos de

Macrobiotus y una más regular presencia de oocitos de *Turbellaria* sugiere la existencia de unas condiciones lacustres más productivas (Haas 1996), que podrían estar relacionadas con dichas actividades de pastoreo. Por su parte, el alejamiento del bosque de la cubeta del Estany Forcat se traducirá en un menor aporte de materia orgánica al lago, hecho que podría explicar la reducción del contenido de materia orgánica en FOR-2a/b durante este momento. La sensibilidad de la productividad del lago a los cambios climáticos a partir de este momento queda minimizada, tal y como demuestra la estabilidad de la curva del contenido de materia orgánica a partir de este momento y durante los periodos siguientes.

La ocupación humana y el desarrollo local de actividades pastorales durante este periodo se encuentran atestiguados por las evidencias arqueológicas en los sectores más elevados del valle, en torno a 2.530 m y próximos a FOR. En este sentido, la excavación y datación radiocarbónica del yacimiento de els Estanys (M34) permite situar el conjunto arqueológico de tres cabañas (M175/M176 y M217), un cercado (M177) y un muro perimetral (M218) entre *c.* 2350 y 2080 cal. a. C. (Palet 2008 *a*; Palet 2010). En esta fase cronológica se incluye también un nivel de ocupación-abandono del cercado ganadero M151, documentado en el yacimiento de Pleta de les Bacives I (M28) y datado a 2162 ± 124 cal. a. C. La Figura 79 muestra la sincronía entre estas evidencias arqueológicas y la intensificación del proceso de apertura forestal y extensión de las actividades pastorales evidenciados en FOR a partir de 2450 cal. a. C. Ello no hace sino confirmar una intensificación en la ocupación y explotación pastoral de los espacios altimontanos durante el Neolítico final y el Bronce antiguo que, por primera vez en el valle del Madriu, provocarán el descenso del límite supraforestal y la extensión de los prados alpinos. Los resultados antracológicos del nivel de ocupación del cercado M151 próximo a FOR muestran que un 90% de los restos carbonizados corresponden a *Pinus* tipo *uncinata* (Euba 2009, 75), corroborando de esta manera la explotación local del pinar en este sector.

La alta resolución temporal a la que se ha llevado a cabo el estudio de FOR durante este periodo[2] permite constatar un proceso de transformación del paisaje altimontano por las comunidades humanadas continuo y cada vez más intenso que no permite la regeneración forestal en los sectores alpinos. De esta manera, el descenso de *Pinus*, así como el incremento porcentual de los taxones herbáceos y *apophytes*, se da de manera constante y continuada, documentándose en torno a 1850-1750 cal. a. C. los mínimos porcentajes de *Pinus* y los máximos de Poaceae y *apophytes* del testimonio (Figuras 69 y 79)

Sin embargo, la actividad humana y pastoral no se limita solamente a los sectores más elevados del valle, sino que también se desarrolla en el estadio subalpino en torno a los 2.180 m. Así, en BDE (Figuras 73 y 77), el incremento general de taxones herbáceos, *apophytes* y la presencia de esporas coprófilas subraya un incremento de la presión pastoral en este sector, mientras que el retroceso de la concentración polínica y los porcentajes de *Pinus* así como de los estomas de pino, evidencia deforestaciones del pinar en las inmediaciones de la turbera entre 2200 y 1650 cal. a. C. (B-5d). A diferencia de lo documentado en FOR, estas deforestaciones fueron probablemente favorecidas por el uso del fuego, tal y como sugiere el incremento de macrocarbones durante este momento.

Con todo, en RDO (2.390 m) (Figura 71), la ligera retracción de Poaceae y otros taxones herbáceos, así como un menor registro de *apophytes* y la desaparición de las esporas coprófilas, podría reflejar una menor frecuentación de las inmediaciones de la turbera durante este periodo. Ello permitiría una progresiva y moderada recuperación del pinar en este medio alpino, tal y como indica el incremento porcentual y la tasa de acumulación polínica de *Pinus*. Sin embargo, el pico de macrocarbones documentado en RDO-1d, sugiere la existencia de actividades de combustión próximas a la turbera similares, pero menos frecuentes a las observadas a cotas inferiores, en BDE.

De esta manera, a pesar de que los datos de FOR y BDE puedan sugerir a priori una explotación intensa de todos los sectores altitudinales del valle entre 2.531 y 2.180 m, los resultados obtenidos en RDO (2.390 m) no sólo subrayan la existencia de diferencias en la explotación de este medio altimontano a escala microregional sino que ponen de manifiesto que la explotación de los sectores de alta montaña no se realiza exclusivamente siguiendo un criterio altitudinal. Así, mientras la ocupación y explotación pastoral se concentra en los sectores más elevados del estadio alpino, donde se produce el descenso del límite supraforestal y la expansión de los prados alpinos, y en el estadio subalpino, donde la apertura forestal del pinar es favorecida por el uso del fuego, el área en torno a RDO (2.390 m) experimenta procesos de regeneración forestal probablemente vinculados a una menor frecuentación humana. El desarrollo de una destacada organización paisajística de los espacios altimontanos del valle del Madriu durante este momento es el resultado de un complejo sistema de usos del suelo que no hace sino subrayar la alta adaptabilidad de las comunidades prehistóricas a la gestión de los medios de alta montaña.

[2] La alta resolución comprende intervalos entre muestras entre 16 y 32 años entre 2700 y 1900 cal. a. C., y un análisis continuo entre 1900 y 1650 cal. a. C., donde cada muestra comprende 16 años de lluvia polínica.

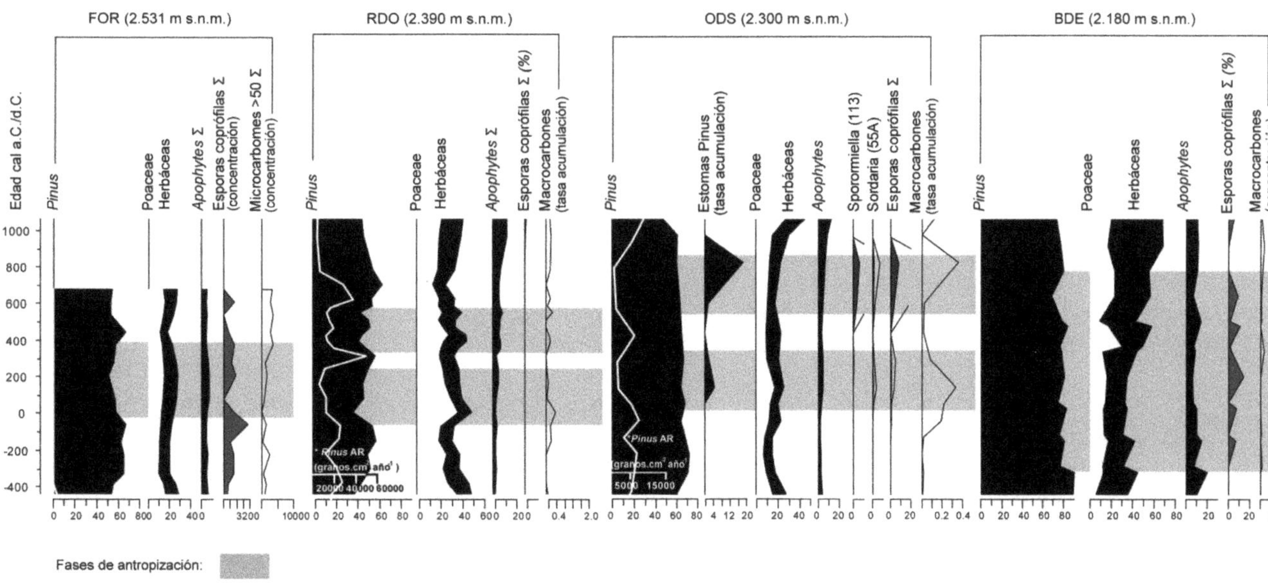

Figura 81. Diagrama sintético a escala temporal donde se muestran las fases de antropización de las secuencias estudiadas en el VMPC durante el periodo romano y la Antigüedad tardía.

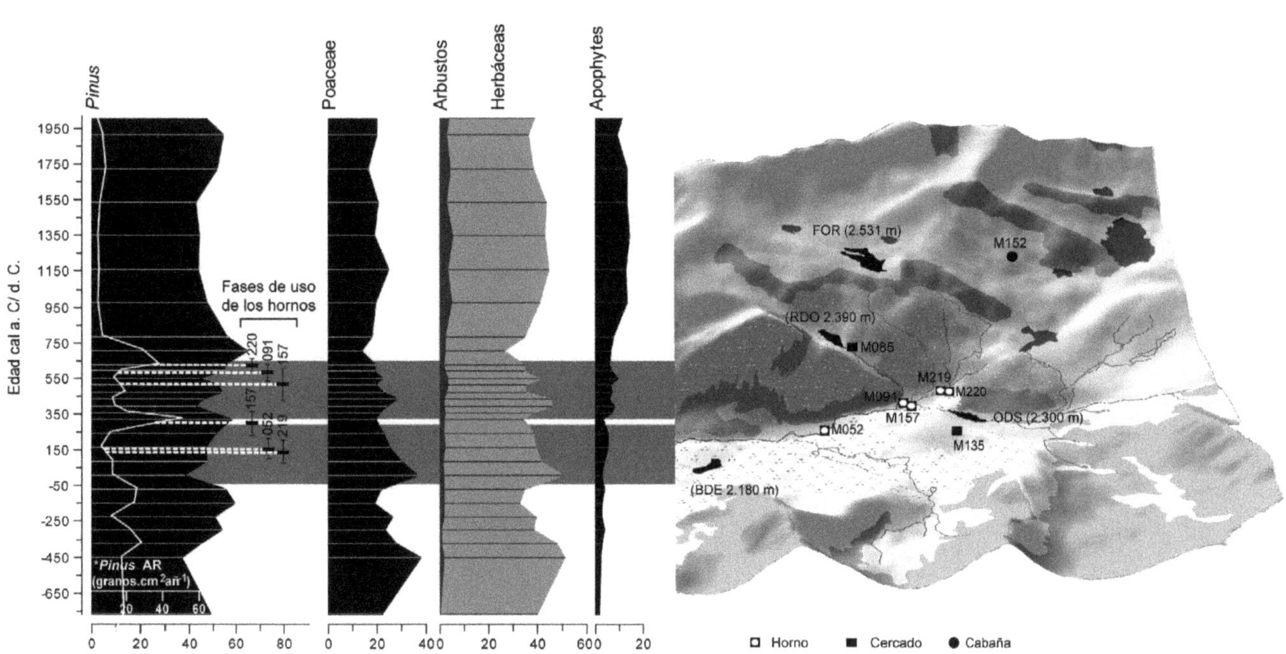

Figura 82. Diagrama simplificado de RDO donde se muestra la coincidencia de las dos fases de deforestación durante el periodo altoimperial y tardoantiguo (en verde) con la actividad de los hornos documentados en el valle del Madriu. A la derecha, mapa 3D del valle del Madriu con las secuencias estudiadas y las diferentes estructuras documentadas durante este periodo.

Por su parte, diferencias en la intensidad de la presión antrópica de carácter microregional se producen asimismo entre los valles del Madriu y de Perafita. Así, en PDP, la ligera retracción de *apophytes*, la desaparición de esporas coprófilas y el desarrollo de polen arbóreo pionero, como *Corylus* o *Betula*, entre 3000 y 2700 cal. a. C. pone de manifiesto una explotación pastoral menos recurrente e intensa que la observada en el valle del Madriu (Miras *et al.* 2010). La frecuentación humana de este sector está sin embargo evidenciada por el registro de un nivel de circulación previo a la construcción de un corredor o *munyidora* medieval que se ha datado a 2684 ± 182 cal. a. C. (Orengo 2008: 16).

Estos procesos ocurren en un contexto climático variable. Así, a la fase cálida que se registra en los sectores altimontanos de los Pirineos centrales entre 3050 y 2650 cal. a. C. le sigue un periodo frío entre 2550 y 1650 cal. a. C. (Pla y Catalan 2005). El incremento de *Isoetes lacustris* observado en FOR entre *c.* 2500 y 1900 cal. a. C. pudo haberse visto favorecido por un descenso del nivel hídrico del lago (Guiter *et al.* 2005), lo que sería coherente con la existencia de unas condiciones climáticas más frías y secas durante esta fase. Por otra parte, el registro de unas condiciones climáticas variables en los Pirineos coincide con un momento de oscilaciones en los niveles hídricos de lagos medio-europeos (Magny 2004). Sin embargo, la ocupación humana documentada arqueológica y paleoambientalmente en los sectores altimontanos del valle del Madriu se da de manera ininterrumpida a lo largo de este periodo y no parece verse afectada de manera significativa por estas oscilaciones climáticas. De la misma manera, las diferencias en la configuración paisajística documentadas a nivel intravalle e intervalle durante este periodo permiten, además, cuestionar la posible causalidad climática en los procesos de apertura forestal producidos en el valle.

Por otra parte, la mayor regularidad en el registro de Cerealia-t en FOR y BDE refleja una generalización de las prácticas agrícolas a cotas inferiores durante este periodo, que muy probablemente hayan contribuido a la apertura forestal de los pisos altitudinales inferiores del valle. A este respecto, cabe subrayar a partir de 2700 cal. a C. la existencia de nuevas retracciones de *Corylus* y *Betula* en PDP, mientras que en RDO la reducción de los valores de *Corylus* y *Betula*, pero también de *Quercus* caducifolio-t y *Ulmus,* se acentúa a partir de 2200 cal. a. C. Finalmente a partir de 2700 cal. a. C. la retracción del abetal se documenta en BDE y en FOR, donde además también se aprecia una reducción de los valores de *Corylus* y *Ulmus.* De manera coetánea a esta apertura forestal y a la mayor regularidad de Cerealia-t, se documenta la ocupación arqueológica en sectores de baja montaña de la cuenca del Valira en el Yacimiento del Cedre VII (990-1.045 m), con un nivel de ocupación datado por tipología cerámica en el Calcolítico-Bronce antiguo (Yáñez 2005). Por otra parte, la documentación regular de *Fagus* en BDE y FOR entre *c.* 2850 y 2400 cal. a. C. (4800-4350 cal BP), que se produce de manera coetánea a la regresión de *Abies*, indica el desarrollo incipiente del haya en los sectores altitudinales inferiores del VMPC. Esto es coherente con el inicio del registro regular de polen de *Fagus* entre *c.* 3100 y 2250 cal. a. C. en otros registros altimontanos de los Pirineos orientales (Gómez y Esteban 1993; Reille y Lowe 1993; Galop 1998) y centrales (Galop 1998; Catalan *et al.* 2001; Pla y Catalan 2005)[3], si bien registros próximos como el Estany de Burg (1821, Pèlachs 2004) o el lago Racou (2000 m, Guiter *et al.* 2005) presentan unas cronologías más tardías para este evento, en torno a 1050 cal a. C y 1947 cal a. C. respectivamente. El cambio hacia unas condiciones climáticas más frías a partir de 2650 cal a. C. (Pla y Catalan 2005) pudo, de hecho, haber favorecido la extensión del haya hacia los sectores altimontanos pirenaicos. A este respecto, se ha destacado que el cambio hacia unas condiciones más frías durante la segunda mitad del Holoceno pudo ser uno de los factores que contribuyó a la extensión europea del haya (Magri 2008). Con todo, la apertura del abetal y otras formaciones montanas durante esta fase de intensa antropización del valle pudo también haber contribuido al desarrollo de este taxón, tal y como se ha destacado en otros sectores europeos (Küster 1997; Björkman 1999; López-Merino *et al.* 2008; Court-Picon 2007; Valsecchi *et al.* 2008) y pirenaicos (Jalut *et al.* 1984; Reille y Lowe 1993; Galop 1998, Guiter *et al.* 2005; Pèlachs *et al.* 2009). De hecho, la existencia de diferencias cronológicas sustanciales, de en torno a mil años, en la expansión de *Fagus* en registros de media montaña de dos valles próximos pirenaicos como son el valle de Aston y el de Vicdessos (Fig. 2), se asocia a los diferentes procesos de antropización observados en ambos sectores (Galop y Jalut 1994; Galop 1998).

Por otro lado, el incremento de la ocupación humana y el desarrollo de una mayor presión agropastoral asociada a procesos de apertura forestal se documenta igualmente en otros sectores pirenaicos de alta montaña próximos al VMPC durante el Neolítico final y el Bronce antiguo. De esta manera, al este del VMPC, en la Cerdanya meridional, la turbera de la Feixa (2.240 m) muestra una acusada apertura del bosque subalpino en un momento ligeramente posterior a 3100 cal. a. C. La retracción porcentual de *Pinus*, la expansión de Poaceae, el desarrollo de *Juniperus* y el declive de *Abies* siguen pautas y cronologías similares a la observada en FOR, y subrayan la existencia de perturbaciones forestales tanto en los sectores más elevados como en estadios a menor altitud. Además, el incremento de taxones nitrófilo-ruderales y el inicio de la curva continua de Cerealia-t en la Feixa indican un incremento de actividades agropastorales (Gómez y Esteban 1993; Esteban 1995). Procesos similares se documentan asimismo en la vertiente septentrional de la Cerdanya.

[3] En los Pirineos orientales este evento se fecha en la Feixa (2.240 m) y en Gourg Negre (2080 m) a partir de *c.* 3100 cal. a. C. y en Pailheres (1700 m) en torno a 2250 cal. a. C. En los Pirineos centrales meridionales se han obtenido similares cronologías en el Estany Redó (2105 m), en torno a 2950 cal. a. C., y en el Estany Redon (2240 m) en torno a 2550 cal. a. C.

Así, la turbera Pla de l'Orri (2.150 m), muestra una retracción del pinar a partir de 2900 cal. a. C., junto al desarrollo de taxones herbáceos, *apophytes* y las primeras evidencias de Cerealia-t, todo ello además asociado a un incremento de los microcarbones (Galop 1998; Vannière *et al.* 2001). En la turbera de Maurà (2.220 m, Enveig) se han documentado asimismo niveles de carbones en la secuencia estratigráfica que han sido interpretados como resultado de incendios orientados a la apertura forestal con fines pastorales. Estas evidencias serían resultado de una frecuentación pastoral más regular de los espacios altimontanos, pero que, considerando la naturaleza moderada de las deforestaciones y la irregularidad de los indicadores pastorales, sería todavía episódica (Galop 1998). Por otro lado, las evidencias arqueológicas corroboran esta ocupación altimontana en Enveig. Así, la datación de un hogar de una cabaña de piedra seca en el yacimiento del Serrat de la Padrilla (2.300 m) en torno a 2.245 cal. a. C. (3810 ± 55 BP) y de un suelo de circulación en torno a 3091 cal. a. C. (4370 ± 68 BP) subraya la ocupación humana de este sector y corrobora la existencia de incendios locales durante este periodo (Rendu 2003). Finalmente, a menor altitud, es preciso destacar en Enveig la documentación de diferentes terrazas de cultivo situadas entre 1900 y 1600 m. La excavación, datación y estudio pedoantracológico de varias de estas terrazas ha permitido establecer una primera fase de construcción de terrazas agropastorales entre 2774 y 1927 cal a. C., en la que el uso del fuego desempeñaba un papel importante tanto en la construcción como en el mantenimiento de las mismas (Bal *et al.* 2010). Estas evidencias corroboran los datos obtenidos en el VMPC y subrayan la importancia de este periodo en la construcción y modelado paisajístico de los espacios altimontanos en los Pirineos orientales, que se caracteriza por una compleja gestión del medio unida a una diversificada organización espacial de los usos del suelo altimontanos.

De la misma manera, en el sector próximo del Pallars Sobirà (Lleida), al oeste del VMPC, el Estany de Burg (1.821 m) evidencia a partir de 3250 cal. a. C. deforestaciones del pinar subalpino y otras formaciones arbóreas, como el abedul, el avellano y el olmo, unidas al incremento de Poaceae y puntuales evidencias de indicadores ruderales, así como el registro de microcarbones y el inicio de la curva de Ceralia-t (Pèlachs 2004). La existencia de incendios locales en el entorno del Estany de Burg viene, además, corroborada por el incremento en la concentración de macrocarbones en dicha cubeta (Gassiot *et al.* 2010, 42). Finalmente, el incremento de la actividad de diferentes metales en el Estany de Burg se ha relacionado con la existencia de actividades metalúrgicas entre 3100 y 2000 cal a.C. (Gassiot *et al.* 2010, 41). También en los sectores altimontanos de los Pirineos centrales se observan aperturas forestales, que comienzan en el Estany Redó (2.105 m) en torno a 3550 cal. a. C. y se acentúan con la deforestación del pinar subalpino a partir del 3250 cal. a. C. (Catalan *et al.* 2001). Asimismo, en el Estany Redon (2.240 m) el proceso de apertura forestal que afecta a todos los pisos altitudinales, incluido el pinar subalpino, y que se había iniciado en torno a 3550 cal. a. C., continúa y se acentúa entre 2550 y 1650 cal. a. C., momento en que se produce, además, el incremento de algunos taxones ruderales (Pla y Catalan 2005). El incremento de la ocupación humana en sectores altimontanos pirenaicos próximos durante el Neolítico final Bronce antiguo se encuentra, por otra parte, documentada arqueológicamente a partir de la excavación de cinco yacimientos: la Cova del Sardo (1.830 m), la cavidad de Covetes (1.871 m) y la gruta de Sarradé (2.050 m), en el valle de Sant Nicolau, y el abrigo del Portarró (2327-2280 m) y el abrigo Obagues de Ratera (2322 m) en Espot, que presentan niveles de ocupación entre el 3007 y 2347 cal. a. C. (Gassiot *et al.* 2010, 39).

Finalmente, en la Sierra del Cadí, se documenta la frecuentación regular de las zonas de carena mediante el registro de un nivel de ocupación en el yacimiento del Goleró (*c.* 2030 m), con abundantes carbones y la presencia de fragmentos de cerámica a mano con decoración incisa, que ha sido datado en torno a 2650 cal. a. C (4040 ± 35 BP) (Palet 2008 b; Palet *et al.* 2010).

La expansión y afirmación de las actividades agropastorales se documenta a partir de 3300 cal. a. C, en numerosos registros del conjunto del macizo pirenaico y concierne, además, a todos los sectores altitudinales (Galop 2006). Cabe además destacar, la generalización del uso del fuego en los procesos de apertura del bosque pirenaico como característico de este periodo. Ya se ha subrayado la existencia de incendios en el VMPC (BDE, RDO), así como en sectores altimontanos próximos de la Cerdanya septentrional (Galop 1998; Vannière *et al.* 2001) y del Pallars Sobirà (Lleida) (Pèlachs 2004). Además, el uso del fuego también se documenta en sectores de piedemonte del Pirineo septentrional central (turbera Cuguron, 513 m) y occidental (turbera Gabarn, 310 m), entre 3300 y 2800 cal. a. C. y entre 2700 y 2450 cal. a. C. respectivamente, asociado a actividades de roza y quema con fines agropastorales (Galop *et al.* 2002; Rius *et al.* 2009).

La expansión de las actividades humanas durante este periodo no es, además, distintivo del macizo pirenaico, sino que concierne de manera general a los medios de montaña europeos (Vorren *et al.* 1993; Oeggl 1994; Brugiapaglia 1996; Miras 2004; Tinner *et al.* 2005; Court-Picon 2007; Surmely *et al.* 2009, etc.). Cabe además destacar el intenso impacto antrópico documentado en diferentes sectores altimontanos de los Alpes franceses durante este periodo. Así a partir de 2200 cal. a. C., evidencias paleoambientales muestran el descenso del límite superior del bosque ligado al uso del fuego y a actividades pastorales de carácter local, que se documentan arqueológicamente por primera vez en torno a 2060 cal. a. C. en los sectores altimontanos de los Alpes franceses meridionales, mientras que las actividades agropastorales se extienden asimismo por los sectores de media y baja montaña (Court-

Picon 2007; Walsh 2005; Walsh *et al.* 2005). Junto a las actividades de tipo agropastoral cabe, además, destacar en los Alpes franceses meridionales, la documentación de yacimientos metalúrgicos durante el Calcolítico-Bronce antiguo a una altitud de 2.700 m (Clausis, Saint-Véran) (Ancel 2010). Dinámicas similares se documentan en otros sectores de alta montaña de los Alpes franceses septentrionales a partir de 2400 cal. a. C, con la degradación del ecotono supraforesteal entre 2.360 y 1.960 m s.n.m. asociado a incendios locales y una mayor presión humana agropastoral (David 1993; Carcaillet y Thinon 1996).

En el valle del Madriu el periodo comprendido entre el Neolítico final y el Bronce antiguo (3000-1650 cal. a. C.) supone una inflexión en la gestión humana del paisaje altimontano. Los resultados obtenidos corroboran en este sector pirenaico meridional el modelo de antropización propuesto tanto en los Pirineos septentrionales (Galop 1998) como en diferentes sectores de los Alpes (Küster 1994; Court-Picon 2007). Éste propone una intensificación de la presión humana tanto en los sectores de menor altitud, donde se generalizan actividades agropastorales, como en aquellos más elevados del valle, donde la presión pastoral propiciará la extensión de los prados alpinos así como la configuración de claros y/o sectores de bosque abierto en el seno del pinar subalpino, muchas veces mediante el uso regular del fuego. Así, en el valle del Madriu, el desarrollo de prácticas agropastorales da lugar a aperturas forestales en los sectores situados a una menor altitud, mientras que la ocupación antrópica de los sectores más elevados del valle y el desarrollo de actividades pastorales implicará deforestaciones continuadas y de carácter extensivo que por primera vez comprometerán la regeneración del pinar y propiciarán el descenso del límite superior del bosque así como la configuración de un estadio alpino dominado por formaciones rasas en torno a 2.531 m (FOR). Asimismo, la frecuentación humana y pastoral se extenderá al bosque subalpino, provocando aperturas del mismo mediante la utilización regular de incendios en torno a 2.180 m (BDE). Con todo, si bien estos procesos se generalizan e intensifican durante este momento en el valle del Madriu, dinámicas similares se habían ya documentado previamente en el sector de estudio. Así, la configuración de claros en el seno del pinar subalpino se había observado en el valle del Madriu durante el Neolítico medio, entre 4350 y 3500 cal. a. C. (RDO), mientras que el descenso del límite supraforestal y la ocupación humana se había igualmente iniciado en el valle de Perafita entre 3600 y el 3000 cal. a. C. (PER). Esto contrasta con otros sectores altimontanos pirenaicos y alpinos, donde estas dinámicas se documentan de manera destacada durante el Neolítico final-Bronce antiguo, siendo el impacto paisajístico sobre los los mismos todavía moderado durante el periodo anterior (Galop 1998; Court-Picon 2007). Este trabajo, además, ha permitido precisar diferencias inter-valle e intra-valle tanto en la intensidad como en la forma de gestión del medio, que ni es homogénea ni concierne de la misma manera a todos los sectores durante el Neolítico final-Bronce antiguo. Así, aquellos lugares que habían experimentado una mayor presión humana durante la etapa anterior, esto es, los espacios intermedios del valle del Madriu en torno a RDO (2.390 m) y los sectores altimontanos del valle de Perafita (PER, 2.240 m), son menos frecuentados y experimentan durante esta fase una moderada regeneración forestal, mientras que la actividad humana pasa a centrarse en aquellos sectores que no habían experimentado una fuerte antropización en las fases anteriores. Por su parte, también se ha podido documentar que la utilización del fuego en la apertura del paisaje altimontano no es generalizada. Ésta se encuentra vinculada a la apertura de los sectores subalpinos densamente forestados, no siendo el uso del fuego esencial en la extensión de los prados alpinos.

Bronce medio –Edad del hierro (de c. 1650 a c. 300 cal. a. C./ 3600 – 2250 cal. BP) (FOR-2c; RDO-1d/2a; ODS-1a/1b;B-5e; B-6a; PDP-C)

Estabilidad y/o menor intensidad de la presión humana de los sectores altimontanos del VMPC

En el lago FOR (2.531 m), a partir de c. 1650 cal. a. C., una ligera reducción de la curva de apophytes y un registro más irregular de *Sporormiella* sugiere una cierta reducción de la presión pastoral, mientras que la ligera recuperación de *Pinus* y la retracción de la concentración polínica de Poaceae y *Juniperus* reflejan una apertura del paisaje menos destacada que en el periodo anterior (Figura 69). Con todo, los valores porcentuales de *Pinus* (entre 47 y 61%) y el mantenimiento de unos valores elevados de Poaceae no difieren sustancialmente de aquellos obtenidos en el estudio referencial en las comunidades de prados alpinos (*Pinus*: *c.* 34-56%/ Poaceae: *c.* 19%). Ello sugiere que los sectores más elevados del valle continuaron siendo espacios predominantemente abiertos y dominados por formaciones rasas, a pesar de la existencia de una presión pastoral y paisajística más moderada.

El que no se hayan documentado estructuras arqueológicas durante este periodo, aunque a priori coherente con la moderada presión pastoral, debe ser considerada con precaución. Así, el análisis paleoambiental continuo llevado a cabo en FOR demuestra que la presión humana y pastoral no desaparece a partir del último nivel de ocupación datado en el yacimiento de els Estanys en torno a 2068 cal. a. C. Por el contrario, ésta continua y se hace todavía más intensa en torno a 1850-1750 cal. a. C., momento en que se acentúa la apertura paisajística y se registran los máximos indicadores de antropización (Figura 79). A este respecto, cabe destacar el fuerte *bias* que supone en el registro arqueológico altimontano la dificultad de identificar estructuras debido a procesos erosivos y a la reducida visibilidad de las mismas, especialmente en el estadio alpino donde las estructuras de piedra seca se confunden de manera destacada con afloraciones del sustrato natural (Palet *et al.* 2010). Además, las formas de ocupación de los medios altimontanos son múltiples y en muchas ocasiones puede haberse formulado a partir de estructuras en material pe-recedero que no ha perdurado en el tiempo (Rendu 2003). Ello es especialmente cierto en lo que respecta a estructuras ganaderas, como cercados, que pueden construirse con facilidad utilizando materiales vegetales. De hecho, la documentación en el valle de Perafita de una cabaña (P138) y un cercado (P141) construidos con materiales perecederos y datados entre los siglos XVI y XVIII cal d. C. no hace sino demostrar la utilización de este tipo de estructuras incluso durante el periodo moderno en que predominan las estructuras ganaderas construidas en piedra seca (Orengo 2009). Por todo ello, es preciso cuestionar el significado del vacío de información arqueológica durante este periodo y los siguientes (hasta época romana) y contrastarlo con la información paleoambiental disponible a partir de este trabajo.

En BDE se observa la recuperación de *Pinus* y la reducción porcentual de Poaceae. La retracción de macrocarbones indica una menor regularidad en el uso del fuego que, sin embargo, no desaparece. Finalmente, la retracción de la curva de *apophytes* y la desaparición de *Cercophora* sugiere una menor presión pastoral a nivel local. Por otra parte, aunque la presión antrópica el valle de Perafita se mantiene moderada y similar a la del periodo anterior, se produce en este periodo la práctica desaparición de *apophytes* (Figura 74).

Por el contrario, en la turbera RDO (2.390 m), el declive de *Pinus* entre *c.* 1750 cal. a. C. y 1050 cal. a. C. junto a la proliferación de Poaceae y de otros taxones herbáceos y arbustivos, entre los que destacan *Artemisia*, Apiaceae, *Ranunculus*-t y *Juniperus*, indica una destacada apertura forestal y la extensión de formaciones rasas y arbustos heliófilos en este sector del estadio alpino del valle del Madriu. El incremento coetáneo de macrocarbones entre *c.* 1600 y 1300 cal. a. C. indica la existencia de incendios locales en RDO que, muy probablemente deban relacionarse con esta apertura del pinar. Por otra parte, entre 1650 y 1050 cal. a. C., se documenta un moderado incremento de *apophytes*, con una mayor representación de Chenopodiaceae y Cichorioideae undiff. y la presencia de Asteroideae undiff., *Achillea*-t, *Cirsium*-t, *Cichorium intybus*-t o *Plantago* undiff., todos ellos taxones asociados a la variable pastoreo en el estudio referencial (Figuras 71 y 80). Esta constatación sugiere una reactivación de la frecuentación pastoral en el sector. El máximo incremento de *apophytes* se produce en torno a 1050 cal. a. C., cuando el espectro de *apophytes* se diversifica y se registran puntualmente indicadores nitrófilo-ruderales como *Plantago major/media*, *Rumex acetosa*-t, *R. acetosella*-t, Campanulaceae o *Ranunculus acris*-t (Figura 44), en el momento en que *Pinus* alcanza los valores mínimos del registro en tasa de acumulación polínica. A pesar de ello, el incremento puntual y modesto de la tasa de acumulación de los *apophytes* matiza los valores porcentuales, cuyo incremento puede verse exagerado por el destacado declive porcentual de *Pinus* (Figura 45). Todo ello permite cuestionar la existencia de un incremento significativo de la presión pastoral en este sector.

Las condiciones climáticas frías documentadas entre 2550 y 1150 cal. a. C., y que coinciden con el declive del nivel hídrico de FOR entre 2500 y 1900 cal. a. C., pudieron también haber constreñido la producción polínica de *Pinus* y haber beneficiado la extensión de las formaciones rasas alpinas en este momento. Como ya ha sido anteriormente mencionado, el declive de las temperaturas ha sido señalado como un factor importante que afecta a la productividad polínica de los taxones vegetales altimontanos (Kofler *et al.* 2005) y constituye uno de los principales factores limitantes del crecimiento y la supervivencia de *Pinus uncinata* en los Pirineos orientales (Batllori 2008). Sin embargo, el hecho de que el recrudecimiento de las temperaturas se inicie previamente al declive del pinar observado en RDO cuestiona la validez de una explicación climática estricta para el origen de este proceso de apertura paisajística.

Es además importante valorar la posible existencia de otro tipo de actividades que, si bien pueden contribuir de manera significativa a la apertura del paisaje altimontano, se encuentran poco representadas en el espectro polínico. Así por ejemplo, en el Pirineo vasco francés (turbera Quinto Real, 910 m), análisis polínicos y geoquímicos han permitido documentar la existencia de deforestaciones vinculadas al desarrollo de actividades metalúrgicas durante el Bronce medio (1500-1300 cal. a. C.) y el Bronce final (1000-600 cal. a. C.). Un aspecto característico de estas deforestaciones es que, sobre todo en el caso del Bronce final, coinciden con el declive y/o ausencia de los indicadores agropastorales (Monna *et al.* 2004; Carozza *et al.* 2005).

Por otro lado, durante el Bronce final, entre c. 1050 y 700 cal. a. C., se registra un nuevo proceso de apertura forestal moderada en los sectores subalpinos del valle del Madriu. La turbera ODS (2.300 m), la retracción de *Pinus*, junto al incremento de taxones herbáceos y el inicio del registro de *Juniperus* indican la existencia de aperturas forestales y el establecimiento de una moderada cubierta arbustiva. El registro de algunos *apophytes* como *Plantago lanceolata*-t, *Plantago major/media, Rumex* o Asteroideae, así como de esporas coprófilas podría sugerir la utilización pastoral de estos claros forestales (Figuras 72 y 80). Un proceso similar se observa en BDE (2.180 m) en este momento, con una ligera retracción de los porcentajes de *Pinus*, paralelo a un moderado incremento de *apophytes* y el registro de *Sordaria* a partir de 1200 cal. a. C.

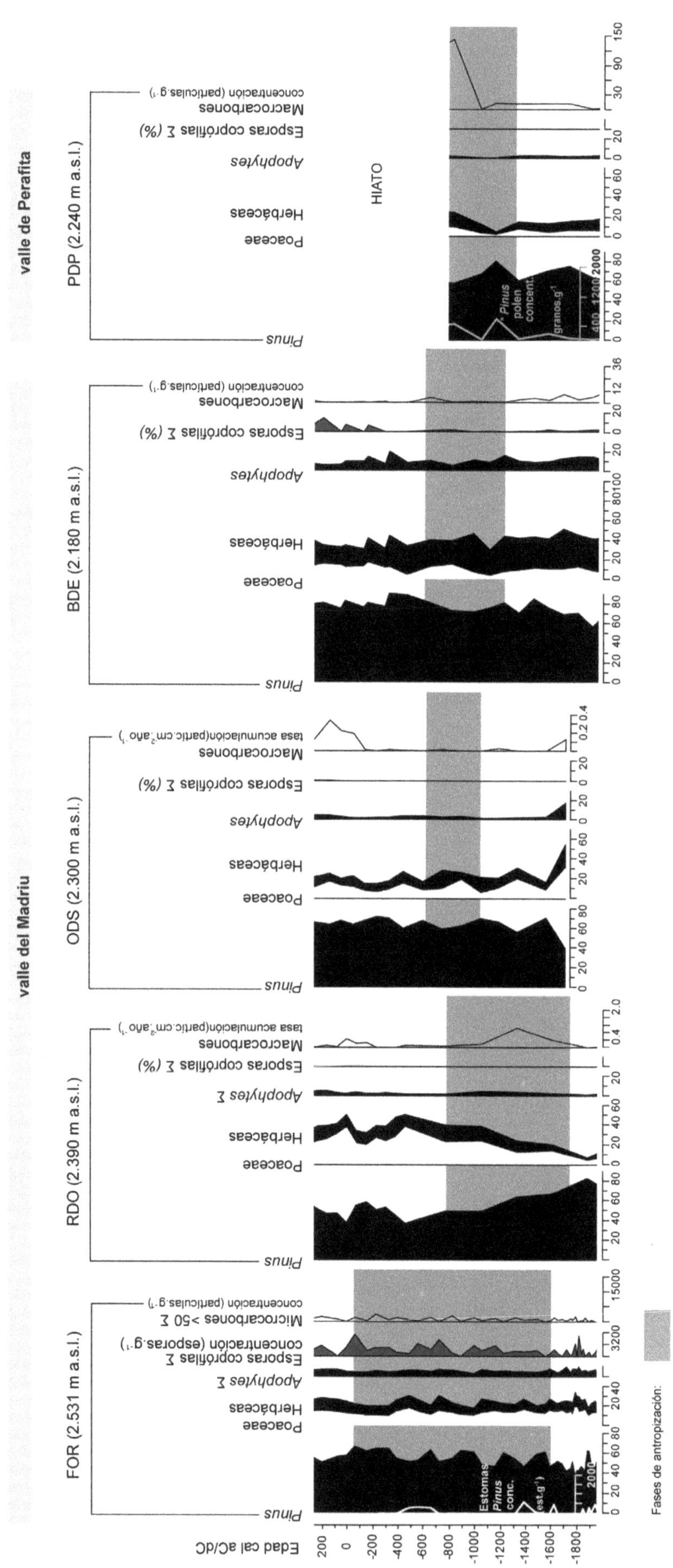

Figura 80. Diagrama sintético a escala temporal donde se muestran las fases de antropización de las secuencias estudiadas en el VMPC del Bronce medio a la Edad del Hierro

De la misma manera, en el valle adyacente de Perafita y en torno a 1150-1000 cal. a. C., la turbera PDP (2.240 m) registra una presión humana sobre el paisaje más intensa, con importantes deforestaciones del pinar subalpino con el objetivo de favorecer las formaciones de prados. Estas deforestaciones fueron muy probablemente producidas mediante el uso local del fuego, tal y como indica el incremento de macrocarbones en la turbera (Figura 80). Este impacto parece ser más intenso que en el valle del Madriu, lo que permite subrayar una nueva variabilidad de usos y paisajística entre ambos valles adyacentes durante el Bronce final (Miras *et al.* 2010).

Al mismo tiempo, entre 1300 y 700 cal. a. C., se observa un impacto destacado en las formaciones forestales situadas en la parte inferior del estadio subalpino y que afecta de manera destacada al abetal, pero también al abedul y al avellano. De esta manera, retracciones y/o valores reducidos de *Abies*, *Corylus* y *Betula* se registran en PDP, RDO y FOR, mientras que el registro de otros taxones caducifolios como *Ulmus* y *Tilia* pasa a ser meramente testimonial. El incremento de la presión humana sobre el abetal muy probablemente favoreció el desarrollo del haya en estos sectores, tal y como indica la mejor representación de este taxón en BDE, FOR y RDO (Figuras 69,71 y 73).

La intensificación de la presión humana en los sectores subalpinos del valle de Perafita y del valle del Madriu observada durante el Bronce final ocurre durante unas condiciones climáticas cálidas entre *c.* 1150 y 50 cal. a. C., tal y como sugiere la reconstrucción climática realizada en el Estany Redon (2.240 m) (Pla y Catalan 2005). Por su parte, la retracción de *Isoetes lacustris* en FOR a partir de 1200 cal. a. C. puede reflejar un incremento del nivel hídrico del lago durante este periodo, que limitaría la extensión de estas formaciones acuáticas (Gacia y Ballesteros 1996).

En resumen, un periodo de ligera retracción de la presión humana y regeneración del pinar ocurre en el valle del Madriu durante el Bronce medio (*c.* 1650-1050 cal. a. C.). Éste atañe principalmente al sector subalpino (BDE, 2.180 m) y en menor medida al estadio alpino, donde las formaciones rasas se mantienen en los sectores más elevados (FOR, 2.531 m) y nuevos procesos de apertura forestal asociados a incendios locales acentúan el descenso del límite superior del bosque en torno a RDO (2.390 m). Seguidamente, durante el Bronce final (1050-700 cal. a. C.) una reactivación de la presión pastoral y de la apertura del pinar se produce, de manera más moderada en el sector subalpino del valle del Madriu (ODS, 2300 m, y BDE) y, de manera más destacada en el valle de Perafita, donde ésta se lleva a cabo mediante incendios locales y da lugar a la extensión del estadio alpino por debajo de los 2.200 m (PDP, 2.240 m) (Figura 80). Si la transición Neolítico final-Bronce antiguo implica un punto de inflexión paisajística en los sectores más elevados del valle del Madriu, el Bronce medio y final supone más bien una continuidad y, hasta cierto punto, una más moderada presión y gestión antrópica de estos espacios altimontanos. Las actividades agropastorales parecen centrarse durante el Bronce final en el estadio subalpino del valle de Perafita y, sobretodo, en los sectores situados a menor altitud del VMPC, donde se observa una significativa retracción del abeto, el avellano y el abedul, así como de otras formaciones caducifolias como el tilo y el olmo.

En Andorra, la ocupación humana de los sectores de baja montaña en la cuenca del Valira se encuentra documentada durante el Bronce final en diferentes sectores del yacimiento del Cedre (II, III, VI y VII) a partir de tipología cerámica (Yáñez 2005), lo que sería coherente con la presión antrópica observada en los sectores situados a menor altitud del VMPC.

Por su parte, la intensificación de la presión humana sobre el bosque montano y subalpino durante el Bronce final parece asimismo documentarse en otros sectores próximos al VMPC. Así, en el cercano sector subalpino del Estany de Burg (1.821 m), a partir de *c.* 1050 cal. a. C. se observan retracciones de *Abies*, *Betula*, y *Quercus* caducifolio, pero también de *Ulmus* y *Corylus*, así como el mantenimiento de unos valores moderados de *Pinus* (*c.* 30%) y el primer desarrollo de *Fagus*. Ello, unido al incremento de taxones nitrófilo-ruderales como Chenopodiaceae, Asteraceae, Cichorioideae, Urticaceae o *Plantago lanceolata*-t, indica una destacada presión humana y pastoral sobre el bosque subalpino y caducifolio durante este periodo (Pèlachs 2004).

Una más destacada presión antrópica se documenta asimismo a partir de 1300 cal. a. C. en sectores de media montaña al norte de Andorra, en el valle francés de Quioulès (Figura 2), con importantes deforestaciones del abetal que favorecerán por primera vez, al igual que en el Estany de Burg, el desarrollo del hayedo en estos sectores (turberas Jasse de Ranques, 1.400 m y Pla du Quioulès, 1.600 m) (Galop 1998). Ello daría lugar a la formación de claros forestales en el seno del abetal como resultado de una mayor presión agropastoral de los espacios de montaña que se produciría desde los valles inferiores hasta los espacios de altitud.

En la Cerdanya septentrional (Pla de l'Orri, 2.150 m) se observa el mantenimiento de la frecuentación pastoral de los espacios altimontanos durante la edad del Bronce, con una mejor representación de los indicadores nitrófilo-ruderales a partir de 1050 cal. a. C. y un aumento de Poaceae. Con todo, el impacto sobre el pinar se mantiene, al igual que durante el periodo anterior, moderado, mientras que el declive de microcarbones sugiere una menor regularidad de incendios (Galop 1998; Vannière *et al.* 2001). Los resultados obtenidos en este sector, sugieren igualmente el desarrollo de una mayor presión humana sobre el paisaje en los sectores de media montaña, con la disminución sincrónica de la mayor parte de formaciones forestales, especialmente el robledal, a partir de 1300 cal. a. C. (Galop 1998).

Por su parte, en sectores altimontanos de los Pirineos centrales meridionales (Estany Redó, 2.105 m), mientras que el pinar subalpino experimenta un proceso de regeneración a partir de 1050 cal. a. C., se observa una destacada retracción del robledal y del avellano, junto a la desaparición del olmo y el tilo (Catalan *et al.* 2001). Un proceso similar se observa en el Estany Redon (2.240 m), con la regeneración del pinar y una más acusada retracción del abetal, avellano y olmo, que es coetánea al desarrollo de una curva continua de Cerealia-t (Pla y Catalan 2005).

En general, los datos observados en el VMPC y los sectores pirenaicos más inmediatos parecen destacar el desarrollo de una presión humana vinculada a actividades agropastorales más destacada en el estadio montano y subalpino, mientras que la explotación de los sectores más elevados de la montaña se mantiene y, en algunos sectores como es el caso del VMPC, parece formularse de manera menos intensa que en el periodo anterior. Ello contrasta con otros sectores de alta montaña, como es el caso de los Alpes franceses meridionales, donde los datos arqueológicos y paleoambientales en el Haut Champsaur y el valle de Freissinières demuestran una ocupación y explotación del estadio alpino que, iniciada en el Neolítico final-Bronce antiguo, continua de manera intensa durante el Bronce medio y el Bronce final (Palet 2005; Walsh 2005; Walsh *et al.* 2005; Court-Picon 2007).

Finalmente, durante la Edad del Hierro, entre 700-600 y 400 cal. a. C., la retracción de *apophytes* y el incremento gradual de *Pinus*, en tasas de acumulación polínicas en RDO (2.390 m) y ODS (2.300 m) y en porcentajes en BDE (2.180 m), reflejan una regeneración general del pinar y una menor frecuentación humana y pastoral en el estadio subalpino del valle del Madriu. Durante este momento la frecuentación pastoral se centrará en los prados alpinos de los sectores más elevados del valle, en torno a FOR, tal y como reflejan el mantenimiento general de *apophytes* y el registro regular de *Sporormiella* y *Sordaria*. Esta menor intensidad de la presión humana en los sectores subalpinos y el mantenimiento de la explotación pastoral de los sectores más elevados del estadio alpino del valle del Madriu ocurren durante unas condiciones climáticas cálidas y húmedas, al igual que las registradas durante el periodo anterior.

Por otro lado, durante la 1ª Edad del Hierro la ocupación y frecuentación humana de los sectores más elevados de los espacios pirenaicos meridionales se documenta en el sector vecino de la Sierra del Cadí, en el yacimiento del Goleró (*c.* 2030 m), situado en el extremo occidental de la carena, donde la excavación de uno (ES46) de los nueve recintos circulares documentados ha permitido datar la construcción del talud perimetral y el nivel de ocupación a *c.* 680 ± 130 cal. a. C. y 595 ± 185 cal. a. C., respectivamente. Se trata de una ocupación de larga duración que tendrá continuidad hasta el inicio del periodo romano (siglos II-I a. C.), y que se encuentra probablemente relacionada con actividades ganaderas, mineras y ceremoniales (Palet 2008 *b*; Palet *et al.* 2010).

Periodo romano, Antigüedad tardía y transición al periodo medieval (de c. 300 cal. a. C a 800 cal. d. C.) (FOR-2c/2d; RDO-2b/2a; ODS-1b/1c; B-5e; B-6a)

Intensificación en la gestión del paisaje, diversificación de prácticas y variabilidad intra e inter-valle

En la turbera BDE (2.180 m), el declive de *Pinus* y estomas, coetáneo al desarrollo de Poaceae, indica un nuevo proceso de apertura forestal en el sector subalpino del valle del Madriu a partir de *c.* 300 cal. a. C. Éste se encuentra muy probablemente relacionado con una mayor presión pastoral, tal y como sugiere el desarrollo de *apophytes*, entre los que se incluyen aquellos taxones nitrófilo-ruderales asociados a prados pastoreados en el estudio referencial. El incremento porcentual de *Sporomiella* y el desarrollo de otras esporas coprófilas como *Cercophora, Podospora* o *Chaetomium* (Blackford e Innes 2006; Davis y Shafer 2006; van Geel y Aptroot 2006) no hace sino corroborar la presencia local del ganado en las inmediaciones de la turbera entre 300 cal. a. C. y 500 cal. d. C (Figura 73).

A partir del s. I d. C., se observa en el valle del Madriu una mayor presión humana, con el registro de actividades pastorales en los sectores situados a mayor altitud. De esta manera, en ODS (2.300 m), entre los siglos I y III d. C., el incremento de esporas coprófilas como *Sordaria, Podospora* y *Apiosordaria verruculosa* y el incremento moderado y/o mejor representación de algunos taxones (*Rumex, Cichorium intybus*-t, Campanulaceae) sugieren el desarrollo de actividades de pastoreo en la turbera y áreas muy cercanas. Estas actividades se desarrollarían junto a incendios regulares de carácter local, tal y como indica el incremento de macrocarbones (Figuras 72 y 81). Todo esto favoreció la configuración de espacios abiertos en este sector del valle, subrayados a partir del incremento de Poaceae y taxones herbáceos, así como de la retracción de la tasa de acumulación de *Pinus*. Sin embargo, la estabilidad de los porcentajes de *Pinus*, así como el registro de estomas de pino durante los siglos II-III d. C., sugieren la permanencia local de un pinar subalpino relativamente estable aunque posiblemente más abierto. A este respecto, mientras que los valores porcentuales en ODS de Poaceae (*c.* 15%) y herbáceas (*c.* 25%) son coherentes con los valores evidenciados por el estudio referencial para las comunidades de prados subalpinos (≥18 y 30 %

respectivamente), los porcentajes de *Pinus* (65%) se encuentran a medio camino entre los valores propios de las comunidades de prados (≤56) y de bosque subalpino (≥72%). Todo ello parece indicar que las actividades pastorales muy probablemente se centraron en el aprovechamiento de los prados húmedos de la turbera y, más que provocar deforestaciones destacadas en este sector, favorecieron la configuración de un pinar subalpino aclarado en torno a 2.300 m s.n.m. La explotación pastoral del entorno inmediato de la turbera está además evidenciada por el registro arqueológico de un cercado de piedra seca (M135102) en el yacimiento de Basses de Setut III (*c.* 2.300 m), que ha sido datado a 14 ± 60 cal. d. C. (Figura 82).

Al igual que en BDE (2.180 m), se observa una apertura del paisaje más acusada en la turbera RDO (2.390 m) entre el s. I y el VI d. C. A este respecto, el análisis continuo y sin intervalos llevado a cabo durante este tramo del registro ofrece una alta resolución temporal que ha permitido identificar dos fases de apertura significativa del pinar subalpino, la primera entre los siglos I-III cal d. C., y la segunda entre los siglos IV-VI cal. d. C., intercaladas por una breve recuperación forestal. Así lo demuestra la retracción de *Pinus* y el incremento de los porcentajes de Poaceae, otros taxones herbáceos y *Juniperus* durante ambas fases de apertura. El espectro polínico de ambas fases es, según el estudio referencial, propio de las comunidades de prados, lo que no hace sino subrayar la retracción del pinar y la extensión de formaciones rasas y taxones arbustivos heliófilos en este sector del valle.

El modesto incremento de apophytes durante la primera fase de apertura entre los siglos I y III d. C. sugiere la existencia de una moderada presión pastoral en RDO, mientras que la presencia de actividades pastorales en las inmediaciones de la misma está confirmada por la primera fase de ocupación del cercado M085305 (yacimiento Riu dels Orris I, M21) datada a 34 ± 117 cal. d. C. (Palet 2010) (Figura 82). La interpretación de la ausencia de esporas coprófilas durante este momento de uso pastoral de la turbera debe considerarse con precaución, algo que por otra parte ya ha sido anteriormente subrayado para el caso de *Sporormiella* (Davis y Shafer 2006). Por otra parte, el incremento y/o desarrollo más destacado durante la segúnda fase de apertura forestal, entre los siglos IV y VI cal. d. C., de taxones nitrófilo-ruderales, como Chenopodiaceae, *Plantago* undiff., *Plantago lanceolata*-t, *Rumex* o Cichorioideae undiff. sugiere una intensificación de la presión pastoral. La reducción de la tasa de acumulación de Poaceae durante esta segunda fase podría ser resultado del efecto negativo que tiene el pastoreo intensivo sobre la floración y la producción polínica de los taxones herbáceos. Es éste un aspecto que ha sido subrayado por diferentes estudios referenciales (Groenman-van Waateringe 1993; Hjelle 1998), mientras que estudios de lluvia polínica altimontanos han registrado niveles reducidos e incluso decrecientes de Poaceae en lugares intensamente pastoreados (Brugiapaglia *et al.* 1998; Court-Picon *et al.* 2006). Como ya ha sido destacado con anterioridad, aunque en el referencial realizado en el VMPC siempre se observen valores elevados de gramíneas en los sectores que presentan una mayor presión pastoral (Figura 20), y Poaceae se asocie a la variable pastoreo (Figura 22), el tipo de pastoreo y la moderada presión pastoral que hoy en día se llevan a cabo en el VMPC podría explicar porque esta actividad no llega a afectar a la productividad polínica de este taxón en la actualidad. Sin embargo, es posible que la existencia de un tipo de pastoreo diferente y más intenso en el pasado pudiera haber producido una disminución en la productividad de Poaceae, como el observado en RDO durante los siglos IV y VI cal. d. C.

Por otra parte, la apertura forestal documentada en RDO no debe ser únicamente atribuida a una intensificación del pastoreo en el valle durante el periodo romano y tardoantiguo. Los resultados de las dataciones obtenidas en los cinco hornos de producción de resina documentados en los yacimientos de Riu dels Orris III (M23) y Pla de l'Ingla III (M17) y situados entre 2.196 y 2.285 m sugieren la existencia de una primera fase de actividad de explotación de pez altoimperial entre los siglos I y III cal. d. C. (M219101, M052107) y una segunda fase bajoimperial y tardoantigua entre los siglos IV y VII cal. d. C. (M157401, M091101, M220101) (Palet *et al.* 2010; Palet 2010). La coincidencia de la actividad desarrollada por los hornos con las dos fases de deforestación del pinar en RDO (Figura 82) subraya el destacado papel de la explotación resinera en la apertura del bosque subalpino del valle del Madriu, proceso que también ha sido registrado en la turbera BDE (2.180 m). El estudio antracológico llevado a cabo en uno de los hornos (M052107) corrobora la utilización de madera de pino local de gran tamaño como materia prima en la obtención de pez, mientras que uno de los fragmentos de pino analizado presenta señales de corte de hacha (Euba 2009, 87-95). Todo esto refuerza el papel de actividades de tala en el proceso de apertura del pinar observado en ambas turberas. Por otra parte, los reducidos valores de la tasa de acumulación y de concentración de macrocarbones en RDO y BDE sugieren una escasa frecuencia de incendios locales, hecho que corroboraría una apertura forestal provocada principalmente por procesos de tala y no tanto por incendios.

A pesar de que este tipo de explotación forestal no ha sido previamente documentada en los Pirineos, la explotación de resinas de pino era apreciada en la antigüedad y está bien documentada arqueológicamente en sectores de media montaña del Macizo central francés (Trintignac 2001, 227-229).

Por otra parte, entre los siglos I y IV cal. d. C., en el lago FOR (2.531 m), el descenso de *Pinus* y el incremento de Poaceae y taxones herbáceos indica asimismo una mayor extensión de los prados alpinos en los sectores más elevados del valle (Figura 82). De la misma manera, el incremento coetáneo de *apophytes*, con una mejor representación de taxones nitrófilo-ruderales como Chenopodiaceae, *Plantago* undiff., *Plantago lanceolata*-t, Asteroideae undiff., Cichorioideae undiff o *Lamium*-t, y la presencia de esporas coprófilas (*Sporormiella* y *Sordaria*) indica una mayor presión pastoral en la zona que reafirma las actividades pastorales documentadas en RDO (2.390 m) durante este momento. Además, dichas actividades perduran en este sector alpino durante el s. V cal. d. C., tal y como indica, la datación de la última fase de ocupación de la cabaña M152102 en el yacimiento de Pleta de les Bacives I (M28) datada a 477 ± 66 d. C (Palet 2008 *a*). El incremento del contenido de materia orgánica y de algas (*Pediastrum* y *Botryococcus*) en FOR a partir de *c.* 200 cal. a. C. podría ser resultado de esta mayor presión ganadera, que favorecería un mayor aporte de nutrientes al lago. A este respecto, en el Estany Redon (2.240 m) se ha documentado un incremento de la carga de externa de untrientes en el lago a partir de mediados del s. V d. C. que se relaciona con presencia de local de ganado, que incrementaría la erosión en los suelos de la cuenca lacustre y produciría un efecto de fertilización del lago (Buchaca 2005). Además, cabe apuntar la posibilidad de que el incremento de la productividad lacustre pueda, asimismo, haberse visto favorecido por un cambio hacia unas condiciones climáticas más cálidas durante este momento. La reconstrucción paleoclimática realizada en el Estany Redon subraya la existencia de unas condiciones climáticas variables durante el periodo romano y tardoantiguo en los Pirineos centrales, con una fase fría entre *c.* 50 cal. a. C. y 150 cal. d. C., precedida y seguida por dos fases más cálidas entre 1000 y 50 cal. a. C. y 200 y 1000 cal. d. C., respectivamente (Pla y Catalan 2005). Con todo, diferentes reconstrucciones paleoclimáticas realizadas tanto en secuencias marinas del Mediterrráneo occidental como en secuencias continentales peninsulares apuntan globalmente la existencia de unas condiciones climáticas más cálidas durante el periodo romano (Cacho *et al.* 1999; Cacho *et al.* 2002; Martínez-Cortízas *et al.* 1999; Alvarez *et al.* 2005). Este periodo, que se conoce de manera general como el "óptimo climático romano" (Riera *et al.* 2009), coincide con los datos aportados por FOR durante este momento.

En ODS (2.300 m) entre los siglos VII y IX cal. d. C. la retracción de la tasa de acumulación de *Pinus* y el nuevo incremento de *Sordaria* y *Sporormiella* sugiere una intensificación de la presión ganadera en el entorno de la turbera asociada a un nuevo proceso de apertura forestal (Figura 82). A este respecto, cabe destacar que los altos valores porcentuales de *Sporormiella* en torno al s. IX cal. d. C. son coherentes con los datos del estudio referencial documentados en prados de fuerte a moderada presión pastoral. Por otra parte, el incremento de la tasa de acumulación de macrocarbones indica la existencia de incendios locales que, probablemente, contribuyeron a la apertura del medio. No obstante, al igual que en el periodo anterior (siglos I y III d. C.), la presencia de estomas de pino y la estabilidad porcentual de *Pinus* sugieren que estas actividades provocaron un proceso de apertura del paisaje moderado, dando lugar a un pinar subalpino claro y pastoreado en este sector del valle. De la misma manera en BDE (2.180 m), entre los siglos VI y IX cal. d. C., nuevas retracciones de *Pinus* y de estomas, seguidas de un pico de *apophytes* y *Sordaria*, sugieren la continuidad de un paisaje abierto y pastoreado en este sector subalpino. Por el contrario en RDO (2.390 m), a partir del s. VII cal. d. C., la ligera retracción de *apophytes* y la recuperación de P*inus* indica una menor presión humana en el estadio alpino. En consecuencia, este periodo muestra una nueva fase de variabilidad de usos del suelo en el valle del Madriu, con una mayor presión pastoral e impacto humano en el estadio subalpino (ODS y BDE) que en el alpino (RDO).

Aunque no se disponga de datos paleoecológicos para los periodo romano y tardoantiguo en el valle de Perafita, las evidencias arqueológicas demuestran, al igual que en el valle del Madriu, la ocupación y explotación pastoral se los sectores altimontanos durante el periodo romano a partir de la datación de una cabaña (P072104, 2.226 m) en el yacimiento de Planells de Perafita I (P12) datada a 241 ± 104 cal. d. C y una estructura pastoral (P082102, 2.105 m) en el yacimiento de Pleta de Claror I (P14) datada a 336 ± 80 cal. d. C. La actividad ganadera, también se documenta durante el periodo tardoantiguo en el estadio subalpino, con la datación de un nivel de ocupación y abandono de una cabaña (P123108, 2.209 m) a 638 ± 35 cal. d. C. en el yacimiento de Planell del Bisbe (P23) (Orengo 2009; Orengo 2010) (Figura 16).

Por otro lado, la intensificación de la actividad humana durante los periodos romano y tardoantiguo no sólo concierne a los sectores altimontanos del valle sino también a las zonas situadas a menor altitud. En ODS, a partir del s. I a. C., la retracción porcentual y de la tasa de acumulación de *Quercus caducifolio*-t, *Alnus, Corylus*, *Fagus, Abies* y *Betula* sugiere la apertura del bosque mixto montano y subalpino (Figura 72). Las deforestaciones, además, parecen afectar especialmente al robledal, tal y como indica el descenso de *Quercus* caducifolio-t en BDE durante este momento (Figura 73). A partir del s. V-VI d. C., se observa asimismo una retracción general de estos taxones en BDE y RDO, junto a la desaparición de *Ulmus*, lo que podría responder a una mayor intensidad en el proceso de apertura forestal a partir de este momento. Todo ello es coetáneo a la expansión de actividades cerealícolas, especialmente registradas en BDE (2.180 m) con el desarrollo de una curva continua de Cerealia-t y el registro regular de *Secale* a partir del s. I d. C. Las primeras evidencias de *Secale* se documentan con posterioridad en ODS y RDO, entre los siglos V y VI cal. d. C. (Figuras 71 y 72), lo que coincide con la aparición de polen de centeno, datada en torno al s. V d. C., en otras secuencias de media montaña de los Pirineos orientales septentrionales, como es el caso de Pailhères, 1.700 m (Galop 1998) o Moulinasse, 1.330 m (Jalut 1974). Por otro lado, el incremento de las actividades cerealícolas en época romana se ha documentado en diferentes secuencias de media montaña pirenaicas, como Pailhères (1.700 m), Jasse de

Ranques (1.400 m) o Argentières (1.565 m) (Figura 2), lo que evidencia que el aprovechamiento agrícola del piso montano formaba parte de la explotación agropastoral de las comunidades montañesas pirenaicas en época romana y tardoantigua (Galop 1998, 2005). De la misma manera, se observa la presencia local de campos de cultivo cerealícola en los Alpes franceses septentrionales (región de Col du Petit Saint-Bernard, Savoia) a altitudes entre 1.850 y 2.230 m entre los siglos I y III d. C. (Miras *et al.* 2006). A pesar de que sólo la realización de un estudio integrado arqueológico y paleoecológico en los sectores de media y baja montaña del VMPC permitiría corroborar la existencia de actividades cerealícolas en los mismos, la apertura forestal en el piso montano observada en los diferentes registros indica una explotación de estos sectores en época romana y tardoantigua. A este respecto, la explotación agrícola de los sectores de baja montaña andorranos se ha documentado durante el periodo tardoantiguo (IV-VI d. C.), con la explotación vitivinícola en el yacimiento de Roc d'Enclar (*c.* 1.200 m) (Ruf *et al.* 1995; Llovera *et al.* 1997). Además, los análisis carpológicos de los silos hallados en Roc d'Enclar entre los siglos VI y VII d. C. demuestran la existencia de una actividad agrícola diversificada que combina el cultivo de diferentes cereales, como cebada, trigo, centeno y avena, leguminosas y arboricultura (olivo y vid) (Buxó y González 1997). Cabe también destacar el inicio del registro de *Cannabis*-t en RDO en torno a mediados del s. VI cal. d. C., fecha anterior a la primera documentación del cultivo del cáñamo en Andorra a mediados del s. XIII (Guillamet 1991). Con todo, evidencias polínicas en los lagos de Estanya (Lleida, 670 m) sugieren el cultivo del cáñamo en los Prepirineos orientales a fechas tan tempranas como el s. VII cal. d. C. (Riera *et al.* 2004). Finalmente, la retracción de *Quercus ilex*-t en BDE y ODS (Figuras 72 y 73) a lo largo de este periodo podría reflejar la explotación de los sectores de baja montaña andorrana, donde se desarrolla el carrascal submediterráneo.

Esta gestión de los usos del suelo que, integrando todos los sectores altitudinales de la montaña, se extiende desde el piedemonte andorrano hasta los sectores altimontanos del VMPC contrasta con el modelo observado en el sector adyacente de la Cerdanya septentrional durante el periodo romano y tardoantiguo, donde se ha deducido a partir de series polínicas y arqueológicas una menor presión humana en los sectores altimontanos. Así, en Enveig, el análisis palinológico de la turbera de Pla de l'Orri (2.150 m) registra una débil presión antrópica en un contexto de regeneración del pinar subalpino durante el periodo romano (Galop 1998), mientras que los datos arqueológicos señalan la existencia de una modesta frecuentación de los sectores de alta montaña (Rendu 2003, 520). Con todo, las interpretaciones paleoecológicas para la época romana y tardoantigua en este sector deben ser consideradas con precaución dado el escaso control cronológico del registro de Pla de l'Orri durante esta fase (el modelo cronológico se construye en base a dos dataciones a 4310 ± 60 BP y a 760 ± 50 BP) (Galop 1998). Estas evidencias arqueológicas y paleoecológicas se interpretan como resultado de un proceso de especialización económica durante época romana centrado en la explotación agrícola del llano ceretano (Galop 1998; Olesti 1993; Mercadal y Olesti 2001; Rendu 2003; Mercadal y Olesti 2005). En los Alpes franceses meridionales, los datos arqueológicos documentan asimismo una moderada ocupación humana de los sectores de alta montaña del Haut Champsaur y Freissinières en época romana, que parece también centrarse en los sectores a menor altitud (Walsh 2005; Segard 2009, Mocci *et al.* 2010). Sin embargo, los estudios paleoecológicos realizados en ambos sectores demuestran una mayor apertura paisajística y extensión de las actividades humanas (Walsh y Richer 2006; Court-Picon 2007; Segard 2009).

De hecho, las evidencias arqueológicas y paleoecológicas de sectores pirenaicos adyacentes ponen en evidencia la existencia de una destacada especialización y variabilidad regional en la gestión y explotación de la alta montaña durante época romana y tardoantigua. Así, de manera coetánea a la regeneración del pinar subalpino en Pla de l'Orri (2.150 m), al sur del llano ceretano, la turbera Pla de Salinas (2.200 m) muestra un descenso de los valores porcentuales de *Pinus* y la extensión de Poaceae y otros taxones herbáceos (Jalut 1974), que sugiere una apertura del pinar subalpino y el predominio de un paisaje abierto entre los siglos II y V cal. d. C. Con todo, la falta de resolución temporal y la escasez de taxones polínicos identificados en este registro, junto a la carencia de datos arqueológicos, no permiten corroborar causas antrópicas en esta apertura paisajística. No es éste el caso del macizo de Canigou (Pirineos orientales, 2.150 m), donde la apertura del pinar y el abetal entre los siglos I y VI d. C. se ha asociado a la explotación metalúrgica (Galop 2005).

Los datos arqueológicos demuestran asimismo una destacada explotación metalúrgica en la Sierra del Cadí. Así, en el yacimiento del Goleró (*c.* 2.030 m) se han documentado tres hornos asociados a una primera fase de cocción para el enriquecimiento del mineral de hierro. La datación radiocarbónica y la tipología de los materiales cerámicos documentados permiten situar una fase de utilización de los hornos entre los siglos I a. C. y II d. C. (Palet 2008 *b;* Palet *et al.* 2010), mientras que los análisis antracológicos indican la utilización predominante del pinar subalpino como combustible (Euba 2009, 55-59). Ya en época bajoimperial, las excavaciones en los yacimientos del Goleró y de Pradell (*c.* 2.025 m) han documentado niveles de abandono y de colmatación natural, datados entre los siglos III y V cal. d. C., muy ricos en carbones y muy pro-bablemente asociados a actividades ganaderas (Palet 2008 *b;* Palet *et al.* 2010). El estudio antracológico de es-tos niveles ha identificado restos de madera de pino carbonizados que, por su morfología, han sido interpretados como restos constructivos pertenecientes a un posible cercado (Euba 2009, 89-90).

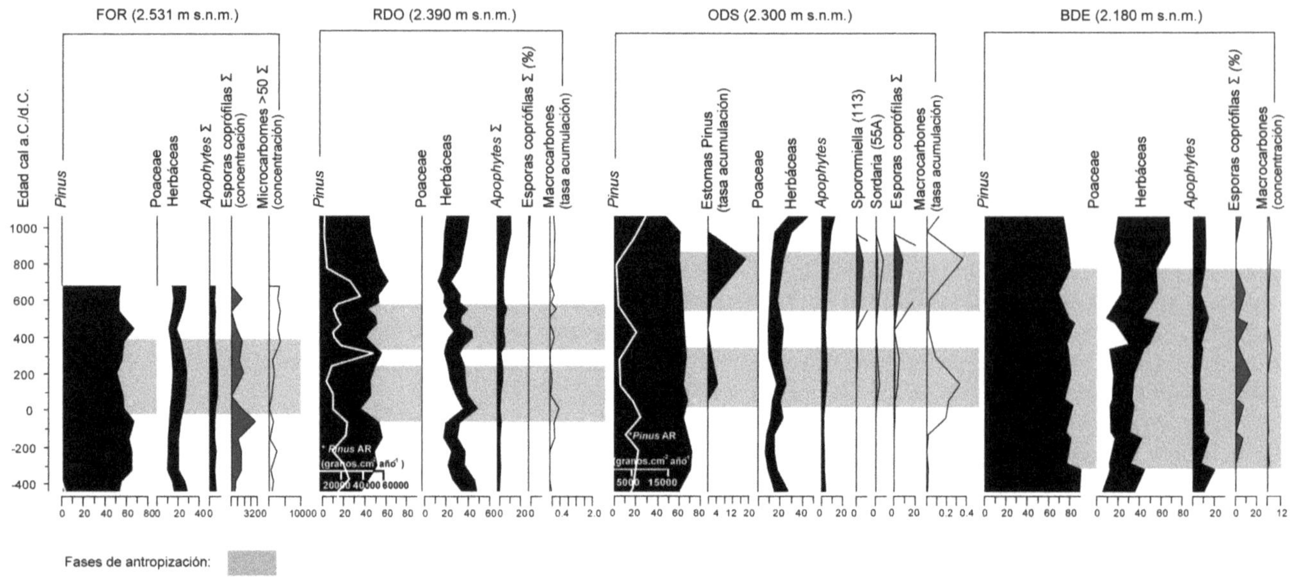

Figura 81. Diagrama sintético a escala temporal donde se muestran las fases de antropización de las secuencias estudiadas en el VMPC durante el periodo romano y la Antigüedad tardía.

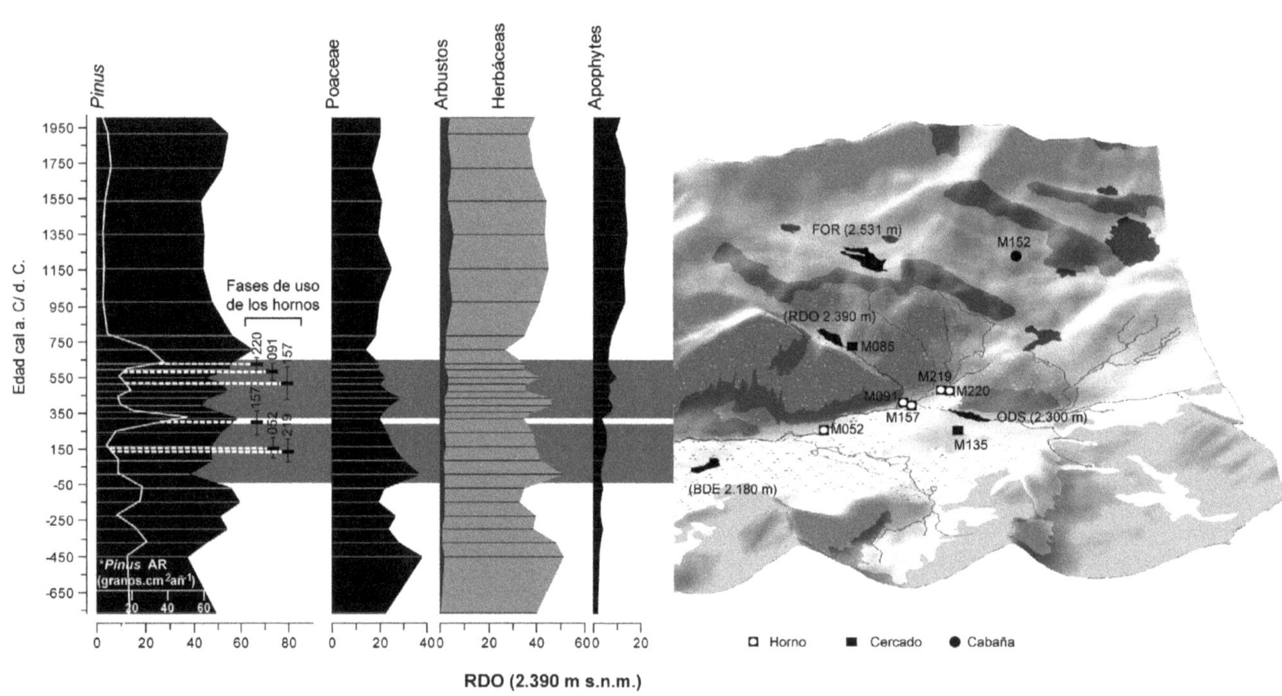

Figura 82. Diagrama simplificado de RDO donde se muestra la coincidencia de las dos fases de deforestación durante el periodo altoimperial y tardoantiguo (en verde) con la actividad de los hornos documentados en el valle del Madriu. A la derecha, mapa 3D del valle del Madriu con las secuencias estudiadas y las diferentes estructuras documentadas durante este periodo.

Al oeste del VMPC, el Estany de Burg (1.821 m) evidencia en época tardoantigua (*c.* IV-VI cal. d. C.) procesos de deforestación que atañen al conjunto de formaciones arbóreas y que se vinculan a la explotación del mineral de hierro (Pèlachs 2004). Así lo evidencia la documentación de cinco carboneras en el cercano bosque de Virós (Vall Ferrera) que han sido datadas entre los siglos III y VI d. C y cuyo análisis antracológico muestra una explotación prioritaria de pino y abeto (Pèlachs 2004). Situadas entre 1.317 y 2.175 m y relacionadas con montículos de escorias férricas, la ubicación preferencial de las carboneras en el sector altimontano sugiere una producción más intensa de carbón por encima de los 1.800 m, donde se concentran las vetas de hierro (Pèlachs et al 2009 *b*). De hecho, la excavación y datación de diferentes montículos de escorias férricas en el mismo bosque de Virós, situados entre 1.774 y 2.080 m, corrobora la existencia de actividades de reducción directa de hierro en el estadio subalpino entre los siglos II y VIII cal. d. C. (Gassiot y Jiménez 2006).

También en los Pirineos centrales, análisis geoquímicos en el Estany Redon (2.240 m) muestran un incremento de plomo a partir del cambio de era, con un máximo en el s. VII cal. d. C., que se vincula a la existencia de actividades minero-metalúrgicas en este sector pirenaico (Camarero *et al.* 1998). Estas actividades, no obstante, parecen causar un reducido impacto en las formaciones forestales altimontanas, tal y como indica el incremento general de *Pinus* y *Abies* observado en este mismo registro (Pla y Catalan 2005). El Estany Redó (2.105 m), por el contrario, si que evidencia deforestaciones del abetal a partir del cambio de era, mientras que una apertura del pinar subalpino se observa sólo a partir de, aproximadamente, el s. V d. C. En este momento, la extensión de Poaceae y otros taxones herbáceos, así como el incremento de indicadores nitrófilo-ruderales (Asteroideae, Cichorioideae, *Plantago*) (Catalan *et al.* 2001; Esteban *et al.* 2003) sugieren una extensión de las formaciones rasas en este sector subalpino posiblemente vinculada a prácticas agropastorales. Estas evidencias coinciden con la ocupación tardoantigua documentada entre *c.* 1.600 y 1.800 m en el mismo valle de Sant Nicolau donde se encuentra el Estany Redó a partir de material cerámico recuperado en la Cova del Sardo y de la datación de un hogar en torno al s. VI cal. d. C. en el Abric de l'Estany de la Llebreta (Gassiot y Jiménez 2006). Por otra parte, a menor altitud, la turbera de València d'Àneu (Pirineos centrales, Pallars Sobirà, 1.150 m) muestra, tras una primera fase de deforestación selectiva del abetal entre los siglos III y I cal. a. C., el desarrollo de actividades agropastorales entre los siglos I cal. a. C. y VII cal. d. C. (Pèlachs *et al.* 2009 *a*).

Al noroeste de Andorra, se han documentado retracciones del abetal y del pinar en el valle francés de Soucelm, (Pla de Soucelm 1, 1.520 m y Pla de la Croutz, 1.853 m) a partir de los siglos II cal. a. C y I cal. d. C., probablemente asociadas a actividades agropastorales (Galop y Jalut 1994; Galop 1998). Similares procesos de deforestación de *Abies* y *Fagus* asociados a una presión agropastoral moderada se observan en sectores de media montaña franceses en el Donezan (Pailhères, 1.700 m). Sin embargo, estos procesos de deforestación en la vertiente septentrional de los Pirineos orientales no se produce de manera general sino más bien localizada, tal y como indica la recuperación forestal del abetal observada en la turbera Jasse de Ranques (1.400 m), en el valle de Aston (Francia) (Galop 1998; 2005).

En conclusión, estas evidencias no hacen sino corroborar la alta variabilidad y diversificación regional en los modos de explotación de los espacios de montaña durante la antigüedad en los Pirineos Orientales, que combinan la explotación agrícola en los sectores de media y baja montaña con el desarrollo de prácticas pastorales, metalúrgicas y de explotación forestal en diferentes zonas de alta montaña. Es éste un aspecto que ya había sido destacado con anterioridad a nivel regional para los Pirineos septentrionales (Galop 2005) así como en los Alpes franceses (Court-Picon 2007). Respecto a esta variabilidad regional documentada en los sectores pirenaicos y alpinos, Leveau ha subrayado recientemente que « la diversité des régions réunies dans les provinces de l'Empire interdit de croire à l'existence d'un modèle unique rendant compte des relations entre les « Romains » et la montagne » (Leveau 2009, 168). Los resultados obtenidos en el VMPC demuestran, además, que en los Pirineos esta diversificación de las prácticas no se da sólo a nivel regional sino que también se formula a escala microregional. Así, mientras que en el valle de Perafita predomina el pastoreo, en el valle del Madriu se observa por primera vez una diversificación de las prácticas humanas que incluye el pastoreo pero también la explotación del pinar subalpino para la obtención de resina. El desarrollo de estas actividades en diferentes sectores del valle da lugar a la configuración de un paisaje altimontano diversificado (Ejarque *et al.* 2010).

Esta explotación compleja y diversificada de los medios de montaña pirenaicos debe, muy probablemente, responder a la integración de los Pirineos orientales en las redes comerciales establecidas durante el periodo romano. La configuración de un mercado comercial amplio durante este periodo implicará una dinamización económica del ámbito pirenaico y potenciará una explotación más intensa y especializada de los diferentes recursos de cada sector de montaña. En el VMPC, la integración de los valles andorranos en la red de comunicaciones desarrollada en torno a la *Strata Ceretana, Iulia Lybica* y *Orgellum* (Solé 1997; Bosch y Yáñez 2005; Mercadal y Olesti 2001) favorecerá una intensificación en la explotación de los recursos altimontanos, así como una diversificación y sectorialización de las prácticas a nivel microregional.

Finalmente, cabe destacar que la transición del periodo romano al tardoantiguo no supone un cambio sustancial en los usos del suelo y la gestión del paisaje altimontano en el VMPC. Al igual que en el periodo altoimperial, durante los siglos IV-VI cal. d. C. se observa la continuidad de las prácticas pastorales en el valle, que se hacen más intensas en torno a RDO, así como una segunda fase de explotación resinera. Finalmente, el desplazamiento de las redes comerciales hacia el centro peninsular a partir del s. VI con la instauración del poder visigodo (Bosch 1997) tampoco implicará una ruptura en los usos de suelo y de los recursos altimontanos del VMPC. Así, si bien durante los siglos VI-VII cal. d. C. se evidencia el último periodo de utilización de los hornos de resina, una nueva fase de actividad pastoral se documenta en el sector subalpino del valle del Madriu (ODS y BDE) y en el valle de Perafita. La explotación de la pez en los valles andorranos parece, además, continuar en el periodo posterior, tal y como indican fuentes documentales del s. IX (Baraut 1988, 93-98). La continuidad de la actividad pastoral en el VMPC durante el periodo visigodo es coherente con la integración de Andorra en la red de influencia comercial y político administrativa del obispado de Urgell durante este periodo (Bosch 1997).

Edad Media (de *c.* 800 a. *c.* 1500 cal. d. C.) (BLAU-1a/2a; RDO-2c; ODS-2a; B-5e; B-6a, PDP-C)

La intensa explotación medieval de la alta montaña: protagonismo del pastoreo y apertura generalizada del paisaje altimontano

Entre *c.* 800 y 1500 cal. d. C., en RDO la retracción del pinar, unida a la expansión de Poaceae y taxones herbáceos indica una pronunciada apertura forestal (Figuras 71 y 83). El hecho que los valores mínimos de *Pinus* y máximos de Poaceae y herbáceas sean respectivamente inferiores y superiores a los valores actualmente registrados en comunidades de prados altimontanos corrobora el predominio de las formaciones rasas alpinas. Sin embargo, los reducidos valores de la tasa de acumulación de Poaceae y otras herbáceas podrían relacionarse con el desarrollo de una intensa actividad pastoral en el estadio alpino que limitara la productividad polínica de las formaciones rasas (Groenman-van Waateringe 1993; Hjelle, 1998). El incremento general de taxones nitrófilo-ruderales asociados según el estudio referencial a comunidades de prados pastoreados (Chenopodiaceae, Cichorioideae undiff., *Cichorium intybus*-t, Asteroideae undiff., *Plantago* undiff.), así como de taxones indicadores de pastos en el inventario botánico altimontano realizado (Tabla 7) (*Urtica dioica*-t, *Plantago major/media*, Campanulaceae, Brassicaceae, *Galium*-t, *Ranunculus acris*-t o *Trifolium*-t) sugiere el desarrollo de una mayor presión pastoral en este momento. Además, la reaparición de las esporas coprófilas *Sporormiella, Sordaria* y *Cercophora* a partir de los siglos X y XII cal. d. C. indica la presencia local de ganado en las inmediaciones de la turbera. De hecho, el estudio arqueológico del entorno de la turbera ha permitido documentar dos cabañas (M083/M084) en el yacimiento de Riu dels Orris I (M21) datadas entre finales del s. IX y mediados del s. X cal. d. C. (Palet 2008 *a*), lo que corrobora el desa-rrollo de actividades pastorales locales (Figura 84). A la luz de los datos de RDO, éstas fueron intensas y provocaron una amplia apertura del medio y el descenso del límite supraforestal. Este proceso no atañe exclusivamente a RDO y también se observar en otros registros del valle del Madriu.

Así, en el lago BLAU (2.471 m), los reducidos valores porcentuales de *Pinus* y los elevados valores de Poaceae y otras herbáceas ponen de manifiesto la existencia de un paisaje altimontano predominantemente abierto desde el inicio de la secuencia, en torno a 800 cal. d. C. (Figuras 70 y 83). La reducción de *Pinus* a partir del s. X indica una apertura del pinar que se manifiesta especialmente destacada en torno al s. XI, cuando este taxón alcanza valores porcentuales mínimos y prevalece un paisaje marcadamente abierto. El avance colonizador del sotobosque en los espacios abiertos en el pinar subalpino viene marcado por el incremento de los taxones arbustivos, mientras que el incremento de Ericaceae y el registro de *Calluna* y *Sorbus*-t, todos ellos taxones entomófilos infrarepresentados en el valle según los índices de Davis (Figura 19), subraya el carácter local de este proceso. Sin embargo, es *Juniperus* el taxón arbustivo que experimenta un incremento más significativo. Si consideramos el papel colonizador del enebro en el pinar de orientación meridional (Folch 1984, Vigo 1976) y la asociación de este taxón a la variable altitud en el transepto referencial este incremento del enebro sugiere que los procesos de deforestación fueron especialmente acusados en las vertientes meridionales del valle, precisamente donde se sitúan las zonas topográficamente más aptas para el desarrollo de los prados alpinos en el valle del Madriu (Figuras 9) y donde se emplaza el Estany Blau (Figura 23).

La alta representación de apophytes desde el inicio del registro refleja el aprovechamiento pastoral de los prados alpinos del valle del Madriu, tal y como ha sido documentado arqueológicamente en torno a RDO desde el s. IX. Posteriormente, y a partir del momento máximo de deforestación del pinar en el s. XI, se observa en BLAU una mayor diversidad de *apophytes*, con la aparición de taxones como Cichorioideae undiff., *Lamium*-t, *Echium*-t o *Solanum nigrum*-t, estos tres últimos caracterizados como estrictamente nitrófilo-ruderales en el inventario de vegetación altimontana (Tabla 7). El incremento en la diversidad de los prados supraforestales durante este momento puede muy bien responder a estas actividades pastorales, dado que distintos estudios han demostrado que el pastoreo genera un incremento en la diversidad florística (de Bello 2006) y polínica (Court Picon *et al.* 2005) de los prados de alta montaña. Con todo, a pesar de la regular presencia de esporas coprófilas, su modesta representación no permite afirmar inequivocamente la frecuentación local del ganado en la cubeta de BLAU.

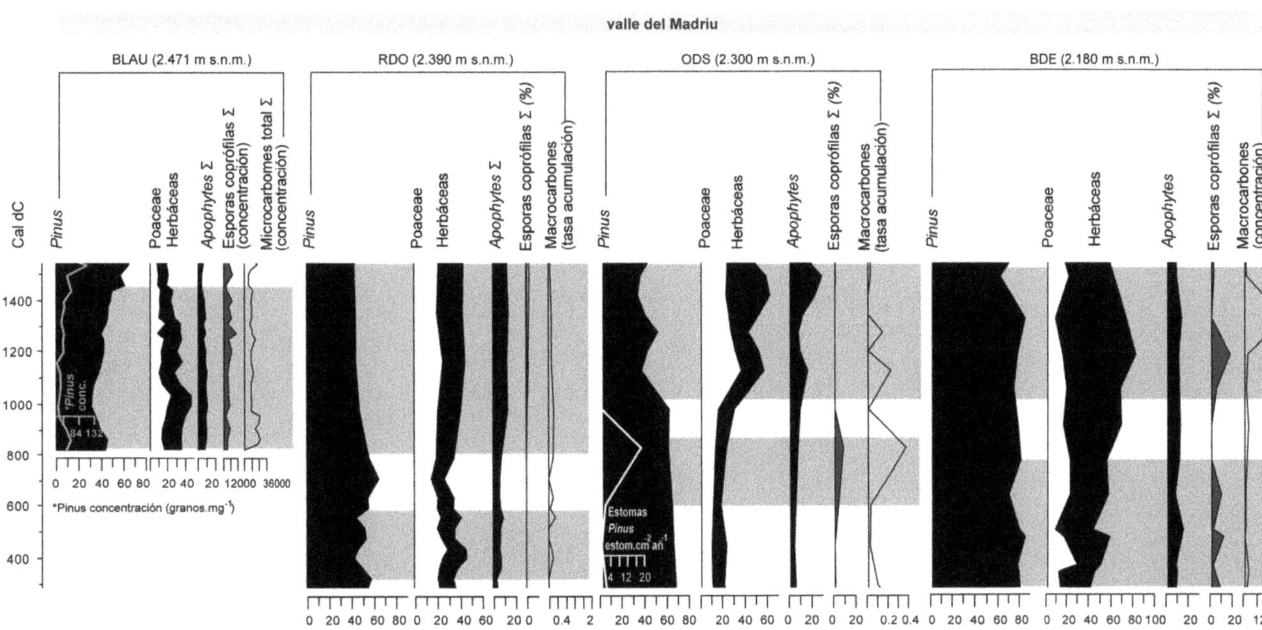

Figura 83. Diagrama sintético a escala temporal donde se muestran en gris las fases de antropización de las secuencias estudiadas en el VMPC durante el periodo medieval

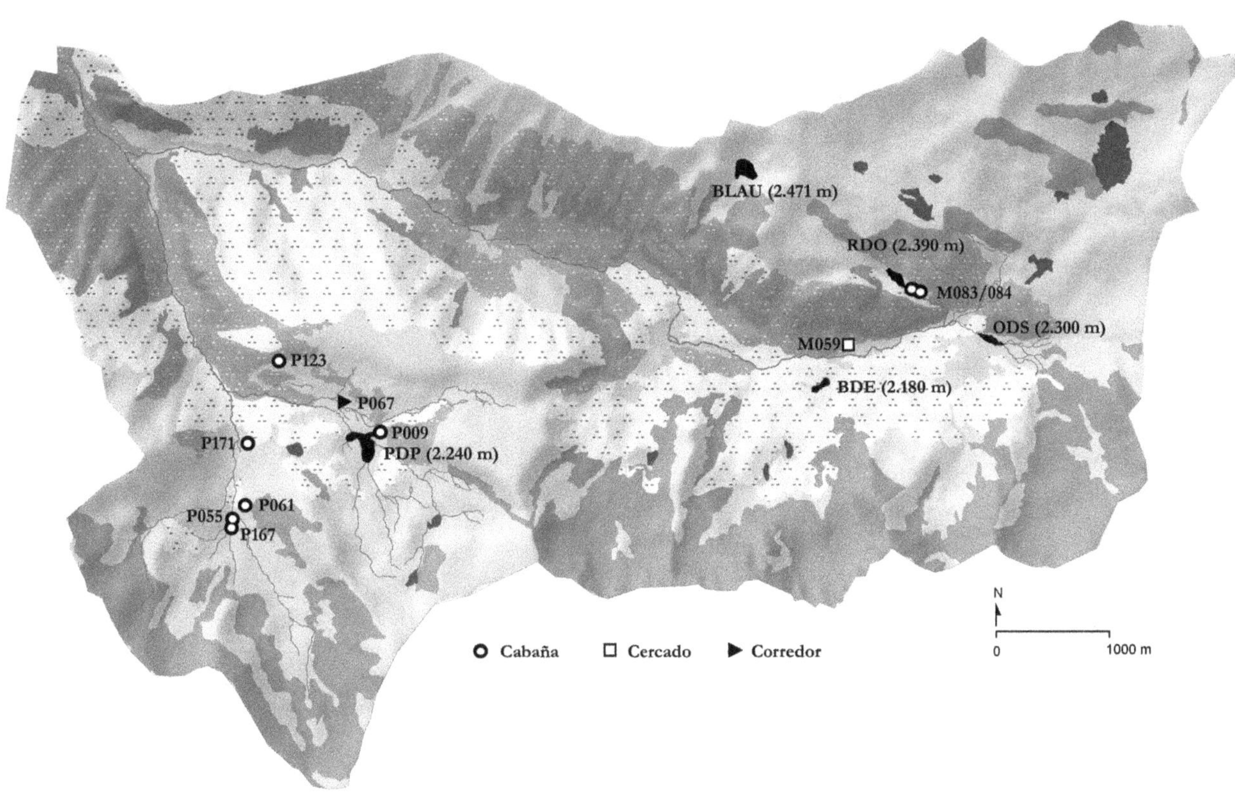

Figura 84. Mapa del VMPC con las diferentes estructuras arqueológicas documentadas en época medieval. Mapa: H.A. Orengo.

Igualmente, a cotas inferiores la turbera ODS (2.300 m) evidencia un proceso similar de apertura paisajística a partir del s. X. Así, el incremento de Poaceae y taxones herbáceos subraya la extensión de las comunidades rasas alpinas en este sector del valle, mientras que el descenso porcentual de *Pinus* y la desaparición de estomas de pino indica asimismo una apertura del pinar (Figura 83). Sin embargo, el incremento de la tasa de acumulación polínica de este taxón cuestiona el descenso porcentual de *Pinus*, que se encuentra exagerado por el incremento de polen no arbóreo (Figura 72). La apertura del bosque del entorno de la turbera, que en medios altimontanos actúa como filtro de la lluvia polínica regional procedente de sectores inferiores (Ortu *et al.* 2006), podría haber propiciado un mayor aporte de polen regional de este taxón anemófilo de alta productividad polínica que se encuentra ampliamente sobrerepresentado en medios altimontanos, como ha sido demostrado por el estudio referencial realizado en este trabajo y en otros muchos estudios (Heim 1970; Brugiapaglia *et al.* 1998; Broström *et al.* 2004; Court-Picon *et al.* 2005; Cañellas *et al.* 2009).

Además, cabe destacar que, aunque la turbera BDE (2.180 m), situada en la vertiente de exposición septentrional del valle, muestra una ligera retracción de *Pinus* coetánea a un incremento de Poaceae y herbáceas en este periodo, los valores observados son representativos del pinar según el estudio referencial. Esto contrasta con el espectro polínico observado en RDO y en BLAU, lo que sugiere una apertura más amplia del pinar en el estadio alpino de exposición meridional que en el subalpino de exposición septentrional, donde se localiza BDE. Allí se daría una mayor presencia de un pinar, esto sí, abierto si consideramos el incremento de Poaceae y herbáceas durante este momento en la turbera BDE. La mayor proximidad de ODS a la vertiente septentrional del valle (Figuras 8 y 23) podría, por tanto, haber favorecido un mayor aporte polínico de *Pinus* en un momento de apertura forestal del entorno de la turbera.

Por otro lado, el incremento de *apophytes* e indicadores nitrófilo-ruderales en ODS (Figura 72), entre los que destacan Cichorioideae undiff, *Plantago* undiff., *Plantago major/media* o Campanulaceae, junto a la presencia de *Urtica dioica*-t *y Polygonum aviculare*, refleja, al igual que RDO y BLAU, el aprovechamiento pastoral de los prados supraforestales durante la alta Edad Media. Esta extensión de las actividades pastorales en el valle no se limita, sin embargo, a los prados alpinos, sino que también se observa en el estadio subalpino a partir del s. X. Así, en BDE (2.180 m) el incremento de *Sordaria* y el registro de *Chaetomium*, junto a un mantenimiento de *apophytes*, sugiere la frecuentación del ganado en las inmediaciones de la turbera en el seno, como ha sido destacado, de un pinar abierto (Figura 73).

Un aspecto a subrayar es el posible uso del fuego en este proceso de apertura del medio y extensión de los prados supraforestales observado en el valle del Madriu a partir de los siglos IX y XI cal. d. C. En BLAU, el incremento del total de microcarbones al inicio del registro es coetáneo con el descenso del pinar, sugiriendo un papel activo de fuego en el proceso (Figura 70). La caracterización local o regional de los procesos de combustión resulta compleja tratándose de microcarbones, y más en este caso en que los diferentes tamaños identificados siguen la misma tendencia. Sin embargo, el registro regular de macrocarbones durante esta fase en BDE, ODS y RDO (Figura 83) corrobora la existencia de incendios de carácter local y de baja frecuencia en diferentes sectores del valle que, muy probablemente contribuyeron al proceso de apertura forestal. En BLAU, la curva general de microcarbones desciende una vez alcanzado el mínimo forestal, indicando un descenso en la frecuencia del uso del fuego a partir de este momento. Sin embargo, el registro moderado de los microcarbones >100 µm y el tipo A (>50 µm) (Figura 56) podría indicar un mantenimiento de los procesos de combustión, que serían, eso sí, menos frecuentes que durante la fase inicial de destrucción del pinar y en los que la vegetación herbácea podría estar especialmente representada. La correspondencia entre la mejor representación de los microcarbones de tipo A y la expansión de taxones herbáceos durante esta fase señala la potencialidad de esta morfología característica de microcarbones herbáceos (Umbanhowar y McGrath 1998) a la hora de caracterizar vegetación herbácea combustionada en sectores altimontanos. Con todo, la realización de estudios experimentales resultará del todo necesaria para corroborar este hecho.

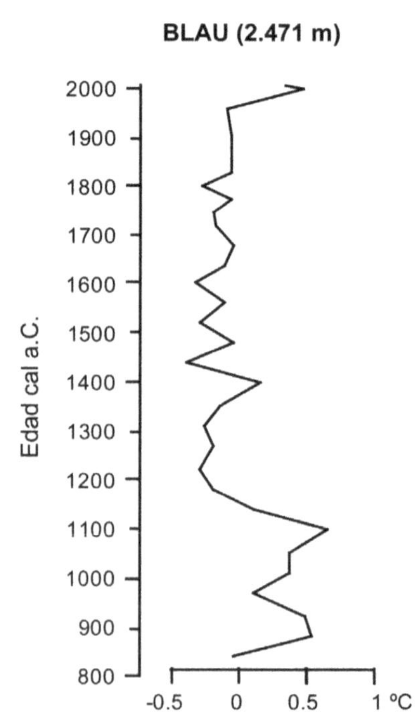

Figura 85. Resultados de al reconstrucción paleoclimática realizada en BLAU por S. Pla (Riera *et al.* 2006).

Por otra parte, dicha continuidad en el uso del fuego puede relacionarse con el mantenimiento y mejora de los prados alpinos. A este respecto, diferentes estudios experimentales han destacado que la ocurrencia de fuegos de moderada intensidad facilita el reciclaje de materia orgánica mineralizada en el horizonte superficial del suelo (cenizas), ayuda a controlar ciertos micro-organismos patógenos o inhibidores de las plantas y no aumenta de manera significativa la erosión (Guillon 1990; Guillon *et al.* 1995; Rigolot 1998). El mayor aporte de nitrógeno y otros nutrientes en el suelo que se produce inmediatamente después de un incendio es aprovechado por las comunidades herbáceas, observándose un incremento de la diversidad y productividad de los pastos en los primeros estadios post-fuego (Mellars 1976; Ferrer *et al.* 2001; Carter y Foster 2004). Un estudio realizado sobre sectores de media montaña en los Pirineos centrales septentrionales ha observado que, de hecho, las quemas controladas mejoran las condiciones de crecimiento de los taxones herbáceos y favorecen el incremento de taxones forrajeros de alto valor pastoral como son las leguminosas (Faerber 1998), un hecho que también se ha observado en otros sectores del centro peninsular (Bernal *et al.* 2001). Además, se estima que el deterioro causado a los rebrotes arbóreos por la acción mecánica continua del ganado puede reducir el proceso de reforestación hasta un 20% (Stern 1983). De esta manera, en el valle del Madriu, una vez reducido el pinar y conseguido el espacio abierto necesario para la carga pastoral, la presión ganadera combinada con procesos de combustión esporádicos podría ser suficiente para el mantenimiento y mejora de calidad de los pastos alpinos.

El incremento del aprovechamiento pastoral de los prados altimontanos durante la alta Edad Media no ocurre únicamente en el valle del Madriu sino que atañe igualmente al valle de Perafita. A pesar de que PDP no registra este lapso cronológico y que el análisis de otros registros paleo-ambientales para este periodo y en este sector se encuentra todavía en curso, los datos arqueológicos son contundentes. La datación en diferentes sectores del valle de tres cabañas de piedra seca (P171, P061 y P009105) en torno al s. IX cal. d. C., de una cabaña (P009106) en torno al s. XI cal. d. C., así como de un nivel de ocupación de una cabaña (P009103) y un corredor (P067103) datados en torno al s. XII cal. d. C. ratifica una intensificación de la actividad pastoral en el valle de Perafita durante la baja Edad Media (Orengo 2008, Orengo 2009, Orengo, 2010) (Figura 84).

La reconstrucción de temperaturas realizada por S. Pla en la secuencia del Estany Blau a partir del estudio de crisofíceas y diatomeas indica que esta mayor explotación de los espacios altimontanos del VMPC se desarrolla en el marco de unas condiciones climáticas cálidas (Figura 85). Así, entre *c.* 800 y 1140 cal. d. C., se observan unas condiciones cálidas en el valle que serían similares o incluso más acusadas que las registradas en la parte superior de la secuencia para época contemporánea (Riera *et al.* 2006 *a*). Sin embargo, en torno a finales del s. XII cal. d. C., se puede observar un cambio hacia unas condiciones más frías.

Estos datos son coherentes con la reconstrucción de temperaturas realizada en los Pirineos centrales (Parc Natural de Aigüestortes i Estany de Sant Maurici) a partir de series dendroclimatológicas altimontanas (2.200-2.400 m) y que subraya la existencia de unas temperaturas estivales frías durante la segunda mitad del s. XII, que se situarían entre las diez mas bajas de los últimos 1250 años (Büntgen *et al.* 2008). Este recrudecimiento de las temperaturas continuaría a lo largo del periodo bajomedieval en el VMPC, tal y como indica la reconstrucción de temperaturas de BLAU. Esto coincide con el inicio de la Pequeña Edad del Hielo (PEH) en el valle del Madriu a mediados del s. XIV, que ha sido fechada mediante datación liquenométrica de los derrubios de nivación del circo de Estanyons (2.435-2.455 m), en la vertiente de exposición septentrional del valle (Mateo y Gómez 1998).

Sin embargo, el desarrollo de unas condiciones climáticas más frías durante la baja Edad Media no parece influir en la explotación pastoral de los espacios de alta montaña del VMPC. De esta manera, en RDO (2.390 m), no se observan cambios en el registro paleoambiental con respecto al periodo altomedieval, manteniéndose un paisaje predominantemente abierto y pastoreado hasta el s. XV cal. d. C. (Figura 83). ODS (2.300 m) evidencia un proceso de apertura forestal más destacado a partir del s. XIV cal. d. C., tal y como indica la retracción de *Pinus* y un nuevo incremento de Poaceae y herbáceas, coetáneo a un incremento de *apophytes* y taxones nitrófilo-ruderales (Chenopodiaceae, Cichorioideae undiff., *Cichorium intybus*-t y, en menor medida de Asteroideae undiff) (Figuras 72 y 83). Ello debe asociarse a una nueva fase de ocupación humana y explotación pastoral de la turbera ODS. Así lo demuestra la documentación de un orri formado por una cabaña (M035) y un corredor (M029102), datado a mediados del s. XIV cal. d. C. y situado en el yacimiento Orris de Setut III (M09), a escasos metros de la turbera (Figura 84) (Palet 2006).

De una manera más puntual, también en BDE (2.180 m) se observa a partir del s. XIV cal. d. C. una retracción porcentual de *Pinus* y un incremento de taxones herbáceos, ambos asociados a un pico de macrocarbones que sugiere la existencia de incendios de carácter local (Figura 83). A pesar de que estos cambios sean coetáneos a una retracción de *apophytes*, la explotación pastoral de este sector subalpino está documentada arqueológicamente a partir de un cercado (M059104) que forma parte de un orri localizado en el yacimiento de Pla de l'Ingla I (M-15) y que ha sido datado a 1361 ± 59 cal. d. C. (Palet 2006) (Figura 84).

En BLAU (2.471 m), a pesar de un ligero incremento de los porcentajes y las concentraciones de *Pinus*, los valores porcentuales máximos de este taxón y los mínimos de Poaceae y herbáceas observados entre los siglos XII y XV cal. d. C. sugieren la persistencia de un paisaje predominantemente abierto en el VMPC. La continuidad de *apophytes* indica el mantenimiento de las actividades pastorales en el valle. Además, el registro continuo e incremento de las concentraciones de *Sporormiella*, junto a la aparición de *Cercophora* y *Chaetomium* podría indicar la presencia local de ganado en las inmediaciones del lago (Figura 70).

Finalmente en el valle de Perafita, a partir de mediados del s. XIV cal. d. C. y tras el lapso sedimentológico en la turbera PDP (2.240 m), los reducidos valores de *Pinus* y los elevados porcentajes de herbáceas y Poaceae indican el predominio de los prados alpinos durante la baja Edad Media (Figura 74). Además, la abundancia de *apophytes*, entre los cuales cabe destacar indicadores nitrófilo-ruderales como Chenopodiaceae, Cichorioideae undiff., *Plantago* undiff., *P. lanceolata*-t o *Rumex acetosa*-t, y el registro de diferentes esporas coprófilas como *Sordaria, Sporormiella, Cercophora, Podospora* o *Chaetomium* refleja la existencia de una presión pastoral en este sector y de una frecuentación del ganado en las inmediaciones de la turbera. La datación de los niveles de ocupación/abandono de dos cabañas (P123105, P167104) en torno al s. XIII cal. d. C. y de una tercera cabaña (P055-105) a finales del s. XIV cal. d. C. en los yacimientos de Planell del Bisbe (P23) y Planell Gran III (P09) (Orengo 2009), corrobora la importante explotación pastoral bajomedieval en el valle de Perafita-Claror (Figura 84). La documentación de conflictos entre las parroquias andorranas por el derecho al uso de los prados de Perafita-Claror entre los siglos XIII y XV no hace sino destacar la cada vez mayor presión pastoral y la necesidad de pastos de las comunidades andorranas en este sector (Orengo 2007).

La incorporación de los valles andorranos en el ámbito de dominio carolingio a partir del s. IX y el desarrollo del feudalismo durante la baja Edad Media comporta una intensificación de la explotación pastoral de los sectores de alta montaña del VMPC que da lugar a una apertura paisajística generalizada y sin precedentes en todos los sectores estudiados del valle del Madriu. Un proceso similar se documenta en el sector altimontano de Enveig (Cerdanya septentrional), donde amplias deforestaciones del pinar coetáneas al incremento de los indicadores de antropización, constituyen a partir del s. IX cal. d. C. en Maurà (2.220 m) y a partir de. s. XII cal. d. C. en Pla de l'Orri (2.150 m), una auténtica inflexión paisajística que alcanza su máxima expresión a lo largo del s. XIII cal. d. C. Esta apertura forestal se vio, al igual que en el valle del Madriu, favorecida por el uso del fuego (Galop 1998, 1999, 2000; Vannière *et al.* 2001). Este aprovechamiento pastoral de Enveig se encuentra, además, corroborado arqueológicamente a partir de la datación de niveles de ocupación de cabañas pastorales entre principios del s. XI y principios del s. XV cal. d. C (Rendu 2003), e históricamente, con el desarrollo de la trashumancia de larga distancia en los sectores altimontanos de Enveig por parte de los monasterios de Poblet y Santes Creus a partir del s. XII (Rendu *et al.* 1995; Galop 1998; Galop 2000).

Si bien las dinámicas de gestión del medio son coincidentes en el VMPC y en Enveig, ello no debe extrapolarse a otros sectores altimontanos pirenaicos, en los que se aprecian tanto ritmos específicos como usos del suelo diferenciados durante el periodo medieval. Así, en la Cerdanya meridional, la turbera Pla de Salinas (2.200 m) (Figura 2) muestra una inflexión paisajística más temprana que la observada en Enveig y en el VMPC, con una acusada apertura del pinar (frecuencias de *Pinus* ≤10%) entre el s. VIII y finales del s. IX cal. d. C. Por el contrario, el periodo bajomedieval se caracteriza por una regeneración del pinar (Jalut 1974). De la misma manera, en los sectores altimontanos situados al norte de Andorra, en la turbera de Sauzet (1.965 m) se documenta entre el s. VIII y el s. X cal. d. C. una fase temprana de deforestaciones del pinar asociada al aprovechamiento pastoral del los prados alpinos. Después de un periodo de recuperación del pinar y una menor presión pastoral, se observa a partir del s. XIII una segunda fase de intensificación de las actividades pastorales y deforestaciones altimontanas que también se observan a cotas inferiores en la turbera de Pla de Sabine (1.755 m) (Galop 1998). Una fase más intensa de explotación pastoral altimontana se observa asimismo a partir del s. XIX en el valle cercano de Bassiès, al noroeste de Andorra, en Pla du Labinas (1.810 m) y Pla de la Croutz (1.853 m) (Jalut 1974; Galop 1998).

El estudio multi-proxy realizado en la turbera del Pradell (1.975 m), en el extremo occidental de la Sierra del Cadí (Prepirineos orientales) (Figura 2), evidencia una gestión del medio altimontano altamente diversificada durante el periodo bajomedieval. Mientras que entre los siglos X y XII cal. d. C. en el VMPC y en Enveig se producen destacadas deforestaciones, en Pradell se aprecia una recuperación del pinar subalpino y una retracción de las actividades de pastoreo. En este momento, la actividad humana principal en este sector altimontano es la minería, tal y como sugiere el incremento significativo de la concentración de metales en la turbera (Ejarque *et al.* 2009). A partir del s. XII cal. d. C., y a lo largo de la baja Edad Media, los datos paleoambientales y arqueológicos de Pradell evidencian deforestaciones locales del pinar relacionadas con el uso del fuego y el carboneo (Palet *et al.* 2007; Euba 2009). El desarrollo de actividades pastorales trashumantes relacionadas con la orden del Temple en este sector pirenaico parece tener un impacto moderado en las inmediaciones de la turbera. Esto probablemente se deba al uso pastoral preferencial de los sectores meridionales de la sierra, donde se observa una topografía más propicia para la extensión de prados, mientras que el sector septentrional más abrupto, donde se ubica Pradell, se encontraría preferentemente orientado a explotación del bosque y el carboneo (Ejarque *et al.* 2009).

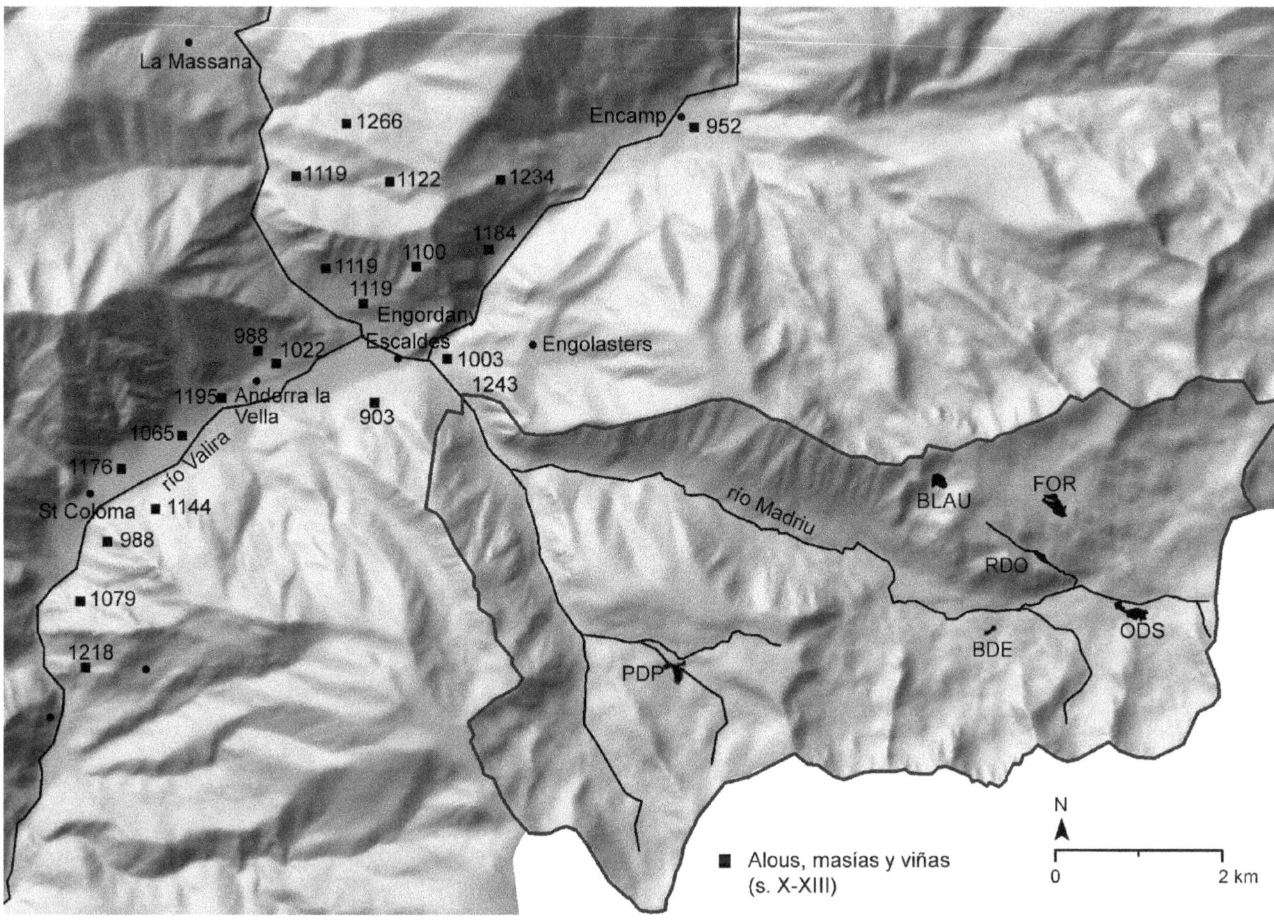

Figura 86. Mapa del VMPC con las diferentes estructuras arqueológicas documentadas en época medieval. Mapa: H.A. Orengo.

Por otro lado, la incorporación de los valles andorranos en el ámbito de dominio carolingio a partir del s. IX y el desarrollo del feudalismo durante la baja Edad Media también supuso una última intensificación en la apertura forestal de los sectores subalpinos inferiores y de media montaña en el VMPC, así como una expansión de las actividades agrícolas a nivel regional. De esta manera, la retracción del conjunto de taxones arbóreos (*Quercus* caducifolio-t, *Corylus, Alnus, Abies, Betula*) en BDE y ODS a partir de los siglos IX y XI y la modesta representación de los mismos en BLAU y RDO a lo largo del periodo medieval, denota una intensa explotación de los sectores de montaña situados a cotas inferiores durante el periodo medieval. Ésta afecta al conjunto de comunidades forestales caducifolias y perennifolias y es continua a lo largo del periodo medieval hasta un punto que no permite la regeneración forestal. Así, durante este periodo muchos taxones como el tilo, el olmo y el haya desaparecen en la mayoría de registros y la representación de muchos otros, como el abeto, el avellano, o el aliso, pasa a ser meramente testimonial.

Por su parte, aunque la "expansión agrícola" medieval se refleja en los diferentes registros estudiados, es BLAU la secuencia que mejor registra este proceso. La amplitud de la cubeta lacustre, su orientación suroeste y su localización a 2.471 m en la línea de carena principal del valle propician que este registro sea especialmente sensible a las corrientes de viento ascendentes. Éstas, encauzadas por la cuenca del Valira y del río Madriu, provocan un destacado aporte de lluvia polínica regional en el lago procedente de los sectores de menor altitud. De esta manera, las frecuencias relativas de Cerealia-t (3,6 %) y *Secale* (2%) observadas desde el inicio del registro subrayan la importancia de las prácticas cerealícolas a cotas inferiores desde el s. IX cal. d. C (Figura 70). También en ODS, a partir del s. X se observa el inicio del registro regular de ambos tipos polínicos, mientras que BDE registra durante el s. XII los máximos porcentajes de Cerealia-t (Figuras 72 y 73). Junto a actividades cerealícolas, cuya importancia, por otra parte ya se había registrado con anterioridad a lo largo del periodo romano y la Antigüedad tardía, entre los siglos X y XIV se documentan regularmente otros cultivos como *Cannabis*-t, *Vitis, Castanea, Olea y Juglans* en todos los registros estudiados. Ello subraya una diversificación en las prácticas agrícolas durante la baja Edad Media en la que destaca el mayor protagonismo de los cultivos arbóreos.

La destacada apertura forestal que experimenta el VMPC durante este periodo, tanto de los sectores de media como de alta montaña, sin duda favorece un mayor aporte de lluvia polínica regional en los registros estudiados y, por tanto, una mejor representación de los taxones cultivados. A este respecto, es importante destacar que los registros altimontanos no resultan los más idóneos a la hora de estudiar correctamente las actividades agrícolas desarrolladas en sectores inferiores. Ello se debe a que la representación de los taxones cultivados en los mismos se ve fuertemente condicionada por el grado de recubrimiento forestal en las inmediaciones de las cuencas estudiadas, así como por el transporte de polen regional por las corrientes de viento ascendentes. En el estudio referencial los valores más elevados de *Olea* se dan en los sectores más elevados del valle situados por encima de los 2.300 m. Ésto, que también se observa en otros estudios referenciales altimontanos pirenaicos (Cañellas-Bolà *et al.* 2009), corrobora el papel de las corrientes eólicas convectivas en la representación polínica de los taxones cultivados en los sectores altimontanos pirenaicos. Con todo, el incremento de polen de taxones cultivados durante el periodo medieval es plenamente coherente con la expansión agraria documentada en las fuentes escritas andorranas y que se haría también extensiva a zonas de media e incluso alta montaña. Así, a escasa distancia (6-10 km) del valle del Madriu, se documentan ya desde el s. X numerosos «alous», con unidades de explotación agrarias diversificadas y dispersas en el territorio «tant a la vall com a la muntanya» (Guillamet 1991) (Figura 86).

La toponimia, así mismo, hace referencia a la importancia de árboles frutales a partir del s. XII en zonas próximas al valle del Madriu: «el prat de la Figuera» en Engordany, «l'hort de la Prunera» en Engolasters, y el «mas del Noguer» en Escaldes (Guillamet 1991, 170). En el s. XII se documenta el cultivo del olivo en la Massana y en Sant Julià de Lòria, lo que coincide con el inicio del registro regular de *Olea* en los registros polínicos estudiados, mientras que en el s. XIII aparecen registrados los primeros cañamares en Engolasters (Guillamet 1991, 173-174). De esta manera, el incremento y diversificación de los taxones cultivados observados en los registros estudiados reflejan las actividades agrícolas desarrolladas en estas propiedades alodiales próximas al valle y, que muy probablemente, también se desarrollarían en los sectores inferiores del mismo. Aunque sólo la realización de un estudio paleoambiental y arqueológico integrado en esos sectores del valle permitiría corroborar esta hipótesis, no hay que olvidar que el aprovechamiento agrícola medieval de sectores altimontanos situados entre 1.700 y 2.000 m se documenta en Andorra ya desde el s. XIII (Vela 2005, 148).

Esta expansión agrícola se enmarca en un proceso general asociado al incremento de población y a la progresiva feudalización del territorio pirenaico y catalán (Bonassie 1979). Términos como «ruptura», «rumputa», «tracturas», «terras tretas», «eixarts» o «artigas» en las fuentes escritas medievales hacen referencia a la roturación y la puesta en cultivo de nuevas tierras (de Bolós 2004, 312). Por otra parte, estudios paleoecológicos realizados en zonas de media y baja montaña del macizo pirenaico documentan ampliamente la extensión de cultivos y la explotación del piso montano. De esta manera, en sectores de media montaña del Pirineo septentrional oriental (Pai-lhères, 1.700 m) (Figura 2), los datos polínicos destacan una intensa explotación agropastoral del abetal-hayedo a partir del s. X cal. d. C. que provocará deforestaciones en esta formación. Junto al incremento de los indicadores pastorales, destaca el inicio del registro de *Juglans* y *Vitis*, mientras que el incremento de *Secale* se relaciona con el posible cultivo del centeno en sectores de media montaña, no muy lejanos a la turbera (Galop 1998). Un impacto similar se observa a partir de mediados del s. XII cal. d. C. en la vertiente meridional del Pirineo central, en la turbera de València d'Àneu (1.150 m), donde una fuerte presión antrópica dará lugar a la desaparición del abeto y el haya, taxón éste último que ya nunca se recuperará en el sector. El fuerte incremento de Cerealia-t (*c.* 10%) subraya la importancia del cultivo medieval del cereal en este sector de media montaña, mientras que también se inicia el registro regular de *Olea* y *Juglans* a partir del s. XII cal. d. C. (Pèlachs *et al.* 2009 *a*).

A menor altitud, en el Pre-pirineo meridional, los lagos de Estanya (670 m) evidencian a partir de los siglos IX-XI cal. d. C. importantes deforestaciones forestales provocadas por el uso del fuego y asociadas a actividades agropastorales. A partir de este momento, y a lo largo de la baja Edad Media, el registro regular de *Vitis*, Cerealia-t, así como las primeras evidencias de *Secale*, *Juglans* y *Castanea* evidencian el desarrollo de una agricultura diversificada en este sector en relación a la cual cabe destacar la creciente importancia de la explotación del cáñamo. A este respecto, los altos valores de *Cannabis*-t en el registro polínico subrayan la utilización de los lagos en el procesado de este taxón durante la baja Edad Media (Riera *et al.* 2004), momento en que también se documenta polen de cáñamo en todos los registros del VMPC (a partir del s. X) y aparecen las primeras referencias escritas a cañamares en Andorra.

Igualmente, en sectores de piedemonte de los Pirineos centrales septentrionales, se han documentado a partir del s. XI deforestaciones que afectan especialmente al robledal y el aliso, así como una expansión de las prácticas agropastorales, mientras que el incremento de microcarbones entre los siglos XIII y XIV se relaciona al desarrollo de actividades agrícolas de roza y quema bajomedievales en este sector (Galop *et al.* 2002). De la misma manera, en la turbera Gabarn (310 m, Pirineos occidentales septentrionales) y a mediados del s. XIV cal. d. C., se documenta una mayor frecuencia de incendios asociada a una diversificación e incremento de cultivos y de las prácticas pastorales (Rius *et al.* 2009).

Periodo moderno y contemporáneo (de c. 1500 – a época actual) (BLAU-2b/2c; RDO-2c; ODS-2b/2c; B-6b; PDP-C)

Máxima explotación, complejidad y estructuración espacial de la alta montaña pirenaica y retracción final de las actividades humanas durante el s. XX. El VMPV al final de la edad contemporánea: de paisaje cultural a paisaje natural y de paisaje natural a paisaje cultural

En la secuencia del Estany Blau (2.471 m) el análisis a alta resolución temporal realizado y que comprende intervalos entre muestras de entre 12 y 28 años, ha permitido documentar una breve regeneración forestal entre *c.* 1450 y 1550 cal. d. C. que se caracteriza por un incremento de *Pinus* (Figura 70). Por su parte, el descenso porcentual y en concentración de Ericaceae undiff. y *Juniperus*, así como una menor diversidad en el registro de otros taxones arbustivos (desaparición de *Sorbus*-t, *Helianthemum*, *Vaccinium*-t o *Rhododendron*-t), indica una presencia menor del sotobosque con respecto al periodo anterior. Aunque la retracción porcentual de taxones herbáceos se encuentra un tanto exagerada por el incremento de *Pinus*, los datos en concentración corroboran unos valores de herbáceas reducidos durante este periodo. De hecho, el que los valores porcentuales de *Pinus* (*c.* 65%) así como de Poaceae (*c.* 10-6 %) y de herbáceas (*c.*20 %) sean superiores e inferiores, respectivamente, a los observados durante la fase de apertura paisajística medieval y el que las frecuencias de estos taxones se encuentren a medio camino entre el espectro referencial propio comunidades de prados altimontanos y bosque subalpino, indica una cierta recuperación del pinar cuya extensión en el valle es, no obstante, difícil de precisar únicamente a partir de los datos de BLAU. No se debe olvidar que *Pinus* es un taxón con una elevada productividad polínica y en BLAU no se han documentado estomas con los que poder calibrar la presencia local de este taxón. Con todo, el que no se hayan documentado estomas de pino a lo largo del registro sugiere una ubicación de la cubeta lacustre por encima del límite superior del bosque a lo largo de los últimos 1200 años, tal y como se encuentra en la actualidad. La abrupta topografía de la cubeta glaciar de BLAU, así como el predominio de tarteras y el escaso desarrollo de suelos (Figura 24), probablemente hayan dificultado el desarrollo del pinar en este sector situado en la cabecera del valle. El mantenimiento de los valores de *Sordaria* y *Sporormiella* durante este momento sugiere una continuada frecuentación de los prados alpinos por parte de animales herbívoros, si bien la retracción porcentual y en concentración de *apophytes* y taxones nitrófilo-ruderales como Chenopodiaceae, *Rumex* undiff, Asteroideae undiff., Cichorioideae undiff. o *Plantago lanceolata*-t parece indicar una menor presión humana y pastoral respecto al periodo medieval que podría haber favorecido la recuperación del pinar subalpino.

Por otro lado, la acusada retracción del alga *Botryococcus* en este momento indica un cambio hacia unas condiciones lacustres menos productivas que podrían ser resultado de la menor presión pastoral documentada en las inmediaciones del lago y que daría lugar a una menor fertilización en nutrientes. Sin embargo, la menor productividad lacustre también podría tener relación con una reducción de las temperaturas. De hecho, la reconstrucción de paleotemperaturas realizada en BLAU indica el mantenimiento de unas condiciones climáticas frías durante este periodo (Figura 85), mientras que el estudio liquenométrico realizado en el circo de Estanyons (2.435-2.455 m) subraya dos episodios más fríos dentro de la PEH, entre 1490-1508 y entre 1542-1558, que habrían dado lugar a dinámicas morfogenéticas relacionadas con procesos crioclásticos en las vertientes del circo y/o reactivación glaciar de pequeñas dimensiones (Mateo y Gómez 1998, 2004). Este recrudecimiento térmico coincide, además, con un descenso en las temperaturas estivales registrado en las series dendroclimáticas de los Pirineos centrales meridionales a partir de la segunda mitad del s. XIV (Büntgen *et al.* 2008).

El que se produzca una recuperación del pinar en este momento de descenso térmico parece significativo si consideramos que en los Pirineos orientales las temperaturas bajas invernales constituyen uno de los principales factores limitantes del crecimiento y la supervivencia de *Pinus mugo ssp. uncinata* (Batllori 2008). La reducción de la intensa actividad pastoral medieval durante esta fase pudo favorecer la recuperación del pinar subalpino en ciertos sectores del valle, aún en un contexto climático frío como éste.

Los otros registros estudiados en el valle del Madriu y que cubren los últimos 500 años no presentan la alta resolución temporal y control cronológico presentes en BLAU, lo que dificulta la realización de interpretaciones tan detalladas de los periodos moderno y contemporáneo. Por el contrario, en el valle de Perafita la turbera PDP (2.240 m) (Figura 74) sí documenta una moderada recuperación de *Pinus* desde mediados del s. XV cal. d. C. a mediados del s. XVI que coincide con la reforestación documentada en BLAU. Con todo, los porcentajes moderados de *Pinus* (*c.* 60%), y los elevados valores de Poaceae (*c.* 16) y herbáceas (*c.* 40%) en PDP subrayan, a igual que en BLAU, el carácter moderado de una recuperación forestal que afectaría de manera poco significativa a los sectores altimontanos del valle. Igualmente, el mantenimiento de los valores de *apophytes* durante este momento indica el mantenimiento de la actividad humana en el valle de Perafita.

El incremento de la resolución temporal y la realización de más dataciones radiocarbónicas en la parte superior de RDO, ODS y BDE resulta del todo imprescindible a la hora de precisar hasta que punto y de qué manera la regeneración forestal y la menor presión pastoral observada en BLAU afectó a los diferentes sectores del valle del Madriu.

Con todo, el registro en un momento inmediata-mente posterior a la recuperación forestal de tres carbo-neras (M102, M082, M010) y una hoguera (M087), data-das entre *c.*1550 y 1560 cal. d. C. y situadas entre 2.200 y 2.400 m (yacimientos M21, M17, M20 y M05), no hace sino confirmar la presencia local de masas boscosas en los sectores altimontanos del valle, incluido el estadio alpino (Figura 87). Estas masas boscosas son resultado del proceso de regeneración forestal documentado en BLAU y serán explotadas para la producción de carbón a partir de la segunda mitad del s. XVI.

Estos datos contrastan con las fuentes escritas andorranas, que documentan un incremento general de la actividad ganadera y una intensificación del uso comunal de los prados altimontanos partir del s. XIV (Codina 2005 *a*), y ponen de manifiesto la existencia de dinámicas diferenciadas en la gestión de los sectores de alta montaña andorranos en la transición del periodo medieval al moderno.

De hecho, en otros sectores pirenaicos altimontanos cercanos se documenta, asimismo, una disminución de las actividades humanas asociada a procesos de recuperación forestal durante este periodo. Así, en la turbera del Pradell (Sierra del Cadí, 1.975 m), después de una fase de deforestaciones entre 1400 y 1530 cal. d. C. relacionada con actividades de carboneo y minero-metalúrgicas, se observa entre 1530 y 1580 cal. d. C una menor presión antrópica y una recuperación del pinar subalpino en las inmediaciones de la turbera que posiblemente se encuentren relacionadas con este periodo más frío de la PEH (Ejarque *et al.* 2009). Ello, no obstante, no implica un abandono del aprovechamiento pastoral de este sector altimontano, tal y como ponen de manifiesto el registro arqueológico y las fuentes documentales (Palet 2008 *b;* Gascón 2009). Igualmente, en Pla de l'Orri (Cerdanya septentrional, 2.150 m) se evidencia, a partir del s. XIV y durante el s. XV, la retracción de los indicadores de antropización y la recuperación del pinar subalpino en un periodo que, según las fuentes documentales ceretanas, se caracteriza por crisis demográficas, pestes, guerras y la reducción de la cabaña pastoral (Galop 1998). Con todo, al igual que en la Sierra del Pradell, la documentación de diferentes estructuras pastorales demuestra una continuada explotación pastoral de este sector altimontano (Rendu 2003). A menor altitud, en el Pallars (turbera de València d'Aneu, 1.150 m), también se observa una recuperación del abetal y de otras formaciones arbóreas entre 1300 y 1600 cal. d. C., unida a una disminución de los indicadores de antropización y de pólenes de cereales (Pèlachs *et al.* 2009 *a*). A una altitud similar pero en los Pirineos occidentales septentrionales, el estudio paleoecológico de la turbera Sourzay (Iraty, Pirineos vascos franceses, 1.130 m) muestra un proceso similar de retracción de las actividades pastorales y recuperación forestal entre 1425 y 1550, lo que se relaciona con la documentación de crisis demográficas durante este periodo (Mazier *et al.* 2009).

En BLAU, a partir de la segunda mitad del s. XVI, el incremento de los valores de *Botryoccocus* indican un aumento de la productividad lacustre (Walde *et al.* 2003), muy probablemente relacionado con el final del recrudecimiento térmico observado durante la fase anterior. La retracción de de *Pin*us, coetánea a un incremento de taxones herbáceos y arbustivos indican un nuevo proceso de apertura forestal en el valle, mientras que la expansión de *Juniperus* subraya el papel protagonista del enebro como colonizador de los espacios abiertos en los sectores de exposición meridional del valle, donde se localiza BLAU. Por otra parte, el incremento de Poaceae y otras herbáceas, como Apiaceae, Rosaceae, *Artemisia* o Ranunculaceae pone de manifiesto una extensión de los prados de altitud, mientras que el incremento de *apophytes* sugiere una mayor presión humana en el valle que se mantendrá a lo largo de la Edad Moderna. A este respecto, el incremento y/o reaparición de taxones nitrófilo-ruderales como Chenopodiaceae, *Urtica dioica*-t, *Rumex acetosella*-t, *Capsella bursa-past*ori-t, Campanulaceae o *Lamium*-t reafirma la existencia de dicha mayor presión pastoral. Aunque los valores moderados de *Sordaria* y *Sporormiella* no permiten corroborar la presencia de herbívoros en el entorno inmediato del lago, el registro de estas esporas coprófilas durante el periodo moderno y contemporáneo sugiere una continuada explotación pastoral de los prados alpinos.

A este respecto, tanto las evidencias paleoambientales como histórico-arqueológicas disponibles corroboran el intenso aprovechamiento pastoral de los prados alpinos del valle del Madriu entre los siglos XVI y XIX. De esta manera, en ODS (2.300 m) (Figura 72), si bien los elevados valores porcentuales de *apophytes* registrados durante este periodo deben ser matizados por unos moderados valores de la tasa de acumulación polínica, el incremento porcentual y de AR de las esporas coprófilas *Sporormie-lla, Sordaria, Podospora* y *Apiosordaria verruculosa* corrobora la presencia local de ganado y la explotación pastoral de los prados húmedos de la turbera. Cabe, además, destacar, que los valores porcentuales de la espora coprófila estricta *Sporormiella* de *c.* 7% son coherentes con los valores obtenidos en el estudio referencial en los sectores de prados con una moderada y fuerte presión pastoral (*c.* 6-18 %). La explotación pastoral de las inmediaciones de turbera se encuentra, por otro lado, documentada arqueo-lógicamente a partir de un cercado de piedra seca (M121-103) en el yacimiento de Basses de Setut III (M11) datado a 1564 ± 81 cal. d. C. y, ya en la misma turbera (yacimiento M09), por una cabaña (M027104) datada por radiocarbono a principios del s. XIX. A las estructuras excavadas es preciso añadir, el conjunto de orris situados en los límites de la misma turbera (yacimientos M07/M08) y que, por su tipología, pueden ser adscritos a época moderna y contemporánea (Orengo 2007) (Figura 87).

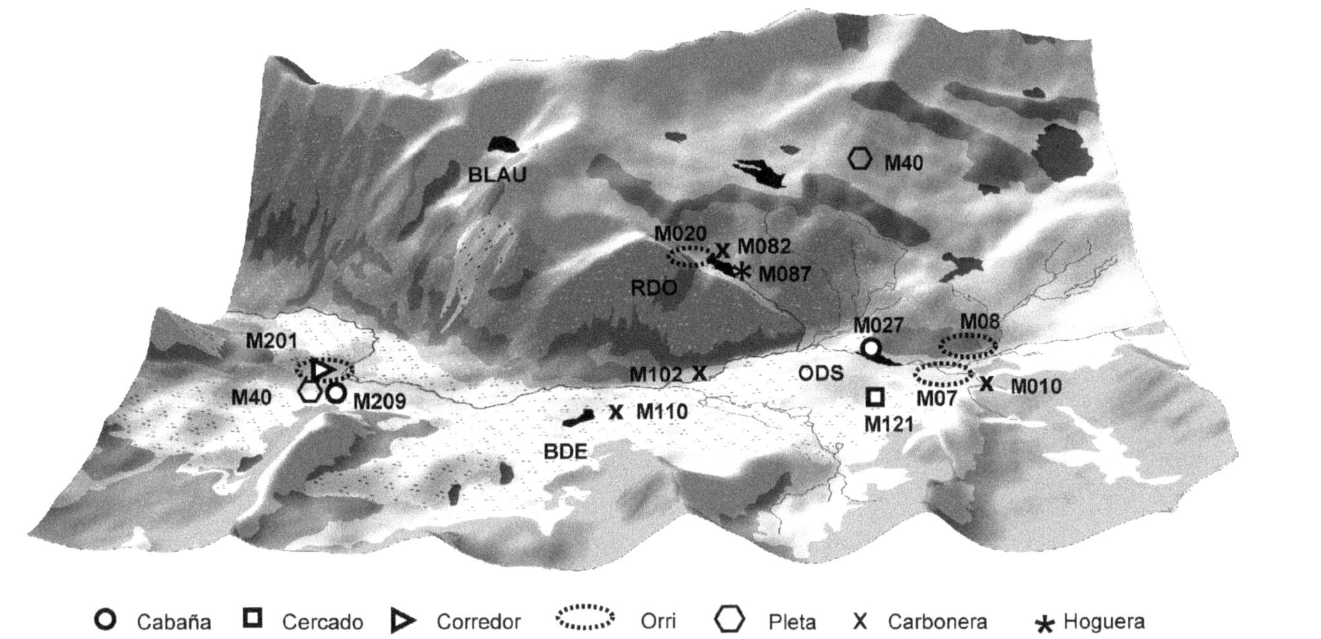

Figura 87. Mapa del valle del Madriu con las diferentes estructuras arqueológicas que se mencionan en el texto durante el periodo moderno. Mapa: H.A. Orengo.

También en la turbera RDO (2.390 m) (Figura 71), el mantenimiento durante el periodo moderno y contemporáneo de unos valores de *apophytes* altos, entre los que se observan el conjunto de taxones asociados a prados pastoreados y a la variable pastoreo en el estudio referencial, así como el registro continuo de *Sordaria* y *Sporormiella*, ponen de manifiesto la explotación pastoral de este sector alpino. Al igual que en ODS, la documentación del orri que da nombre al yacimiento de Orri de Riu dels Orris (M20), situado en la misma turbera (Figura 87) y que tipológicamente puede adscribirse a estos periodos, corrobora la explotación pastoral de la misma.

La documentación de grandes orris con corredores asociados, como los de ODS y RDO, demuestra la continuidad durante época moderna de la explotación quesera tradicional que ya se había documentado durante el periodo bajomedieval en el yacimiento de Orris de Setut III (M09). Esta práctica, además, no se limita al estadio alpino sino que también se desarrolla en el sector subalpino, tal y como demuestra la datación de los niveles de ocupación/abandono de un corredor (M201) y una cabaña (M209) entre los siglos XVIII y XIX en el yacimiento del Estall Serrer (M37) (Figura 87). Junto a la producción quesera, cabe además destacar la presencia de grandes pletas de época contemporánea tanto en este último yacimiento como en sectores más elevados del valle (yacimiento de Pleta de les Bacives II, M40, 2.500 m), que ratifican la explotación pastoral de los espacios altimontanos del valle del Madriu por parte de grandes rebaños (Palet *et al.* 2007). Esta intensa explotación pastoral se encuentra, por otra parte, documentada en las fuentes escritas a partir de numerosos arrendamientos de prados en el sector de la cabecera del río Madriu desde el s. XVII (Orengo 2007).

En BLAU, entre los siglos XVI y XVIII, si bien los valores porcentuales mínimos de *Pinus* y máximos de herbáceas son coherentes según el estudio referencial con comunidades de prados altimontanos e indicativos de un medio predominantemente abierto, esta apertura forestal parece menos acentuada que la observada durante el periodo medieval (*Pinus*: 30%, herbáceas: 45%). De la misma manera, en ODS (2.300 m), la tasa de acumulación de taxones herbáceos es menor en este periodo que durante la Edad Media, mientras que la moderada recuperación de *Pinus* se observa asimismo en RDO (2.390 m) y BDE (2.180 m) a partir del s. XVI. Todo ello indica que, a pesar de la intensa actividad pastoral observada y documentada paleoambiental, arqueológica e históricamente en el valle durante el periodo moderno y contemporáneo, ésta conlleva una menor presión sobre el bosque subalpino con respecto a la observada en época medieval.

Con todo, los datos de BLAU muestran una apertura del paisaje más destacada entre finales del s. XVIII y principios del XX, cuando los valores en concentración de *Pinus* experimentan una significativa reducción, al igual que sucede en BDE. De manera coetánea, en BLAU se observa un destacado incremento de los microcarbones entre 1700 y 1830 cal. d. C., que podría sugerir el uso del fuego en la apertura del pinar. Sin embargo, al contrario que durante el periodo medieval, la documentación de unos valores moderados de macrocarbones en ODS, BDE y RDO sugiere una escasa utilización del fuego en los diferentes sectores del valle y permite apuntar un carácter más regional de la señal de microcarbones documentada en BLAU durante este momento.

De hecho, los datos arqueológicos subrayan un cambio en el modelo de explotación del VMPC entre el periodo bajomedieval y el inicio de la edad moderna. Si durante el periodo medieval son predominantes las estructuras pastorales, documentándose un total de 15 niveles de ocupación en cabañas, cercados y corredores entre el s. IX y el XIV, a partir de mediados del s.XVI, por el contrario, se observa una diversificación en la gestión de los espacios altimontanos del valle del Madriu, con un peso importante del carboneo. La excavación y datación radiocarbónica de seis (M102, M082, M010, M110, carbonera 6 y 3) de las más de 50 carboneras documentadas en el valle del Madriu por encima de la cota 1.900 m demuestra la existencia de una fase de carboneo importante durante época moderna y contemporánea, entre mediados del s. XVI y el s. XIX. El estudio antracológico de las estructuras excavadas muestra el uso prioritario de la madera de pino para producir carbón, aunque en ocasiones se utiliza también el abedul cuando este taxón se encuentra disponible en las proximidades de las plazas carboneras (Euba 2009, 97).

La distribución de las carboneras en el valle del Madriu indica una localización preferencial de las mismas en la vertiente de orientación septentrional, donde en la actualidad se desarrolla un pinar subalpino denso perteneciente a la comunidad *Rhododendro-Pinetum uncinatae* (Folch 1984; Vigo 1976). Por su parte, las estructuras pastorales se distribuyen preferentemente tanto en el sector alpino de orientación meridional como en el fondo de valle sobre formaciones fluviales (en torno a ODS y el sector del Pla de l'Ingla). En estos sectores, las actividades pastorales se desarrollan en zonas de claros o prados subalpinos próximas a actividades de carboneo en zonas forestadas. Esta distribución espacial de las estructuras arqueológicas subraya una última fase de variabilidad y fragmentación paisajística intra-valle y una clara sectorialización de las prácticas humanas en la explotación de los recursos altimontanos del valle durante este periodo (Palet *et al.* 2007), algo que, por otro lado ya había sido observado con anterioridad durante la época romana y tardoantigua.

Con todo, los datos polínicos muestran que este uso diversificado que combina la explotación pastoral de los prados alpinos y la explotación carbonera del bosque subalpino parece, al menos entre los siglos XVI y XVIII, tener un impacto más moderado sobre las formaciones forestales subalpinas que la explotación predominantemente pastoral documentada en época medieval. A pesar de esta aparente contradicción, cabe considerar que el interés por la producción del carbón muy probablemente diera lugar a un mayor control de la explotación forestal para no comprometer la regeneración del bosque y, por tanto, la posibilidad de seguir produciendo carbón. La documentación relacionada con la instalación de la "farga de les Caldes" (1.980 m) en el valle del Madriu entre 1732 y 1830 demuestra un exhaustivo control por delimitar los sectores de bosque explotados en el valle del Madriu y por establecer el tiempo de explotación de los mismos por los diferentes arrendatarios (Orengo 2007, 98-99). Con todo, el hecho de que la instalación de la "farga de les Caldes" coincida con la mayor apertura forestal documentada en BLAU entre finales del s. XVIII y el s. XX, y en BDE a partir del s. XVIII, muy probablemente pone de manifiesto una intensificación del carboneo en el valle que, finalmente, acaba comprometiendo la regeneración del pinar subalpino. El sondeo y datación de carboneras a lo largo de un transepto altitudinal entre 1.800 y 2.100 m en el valle del Madriu apunta que las carboneras se sitúan a una menor altitud entre de los siglos XVI y XIX, hecho que se relaciona con un descenso del límite superior del bosque en el valle (Euba 2008, 2009). Esta dinámica podría explicar las deforestaciones del pinar subalpino más intensas documentadas a partir del s. XVIII en BLAU y BDE. Por otro lado, el incremento de microcarbones documentado en BLAU entre 1700 y 1830 podría ser resultado de actividades relacionadas con la instalación de la farga en el valle que implicaran el uso del fuego.

Por otro lado, en Perafita, la turbera PDP (2.240 m) (Figura 74) muestra la disminución porcentual y de las concentraciones de *Pinus* y un incremento de Poaceae y herbáceas a partir de mediados del s. XVI que sugiere una apertura forestal más destacada que la observada en el valle del Madriu. Ésta, además, estuvo muy posiblemente favorecida por el uso del fuego, tal y como indica el incremento coetáneo de macrocarbones. El incremento de *apophytes* y del conjunto de esporas coprófilas subraya el carácter local de las actividades pastorales. La explotación pastoral se encuentra, además, documentada en el registro arqueológico y en las fuentes escritas tanto en el entorno de la turbera como en diferentes sectores del valle durante el periodo moderno y contemporáneo mediante la presencia de cercados, cabañas, orris y pletas (Orengo 2007, 2008, 2009). Un aspecto que diferencia al valle del Madriu del de Perafita es el peso más destacado de la actividad pastoral en este último. Si bien el carboneo también se documenta, éste se da forma menos abundante que en el valle del Madriu (Orengo 2007). Esto, unido a la más acusada deforestación y al uso del fuego observado en PDP, subraya la existencia de una variabilidad inter-valle que, además, podría guardar relación con el diferente *status* legal de ambos valles. Así, mientras que el valle del Madriu era propiedad del *Comú d'Andorra* y no existía ningún *empriu* que limitara el arrendamiento de los *cortons,* el valle de Perafita-Claror pertenecía al *Comú de Sant Julià* pero era *empriu* del *Comú d'Andorra.* Este uso compartido del valle de Perafita-Claror dificultaría que este valle experimentara una capitalización de los sectores altimontanos tan intensa como la que se dio en el valle del Madriu. Así por ejemplo, en un momento tardío, en 1812, se da permiso al arrendatario de la "farga de les Caldes" a explotar los bosques de Perafita, pero sólo "*lo Bosch o Arbres de Perfita aquell o aquells que lo Comú voldrà*". Esta fórmula implica un mayor control sobre la explotación de unos recursos forestales que pertenecen a las comunidades de Sant Julià (Orengo 2007).

Finalmente, el s. XX supone la recesión de la frecuentación y explotación humana en el VMPC. Ello resulta especialmente evidente en BLAU, ODS y PDP, tal y como indica el incremento de *Pinus* y la retracción de taxones herbáceos, *apophytes* y pólenes de taxones cultivados (Figuras 70, 72 y 74). El registro de esporas coprófilas y de indicadores nitrófilo-ruderales en la parte superior de los registros estudiados refleja la frecuentación pastoral de estos sectores por parte del ganado bovino y equino que actualmente persiste en el VMPC. El conjunto de indicadores antrópicos, agrícolas y pastorales prácticamente desaparece, reflejando el abandono de las múltiples actividades tradicionales que han caracterizado, perfilado y modelado este paisaje durante siglos, mientras que el pinar coloniza de manera progresiva antiguas zonas de pasto hasta alcanzar cotas actuales (*c.* 2.400 m). Junto al pinar, el abedul y el avellano también forman parte activa de este proceso de regeneración forestal en los sectores subalpinos, tal y como indica su aumento en la parte superior de BLAU. La presencia de estos taxones en el bosque subalpino del VMPC puede observarse en el mapa de vegetación actual del valle (Figura 9). Por otra parte, el incremento de *Quercus* caducifolio-t y *Quercus ilex*-t en el diagrama polínico evidencia la regeneración del robledal caducifolio en el piso montano y basal, así como del carrascal a nivel regional en los sectores inferiores de la cuenca del Valira. Con todo, el protagonismo del pinar con respecto a otras formaciones arbóreas es evidente en esta última regeneración forestal altimontana. Formaciones como el abetal ya no volverán a tener el peso destacado en el estadio subalpino del valle tras siglos de presión humana, mientras que el pinar colonizará los nichos que ocupaban estos taxones. La preeminencia del pinar de *Pinus sylvestris* en el sector subalpino del VMPC es también evidente en la configuración vegetal actual del valle. Esta regeneración forestal se ve favorecida tanto por la menor presión humana como por las condiciones climáticas cálidas que prevalecen en las últimas décadas y que quedan reflejadas en la reconstrucción de paleotemperaturas realizada en BLAU (Figura 85).

Tal y como se ha subrayado en el apartado relativo a los usos del suelo actuales, en el VMPC los usos tradicionales han quedado reducidos a una modesta actividad ganadera subvencionada por el estado andorrano que dista mucho de la intensa explotación pastoral ovina observada en el pasado. Por su parte, las diversas prácticas de explotación forestal que fueron características en el valle y que han sido documentadas arqueológicamente durante época romana (explotación de pez) y moderna y contemporánea (carboneo) han desaparecido por completo. Las actividades que predominan hoy en día en el valle, como el senderismo o el montañismo subrayan un cambio en la conceptualización de este sector de alta montaña durante los últimos decenios del s. XX. Si durante siglos este sector altimontano fue intensamente frecuentado y explotado, formando parte activa de la vida cotidiana de las comunidades andorranas y constituyendo una fuente importante de ingresos, hoy en día el VMPC se concibe como un espacio "natural" integrado en las redes del turismo rural, un paisaje altimontano pintoresco que se visita como espacio de ocio. La preservación del VM-PC respecto a la expansión constructiva andorrana de las últimas décadas, especialmente en relación a las pistas de esquí que resultan altamente destructivas para el medio, supone la consecución de un estatus paisajístico excep-cional en el entorno andorrano, que viene a ser confir-mado por la reciente declaración de Patrimonio de la Hu-manidad de la UNESCO. Tanto esta declaración como el trabajo realizado en el marco del proyecto interdisciplinar en que se inscribe este trabajo de investigación supone una última conceptualización humana de este sector de alta montaña pirenaica que reconoce al VMPC como un auténtico paisaje cultural caracterizado por un rico, com-plejo y antiguo patrimonio histórico, cultural y paisajístico.

8. CONCLUSIÓN

DINÁMICAS PAISAJÍSTICAS DE ALTA MONTAÑA Y VARIABILIDAD MICROREGIONAL EN EL MODELADO CULTURAL DEL VALLE DEL MADRIU-PERAFITA-CLAROR DURANTE EL HOLOCENO

El estudio realizado ha subrayado la complejidad y diversidad de las dinámicas paisajísticas que han caracterizado el modelado cultural de este sector altimontano a lo largo del Holoceno. El análisis multi-proxy de polen, NPPs y estomas llevado a cabo en el VMPC ha permitido documentar la respuesta de las comunidades vegetales altimontanas a la mejora climática del Holoceno inicial y medio. El paisaje abierto característico del Drías Reciente se vio reemplazado por el avance progresivo del pinar hacia sectores de altitud. Sin embargo, la colonización del pinar hasta la cota actual del piso subalpino se dio de manera más temprana en el valle del Madriu (BDE, 2.180 m), a partir del 11200 cal. BP (9200 cal. a. C.), que en el adyacente valle de Perafita, donde este proceso se documenta sólo a partir de 8500 cal. BP (6500 cal. a. C.) (PDP, 2.240 m) (Figura 64). Así, la colonización del pinar altimontano pirenaico durante el Holoceno inicial se dio de una manera variable en función condiciones topográficas y medioambientales de carácter local (Miras *et al.* 2010), tales como factores climáticos o de desarrollo de suelos. La expansión y diversificación del bosque montano y subalpino se documenta en el VMPC entre 9700 y 8000 cal. BP en respuesta a la mejora climática del periodo Atlántico. La cronología de este cambio en las formaciones forestales montanas y subalpinas es coherente con series paleoambientales de carácter regional en los Pirineos orientales (Reille y Lowe 1993; Jalut *et al.* 1996; Guiter *et al.* 2005). Además, el estudio combinado de polen y estomas en el lago FOR (2.531 m) ha permitido documentar el avance del límite superior del pinar hasta *c.* 2.550 m en el valle del Madriu a partir de 9700 cal. BP. Esta temprana colonización del piso alpino por el pinar, que se documenta por primera vez en los Pirineos, dio lugar a la existencia de un paisaje altimontano predominantemente forestado a partir del Holoceno medio. Ello subraya la extensión de la colonización forestal pirenaica durante este periodo y que se extiende hasta los afloramientos rocosos de carena situados por encima de *c.*2550 m. Además, la mejora climática del Holoceno medio se caracterizó por una destacada variabilidad. A este respecto, los resultados del contenido de materia orgánica, así como los de polen y NPPs obtenidos en FOR destacan la existencia de un episodio climático frío entre 8300 y 7750 cal. BP. Este episodio frío, que es coherente con el evento 8.2 ky BP, dio lugar a un descenso puntual del límite superior del bosque en el valle del Madriu (2.531 m) y a la apertura del pinar subalpino en los valles del Madriu y Perafita (BDE, 2.180 m y PDP, 2.240 m).

Los cambios paisajísticos altimontanos observados durante la primera parte del Holoceno responden principalmente a factores de tipo climático y ecológico. Sin embargo, la cada vez mayor presión antrópica documentada en el VMPC a partir del Neolítico antiguo se convertirá en un agente esencial de cambio paisajístico en la alta montaña, dando lugar a la configuración de un paisaje cultural complejo y heterogéneo. Además, la alta resolución espacial del estudio paleoambiental desarrollado en el VMPC, junto a la integración de datos arqueológicos, ha demostrado la existencia de una destacada variabilidad microregional en la gestión antrópica de medios altimontanos desde el Neolítico. A este respecto, se observan diferencias y similitudes en las principales fases de usos del suelo documentadas en el VMPC, que se formulan tanto a una escala intra-valle (en el valle del Madriu) como inter-valle (entre los valles del Madriu y de Perafita) (Figuras 88 y 89):

- Los resultados paleoambientales obtenidos en las turberas PDP (2.240 m) y BDE (2.180 m) sugieren la existencia de un primer impacto antrópico durante el **Mesolítico final** (de *c.* 6400 a *c.* 6100 cal. a. C.), que sólo concerniría al estadio subalpino de los valles del Madriu y Perafita. La apertura del pinar subalpino y la extensión de prados alpinos subsiguientes al evento frío 8.2, pudieron haber favorecido una mayor concentración de herbívoros en estos sectores y potenciado las actividades cinegéticas en la alta montaña. Ello convertiría los sectores altimontanos abiertos en zonas altamente atractivas para los grupos cazadores-recolectores del Mesolítico final (Miras *et al.* 2010), cuya presencia se encuentra documentada a menor altitud en el yacimiento andorrano de la Balma de la Margineda (970 m) (Guilaine y Martzluff 1995).

- Durante el **Neolítico antiguo** (de *c.* 5650 a *c.* 4350 cal. a. C.) se documentan unos usos del suelo coincidentes en todos los sectores estudiados del valle del Madriu. El registro polínico y el arqueológico ratifican la extensión de actividades pastorales en el estadio alpino y subalpino y la ocupación humana en los sectores más elevados del valle. Ello ocurre en un paisaje eminentemente forestado hasta *c.*2.550 m. El desarrollo de actividades pastorales de tipo itinerante generó procesos de apertura forestal moderados y puntuales en diferentes sectores del valle. Esta actividad itinerante, no obstante, no comprometió la regeneración forestal posterior sino que favoreció la configuración de claros forestales y de un pinar abierto altimontano hasta aproximadamente los 2.531 m s.n.m. (FOR). Incluso si dichas actividades se documentan de manera más temprana en el estadio alpino (RDO, 2.390 m), éstas pronto se extendieron a las partes más elevadas del valle (FOR, 2.531 m) y a los sectores subalpinos (BDE, 2.180 m) entre 5200 y 5050 cal. a. C., en un proceso de intensificación de la apertura del paisaje forestal altimontano a lo largo del Neolítico antiguo. Mientras que esta fase coincidente de usos del suelo se registra en el valle del Madriu, en el valle de Perafita (PDP, 2.240 m) se observa una menor presión pastoral a partir del 5300 cal. a. C., lo que subraya una primera variabilidad inter-valle (Miras *et al.* 2010).

- El **Neolítico medio** (de *c.* 4350 a *c.* 3500 cal. a. C.) muestra la primera variabilidad en los usos del suelo a escala intra-valle en el valle del Madriu. El desarrollo de una fuerte presión pastoral dio lugar a una apertura forestal localizada en los alrededores de la turbera RDO (2.390 m), mientras que se documenta una menor presión antrópica tanto en los sectores más elevados del valle (FOR, 2.531 m) como en el piso subalpino (BDE, 2.180 m).

- La transición entre **Neolítico medio** y el **Neolítico final** (de *c.* 3600/3.500 a *c.*3050 cal. a. C.) constituye un auténtico punto de inflexión en la configuración del paisaje altimontano del valle de Perafita. Los registros paleoambiental y arqueológico documentan el desarrollo de una fuerte presión pastoral y una intensa ocupación humana en este valle, que potenció la expansión de los prados alpinos en los sectores de mayor altitud (PDP, 2.240 m) (Miras *et al.* 2010). Por el contrario, en el valle del Madriu se observa una menor presión pastoral y antrópica, algo que es especialmente evidente en el estadio alpino (RDO y FOR).

- Durante el **Neolítico final- Bronce inicial** (de *c.* 3000 a *c.* 1650 cal a. C.) se desarrolla un complejo sistema de usos del suelo en el valle del Madriu. La ocupación humana y el desarrollo de actividades pastorales, que se encuentran documentadas paleoambiental (FOR) y arqueológicamente por encima de los 2.500 m, favorecieron un descenso del límite superior del bosque y la expansión de prados alpinos en la vertiente de exposición meridional del valle. Esta apertura paisajística dio lugar en el valle del Madriu a la configuración de un estadio alpino propiamente dicho por primera vez desde 9700 cal. BP, que se mantendrá deforestado hasta la actualidad. Asimismo, la frecuentación humana y pastoral se extenderá al bosque subalpino, provocando aperturas del mismo mediante la utilización regular de incendios en torno a 2.180 m (BDE). A pesar de esta fuerte apertura paisajística, la gestión antrópica no fue homogénea ni se dio en todos los sectores del estadio alpino, ya que aquellos lugares que habían experimentado una mayor presión humana durante la etapa anterior, esto es, los espacios intermedios del valle del Madriu en torno a RDO (2.390 m) registran una desintensificación de la presión humana y un proceso de recuperación forestal. El desarrollo de una destacada organización paisajística de los espacios altimontanos del valle del Madriu durante este momento es el resultado de un complejo sistema de usos del suelo que no hace sino subrayar la alta adaptabilidad de las comunidades prehistóricas a la gestión de los medios de alta montaña. Esta gestión del paisaje se centró de manera prioritaria en el valle del Madriu, registrando el valle de Perafita una menor presión humana (Miras *et al.* 2010).

- El **Bronce medio** (de *c.* 1650 a *c.* 1050 cal. a. C.) muestra un mantenimiento de la presión humana sobre el paisaje, si bien ésta se formula de manera más moderada en el conjunto de sectores del VMPC. Así, se observa una desintensificación en los procesos de apertura paisajística y una menor presión pastoral, con la excepción de los alrededores de RDO (2.390 m), donde se documenta una pronunciada deforestación acompañada del incremento de las actividades pastorales.

- Durante el **Bronce final** (de *c.* 1050 a *c.* 700 cal a. C.), se observan nuevas deforestaciones y una mayor presión pastoral que se concentran en el estadio subalpino del valle del Madriu y, de manera más acusada, en el valle de Perafita. La variabilidad en la gestión del medio se formula, así pues, durante este periodo a escala intra e inter-valle.

- La **Edad del Hierro** (de *c.* 700 a *c.* 400 cal BC) muestra una nueva fase de variabilidad paisajística. La presión pastoral se centra en los sectores más elevados del estadio alpino (FOR), mientras que en los sectores inferiores se observa un proceso de regeneración forestal (RDO, ODS, BDE).

- Durante el **periodo romano** y la **Antigüedad tardía** (del s. I al s. VII cal. d. C.), un paisaje altamente heterogéneo se desarrolla en el valle del Madriu en el contexto de una fase de creciente presión antrópica. Ello debe ser relacionado con el desarrollo de un sistema de usos del suelo altimontano diversificado, que combina actividades pastorales con una explotación del bosque orientada hacia la obtención de resina de pino. La explotación pastoral documentada tanto en los prados alpinos (FOR) como en los alrededores de las turberas alpinas y subalpinas (BDE, RDO) dio lugar a la configuración de un paisaje altimontano abierto. Sin embargo, en la turbera ODS (2.300 m s.n.m.) se observa una gestión paisajística diferenciada, con el desarrollo de actividades ganaderas, incendios y una ocupación pastoral en el seno de un pinar abierto. Por otro lado, la explotación resinera se centró en los sectores subalpinos situados en el eje de comunicación principal del valle que constituye el río Madriu, dando lugar a deforestaciones del pinar en los alrededores de BDE y RDO.

- En la transición entre la Antigüedad tardía y la **alta Edad Media** (del s. VII s. IX cal. d. C.) la variabilidad en los usos del suelo continuó a nivel local en el valle del Madriu. Mientras la presión pastoral y la apertura forestal se mantenía en el estadio subalpino (BDE, ODS), el declive de la acción antrópica dio lugar a la regeneración del pinar en los sectores alpinos (RDO).

- Durante la **Edad Media** (del s. IX al s. XV cal. d. C.) los datos paleoambientales y arqueológicos ratifican el predominio del pastoreo y una apertura paisajística generalizada y sin precedentes en el VMPC. El registro de incendios ocasionales en diferentes sectores del valle del Madriu (ODS, BDE, BLAU) evidencia el uso del fuego tanto en los procesos de apertura forestal como en el mantenimiento de los prados alpinos. Ésta puede ser considerada como una fase homogénea en los usos del suelo y cambio paisajístico a escala tanto intra como inter-valle.

- Finalmente, durante el **periodo moderno y contemporáneo** (del s. XVI al s. XX) la información paleoambiental, arqueológica y documental muestra la existencia de un complejo e intenso sistema de usos del suelo, en la que constituye la última gran fase de variabilidad microregional en el área de estudio. Mientras que en el valle de Perafita las actividades pastorales prevalecieron en un paisaje ampliamente deforestado, en el valle del Madriu se observa un sistema de usos del suelo más diversificado que combinó el pastoreo con la producción de carbón, actividad principalmente ubicada en la vertiente de exposición septentrional del piso subalpino, donde prevalecían masas forestales. Esta explotación diversificada, al contrario que el sistema eminentemente pastoral documentado en época medieval, no dio lugar a deforestaciones extensivas en el estadio subalpino y favoreció el mantenimiento de formaciones forestales en estos sectores. Ello fue así al menos hasta el s. XVIII, momento en el inicio de la producción industrial de hierro en el valle implicará una intensa deforestación del pinar.

Los resultados obtenidos en este trabajo muestran que la variabilidad paisajística responde durante algunos periodos a la antropización en relación a parámetros topográficos, como altitud u orientación de vertientes. Así, durante el Neolítico medio y la Edad del Hierro, la presión antrópica se centra en los sectores más elevados de la vertiente de exposición meridional del valle del Madriu (RDO). Por el contrario, durante la transición del Neolítico medio al Neolítico final y de la Antigüedad tardía a la alta Edad Media se observa un impacto antrópico más intenso en el estadio subalpino de los valles del Madriu y de Perafita. Sin embargo, el complejo paisaje "mosaico" que se desarrolla desde el Neolítico final al Bronce inicial y, de manera más destacada, durante los periodos romano y medieval, no responde tanto a criterios topográficos como a la organización espacial, la fragmentación de los usos del suelo y la explotación complementaria de los diferentes recursos altimontanos. La destacada variabilidad microregional que caracteriza el modelado paisajístico de este sector de alta montaña a lo largo del tiempo no solamente es evidente entre los valles adyacentes del Madriu y de Perafita, sino que también atañe a los diferentes sectores del propio valle del Madriu. Esta organización espacial de los usos del suelo no hace sino subrayar la complejidad que ha caracterizado la gestión humana de la alta montaña a lo largo del tiempo. Además, dicha variabilidad paisajística no se encuentra únicamente relacionada a la fragmentación espacial y temporal de los usos del suelo altimontanos, sino que también hace referencia a la existencia de un amplio espectro de prácticas humanas que, al menos a partir de época histórica, no se centran de manera exclusiva en el pastoreo, sino que incluyen la explotación de múltiples recursos de montaña (Ejarque *et al.* 2009). A este respecto, el registro paleoambiental, arqueológico e histórico retrata la existencia de una explotación diversificada en el VMPC que incluye actividades pastorales, pero también explotación de resina durante época romana y producción de carbón y actividades metalúrgicas que cobran especial importancia durante época moderna. Estos resultados desmienten el carácter eminentemente pastoral con que hoy en día se perciben los sectores altimontanos y enriquecen nuestro conocimiento de la gestión humana de la alta montaña. Actualmente, se están llevando a cabo análisis geoquímicos en los registros paleoambientales del VMPC con el objetivo de profundizar en el estudio de esta diversificada explotación altimontana y caracterizar posibles actividades minero-metalúrgicas en el pasado. Finalmente, también se ha demostrado que la variabilidad observada en las dinámicas de las comunidades vegetales altimontanas no sólo se restringe a los periodos con influencia antrópica, sino que también se documenta durante la primera parte del Holoceno cuando los cambios paisajísticos responden principalmente a factores de tipo climático y/o ecológico.

Se ha destacado ampliamente la importancia de los factores climáticos en lo que respecta a la ocupación humana altimontana, especialmente durante la Prehistoria, tanto en los Pirineos como en otros macizos europeos (Galop 2006; Magny *et al.* 2009; Tinner *et al.* 2003). En el VMPC, la integración de datos paleoambientales y arqueológicos y de series paleoclimáticas locales obtenidas a partir del estudio realizado en los lagos alpinos FOR y BLAU, así como la comparación de estos datos con otras reconstrucciones climáticas procedentes de áreas pirenaicas cercanas (Pla y Catalan 2005), ha demostrado que la gestión humana en este sector no se encontraba estrictamente ligada a la variabilidad climática durante los periodos prehistóricos e históricos. De hecho este estudio muestra la inexistencia de una relación directa entre la presencia humana y periodos cálidos o fríos. Así, la ocupación humana se da en el VMPC durante el Neolítico antiguo, periodo en que se observan unas condiciones climáticas cálidas, y durante la transición del Neolítico medio al Neolítico final, en un contexto climático frío. Ello es especialmente evidente durante la transición del Neolítico final al Bronce inicial y durante el periodo medieval, cuando la ocupación y explotación humana de la alta montaña se da de manera indistinta en unas condiciones climáticas variables frías y cálidas. En especial, destaca el hecho de que los periodos fríos no parecen constreñir la frecuentación altimontana. Así, el desarrollo de la Pequeña Edad del Hielo, no parece afectar la explotación pastoral de este sector pirenaico durante el periodo medieval. Tanto es así que en otros periodos, por ejemplo la transición del Neolítico medio al final o el Mesolítico final, contextos climáticos fríos pueden incluso favorecer la frecuentación/explotación humana de los sectores altimontanos al potenciar la configuración de espacios abiertos en que desarrollar actividades de caza y/o pastoreo. De hecho, cuando se consideran de manera conjunta las distintas fases de antropización observadas en los registros paleoambientales del VMPC, se observa que la presión humana y el cambio paisajístico se da de una manera continuada desde el Neolítico antiguo a nuestros días, al margen de las oscilaciones climáticas holocenas (Figura 89). En otros macizos altimontanos meridionales de Europa se ha observado una tendencia similar, documentándose la ocupación humana de manera indistinta durante periodos de mejora y recrudecimiento térmico (Walsh 2005). Además, recientes estudios han cuestionado la utilización del concepto "degradación climática" como factor explicativo *per se* en procesos de abandono y desintensificación de la explotación paisajística altimontana (Dark 2006; Davies 2007), destacando una creciente adaptabilidad de las sociedades humanas a los cambios climáticos a partir de la Edad del Bronce (Magny *et al.* 2009). Sin subestimar la influencia de los factores climáticos, los resultados de este trabajo destacan el peso fundamental de los parámetros sociales, demográficos, económicos y culturales en la organización de los usos del suelo y el modelado paisajístico de los espacios altimontanos, al menos desde el Neolítico. De todo esto se deriva que las elecciones y estrategias de las comunidades humanas en lo que respecta a su relación con el paisaje van más allá de las constricciones climáticas, también en lo que respecta a la alta montaña pirenaica.

A lo largo de este estudio se ha podido caracterizar el modelado paisajístico de un paisaje cultural altimontano a lo largo del tiempo. La integración de la información paleoambiental y arqueológica disponible en el valle del Madriu ha mostrado que la expansión holocena de los prados alpinos en un medio esencialmente forestado es, en su mayor parte, resultado de la actividad humana durante la transición del Neolítico final al Bronce inicial. Esto ha permitido proponer la hipótesis de que la configuración del estadio alpino en este valle pirenaico resulta, en gran parte, fruto de la acción antrópica. Este hecho, reviste singular importancia ya que la existencia de pisos de vegetación altitudinales se considera como uno de los principales rasgos definitorios de los espacios pirenaicos y de otros sectores altimontanos (Ninot *et al.* 2007). Si la estructuración vegetal pirenaica en pisos altitudinales es, en gran parte, resultado del desarrollo de actividades humanas durante el Holoceno, estos paisajes no sólo deben ser entendidos plenamente como paisajes culturales, sino que las sociedades humanas deben ser entonces reconocidas como un agente de cambio paisajístico esencial en estos sectores. La existencia de un piso alpino dominado por prados al que le sigue una franja de pinar subalpino desempeña, de hecho, un papel importante en nuestra percepción y reconocimiento de un paisaje altimontano pirenaico. Si esta configuración paisajística es, en gran parte, antrópica, entonces debemos reconocer que las comunidades humanas constituyen una parte consubstancial de lo que actualmente entendemos como alta montaña pirenaica. Este es un aspecto a tener en cuenta a la hora de elaborar propuestas de gestión paisajística cultural en estos paisajes altimontanos.

Además de reconstruir de los principales cambios paisajísticos acaecidos durante el Holoceno, el análisis a alta resolución temporal (sin intervalos entre muestras) llevado a cabo en FOR y RDO ha permitido detectar diferentes patrones de apertura del paisaje durante la transición Neolítico final-Bronce inicial (NF-BI) y los periodos romano y tardoantiguo (ROM-AT). Patrones que, en combinación con el registro arqueológico local, se han podido relacionar con usos del suelo diferenciados (Figura 89). Así, durante el NF-BI, la apertura del pinar se dio de manera progresiva y constante, reflejando un descenso del límite superior del bosque como resultado de una intensificación de la ocupación humana y de las actividades de pastoreo en el piso alpino. Por el contrario, durante el periodo ROM-AT, se detectan fases de apertura forestal intercaladas con periodos de regeneración del pinar en relación a un sistema de usos diversificado que, documentado en el registro arqueológico, combina el pastoreo con la explotación de resina. La realización de un estudio paleoambiental a alta resolución temporal ha permitido, así pues, detectar fases de cambio paisajístico de corta duración que de otra forma hubiesen pasado desapercibidas, enriqueciendo nuestro conocimiento del proceso de apertura paisajística altimontana y permitiendo una óptima correlación con los datos arqueológicos. De la misma manera, la alta resolución temporal con que se ha realizado el estudio paleoambiental en el lago BLAU ha proporcionado una información altamente detallada para los periodos medieval y moderno, garantizando una adecuada comparación de los datos paleoambientales y la información arqueológica e histórica. A la luz de estos resultados, la realización de análisis paleoambientales a alta resolución temporal deben ser considerados un *sinequanon* cuando se lleven a cabos estudios que integren series arqueológicas, históricas y paleoambientales.

Junto al estudio del polen fósil, este trabajo de investigación ha considerado también otros indicadores con el fin de poder caracterizar correctamente la señal paleoambiental local y extra-local. El estudio de NPPs, estomas de coníferas y macrocarbones ha sido fundamental a la hora de corroborar el carácter local de ciertos eventos polínicos, así como para caracterizar la naturaleza de algunos impactos humanos desarrollados en el entorno de las cubetas estudiadas, particularmente aquellos que implicaron procesos de apertura forestal, incendios y actividades pastorales. De la misma manera, los datos arqueológicos han sido una herramienta de estudio esencial a la hora de evaluar procesos de ocupación humana de carácter local, así como la naturaleza de los usos del suelo altimontanos. Esta combinación de indicadores paleoambientales y arqueológicos ha permitido superar determinadas limitaciones interpretativas asociadas a los registros polínicos altimontanos y que guardan relación con el carácter destacadamente regional de su señal polínica. Los indicadores aquí analizados han ofrecido información fundamental en relación a la escala y la naturaleza de los usos del suelo altimontano. A este respecto, la alta resolución temporal y espacial llevada a cabo en este estudio ha garantizado una adecuada intercomparación de la señal paleoambiental, arqueológica e histórica y ha permitido la utilización de los datos arqueo-históricos en la calibración de las series paleoambientales.

Es igualmente necesario destacar la utilidad del estudio referencial de lluvia polínica y NPPs actuales en la calibración de los datos paleoambientales fósiles del VMPC. Los resultados obtenidos en el estudio referencial, así como su relación con las diferentes variables medioambientales y antrópicas consideradas, ha sido una herramienta de trabajo extremadamente útil a la hora de interpretar el registro fósil en términos de dinámicas de vegetación y usos del suelo. El análisis de redundancia de los espectros referenciales utilizando variables medioambientales y antrópicas estadísticamente significativas, ha permitido detectar aquellos taxones relacionados con zonas de prados altimontanos pastoreados, así como aquellos otros vinculados a prados alpinos y subalpinos y bosques subalpinos y montanos. Esta información ha sido de especial utilidad tanto en la distinción de medios abiertos y forestados, como en la caracterización y evaluación de impactos pastorales en el registro fósil. Sin embargo, la mayoría de taxones relacionados a prados pastoreados se han encontrado sobrerepresentados en los índices de asociación y representación. De hecho, únicamente el registro de algunas esporas de carácter local, como *Sporormiella* y *Sordaria*, que han sido señaladas como indicadoras de pastoreo en el RDA, han permitido evaluar el carácter local de las actividades de pastoreo desarrolladas en el valle en el pasado. Además, es preciso señalar la necesidad de ser cautos a la hora de utilizar la información del estudio referencial realizado en la caracterización de los usos del suelo en la antigüedad, y es que la gestión del paisaje actual en el VMPC dista mucho de ser equivalente a la que se dio en el pasado. El siglo XX trajo consigo la despoblación del valle y la desaparición de las prácticas humanas tradicionales que han caracterizado la historia de este sector, como es la producción y explotación de resina y carbón o las actividades metalúrgicas. Para estas actividades, que han sido documentadas arqueológicamente desde época romana, no existen análogos actuales en el VMPC. Respecto a la única actividad tradicional que continúa presente en el valle, el pastoreo es hoy en día una práctica residual centrada en la ganadería bovina y équida y no en el pastoreo tradicional ovicáprido, lo que limita la utilización de los análogos de pastoreo en este sector. Por otro lado, este estudio ha demostrado que la correlación de series paleoambientales y arqueo-históricas resulta una herramienta de estudio complementaria y esencial a la hora de calibrar la señal paleoambiental (Ejarque *et al.* 2009), toda vez que se llevan a cabo análisis paleoambientales siguiendo una alta resolución espacio-temporal.

Este trabajo de investigación demuestra que los registros polínicos altimontanos son sensibles a la hora de detectar el cambio paisajístico microregional y proporcionan información valiosa en el análisis de los usos del suelo a nivel local siempre que se lleven a cabo estudios siguiendo una alta resolución espacial. A pesar de la relevancia del componente polínico extra-regional en los registros altimontanos, el que se haya detectado una destacada variabilidad microregional en la seña polínica de secuencias paleoecológicas cercanas, a una distancia de entre 60 y 120 m en el valle del Madriu, no hace sino corroborar la importancia del componente polínico local en los mismos (Davis y Tipping 2004; Mazier *et al.* 2009). Los registros de alta montaña son, por tanto, útiles a la hora de reflejar diferencias locales en el cambio paisajístico a lo largo del tiempo, siempre que se lleven a cabo estudios a alta resolución espacial y se estudien diferentes registros en sectores próximos. De hecho, la destacada organización espacial de los usos del suelo en medios altimontanos cuestiona la validez de la información proporcionada por las reconstrucciones paleoambientales basadas en registros polínicos únicos (un sólo registro) a la hora de analizar el modelado antrópico de los paisajes culturales de alta montaña. Estos resultados evidencian que los estudios integrados paleoambientales multi-proxy y arqueológicos desarrollados a nivel microregional, y siguiendo una alta resolución espacial y temporal, constituyen la estrategia de estudio más adecuada para el análisis de la gestión humana y el cambio paisajístico altimontanos a lo largo del Holoceno.

Sin embargo, el centrar este trabajo en los sectores de alta montaña del VMPC no ha permitido documentar de manera adecuada el cambio paisajístico y los usos del suelo a cotas inferiores. Ello es importante ya que no se puede entender de manera completa la gestión del paisaje altimontano sin considerar las dinámicas de uso del suelo y las prácticas desarrolladas en los sectores subalpinos y montanos inferiores, así como en los fondos de valle. El movimiento altitudinal de las comunidades humanas en la montaña constituye un nexo de unión entre los sectores inferiores y de mayor altitud, integrando estos espacios en un contexto amplio que necesita ser considerado como un todo cuando se analiza la gestión humana de montaña. A este respecto, el desarrollo de futuros proyectos de investigación que integren series paleoambientales y arqueológicas en los sectores inferiores del VMPC se considera vital a la hora de entender adecuadamente el modelado cultural de este valle pirenaico. Además, la escasez en los Pirineos y otros sectores de alta montaña de proyectos interdisciplinares en el marco de la Arqueología del Paisaje y siguiendo una alta resolución espacio-temporal, ha impedido contextualizar de manera óptima los resultados obtenidos en el VMPC a una escala regional. El desarrollo de más proyectos de investigación microregionales e interdisciplinares, esto es que combinen datos paleoambientales y arqueológicos, resulta del todo necesario a la hora de evaluar a una escala amplia la compleja organización microregional paisajística que se ha observado en este valle pirenaico.

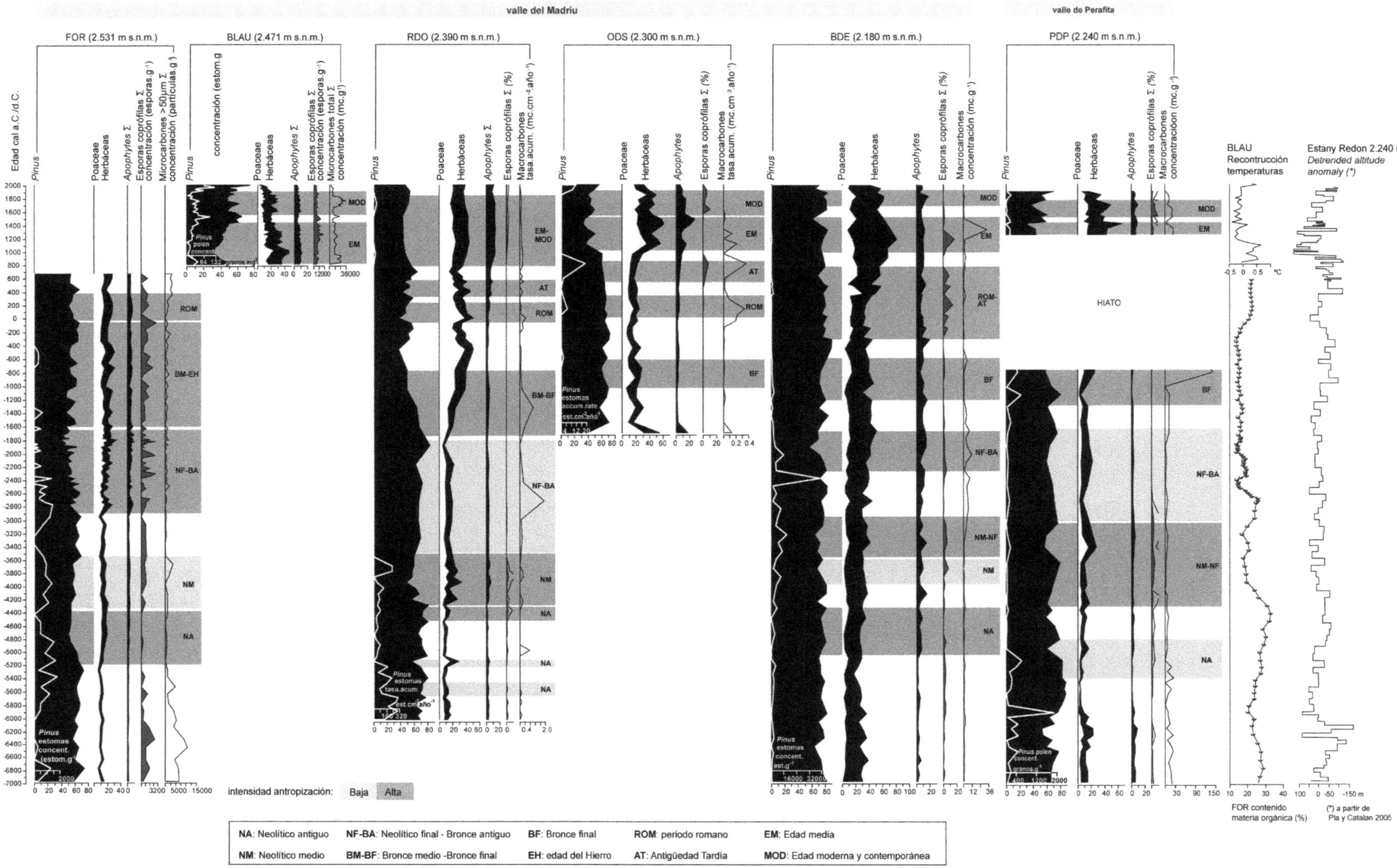

Figura 88. Diagramas simplificados de las secuencias estudiadas en el VMPC a escala temporal. Las principales fases de antropización señaladas en el texto se destacan en gris. Se han añadido también los resultados del contenido de materia orgánica de FOR, la reconstrucción de temperaturas realizada en BLAU y la serie climática del Estany Redon (Pla y Catalan 2005).

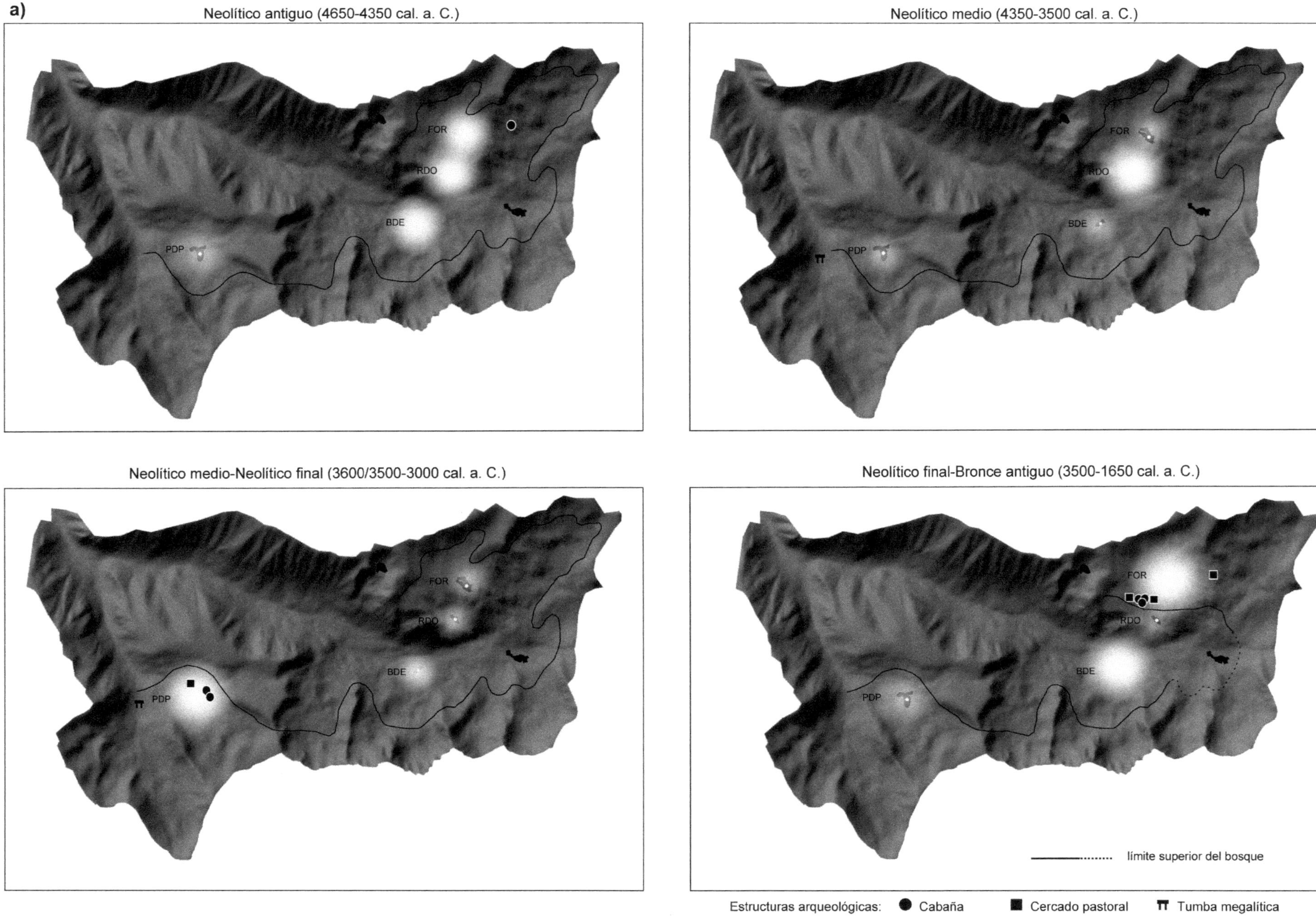

Figura 89a,b,c. Los mapas muestran los principales periodos de variabilidad en los usos del suelo y la localización de las estructuras arqueológicas documentadas en cada periodo. El tamaño y la intensidad de los círculos blancos indica la intensidad del impacto humano deducido de cada secuencia paleoambiental estudiada. También se ha añadido una reconstrucción hipotética de las oscilaciones del límite superior del bosque.

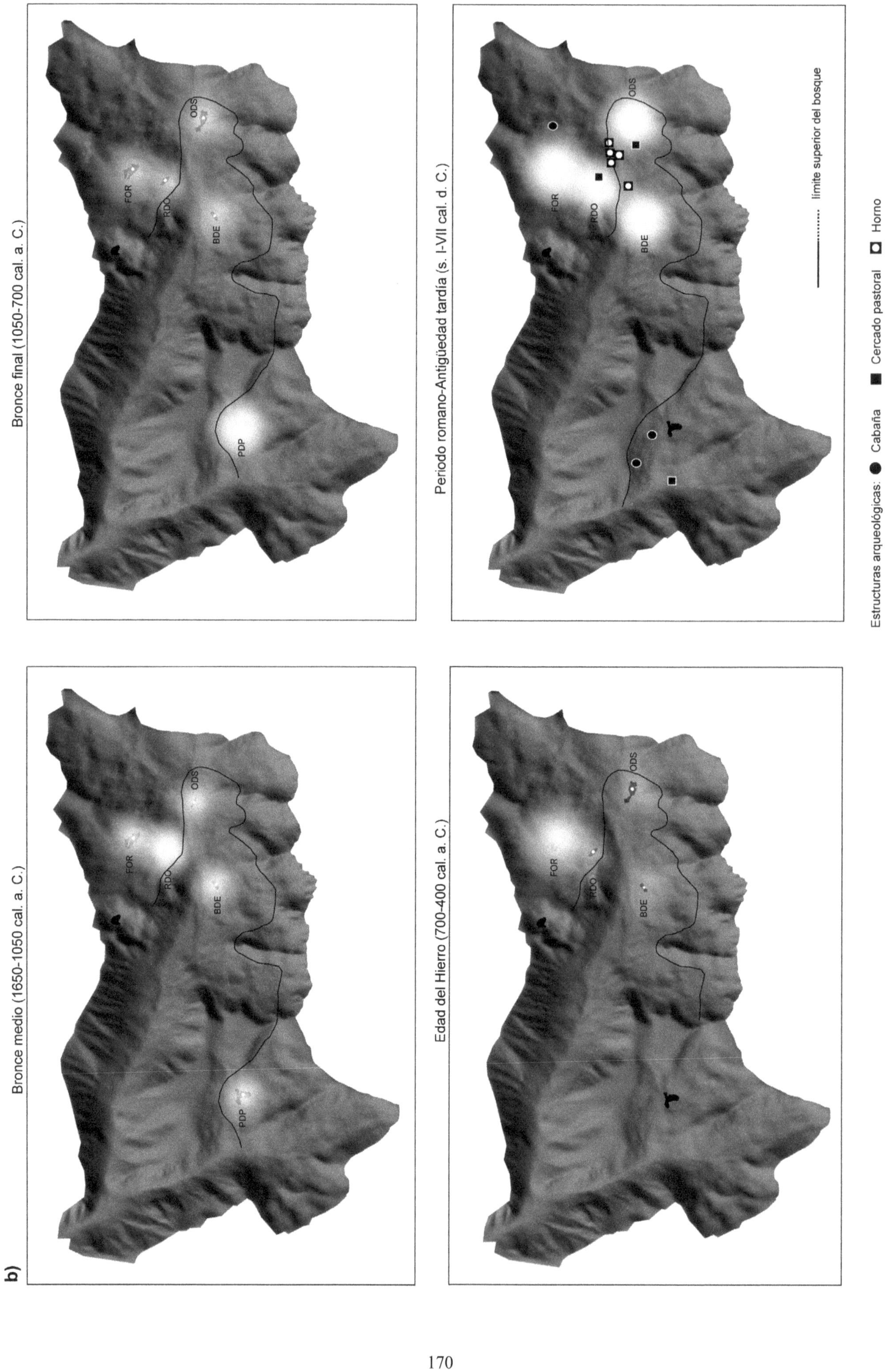
b)
Bronce medio (1650-1050 cal. a. C.)
Bronce final (1050-700 cal. a. C.)
Edad del Hierro (700-400 cal. a. C.)
Periodo romano-Antigüedad tardía (s. I-VII cal. d. C.)
FOR
RDO
ODS
BDE
PDP
límite superior del bosque
Estructuras arqueológicas: Cabaña Cercado pastoral Horno

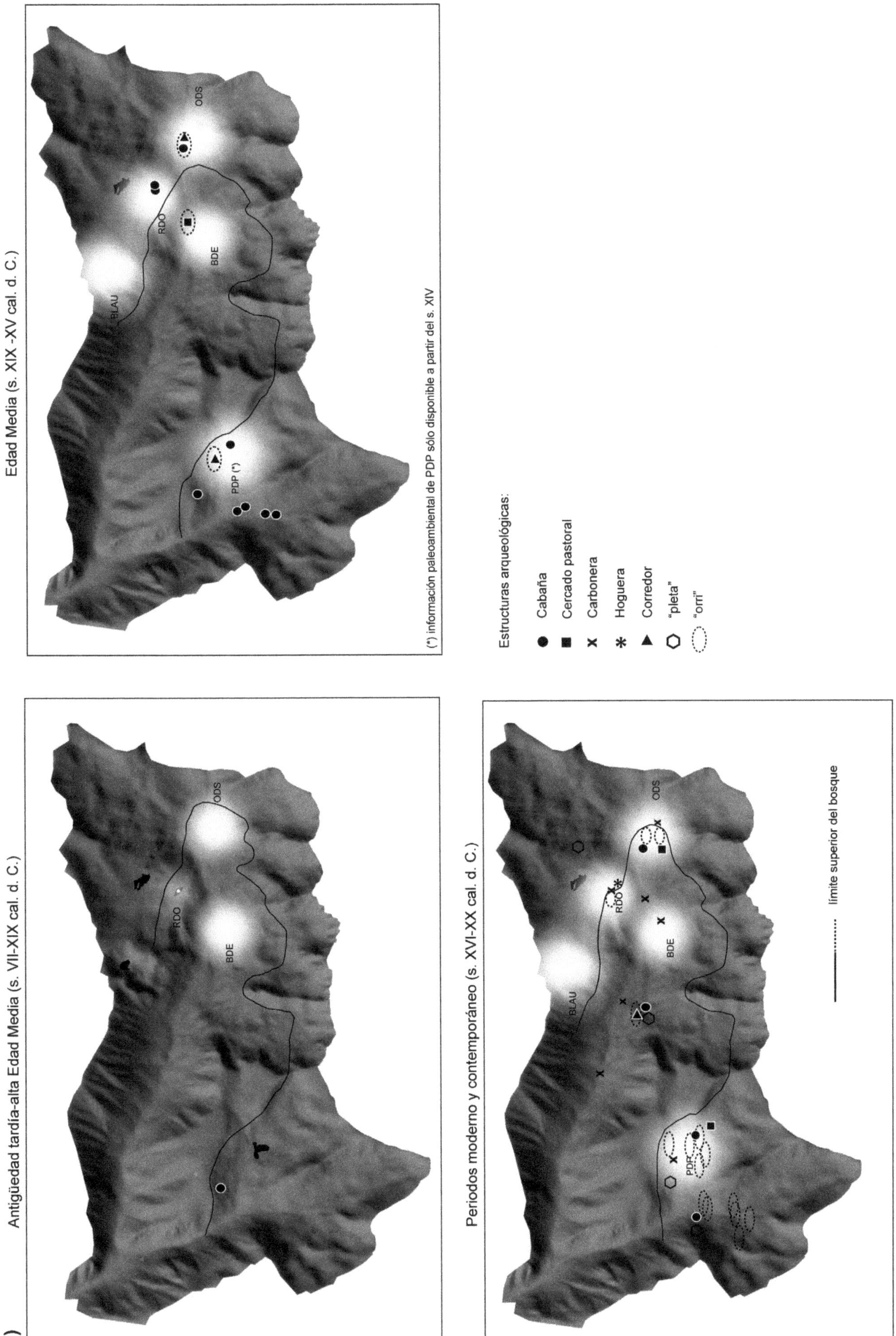
c)
Antigüedad tardía-alta Edad Media (s. VII-XIX cal. d. C.)
RDO
BDE
ODS
Edad Media (s. XIX -XV cal. d. C.)
BLAU
RDO
BDE
ODS
PDP (*)
(*) información paleoambiental de PDP sólo disponible a partir del s. XIV
Periodos moderno y contemporáneo (s. XVI-XX cal. d. C.)
BLAU
RDO
BDE
ODS
PDP
límite superior del bosque
Estructuras arqueológicas:
Cabaña
Cercado pastoral
Carbonera
Hoguera
Corredor
"pleta"
"orri"

BIBLIOGRAFÍA

A.A.V.V. 2010. *Archéologie de la montagne européene. Actes de la table ronde internationale de Gap, 29 de septembre-1er octobre 2008*. Biblioteque d'archéologie Méditerranéenne et Africaine, 4.

ABADAL, R. 1969. *Dels visigots als catalans. I. La Hispania visigòtica i la Catalunya Carolíngia*. Barcelona: Ediciones 62.

AHMED, S.E. Y CAIN, R.F. 1972. 'Revision of the genera *Sporormia* and *Sporormiella*'. *Canadian Journal of Botany*, 50: 419-477.

ALCOBÉ, J. 2010. 'Evolució de l'economia andorrana, en *Andorra. Annuari socioeconòmic 2010*. Banca Privada d'Andorra: 26-99.

ALDEZABAL, A.; GARCÍA-GONZÁLEZ, R.; GÓMEZ, D. Y FILLAT, F. 2002. 'El papel de los herbívoros en la conservación de los pastos'. *Ecosistemas*, 11 (3). http://www.revistaecosistemas.net/articulo.asp?Id=256

ALLEY, R.B.; MAYEWSKI, P.A.; SOWERS, T.; STUIVER, M.; TAYLOR, K.C. Y CLARK, P.U. 1997. 'Holocene climatic instability: a prominent, widespread event 8200 yr ago'. *Geology*, 25: 483-486.

ALTUNA, M. 2004. *Informe de los trabajos realizados (Julio-Diciembre 2004) en el marco del proyecto:"Ocupació del sòl i formes de paisatge de muntanya en els Pirineus Orientals de l'Antiguitat a l'època medieval"*. Informe inédito.

ÁLVAREZ, M.C.; FLORES, J.A.; SIERRO, F.J.; DIZ, P.; FRANCÉS, G.; PELEJERO, C. Y GRIMALT, J. 2005. 'Millennial surface water dynamics in the Ría de Vigo during the last 3000 years as revealed by coccoliths and molecular biomarkers'. *Palaeogeography, Palaeoclimatology, Palaeoecology*, 218: 1-13.

AMIROUCHE, R. 2008. 'Flore spontanée d'Algérie et ressources phytogénétiques. Caractérisation et stratégie de conservation'. Actas de las XIes journées du réseau Biotechnologies végétales / Amélioration des plantes et sécurité alimentaire de l'Agence universitaire de la Francophonie (AUF). *Biotechnologies végétales et gestion durable des résistances face à des stress biotiques et abiotiques*, del 30 de junio al 3 de julio de 2008, Agrocampus Rennes, Rennes, Biotech: 11-12.

AMMANN, B. Y WICK, L. 1993. 'Analysis of fossil stomata of conifers as indicators of the alpine tree line fluctuations during the Holocene', en B. Frenzel (ed.) Oscillations of the Alpine and Polar Tree Limits in the Holocene. *Palaeoklimaforschung*, 9: 175-185.

ANCEL, B. 2010. 'Les anciennes mines métalliques des Alpes du Sud: bilan diachronique', en A.A.V.V., *Archéologie de la montagne européene. Actes de la table ronde internationale de Gap 29 setembre-1er octobre 2008*. Bibliothèque d'Archéologie Méditerranéenne et Africaine,4. Éditions Errance, Centre Camille Jullian: 293-300.

ANDRÉ, J. 1995. 'Estudi malacològic de la balma de la Margineda', en J. Guilaine y M. Martzluff (dir.). *Les excavacions a la balma de la Margineda (1979-1991)*. vol. III. Andorra, Edicions del Govern d'Andorra: 111-121.

ANDRIEU, V. 1991. *Dynamiques du paléoenvironnement de la vallée montagnarde de la Garonne (Pyrénées centrales, France) de la fin des temps glaciaires à l'actuel*. Tesis doctoral inédita, Universidad de Toulouse le Mirail.

APPLEBY, P.G. 2001. 'Chronostratigraphic techniques in recent sediments', en W.M. Last y J.P. Smol (eds.) *Tracking environmental change using lake sediments, Vol. 1, Basin Analysis, coring and chronological techniques*. Dordrecht: Kluwer Academic Publishers: 171-203.

APPOLONIA, L.; BALLET, F.; FEUILLET, M-P. Y HERRERO, D. (dirs.). 2006. *Alpis Graia, Archéologie sans frontières au col du Petit-Saint-Bernard, Aoste les 2,3,4 mars 2006*. Project Interreg IIIA Alcotra 2000-2006. Alpes Latines COopération TRAnsfrontalière

ARCE, J. 2005. *Bárbaros y romanos en Hispania (400 – 507 d. C.)*. Madrid, Marcial Pons.

ARGANT, J.; LÓPEZ-SÁEZ, J.A. Y BINTZ, P. 2006. 'Exploring the ancient occupation of a high altitude site (Lake Lauzon, France): comparison between pollen and non-pollen palynomorphs'. *Review of Palaeobotany and Palynology*, 141 (1-2): 151-163.

AUBERT, S. 1993. *Étude palynologique de la tourbière de la Bassa d'Ulès (val d'Aran, Espagne)*. Trabajo presentado para la obtención del DEA inédito, Universidad Toulouse Le Mirail.

AUBERT, S.; BELET, J-M.; BOUCHETTE, A.; OTTO, T.; DEDOUBAT, J-J.; FONTUGNE, M. Y JALUT, G. 2004. 'Dynamique tardiglaciaire et holocène de la végétation à l'étage montagnard dans les Pyrénées centrales'. *Comptes Rendus Biologies*, 327 (4): 381–388

BARAUT, C. 1988. *Cartulari de la vall d'Andorra, segles IX-XIII. vol. 1*. Conselleria d'Educació i Cultura del Govern d'Andorra, Andorra la Vella.

Barber, D.C.; Dyke, A.; Hillaire-Marcel, C.; Jennings, A.E.; Andrews, J.T.; Kerwin, M.W.; Bilodeau, G.; McNeely, R.; Southon, J.; Morehead, M.D. y Gagnon, J.-M. 1999. 'Forcing of the cold event of 8,200 years ago by catastrophic drainage of Laurentide lakes'. *Nature*, 400: 344-348.

Bal, M-C; Rendu, C.; Ruas, M-P. y Campmajó, P. 2010. 'Paleosol charcoal: Reconstructing vegetation history in relation to agro-pastoral activities since the Neolithic. A case study in the Eastern French Pyrenees'. Journal of Archaeological Science, 37: 1785–1797.

Batllori, E. 2008. *Avaluació regional de la dinàmica recent de l'ecotó bosc subalpí-prats alpins als Pirineus.* Tesis doctoral, Universitat de Barcelona. http://www.tesisenxarxa.net/TDX-0326109-112315/index.html.

Batllori, E. y Gutiérrez, E. 2008. 'Regional tree line dynamics in response to global change in the Pyrenees'. *Journal of Ecology*, 96: 1275-1288.

Beaulieu (de), J.-L.; Edouard J.-L.; Ponel, P.; Rolando C.; Tessier L.; Thinon M. y Thomas, A. 1990. 'Timber line and human impact in the French Alps. The state of the art and research programs', en D. Moe y S. Hicks (eds.) *Impact of prehistoric and medieval man on the vegetation: man at the forest limit.* Pact News, 31-10, Strasbourg, Council of Europe: 63-80.

Behre, K.E. 1981. 'The interpretation of anthropogenic indicators in pollen diagrams'. *Pollen et Spores*, 13: 225-45.

Behre K.E. 1988. 'The role of man in vegetation history', en B. Huntley y T. Webb (eds.) *Vegetation history.* Doerdrecht, Kluwer Academic Publishers: 633-672.

Behre, K.E. 2007. 'Evidence for Mesolithic agriculture in and around central Europe?'. *Vegetation History and Archaeobotany*, 16: 203–219.

Bello (de), F. 2006. 'Consecuencias de cambios de presión ganadera sobre la estructura de la vegetación a lo largo de gradientes climáticos'. *Ecosistemas*, 15 (2). http://www.revistaecosistemas.net/articulo.asp?Id=411

Beltran-Lloris, F. y Pina, F. 1994. 'Roma y los Pirineos. La formacion de una frontera'. *Chiron*, 24: 103-133.

Bennet, K.D. y Willis, K.J. 2001. 'Pollen', en J.P. Smol, H.J.B. Birks y W.M. Last (eds.) *Tracking environmental change using lake sediments, vol 3: terrestrial, algal and siliceous indicators.* Dordrecht, Kluwer Academic Publishers: 5-32.

Berglund, B.E. (ed.) 1991. *The Cultural Landscape during 6000 years in southern Sweden. The Ystad Project.* Copenhagen, Ecological Bulletins, 41.

Berglund, B.E. y Ralska-Jasiewiczowa, M. 1986. 'Pollen analysis and pollen diagrams', en B.E. Berglund (ed.) *Handbook of Holocene Palaeecology and Palaeohydrology.* Chichester, John Wyley & Sons: 455-479

Bernal, P.; Hernández, G. y Fernández, F. 2001. 'Efectos sobre la composición florística de una quema prescrita de pastos en la raña del Parque Nacional de Cabañeros (Ciudad Real)'. *Actas de la XLI Reunión Cientfica de la SEEP* (I Foro Iberoamericano de Pastos): 699-704.

Beug, H-J. 1964. 'Untersuchungen zur spät- und postglazialen Vegetationsgeschichte im Gardaseegebiet unter besonderer Berücksichtigung der mediterranen Arten'. *Flora*, 154: 401-444.

Biagi, P.; Nandris, J. (eds.) 1994. *Highland Zone Exploitation in Southern Europe.* Monografie di 'Natura Bresciana', 20.

Birks, H.H.; Birks, H.J.B.; Kaland, P.E. y Moe, D. (eds.) 1988. *The Cultural Landscape: Past, Present and Future.* Cambridge, Cambridge University Press.

Birks, H.J.B. 2007. 'Pollen methods and studies - Numerical analysis methods', en S.A. Elias (ed.) *Encyclopedia of Quaternary Science.* Amsterdam, Elsevier: 2514-2521.

Birks, H.J.B. y Birks, H.H. 1980. *Quaternary Palaeoecology.* Baltimore, University Park Press.

Björck, S. y Wohlfarth, B. 2001. '14C chronostratigraphic techniques in Paleolimnology', en M. Last y J.P. Smol (eds.) *Tracking environmental change using lake sediments, vol. 1: Basin Analysis, coring and chronological techniques.* Dordrecht, Kluwer Academic Publishers: 205-45.

Björkman, L. 1999. 'The establishment of *Fagus sylvatica* at the stand-scale in southern Sweden'. The Holocene, 9: 237-245.

Blackford, J.J. 2000. 'Charcoal fragments in surface samples following a fire and the implications for interpretation of subfossil charcoal data'. *Palaeogeography, Palaeoclimatology, Palaeoecology*, 164: 33-42.

Blackford, J.J. e Innes, J.B. 2006. 'Linking current environments and processes to fungal spore assemblages: surface NPM data from woodland environments'. *Review of Palaeobotany and Palynology*, 141: 179-187.

Blackford, J.J.; Innes, J.B.; Hatton, J.J. y Caseldine, C.J. 2006. 'Mid-Holocene environmental change at Black Ridge Brook, Dartmoor, SW England: a new appraisal based on fungal spore analysis'. *Review of Palaeobotany and Palynology*, 141: 189-201.

Boada, M. y Fernández, J. 2000. *El medi ambient a Andorra. Aproximació al seu coneixement.* Govern d'Andorra.

Boden, T.A.; Marland, G. y Andres, R.J. 2009. *Global, Regional, and National Fossil-Fuel CO2 Emissions.* Carbon Dioxide Information Analysis Center, Oak Ridge National Laboratory, U.S. Department of Energy, Oak Ridge, Tennessee, USA.

Bolós (de), M. 2003. 'La diversitat dels paisatges andorrans'. *Andorra. Annuari socioeconòmic 2003.* Andorra la Vella, Banca Privada d'Andorra: 135-158.

Bolós (de), J. 2004. *Els origens medievals del paisatge català. L'arqueologia del paisatge com a font per a conèixer la història de Catalunya.* Barcelona, Publicacions de l'Abadia de Montserrat.

Bolós (de), O.; Vigo, J.; Masalles, R.M. y Ninot, J.M. 2005. *Flora Manual dels Països Catalans.* 3° edició. Barcelona, Pòrtic.

Bonnassie, P. 1979. *Catalunya mil anys enrere. Creixement econòmic i adveniment del feudalisme a Catalunya de mitjan segle X al finals del segle XI.* Vol. 1. Barcelona, Edicions 62.

Bordonau, J. 1992. *Els complexos glàcio-lacustres relacionats amb el darrer cicle glacial als Pirineus.* Logroño, Geoforma Ediciones.

Bortenschlager, S. 1965. 'Funde afrikanischer Pollen in den Alpen'. *Die Naturwissenschaften*, 52: 663-664.

Bosch-Gimpera, P. 1965. 'El pas del Pirineu per Aníbal', en *Homenaje a Vicens Vives.* Barcelona: 135-142.

Bosch, J.M. 1997. 'L'assentament prefeudal (segles IV-VIII)', en X. Llovera, J.M. Bosch, M.A. Ruf, C. Yáñez, X. Solé y A. Vila (coords.), *Roc d'Enclar. Transformacions d'un espai dominant (segles IV-XIX).* Andorra, Monografies del Patrimoni Cultural d'Andorra, 4: 98-118.

Bosch, J.M. 2005. 'Andorra entre els segles VI-XI', en E. Belenguer (dir.) *Història d'Andorra. De la prehistòria a l'edat conteporània.* Barcelona, Edicions 62: 89-98.

Bosch, J.M. y Yáñez, C. 2005. 'Andorra entre els segles I-V', en E. Belenguer (dir.) *Història d'Andorra. De la prehistòria a l'edat conteporània.* Barcelona Edicions 62: 77-88.

Bosch, J.M.; Yáñez, C. y Vila, A. 1999. 'Una explotació vitivinícola romana als Pirineus. Un exemple d'implantació de nous models de gestió i d'explotació a la vall central d'Andorra', en *Actes del 2on Col·loqui Internacional d'Arqueologia Romana.* Badalona, Museu de Badalona: 444-449.

Bottema, S. 1992. 'Cereal-type pollen in the Near East as indicators of wild or domestic crops', en P.C. Anderson (dir.) *Préhistoire de l'agriculture: Nouvelles approches expérimentales et ethnographiques.* Monographie du CRA no. 6. Paris, Éditions du CNRS: 95-106.

Braga, O.M. y Tallis, J.H. 2001. 'The sensitivity of peat-covered upland landscapes'. *Catena*, 42 : 345-360.

Braun-Blanquet, J. 1948. *La végétation alpine des Pyrénées Orientales.* Barcelona, C.S.I.C.

Braun-Blanquet, J. 1979. *Fitosociología.* Blume, Madrid.

Broström, A.; Gaillard, M.J.; Ihse, M. y Odgaard B. 1998. 'Pollen-landscape relationships in modern analogues of ancient cultural landscapes in southern Sweden - a first step towards quantification of vegetation openness in the past'. *Vegetation History and Archaeobotany*, 7: 189-201.

Broström, A.; Sugita, S. y Gaillard, M.J. 2004. 'Pollen productivity estimates for the reconstruction of past vegetation cover in the cultural landscape of southern Sweden'. *The Holocene*, 14: 368-381.

Brown, T.A.; Nelson, D.E.; Mathewes, R.W.; Vogel, J.S. y Southon, J.R. 1989. 'Radiocarbon dating of pollen by accelerator mass spectrometry'. *Quaternary Research*, 32: 205-12.

Brugiapaglia, E. 1996. *Dynamique de la végétation Tardiglaciaire et Holocène dans les Alpes italiennes nord-occidentales.* Tesis doctoral inédita, Universidad de Aix-Marseille III.

Brugiapaglia, E.; Beaulieu (de), J.-L.; Guiot, J. y Reille, M. 1998. 'Transect de pluie pollinique et étagement de la végétation dans le massif du Taillefer (Isère, France)'. *Géographie physique et Quaternaire*, 52: 209-218.

Brun, C. 2007. *Archéophytes et neophytes. Pour une nouvelle determination des marqueurs polliniques de l'anthropisation. Le cas des milieux cultivés et rudéraux de Franche-Comté.* Tesis doctoral inédita, Universidad de Franche-Comté.

Brun, C.; Dessaint, F.; Richard, H. y Bretagnolle, F. 2007. '*Ara*ble-weeds flora and its pollen representation: a case study from the eastern part of France'. *Review of Palaebotany and Palynology*, 146: 29-50.

BUCHACA, T. 2005. *Pigments indicadors: estudi del senyal en estanys dels Pirineus i de la seva aplicació en paleolimnologia*. Tesis doctoral, Universidad de Barcelona. http://www.tdx.cat/TDX-0510105-092551

BÜNTGEN, U.; FRANK, D.; GRUDD, H. Y ESPER, J. 2008. 'Long-term summer temperature variations in the Pyrenees'. *Climate Dynamics*, 31: 615-631.

BUNTING, M.J. 2003. 'Pollen-vegetation relationships in non-arboreal moorland taxa'. *Review of Palaebotany and Palynology*, 125: 285-298.

BUNTING, M.J. Y MIDDLETON, D. 2005. 'Modelling pollen dispersal and deposition using HUMPOL software, including simulating windroses and irregular lakes'. *Review of Palaeobotany and Palynology*, 134 (3-4): 185-196.

BUNTING, M.J.; ARMITAGE, R.; BINNEY, H.A. Y WALLER, M. 2005. 'Estimates of 'relative pollen productivity' and 'relevant source area of pollen' for major tree taxa in two Norfolk (UK) woodlands'. *The Holocene*, 15 (3): 459-465.

BURJACHS, F. 1994. 'Palynology of the upper Pleistocene and Holocene of the North-East Iberian Peninsula: Pla de l'Estany (Catalonia)'. *Historical Biology,* 9: 17-33.

BUXÓ, R. Y GONZÁLEZ, I. 1997. 'L'agricultura i l'alimentació vegetal a partir de llavors i fruits', en X. Llovera, J.M. Bosch, M.A. Ruf, C. Yáñez, X. Solé y A. Vila (coords.), *Roc d'Enclar. Transformacions d'un espai dominant (segles IV-XIX)*. Andorra, Monografíes del Patrimoni Cultural d'Andorra, num. 4: 461-483.

CACHO, I.; GRIMALT, J.O. Y CANALS, M. 2002. 'Response of the Western Mediterranean Sea to rapid climatic variability during the last 50,000 years: a molecular biomarker approach'. *Journal of Marine Systems*, 33-34: 253-272.

CACHO, I.; GRIMALT, J.O.; PELEJERO, C.; CANALS, M.; SIERRO, F.J.; FLORES, J.A. Y SHACKLETON, N.J. 1999. 'Dansgaard–Oeschger and Heinrich event imprints in Alboran Sea paleotemperatures'. *Paleoceanography*, 14: 698-705.

CAMARERO, L.; MASQUÉ, P.; DEVOS, W.; ANI-RAGOLTA, I.; CATALÁN, J.; MOOR, H.C.; PLA, S. Y SÁNCHEZ-CABEZA, J.A. 1998. 'Historical variations in lead fluxes in the Pyrenees (Northeast Spain) from a dated lake sediment core'. *Water, Air, and Soil Pollution*, 105: 439-49.

CAMPMAJÓ, P. Y PADRÓ, J. 1978. 'Els Ceretans' en *Els pobles prerromans dels Pirineus. 2on Col.loqui Internacional d'Arqueologia de Puigcerdà*. Puigcerdà, Institut d'Estudis Ceretans: 189- 210.

CAÑELLAS, N. 2008. *Sedimentació actual de pol·len en un gradient altitudinal dels Pirineus centrals i la seva relació amb la vegetació*. DEA, inédito, Universitat Autónoma de Barcelona.

CAÑELLAS-BOLTÀ, N.; RULL, V.; VIGO, J. Y MERCADÉ, A. 2009. 'Modern pollen–vegetation relationships along an altitudinal transect in the central Pyrenees (southwestern Europe)'. *The Holocene*, 19 (8): 1185-1200.

CARCAILLET, C.; ALMQUIST, H.; ASNONG, H.; BRADSHAW, R.H.W., CARRIÓN, J.S.; GAILLARD, M.J.; GAJEWSKI, K.; HAAS, J.N.; HABERLE, S.G.; HADORN, P.; MÜLLER, S.D.; RICHARD, P.J.H.; RICHOZ, I.; RÖSCH, M.; SÁNCHEZ GOÑI, M.F.; VON STEDINGK, H.; STEVENSON, A.C.; TALON, B.; TARDY, C.; TINNER, W.; TRYTERUD, E.; WICK, L. Y WILLIS, K.J. 2002. 'Holocene biomass burning and global dynamics of the carbon cycle'. *Chemosphere*, 49: 845-863.

CARCAILLET, C.; BOUVIER, M.; FRECHETTE, B.; LAROUCHE, A.C. Y RICHARD, P.J.H. 2001. 'Comparison of pollen-slide and sieving methods in lacustrine charcoal analyses for local and regional fire history'. *The Holocene*, 11: 467-76.

CARCAILLET, C. Y THINON, M. 1996. 'Pedoanthracological contribution to the study of the evolution of the upper treeline in the Maurienne Valley (North French Alps): methodology and preliminary data'. *Review of Palaeobotany and Palynology*, 91: 399-416.

CAROZZA, L.; GALOP, D.; MAREMBERT, F. Y MONNA, F. 2005. 'Quel statut pour les espaces de montagne durant l'âge du Bronze ? Regards croisés sur les approches société-environnement dans les Pyrénées occidentales'. *Documents d'Archéologie méridionale*, 28: 7-23.

CARRERAS, J.; CARRILLO, E.; FERRE, A. Y NINOT, J.M. 2003. *Mapa Digital dels Hàbitats d'Andorra (MDHA), Escala 1: 25.000*. Andorra, Centre de Biodiversitat, Institut d'Estudis Andorrans.

CARRIÓN, J.S. Y NAVARRO, C. 2002. 'Cryptogam spores and other non-pollen microfossils as sources of palaeoecological information: case-studies from Spain'. *Annales Botanici Fennici*, 39: 1-14.

CARTER, M.C. Y FOSTER, D. 2004. 'Prescribed burning and productivity in southern pine forests: a review'. *Forest Ecology and Management*, 191: 93-109.

CASANOVA, J.; MARTÍNEZ-MORENO, J. Y MORA, R. 2007. 'Traçant l'ocupació dels Pirineus: la Balma Guilanyà i els caçadors recol·lectors del Tardiglaciar i l'Holocè antic al Prepirineu Oriental'. *Tribuna d'Arqueologia*, 2006-2007: 59-83.

CATALAN, J.; PÉREZ-OBIOL, R. Y PLA, S. 2001. 'Canvis climàtics a Aigüestortes durant els darrers 15.000 anys', en AAVV, *La investigació al parc nacional d'Aigüestortes i Estany de Sant Maurici.*V Jornades sobre Recerca al Parc Nacional d'Aigüestortes i Estany de Sant Maurici, Lleida: 45-51.

CATALAN, J.; PLA, S.; RIERADEVALL, M.; FELIP, M.; VENTURA, M.; BUCHACA, T.; CAMARERO, L.; BRANCELJ, A.; APPLEBY, P.G.; LAMI, A.; GRYTNES, J.A.; AGUSTÍ-PANAREDA, A. Y THOMPSON, R. 2002. 'Lake Redó ecosystem response to an increasing warming in the Pyrenees during the twentieth century'. *Journal of Paleolimnology*, 28: 129-45.

CHRISTIE, N.; BEAVITT, P.; GISBERT SANTOJA, J.A.; SEGUÍ, J. Y GIL SENÍN, M.V. 2004. *Ethnography and Archaeology in Upland Mediterranean Spain. Manolo's World: Peopling the Recent Past in the Serra del Almirant.* Leicester, Leicester Archaeology Monograpghs, 12.

CLARK, R.L. 1982. 'Point Count estimation of charcoal in pollen preparations and thin sections of sediments'. *Pollen et Spores*, 24: 523-535.

CLARK, R.L. 1984. 'Effects on charcoal of pollen preparations procedures'. *Pollen et Spores*, 26: 559-576.

CLARK, J.S. 1988 *a*. 'Particle motion and the theory of charcoal analysis: source area, transport, deposition and sampling'. *Quaternary Research*, 30: 67-80.

CLARK, J.S. 1988 *b*. 'Stratigraphic charcoal analysis on petrographic thin sections: application to fire history in northwestern Minnesota'. *Quaternary Research*, 30: 81-91.

CODINA, O. 2005 *a*. *De Fer et de Laine. Les Vallées Andorranes du VXIe au XIXe Siècle.* Perpignan, Presses Universitaires de Perpignan.

CODINA, O. 2005 *b*. 'L'economia andorrana moderna (1550-1815)', en E. Belenguer (dir.) *Història d'Andorra. De la prehistòria a l'edat conteporània.* Barcelona, Edicions 62: 179-215.

COHEN, A.S. 2003. *Paleolimnology. The history and evolution of lake systems.* Oxford, Oxford University Press.

CONNOR, S.E.; THOMAS, I.; KVAVADZE, E.V.; ARABULI, G.J.; AVAKOV, G.S. Y SAGONA, A. 2004. 'A survey of modern pollen and vegetation along an altitudinal transect in southern Georgia, Caucasus region'. *Review of Palaeobotany and Palynology*, 129: 229-250.

COOMBES, P.; CHIVERRELL, R.C. Y BARBER, K. 2009. 'A high-resolution pollen and geochemical analysis of late Holocene human impact and vegetation history in southern Cumbria, England'. *Journal of Quaternary Science*, 24 (3): 224-236.

COPONS, R. 1994. *Estudi geomorfològic del Massís de la Maladeta (Alta conca de l'Esera): El Darrer Cicle Glacial i la Petita Edat del Gel.* Tesi de Llicenciatura inèdita, Universitat de Barcelona.

COSTA, M.; MORLA, C. Y SAINZ, H. 2005. *Los bosques ibéricos. Una interpretación geobotànica.* 4a edición. Barcleona, Planeta.

COURT-PICON, M. 2007. *Mise en Place du Paysage dans un Milieu de Moyenne et Haute Montagne du Tardiglaciaire a l'Époque Actuelle: Analyse du Signal Palynologique en Champsaur (Hautes-Alpes, France) à l'Interface des Dynamiques Naturelles et des Dynamiques Sociales.* Tesis doctoral inédita, Universidad de Franche-Comté.

COURT-PICON, M.; BUTTLER, A. Y BEAULIEU (DE), J.L. 2006. 'Modern pollen/vegetation/land-use relationships in mountain environments: an example from the Champsaur valley (French Alps)'. *Vegetation History and Archaeobotany*, 15 (3): 151-168.

COURT-PICON, M.; BUTTLER, A. Y BEAULIEU (DE), J.L. 2005. 'Modern pollen-vegetation relationships in the Champsaur valley (French Alps) and their potential in the interpretation of fossil pollen records of past cultural landscapes'. *Review of Palaeobotany and Palynology*, 135: 13-39.

CURA, M. Y PRINCIPAL, J. 1995. 'Nous models sòcio-econòmics per a la interpretació del món preromà a la Catalunya interior', en J. Bertranpetit y E. Vives (eds.) *Muntanyes i Població. El passat dels Pirineus des d'una perspectiva multidisciplinària.* Andorra la Vella, Centre de Trobada de les Cultures Pirinenques: 127-133.

CUGNY, C., MAZIER, F. Y GALOP, D. 2010. 'Modern and fossil non-pollen palynomorphs from the Basque mountains (western Pyrenees, France): the use of coprophilous fungi to reconstruct pastoral activity'. *Vegetation History and Archaeobotany*, publicado online, DOI 10.1007/s00334-010-0242-6

CURDY, P., BULLINGER, J., CROTTI, P., VALSECCHI, V. Y TINNER, W. 2010. "Recherches archéologiques dans les régions du Simplon et de l'Albrun (Válais et Piétmont), du Mesolithique à l'époque romaine", en A.A.V.V., *Archéologie de la montagne européene. Actes de la table ronde internationale de Gap 29 setembre-1er octobre 2008.* Bibliothèque d'Archéologie Méditerranéenne et

Africaine,4. Éditions Errance, Centre Camille Jullian : 185-195.

Dapples, F.; Lotter, A.F.; van Leeuwen, J.; van der Knaap, W.O.; Dimitriadis, S. y Oswald, D. 2002. 'Paleolimnological evidence for increased landslide activity due to forest clearing and land-use since 3600 cal. BP in the western Swiss Alps'. *Journal of Paleolimnology*, 27: 239-248.

Dark, P. 2006. 'Climate deterioration and land-use change in the first millennium BC: perspectives from the British palynological record'. *Journal of Archaeological Science*, 33: 1381-1395.

Davasse, B.; Galop, D. y Rendu, C. 1997. 'Paysages du Néolithique à nos jours dans les Pyrénées de l'Est d'aprés l'écologie historique et l'archéologie pastorale', en *Dynamique des paysages protohistoriques, antiques, médievaux et modernes (Antibes, 19-21 octobre 1996),* Sophia, Antipolis, APDCA: 577-599.

David, F. 1993. *Evolution de la limite supérieure des arbres dans les Alpes françaises du Nord depuis la fin des temps glaciaires*. Tesis doctoral inédita, Universidad de Aix-Marseille III.

David, F. 1997. 'Holocene tree limit history in the northern French Alps stomata and pollen evidence'. *Review of Palaeobotany and Palynology*, 97: 227-237.

Davies, A.L. 2007. 'Upland agriculture and environmental risk: a new model of upland land-use based on high spatial-resolution palynological data from West Affric, NW Scotland'. *Journal of Archaeological Science*, 34: 2053-2063.

Davies, A.L. y Tipping, R. 2004. 'Sensing small-scale human activity in the palaeoecological record: fine spatial resolution pollen analyses from West Glen Affric, northern Scotland'. *The Holocene*, 14: 233-245.

Davis, B.A.S. y Stevenson, A.C. 2007. 'The 8.2 ka event and Early–Mid Holocene forests, fires and flooding in the Central Ebro Desert, NE Spain'. *Quaternary Science Reviews*, 26: 1695-1712.

Davis, O.K. 1984. 'Pollen frecuencies reflect vegetation patterns in a great basin (USA) mountain range'. *Review of Palaeobotany and Palynology*, 40: 295-315.

Davis, O.K. y Shafer, D. 2006. 'Sporormiella fungal spores, a palynological mean of detecting herbivore density'. *Palaeogeography, Palaeoclimatology, Palaeoecology*, 237: 40-50.

Dean, W. E. JR. J. 1974. 'Determination of Carbonate and Organic Matter in calcarcous sediments and sedimentary rocks by loss on ignition: Comparison with other methods'. *Journal of Sedimentary Petrology*, 44: 242-248.

Dearing, J.A.; Battarbee, R.W.; Dikau, R.; Larocque, I. y Oldfied, F. 2006. 'Human-environment interactions: learning from the past'. *Regional Environmental Change*, 6: 115-123.

Domenech, M. 2005. *Estudi sobre la producció, la qualitat i la diversitat de les pastures supraforestals de la vall del Madriu-Perafita-Claror*. Departament d'Agricultura del Govern d'Andorra. Informe inédito.

Donahue, R.E. y Lovis, W.A. 2006. 'Regional settlement systems in Mesolithic northern England: Scalar issues in mobility and territoriality'. *Journal of Anthropological Archaeology*, 25: 248-258.

Drescher-Schneider, R. 1993. 'Funde nordafrikanischer Pollen in spät und postglazialen Sedimenten am Südrand der Alpen'. *Dissertationes Botanicae*, 196: 415-425.

Dubois, C. 1992. 'De la foret au metal: premières donnees diachroniques et archeologiques en Ariege'. *Protoindustries et histoire des forêts*, Les Cahiers de l'ISARD : 287-299.

Dumayne-Peaty, L. 1998. 'Human impact on the environment during the Iron Age and Romano-British times: Palynological evidence from three sites near the Antonine Wall, Great Britain'. *Journal of archaeological Science*, 25: 203-214.

Dumayne-Peaty, L. 2001. 'Human impact on vegetation', en D.R. Brothwell y A.M. Pollard (eds.) *Handbook of Archaeological Sciences*. London, John Wiley & Sons: 379-392.

Dumayne-Peaty, L. y Barber, K.E. 1998. 'Late Holocene vegetation change, pollen source areas and pollen variability: a study from Walton Moss and Bolton Fell Moss, Cumbria'. *Journal of Quaternary Science*, 13: 147-164.

Edwards, K.J. 1983. 'Quaternary palynology: multiple profile studies and pollen variability'. *Progress in Physical Geography*, 7: 587-609.

Ejarque, A. 2006. *Evolucion paleoambiental y ritmos de antropización del valle del Madriu-Perafita-Claror (Andorra) a partir del studio polinico del Estany Blau (2.471 m)*. DEA inédito, ICAC, Universitat Rovira i Virgili.

Ejarque, A. 2009. *Génesis y configuración microregional de un paisaje cultural pirenaico de alta montaña durante el Holoceno: estudio polínico y de otros indicadores paleoambientales en el valle del Madriu-Perafita-*

Claror. Tesis doctoral inédita. Universitat Rovira i Virgili.

Ejarque, A.; Julià, R.; Riera, S.; Palet, J.M.; Orengo, H.A.; Miras, Y. y Gascón, C. 2009. 'Tracing the history of highland human management in the Eastern Pre-Pyrenees: an interdisciplinary palaeoenvironmental study at the Pradell fen, Spain'. *The Holocene*, 19 (8): 1241-1255.

Ejarque, A.; Miras, Y.; Julia, R.; Riera Mora, S.; Palet Martinez, J.M.; Orengo, H. y Euba, I. 2008. 'Genesis and Holocene evolution of a high mountain cultural landscape in the Eastern Pyrenees: a microregional and interdisciplinary case-study in the Madriu Valley (Andorra)'. *Terra Nostra*, 2008/2: 147.

Ejarque, A.; Miras, Y.; Riera, S.; Palet, J.M. y Orengo, H.A. 2010. 'Testing microregional variability in the Holocene shaping of high mountain cultural landscapes: a palaeoenvironmental case-study in the eastern Pyrenees'. *Journal of Archaeological Science*, 37: 1468-1479.

Ejarque, A.; Miras, Y. y Riera, S. 2011. 'Pollen and non-pollen palynomorph indicators of vegetation and highland grazing activities obtained from modern surface and dung datasets in the eastern Pyrenees'. *Review of Palaeobotany and Palynology*, 167: 123-139.

Ejarque, A. y Orengo, H.A. 2009. 'Legacies of change: the shaping of cultural landscapes in a marginal Mediterranean range, Garraf Massif, North-eastern Spain'. *Oxford Journal of Archaeology*, 28 (4): 425-440.

Ellis, M.B. 1971. *Dematiaceous hyphomycetes*. Kew, Commonwealth Mycological Institute.

Esteban, A. 1994. 'Primeres dades sobre l'evolució de la vegetació a la Vall del Madriu durant l'Holocè superior'. *Annals 1994 de l'Institut d'Estudis Andorrans*: 63-78.

Esteban, A. 1995. 'Evolución del paisaje durante los últimos 10000 años en las montañas del Mediteráneo Occidental: ejemplos del Pirineo Oriental y Sierra Nevada'. Tesis doctoral inédita, Universidad de Barcelona.

Esteban, A.; Oliver, J.; Cóts, P.; Pèlachs, A.; Mendizàbal, E.; Soriano, J.M.; Nasarre, E. y Matamala, N. 2003. *La humanización de las altas cuencas de la Garona y las Nogueras (4500 a.C. - 1955 d. C.)*. Madrid, Servicio natural de parques nacionales.

Esteban, P.; Ninyerola, M y Prohom, M. 2009. 'Spatial modelling of air temperature and precipitation for Andorra (Pyrenees) from daily circulation patterns'. *Theoretical and Applied Climatology* 96: 43-56.

Estrada, J. 2004. *Característiques climatològiques de la precipitació al Pirineu andorrà*. Monografies del CRECIT. Institut d'Estudis Andorrans.

Euba, I. 2008. *Análisis Antracológico de Estructuras Altimontanas en el Valle de La Vansa-Sierra del Cadí (Alt Urgell) y en el Valle del Matriu (Andorra): Explotación de Recursos Forestales del Neolítico a la época Moderna*. Tesis doctoral, Universitat Rovira i Virgili. http://www.tdx.cat/TDX-1121108-124416.

Euba., I. 2009. *Explotación de los resursos forestales desde el Neolítico hasta la época moderna en los valles de La Vansa-sierra del Cadí (Alt Urgell) y del Madriu (Andorra). Anàlisis antracológico de estructuras altimontanas*. Documenta 9, Tarragona, Institut Català d'Arqueologia Clàssica.

Faegri, K. y Iversen, J. 1989. *Textbook of Pollen Analysis*, fourth ed. New Jersey, The Blackburn Press.

Faerber, J. 1998. 'Landes atlantico-montagnardes: rôle du feu et possibilités de gestion par brûlage dirigé en moyenne montagne pyrénéenne'. *Pastum. Bulletin de l'Association française de pastoralisme*, 51-52: 63-69.

Feeser, I. y O'Connell, M. 2010. 'Late Holocene land-use and vegetation dynamics in an upland karst region based on pollen and coprophilous fungal spore analyses: an example from the Burren, western Ireland'. Vegetation History and Archaeobotany, publicado online, DOI 10.1007/s00334-009-0235-5.

Ferrer, C.; Barrantes, Y.A. y Broca, A. 2001. 'La noción de biodiversidad en los ecosistemas pascícolas espanyoles'. *Pastos*, 31 (2): 129-184.

Finsinger, W. y Tinner, W. 2007. 'Pollen and plant macrofossils at Lac de Fully (2135 m a.s.l.): Holocene forest dynamics on a highland plateau in the Valais, Switzerland'. *The Holocene*, 17 (8): 1119-1127.

Flower, R.J.; Stickley, C.; Rose, N.L.; Peglar, S.; Fathi, A.A. y Appleby, P.G. 2006. 'Environmental changes at the desert margin: an assessment of recent paleolimnological records in Lake Qarun, Middle Egypt'. *Journal of Paleolimnology*, 35: 1-24.

Folch, R. 1981. *La vegetació dels països catalans*. Barcelona, Ketres Editora.

Folch, R. 1984. *El Patrimoni Natural d'Andorra. Els Sistemes Naturals Andorrans i llur Utilització*, segunda edición. Barcelona, Ketres editora.

Gacia, E. y Ballesteros, E. 1996. The effect of Increased Water Level on Isoetes lacustris L. in Lake Baciver, Spain. *Journal of Aquatic Plant Management*, 34: 57-59.

GAILLARD, M.J. 2007. 'Pollen methods and studies-archaeological aplications', en S.A. Elias (ed.) *Encyclopedia of Quaternary Science.* Elsevier, Amsterdam: 2570-2595.

GAILLARD, M.J.; BIRKS H.J.B.; EMANUELSSON, U. Y BERGLUND, B.E. 1992. 'Modern pollen-land-use relationships as an aid in the reconstruction of past land-uses and cultural landscapes: an example from south Sweden'. *Vegetation History and Archaeobotany*, 1: 3-17.

GAILLARD, M.J.; BIRKS, H.J.B.; EMANUELSSON, U.; KARLSSON, S.; LAGERÅS, P. Y OLAUSSON, D. 1994. 'Application of modern pollen-land-use relationships to the interpretation of pollen diagrams - reconstructions of land-use history in south Sweden, 3000-0 BP'. *Review of Palaebotany and Palynology*, 82: 47-73.

GAILLARD, M.J.; SUGITA, S.; BUNTING, M.J.; MIDDLETON, R.; BROSTRÖM, A.; CASELDINE, C.; GIESECKE, T.; HELLMAN, S.E.V.; HICKS, S.; HJELLE, K.; LANGDON, C.; NIELSEN, A.B.; POSKA, A.; VON STEDINGK, H.; VESKI, S. Y POLLANDCAL MEMBERS. 2008. 'The use of modelling and simulation approach in reconstructing past landscapes from fossil pollen data: a review and results from the POLLANDCAL network'. *Vegetation History and Archaeobotany*, 17: 419-443.

GALOP, D. 1998. *La Forêt, l'Homme et le Troupeau dans les Pyrénées. 6000 Ans d'Histoire de l'Environnement entre Garonne et Méditerranée. Contribution Palynologique.* Toulouse, GEODE-Laboratoire d'écologie terrestre-Framespa.

GALOP, D. 1999. 'Le parchemin et le pollen: la Cerdagne médiévale, de l'archive écrite à l'archive naturelle', en *Les sociétés méridionales à lâge féodal. Hommage à Pierre Bonnassie*, CNRS: 35-43.

GALOP, D. 2000. 'La croissance médiévale sur le versant nord des Pyrénées à partir des données palynologiques'. *Villages pyrénées*, 2000: 45-54.

GALOP, D. 2005. 'Les transformations de l'environnement pyrénéen durant l'Antiquité: l'état de la question à la lumière des données polliniques', en A.A.V.V. *L'Aquitaine et l'Hispanie Septentrionale à l'Époque Julio-Claudienne. Organisation et Exploitaton des Espaces Provinciaux.* IVe Colloque Aquitania : 317-327.

GALOP, D. 2006. 'La conquête de la montagne Pyrénéenne au Néolithique. Chronologie, rythmes et transformations des paysages à partir des données polliniques', en J. Guilaine (ed.), *Populations Néolithiques et Environnement.* Paris, Editions Errance : 279-295.

GALOP, D. Y JALUT, G. 1994. 'Differential human impact and vegetation history in two adjacent Pyrenean valleys in the Ariège basin, southern France, from 3000 BP to the present'. *Vegetation History and Archaeobotany*, 3: 225-244.

GALOP, D.; MAZIER, F.; LOPEZ-SAEZ, J.A. Y VANNIERE, B. 2003. 'Palynologie et histoire des activités humaines en milieu montagnard. Bilan provisoire des recherches et nouvelles orientations méthodologiques sur le versant nord des Pyrénées'. *Archéologie du Midi Médiéval*, 21: 159-70.

GALOP, D.; VANNIERE, B. Y FONTUGNE, M. 2002. 'Fires and human activities since 4500 BC on the northern slope of the Pyrénées recorded in the peat bog of Cuguron (Central Pyrennes)', en S. Thiébault (ed.), *Charcoal Analysis, Methodological approaches, Palaeocological results and wood uses.* BAR, International Series. Oxford, BAR Publishing: 1063: 43-51.

GARCÍA-RUIZ, J.M. Y LASANTA, T. 1990. 'Land-use changes in the Spanish Pyrenees'. *Mountain Research and Development*, 10: 267-279.

GARDEISEN, A. 2007. 'La fauna de mamífers dels nivells azilians de la balma de la Margineda', en J. Guilaine, M. Barbaza y M. Martzluff (dirs.) *Les excavacions a la Bal-ma de la Margineda (1979-1991).* vol. IV. Andorra, Edi-cions del Govern d'Andorra: 492-522.

GASCÓN, C. 2009. 'Resultat de l'estudi de les fonts documentals', en Riera, S. (ed.), *Sol.licitut d'Ajut per al desenvolupament de projectes d'abast comarcal-ACOM 2007. Memòria final de l'activitat de recerca realitzada,* infrome inédito presentado a la Agencia de Gestio d'Ajuts Universitaris i de Recerca: 11-13.

GASSIOT, E. Y JIMENEZ, J. 2006. 'El poblament prefeudal de l'alta muntanya dels Pirineus occidentals catalans (Pallars Sobirà i Alta Ribagorça)'. *Tribuna d'Arqueologia*, 2004-2005: 89-122.

GASSIOT, E., PELACHS, A., BAL, M-C., GARCÍA, V., JULIA, R., PEREZ, R., RODRIGUEZ, D., ASTROU, A-C. 2010. 'Dynamiques des activités anthropiques sur un milieu montagnard dans les Pyrénées occidentales catalanes durant la Préhistoire : une approche multidisciplinaire', en A.A.V.V., *Archéologie de la montagne européene. Actes de la table ronde internationale de Gap 29 setembre-1er octobre 2008.* Bibliothèque d'Archéologie Méditerranéenne et Africaine,4. Éditions Errance, Centre Camille Jullian : 33-43.

GAUTHIER E. 2001. *Evolution de l'impact de l'homme sur la végétation du massif jurassien au cours des quatre derniers millénaires. Nouvelles données palynologiques.* Tesis doctoral inédita, Universidad de Franche-Comté, Besançon.

GAUTHIER, E. Y RICHARD, H. 2008. 'Bronze Age at Lake Bourget (NW Alps, France): Vegetation, human impact and climatic change'. *Quaternary International*, 200: 111-119.

GEDDÈS, D. 1983. 'Neolithic transhumance in the Mediterranean Pyrenees'. *World Archaeology*, 15: 51-66.

GEDDÈS, D. 1995. 'La fauna mesolítica i neolítica de la Balma de la Margineda', en J. Guilaine y M. Martzluff (dirs.), *Les excavacions a la Balma de la Margineda (1979-1991)*. vol. II. Andorra, Edicions del Govern d'Andorra: 83-91.

GEYH, M.; SCOTTERER, U. Y GROSJEAN, M. 1998. 'Temporal changes of the 14C reservoir effect in lakes'. *Radiocarbon*, 40 (2): 921-31.

GÓMEZ, A. 2001. 'El necesario equilibrio entre preservación y explotación del paisaje: el caso del Principado de Andorra'. *Scripta Nova. Revista electrónica de Geografía y Ciencias Sociales*, vol. V, 103. http://www.ub.es/geocrit/sn-103.htm

GÓMEZ, A. Y ESTEBAN, A. 1993. 'Análisis polínico de la turbera de la Feixa (La Mànіga, Cerdanya, 2.150 m). Evolución del paisaje', en M.P. Fumanal y J. Bernabeu (eds.), *Estudios sobre Cuaternario. Medios sedimentarios. Cambios ambientales. Hábitat humano*. Valencia, Universitat de València: 185-190.

GÓMEZ, J. Y PÉREZ, J. 1995. 'Explotació dels recursos naturals i control polític dels Pirineus en època romana. Cultura i medis de la prehistòria a l'Edat Mitjana'. Xe col·loqui internacional d'arqueologia de Puigcerdà, homenatge a Jean Guilaine. Puigcerdà, Institut d'Estudis Catalans: 525-531.

GOLDBERG, E.D.; HODGE, V.F.; GRIFFIN, J.J. Y KOIDE, M. 1981. 'Impact of fossil-fuel combustion on the sediments of Lake Michigan'. *Environmental Science & Technology*, 15: 466-470.

GONZÁLEZ-SAMPÉRIZ, P. 2004. *Evolución paleoambiental del sector central de la cuenca del Ebro durante el Pleistoceno superior y Holoceno*. Zaragoza, Instituto Pirenaico de Ecología-CSIC, Universidad de Zaragoza.

GONZÁLEZ-SAMPÉRIZ, P.; VALERO-GARCÉS, B.L.; MORENO, A.; JALUT, G.; GARCÍA-RUIZ, J.M.; MARTÍ-BONO, C.; DELGADO-HUERTAS, A.; NAVAS, A., OTTO, T. Y DEDOUBAT, J.J. 2006. 'Climate variability in the Spanish Pyrenees during the last 30,000 yr revealed by the El Portalet sequence'. Quaternary Research, 66: 38–52.

GRIMM, E. 1987. 'CONISS: a Fortan 77 program for stratigraphically constrained cluster analysis by the method of incremental sum of squares'. *Computers and Geosciences*, 13: 13-35.

GROENMAN-VAN WAATERINGE, W. 1993. 'The effects of grazing on the pollen production of grasses'. *Vegetation History and Archaeobotany*, 2: 157-162.

GUENET, P. 1995. 'Analyse palynologique du sondage du petit Castelou', en J. Guilaine (dir.) *Temps et espace dans le bassin de l'Aude du Néolihique à l'âge du Fer*. Toulouse, Centre d'Anthropologie: 334-341.

GUILAINE, J.; BARBAZA, M. Y MARTZLUFF, M. 2007. *Les excavacions a la balma de la Margineda (1979-1991)*. vol. IV. Andorra, Edicions del Govern d'Andorra.

GUILAINE, J. Y EVIN, J. 2007. 'Datacions isotòpiques de les capes epipaleolítiques de la balma de la Margineda', en J. Guilaine, M. Barbaza y M. Martzluff. *Les excavacions a la balma de la Margineda (1979-1991)*. vol. IV. Andorra, Edicions del Govern d'Andorra: 62-63.

GUILAINE, J.; EVIN, J. Y MARTZLUFF, M. 1995. 'Datacions isotòpiques de les capes 1 a la 6 de la balma de la Margineda', en J. Guilaine y M. Martzluff. *Les excavacions a la balma de la Margineda (1979-1991)*. vol. I. Andorra, Edicions del Govern d'Andorra: 91-95.

GUILAINE, J. Y MARTZLUFF, M. (dirs.) 1995. *Les excavacions a la balma de la Margineda (1979-1991)*. vol. II. Andorra, Edicions del Govern d'Andorra.

GUILLAMET, J. 1991. *Aproximació a la història social, econòmica i política d'Andorra, segles IX-XIII*. Andorra, M.I. Govern d'Andorra.

GUILLON, D. 1990. *Les effets des feux sur la richesse en éléments minéraux et sur l'activité biologique des sols. Revue Forestière Française*, nº spécial « Espaces forestiers et incendies »: 295-305.

GUILLON, D.; GOMENDY, V.; HOUSSARD, C.; MARÉCHAL, J. Y VALETTE, J.C. 1995. 'Combustion and nutrient losses during laboratory burns'. *International Journal of Wildland Fire*, 5 (1): 1-12.

GUITER, F.; ANDRIEU-PONEL, V.; DIGERFELDT, G.; REILLE, M.; BEAULIEU (DE), J.L. Y PONEL, P. 2005. 'Vegetation history and lake-level changes from the Younger Dryas to the present in the Eastern Pyrenees (France): pollen, plant macrofossils and lithostratigraphy from Lake Racou (2000 m a.s.l.)'. *Vegetation History and Archaeobotany*, 14: 99-118.

GURT, J.M. Y NAVARRO, R. 2005. 'Les transformacions en els assentaments i en el territori durant l'antiguitat tardana'. *Cota Zero*, 20: 87-98.

HAAS, J.N. 1996. 'Neorhabdocoela oocytes – palaeoecological indicators found in pollen preparations from Holocene freshwater lake sediments'. *Review of Palaeobotany Palynology*, 91: 371-382.

HAAS, J.N.; RICHOZ, I.; TINNER, W. Y WICK, L. 1998. 'Synchronous Holocene climatic oscillations recorded on the Swiss Plateau and at timberline in the Alps'. *The Holocene*, 8 (3), 301-309.

HANSEN, B.C.S. 1995. 'Conifer stomate analysis as a paleoecological tool: an example from the Hudson Bay lowlands'. *Canadian Journal of Botany*, 73: 244-52.

HEIM, J. 1970. *Les relations entre les spectres polliniques récents et la végétation actuelle en Europe occidentale*. Tesis de licenciatura inédita, Universidad de Louvain.

HEINZ, C. Y VERNET, J.L. 1995. 'Anàlisi antracològica dels nivells mesolítics i neolítics antics de la Balma de la Margineda, paleoecologia i relacions home-vegetació', en J. Guilaine y M. Martzluff (dirs.), *Les excavacions a la Balma de la Margineda* (1979-1991). vol. II. Andorra, Edicions del Govern d'Andorra: 26-64.

HEIRI, O., LOTTER, A. F. AND LEMCKE, G. 2001. 'Loss on ignition as a method for estimating organic and carbonate content in sediments: Reproducibility and comparability of results'. *Journal of Paleolimnology*, 25: 101-110.

HEIRI, O.; TINNER, W. Y LOTTER, A.F. 2004. 'Evidence for cooler European summers during periods of changing meltwater flux to the North Atlantic'. *Proceedings of the National Academy of Science*, 101 (15): 285-288.

HEISS, A. Y OEGGL, K. 2009. 'The plant macro-remains from the Iceman site (Tisenjoch, Italian-Austrian border, eastern Alps): new results on the glacier mummy's environment'. *Vegetation history and archaeobotany*, 18 (1): 23-35.

HICKS, S. 2007. 'Pollen methods and Studies -Surface samples and trapping', en S.A. Elias (ed.), *Encyclopedia of Quaternary Science*. Amsterdam, Elsevier: 2529-2535.

HJELLE, K.L. 1997. 'Relationships between pollen and plants in human-influenced vegetation types using presences-absence data in western Norway'. *Review of Palaebotany and Palynology*, 99: 1-16.

HJELLE, K.L. 1999. 'Modern pollen assemblages from mown and grazed vegetation types in western Norway'. *Review of Palaebotany and Palynology*, 107: 55-91.

HOAEN, A. Y COLES, G. 2000. 'A preliminary investigation into the use of fungal spores as anthropogenic indicators on Shetland', en R.A. Nicholson y T.P. O'Connor (eds.), *People as an agent of environmental change*. Oxford, Oxbow: 31-36.

HUTCHINSON, I.; JAMES, T.S.; REIMER, P.J.; BORNHOLD, B.D. Y CLAGUE, J.J. 2004. 'Marine and limnic radiocarbon reservoir corrections for studies of late- and postglacial environments in Georgia Basin and Puget Lowland, British Columbia, Canada and Washington, USA'. *Quaternary Research*, 61: 193-203.

IGBP-UPDATE. 2002. 'Global Change and Mountains'. *Newsletter of the International Human Dimensions Programme on Global Environmental Change*, nº1/2002.

IHDP-UPDATE. 2008. *Mountainous Regions: Laboratories for Adaptation*. IHDP-Update, 2/2008.

ILLA, E.; CARRILLO, E. Y NINOT, J.M. 2006. 'Patterns of plant traits in Pyrenean alpine vegetation'. *Flora*, 201: 525-546.

ILYASHUK, B.; GOBET, E.; HEIRI, O.; LOTTER, A.F.; VAN LEEUWEN, J.F.N.; VAN DER KNAAP, W.O.; ILYASHUK, E.; OBERLI, F. Y AMMANN, B. 2009. 'Lateglacial environmental and climatic changes at the Maloja Pass, Central Swiss Alps, as recorded by chironomids and pollen'. *Quaternary Science Reviews*, 28: 1340-1353.

INNES, J.B. Y BLACKFORD, J.J. 2003. 'The Ecology of Late Mesolithic Woodland Disturbances: Model Testing with Fungal Spore Assemblage Data'. *Journal of Archaeological Science*, 30: 185-194.

IVERSEN, J. 1941. 'Landnam i Danmarks Stenalder'. *Danmarks Geologiske Undersogelse*, 66: 1-68.

JALUT, G. 1974. *Évolution de la Végétation et Variations Climatiques durant les Quinze Derniers Millenaires dans l'Extremité Orientale des Pyrénées*. Tesis doctoral inédita, Universidad Paul Sabatier, Toulouse.

JALUT, G. 1995. 'Analyse pollinique de sédiments holocènes de l'étang de Capestang (Hérault)', en J. Guilaine (dir.), *Temps et espace dans le bassin de l'Aude du Néolihique à l'âge du Fer*, Toulouse, Centre d'Anthropologie: 293-303.

JALUT G.; ESTEBAN AMAT A.; PAGES P.; MARDONNES M. 1984. 'Quelques aspects de l'action de l'homme sur le milieu montagnard pyrénéen: conséquences phytogéographiques, Ecologie des Milieux Montagnards et de Haute Altitude'. *Documents d'Ecologie Pyrénéenne*, 3-4: 503-509.

JALUT, G.; AUBERT, S.; GALOP, D.; FONTUGNE, M. Y BELET, J.M. 1996. 'France, type region F-zg and F-r, the northern slope of the Pyrenees', en B.E. Berglund, H.J.B. Birks, M. Ralska-Jasiewiczowa y H.E. Wright (eds.), *Palaeoecological events during the last 15,000 years:*

regional syntheses of palaeoecological studies of lakes and mires in Europe. Chichester, John Wiley & Sons: 612-624.

JALUT, G.; ESTEBAN, A.; BONNET, L.; GAUQUELIN, T. Y FONTUGNE, M. 2000. 'Holocene climatic changes in the Western Mediterranean, from south-east France to south-east Spain'. *Palaeogeography, Palaeoclimatology, Palaeoecology*, 160: 255-290.

JALUT, G.; DEDOUBAT, J.J.; FONTUGNE, M. Y OTTO, T. 2009. 'Holocene circum Mediterranean vegetation changes: Climate forcing and human impact'. *Quaternary International*, 200: 4-18.

JANKOVSKÁ, V. 1990. 'The evolution of late-glacial and holocene vegetation in the vicinity of Svetlá and Sázavou (in the western forland of the Bohemian-Moravian uplands)'. *Folia Geobotanica & Phytotaxonomica*, 25: 1-25.

JIMÉNEZ, J. 2006. *La imagen de los espacios de alta montaña en la prehistoria: el caso de los Pirineos catalanes occidentales*. Trabajo inédito presentado para la obtención del DEA, Universitat Autònoma de Barcelona.

JIMÉNEZ, J. Y GASSIOT, E. 2006. 'El Pallars Sobirà: imatges del passat i perspectives de futur'. *IBIX*, 4, Annals 2004-2005: 227-240.

JOUFFROY-BAPICOT, I.; PULIDO, M.; BARON, S.; GALOP, D.; MONNA, F.; LAVOIE, M.; PLOQUIN, A.; PETIT, C.; BEAULIEU (DE), J.L. Y RICHARD, H. 2006. 'Environmental impact of early palaeometallurgy: pollen and geochemical analysis'. *Vegetation History and Archaeobotany*, 16: 251-258.

JUGGINS, S. 1991. *C2 data analysis vs.1.4.2*. Newcastle, University of Newcastle.

KARLSSON, H.; HÖRNBERG, G.; HANNON, G. Y NORDSTRÖM, E.M. 2007. 'Longterm vegetation changes in the northern Scandinavian forest limit: a human impact-climate synergy?'. *The Holocene*, 17: 37-49.

KARLSSON, H.; SHEVTSOVA, A. Y HÖRNBERG, G. 2009. 'Vegetation development at a mountain settlement site in the Swedish Scandes during the late Holocene: palaeoecological evidence of human-induced deforestation'. *Vegetation History and Archaeobotany*, 18: 297-314.

KLITGAARD-KRISTENSEN, D.; SEJRUP, H.P.; HAFLIDASON, H.; JOHNSEN, S. Y SPURK, M. 1998. 'A regional 8200 cal. yr BP cooling event in northwest Europe, induced by final stages of the Laurentide ice-sheet deglaciation?'. *Journal of Quaternary Science*, 13(2): 165-169.

KOFLER, W.; KRAPF, V.; OBERHUBER, W. Y BORTENSCHLAGER, S. 2005. 'Vegetation responses to the 8200 cal. BP cold event and to long-term climatic changes in the Eastern Alps: possible influence of solar activity and North Atlantic freshwater pulses'. *The Holocene*, 15 (6): 779-788.

KOMÁREK, J.; Y JANKOVSKÀ, V. 2001. 'Review of the green algal genus Pediastrum; implication for pollen-analytical research'. *Bibliotheca Phycologica*, 108: 1-127.

KÖRNER, C. 1999. *Alpine Plant Life. Functional Plant Ecology of High Mountain Ecosystems*. Berlin, Heidelberg, Springer-Verlag.

KRAMER, A., HERZSCHUH, U., MISCHKE, S. Y ZHANG, C. 2010. 'Late Quaternary environmental history of the south-eastern Tibetan Plateau inferred from the Lake Naleng non-pollen palynomorph record'. *Vegetation History and Archaeobotany*, publicado online, DOI 10.1007/s00334-009-0219-5.

KÜSTER, H. 1994. 'Highland and lowland exploitation in the Alps: the evidence from pollen data', en P. Biagi y J. Nandris (eds.), *Highland Zone Exploitation in Southern Europe*. Monografie di 'Natura Bresciana', 20: 95-105.

KÜSTER, H. 1997. 'The role of farming in the postglacial expansion of beech and hornbeam in the oak woodlands of central Europe'. *The Holocene*, 7: 239-242.

LASANTA-MARTÍNEZ, T.; VICENTE-SERRANO, S.M. Y CUADRAT-PRATS, J.M. 2005. 'Mountain Mediterranean landscape evolution caused by the abandonment of traditional primary activities: a study of the Spanish Central Pyrenees'. *Applied Geography*, 25: 47-65.

LE GALL, O. 1995. 'Els peixos de la balma de la Margineda (neolític I mesolític)', en J. Guilaine y M. Martzluff (dirs.). *Les excavacions a la balma de la Margineda (1979-1991)*. vol. III. Andorra, Edicions del Govern d'Andorra: 98-110.

LE GALL, O. 2007. 'Els peixos de la balma de la Margineda (capes de la 7 a la 10)', en J. Guilaine, M. Barbaza y M. Martzluff (dirs.). *Les excavacions a la balma de la Margineda (1979-1991)*. vol. IV. Andorra, Edicions del Govern d'Andorra: 532-539.

LEPS, J. Y SMILAUER, P. 2003. 'Multivariate analysis of ecological data using CANOCO' Cambridge, Cambridge University Press.

LEROYER, C. 1995. 'Estudi pol.línic dels sediemnts postglacials', en J. Guilaine y M. Martzluff (dirs.), *Les excavacions a la Balma de la Margineda* (1979-1991). vol. II. Andorra, Edicions del Govern d'Andorra: 12-25.

LEVEAU, P. 2009. 'Transhumances, remues et migrations des tropeaux dans les Alpes et les Pyrénées antiques. La question du pastoralisme romain', en L. Callegarin y F. Réchin (dirs.), *Espaces et sociétés à l'époque romaine : entre Garonne et Èbre, Actes de la Table Ronde de Pau, 26-27 janvier 2007. Hommage à Georges Fabre.* Archéologie des Pyrénées occidentales et des Landes, Hors série nº4 : 142-174.

LEVEAU, P. Y SEGARD, M. 2006. 'Le pastoralisme antique autour du col du Petit-Saint-Bernard', en L. Appolonia, F. Ballet, M.P. Feuillet y D. Herrero (dirs.), *Alpis Graia, Archéologie sans frontières au col du Petit-Saint-Bernard, Aoste les 2,3,4 mars 2006.* Project Interreg IIIA: 153-162.

LLOVERA, X. 1986. 'La Feixa del Moro (Juberri) i el Neolític Mig - Recent a Andorra)'. *Tribuna d'Arqueologia*, 1985 - 1986: 15-24.

LLOVERA, X. 1987. 'La transició de la edat del bronze a la del ferro en Andorra'. *Butlletí del Comitè Andorrà de Ciències Històriques*, 2: 15-42.

LLOVERA, X. 1992. 'Visita i discussions sobre la Feixa del Moro (Juberri, Andorra)' en A.A.V.V. *Estat de la Investigació sobre el neolític a Catalunya.* Andorra la Vella, Servei d'arqueologia d'Andorra.

LLOVERA, X. 1993. 'Els primers pobladors de les valls d'Andorra' *Empuries*, 48-50 (II): 40-49.

LLOVERA, X. Y BELTRAN, R. 1991. 'Juberri (Andorra): un exemple de centre receptor i de comerç de joies cap a l'any 3000 ac', en *Les Joies de la Prehistoria, catàleg de l'exposició.* Govern Andorra la Vella, d'Andorra, Generalitat de Catalunya, Museu de Gavà, Ajuntament de Barcelona: 20- 24.

LLOVERA, X.; BOSCH, J.M.; RUF, M.A.; YÁÑEZ, C.; SOLÉ, X. Y VILA, A. (coords.) 1997. *Roc d'Enclar. Transformacions d'un espai dominant (segles IV-XIX).* Andorra, Monografies del Patrimoni Cultural d'Andorra, num. 4.

LLOVERA, X. Y RICO, C. 1990. 'Consideracions sobre la romanització a Andorra' en *La Romanització del Pirineu, Actes del 8é Col·loqui Internacional d'Arqueologia de Puigcerdà*, Puigcerdà-Andorra: 43-52.

LÓPEZ-MERINO, L.; LÓPEZ-SÁEZ, J.A.; RUIZ ZAPATA, M.B. Y GIL GARCÍA. 2008. 'Reconstructing the history of beech (*Fagus sylvatica* L.) in the north-western Iberian range (Spain): from Late-Glacial refugia to the Holocene anthopic-induced forests'. Review of Palaeobotany and Palynology, 152: 58-65.

LÓPEZ-MERINO, L.; LÓPEZ-SÁEZ, J.A.; PÉREZ-DÍAZ, S. Y CARRIÓN, J.S. 2009. '2000 years of pastoralism and fire shaping high-altitude vegetation of Sierra de Gredos in central Spain'. *Review of Palaeobotany and Palynology*, 158 (1-2): 42-51.

LÓPEZ SÁEZ, J.A.; BLANCO GONZÁLEZ, A.; LÓPEZ MERINO, L.; RUIZ ZAPATA, B.; DORADO VALIÑO, M.; PÉREZ DÍAZ, S.; VALDEOLMILLOS, A. Y BURJACHS, F. 2009 *a.* 'Landscape and climatic changes during the end of the Late Prehistory in the amblés Valley (Ávila, central Spain), from 1200 to 400 cal. BC'. *Quaternary International*, 200: 90-101.

LÓPEZ SÁEZ, J.A.; LÓPEZ MERINO, L.; ALBA SÁNCHEZ, F. Y PÉREZ DÍAZ, S. 2009 *b.* 'Contribución paleoambiental al estudio de la transhumancia en el sector abulense de la Sierra de Gredos'. *Hispania*, vol. LXIX, nº. 231: 9-38.

LÓPEZ SÁEZ, J.A.; LÓPEZ-MERINO, L.; CUGNY, C. Y GALOP, D. 2005. 'Paleoecología de medios húmedos: el aporte de microfósiles no polínicos'. *Nuestra Tierra*, Primavera 2005: 13-15.

LOTTER, A.F.; APPLEBY, P.G.; BINDLER, R.; DEARING, J.A.; GRYTNES, J.A.; HOFMANN, W.; KAMENIK, C.; LAMI, A.; LIVINGSTONE, D.M.; OHLENDORF, C.; ROSE, N. Y STURM, M. 2002. 'The sediment record of the past 200 years in a Swiss high-alpine lake: Hagelseewli (2339 m a.s.l.)'. *Journal of Paleolimnology*, 28: 111-27.

LOVIS, W.A.; WHALLON, R. Y DONAHUE, R.E. 2006. 'Social and spatial dimensions of Mesolithic mobility'. *Jornal of Anthorpological archaeology*, 25(2): 271-274.

MACDONALD, G.M. 2001. 'Conifer stomata', en J.P. Smol, H.J.B. Birks, W.M. Last (eds.), *Tracking Environmental Change Using Lake Sediments. Volume 3: Terrestrial, Algal, and Siliceous Indicators.* Dordrecht, Kluwer Academic Publishers: 33-47.

MACDONALD, G.M.; BEUKENS, R.P. Y KIESER, W.E. 1991 *a.* 'Radiocarbon dating of limnic sediments: a comparative analysis and discussion'. *Ecology*, 72: 1150-55.

MACDONALD, G.M.; LARSEN, C.P.S.; SZEICZ, J.M. Y MOSER, K.A. 1991 *b.* 'The reconstruction of boreal forest fire history from lake sediments: a comparison of charcoal, pollen, sedimentological, and geochemical indices'. *Quaternaire Science Review*, 10: 53-71.

MAGNY, M. 2004. 'Holocene climatic variability as reflected by mid-European lake-level fluctuations, and its probable impact on prehistoric human settlements'. *Quaternary International*, 113: 65-79.

MAGNY, M.; BÉGEOT, C.; GUIOT, J. Y PEYRON, O. 2003. 'Contrasting patterns of hydrological changes in Europe in response to Holocene climate cooling phases'. *Quaternary Science Reviews*, 22(15-17): 1589-1596.

MAGNY, M.; DE BEAULIEU, J-L.; DRESCHER-SCHNEIDER, R.; BORIS VANNIÈRE, B.; WALTER-SIMONNET, A-V.; MIRAS, Y; MILLET, L.; BOSSUET, G.; PEYRON, O.; BRUGIAPAGLIA, E.; LEROUX, A. 2007. 'Holocene climate changes in the central Mediterranean as recorded by lake-level fluctuations at Lake Accesa (Tuscany, Italy)'. *Quaternary Science Reviews,* 26: 1736–1758.

MAGNY, M.; PEYRON, O.; GAUTHIER, E.; ROUECHE, Y.; BORDON, A.; BILLAUD, Y.; CHAPRON, E.; MARGUET, A.; PETREQUIN, P. Y VANNIERE, B. 2009. 'Quantitative reconstruction of climatic variations during the Bronze and early Iron ages based on pollen and lake-level data in the NW Alps, France'. *Quaternary International*, 200: 102-110.

MAGRI, D. 2008. 'Patterns of post-glacial spread and the extent of glacial refugia of European beech (*Fagus sylvatica*)'. *Journal of Biogeography*, 35: 450-463.

MARINOVA, E. Y ATANASSOVA, J. 2006. 'Anthropogenic impact on vegetation and environment during the Bronze Age in the area of lake Durankulak, NE Bulgaria: pollen, microscopic charcoal, non-pollen palynomorphs and plant macrofossils'. *Review of Palaeobotany and Palynology*, 141: 165-178.

MARINVAL, P. 1995. 'Recol·lecció i agricultura de l'epipaleolític al neolític antic: anàlisi carpològica de la Balma de la Margineda', en J. Guilaine y M. Martzluff (dirs.), *Les excavacions a la Balma de la Margineda* (1979-1991). vol. II. Andorra, Edicions del Govern d'Andorra: 65-77.

MARTÍNEZ-CORTIZAS, A.; PINTEVEDRA-POMBAL, X.; GARCÍA-RODEJA, E.; NÓVOA-MUÑOZ, J.C. Y SHOTYK, W. 1999. 'Mercury in a Spanish peat bog: archive of climate change and atmospheric metal deposition'. *Science*, 284: 939-942.

MARTZLUFF, M. 2005. 'Els orígens del poblament de les valls d'Andorra', en E. Belenguer (dir.), *Història d'Andorra. De la prehistòria a l'edat conteporània*. Barcelona, Edicions 62: 29-50.

MASES, M.; GONZÁLEZ, M. Y GALLEGO, N. 2005. 'Memòria del Mapa Geomorfològic d'Andorra 1:50.000'. Sant Julià de Lòria, Centre de recerca en Ciències de la Terra (CRECIT), Institut d'Estudis Andorrans.

MATEO, M. 1994. 'La vegetació de la vall del Madriu'. *Annals 1994 de l'Institut d'Estudis Andorrans*, Centre de Barcelona: 13-37.

MATEO, M. Y GÓMEZ, A. 1998. 'El glaciarismo histórico. La Pequeña Edad del Hielo en el valle del Madriu (Andorra)', en A. Gómez y F. Salvador Franch (eds.), *Investigaciones recientes de la Geomorfología española: aportaciones a la V Reunión Nacional de Geomorfología.* Barcelona, Universitat de Barcelona: 397-406.

MATEO, M. Y GÓMEZ, A. 2004. 'La Pequeña Edad del Hielo en Andorra: episodios morfogenéticos y su relación con la producción de cereales en Europa'. *Boletín de la Sociedad Española de Historia Natural (Sección Geológica)*, 99 (1-4): 173-83.

MAZIER, F. 2006. *Modélisation de la relation entre pluie pollinique actuelle, végétation et pratiques pastorales en moyenne montagne (Pyrénées et Jura). Application pour l'interprétation des donées polliniques fossiles.* Tesis doctoral inédita, Universidad de Franche-Comté.

MAZIER, F.; BROSTRÖM, A.; GAILLARD, M.J.; SUGITA, S.; VITTOZ, P. Y BUTTLER, A. 2008. 'Pollen productivity estimates and relevant source area of pollen for selected plant taxa in a pasture woodland landscape of the Jura Mountains (Switzerland)'. *Vegetation History and Archaeobotany*, 17: 479-495.

MAZIER, F.; GALOP, D.; BRUN, C. Y BUTTLER, A. 2006. 'Modern pollen assemblages from grazed vegetation in the western Pyrenees, France: a numerical tool for more precise reconstruction of past cultural landscapes'. *The Holocene*, 16: 91-103.

MAZIER, F.; GALOP, D.; GAILLARD, M.J.; RENDU, C.; CUGNY, C.; LEGAZ, A.; PEYRON, O. Y BUTTLER, A. 2009. 'Multidisciplinary approach to reconstructing local pastoral activities – an example from the Pyrenean Mountains (Pays Basque)'. *The Holocene*, 19: 171-188.

MELLARS, P. 1976. 'Fire ecology, animal populations and man: a study of some ecological relationships in prehistory'. *Proceedings of the Prehistoric Society*, 42: 15-45.

MENSING, S.A. Y SOUTHON, J.R. 1999. 'A simple method to separate pollen for AMS radiocarbon dating and its application to lacustrine and marine sediments'. *Radiocarbon*, 41: 1-8.

MERCADAL, O.; ALIAGA, S. Y BOSOM, S. 1995. 'Poblament i explotació del territori a la Cerdanya'. *Muntanyes i població*, Andorra la Vella.

MERCADAL, O. Y OLESTI, O. 2001. 'Territorios marginales y romanización: las transformaciones del paisaje ceretano en Época Antigua'. *Actas do 3º Congresso de Arqueologia Peninsular.* Vol. VI. Porto: 51-70.

MERCADAL, O. Y OLESTI, O. 2005. 'La Cerdanya: transformacions d'un poble i d'un paisatge pirinenc en època antiga'. *IIe Congrès Internacional d'Histoire des Pyrénées,* Girona, UNED: 181-274.

MERCURI, A.M.; ACCORSI, C.A. Y BANDINI, M. 2002. 'The long history of *Cannabis* and its cultivation by the Romans in central Italy, shown by pollen records from Lago Albano and Lago di Nemi'. *Vegetation History and Archaeobotany*, 11: 263-276.

MÉTALIE, J.P. 1981. *Le feu pastoral dans les Pyrénées centrales*. Toulouse, CNRS.

MIOLA, A.; BONDESAN, A.; CORAIN, L.; FAVARETTO, S.; MOZZI, P.; PIOVAN, S. Y SOSTIZZO, I. 2006. 'Wetlands in the Venetian Po Plain (northeastern Italy) during the Last Glacial maximum: interplay between vegetation, hydrology and sedimentary environment'. *Review of Palaeobotany and Palynology*, 141: 53-81.

MIRAS, Y. 2004. *L'analyse pollinique du plateau de Millevaches (Massif central, France) et de sites périphériques limousins et auvergnats: Approche des paléoenvironnements, des systèmes agro-pastoraux et évolution des territoires ruraux*. Tesis doctoral inédita, Université de Franche-Comté, Besançon.

MIRAS, Y.; EJARQUE, A.; RIERA, S.; PALET, J.M.; ORENGO, H.A.; EUBA, I. 2007. 'Dynamique holocène de la végétation et occupation des Pyrénées andorranes depuis le Néolithique ancien, d'après l'analyse pollinique de la tourbière de Bosc dels Estanyons (2180 m, Vall del Madriu, Andorre)'. *Comptes rendus Palevol*, 6: 291-300.

MIRAS, Y.; EJARQUE, A.; ORENGO, H.A.; RIERA, S.; PALET, J.M. Y POIRAUD, A. 2010. 'Prehistoric impact on landscape and vegetation at high altitudes: an integrated palaeoecological and archaeological approach in the eastern Pyrenees (Perafita valley, Andorra)'. *Plant Biosystems*, 144 (4): 946-961.

MIRAS, Y.; MILLET, L.; GUITER, F.; PONEL, P., BEAULIEU (DE), J.L. Y GOZLAR, T. 2006. 'Dynamique des écosystèmes et impact de l'homme dans le secteur du Col du Petit Saint Bernard au cours d l'holòcene', en L. Appolonia, F. Ballet, M.P. Feuillet, D. Herrero (dirs.), *Alpis Graia, Archéologie sans frontières au col du Petit-Saint-Bernard, Aoste les 2,3,4 mars 2006*. Project Interreg IIIA: 31-50.

MOCCI, F.; PALET, J.M.; SEGARD, M.; TZORTZIS, S. Y WALSH, K. 2005. 'Peuplement, pastoralisme et modes d'explotation de la moyenne et haute montagne depuis la prehistoire dans le parc national des Écrins', en A. Bouet y F. Verdin (eds.), *Territoires et Paysages de l'âge du Fer au Moye-Âge-Mélanges offerts à Philippe Leveau*. Burdeos, Ausonius: 197-212.

MOCCI, F.; SEGARD, M.; WALSH, K. Y GOLOSETTI, R. 2010. 'Données récentes sur l'occupation humaine dans les Alpes méridionales durant l'Antiquité', en A.A.V.V. *Archéologie de la montagne européene. Actes de la table ronde internationale de Gap 29 setembre-1er octobre 2008*. Bibliothèque d'Archéologie Méditerranéenne et Africaine,4. Éditions Errance, Centre Camille Jullian : 309-323.

MOE, D.; FEDELE, F.; ENGAN, A. Y KVAMME, M. 2007. 'Vegetational changes and human presence in the low-alpine and subalpine zone in Val Febbraro, upper Valle di Spluga (Italian central Alps), from the Neolithic to the Roman period'. *Vegetation History and Archaeobotany*, 16: 431-451.

MOE, D. Y HJELLE, K.L. 1999. 'Mesolithic human adaptation to changing alpine/subalpine vegetation in the Central and Eastern Alps, based on vegetational historical study from Val Febbraro, Spluga Valley (Italy)'. *Universitätsforschungen zur Prähistorischen Archäologie*, 55: 207-214.

MOE, D.; INDRELID, S. Y FASTELAND, A. 1988. 'The Halne area, Hardangarvidda. Use of a high mountain area during 5000 years – an interdisciplinary case study', en H.H Birks, H.J.B. Birks, P.E. Kaland, y D. Moe (eds), *The Cultural Landscape: Past, Present and Future*. Cambridge, Cambridge University Press: 429-444.

MONNA, F.; GALOP, D.; CAROZZA, L.; TUAL, M.; BEYRIE, A.; MAREMBERT, F.; CHATEAU, C.; DOMINIK, J. Y GROUSSET, F.E. 2004. 'Environmental impact of early Basque mining and smelting recorded in a high ash minerogenic peat deposit'. *Science of the Total Environment*, 327: 197-214.

MONTSERRAT, J. 1992. *Evolución Glaciar y Postglaciar del Clima y la Vegetación en la Vertiente Sur del Pirineo: Estudio Palinológico*. Monografías del Instituto Pirenaico de Ecología, 6. Zaragoza.

MOORE, P.D.; WEBB, J.A. Y COLLINSON, M.E. 1991. *Pollen Analysis*, segunda edición. Oxford, Blackwell Scientific Publications.

NIELSEN, A.B. 2004. 'Modelling pollen sedimentation in Danish lakes at C. AD 1800: an attempt to validate the POLLSCAPE model'. *Journal of Biogeography*, 31: 1693-1709.

NINOT, J.M.; CARRILLO, E.; FONT, X.; CARRERAS, J.; FERRÉ, A.; MASALLES, R.M.; SORIANO, I. Y VIGO, J. 2007. 'Altitude zonation in the Pyrenees. A geobotanic interpretation'. *Phytocoenologia*, 37 (3-4): 371-398.

O'CONNELL, M. 1987. 'Early cereal-type pollen records from Connemara, western Ireland and their possible significance'. *Pollen et Spores, 29: 207-224*

OEGGL, K. 1994. 'The Palynological record of human impact on highland zone ecosystems', en P. Biagi y J. Nandris (eds.), *Highland Zone Exploitation in Southern Europe*. Monografie di 'Natura Bresciana', 20: 107-122.

OEGGL, K.; KOFLER, W.; SCHMIDL, A.; DICKSON, J.H.; EGARTER-VIGL, E. Y GABER, O. 2007. 'The reconstruction of the last itinerary of "Ötzi", the Neolithic Iceman, by pollen analyses from sequentially sampled gut extracts'. *Quaternary Science Reviews*, 26: 853-861.

OEGGL, K. Y WAHLMÜLLER, N. 1993. *Vegetation and climate history of a high alpine mesolithic camp site in the Eastern Alps. Preistoria Alpina*, 28: 71-82.

OLESTI, O. 1993. 'La Cerdanya en època antiga: romanització del territori i actuació catastral'. *Estudios de la Antigüedad*, 6-7: 133-154.

OLESTI, O. 1999. 'La romanización de la Cerdaña: actuaciones catastrales', en *Homenaje al Profesor Blázquez*. T. IV. *Hispania Romana*: 301-320.

OLESTI, O. 2008. 'La Cerdagne. Un paysage culturel de haute montagne', en M. Lévêque, L. Ruiz del Árbol, Ch. Pop y L. Bartels (eds.), *Journeys through European landscapes*, Cost Action 27, ESF: 97-100.

OLSSON, I. 1979. 'A warning against radiocarbon dating of samples containing little carbon'. *Boreas*, 8: 203-07.

OLSSON, I. 1986. 'Radiometric dating', en B.E. Berglund (ed.), *Handbook of Holocene Palaeoecology and Palaeohydrology*. Chichester, John Wiley & Sons: 273-312.

ORENGO H.A. 2007. *Dinámicas históricas de ocupación y explotación de un paisaje altimontano: los valles de Perafita y Claror (Andorra)*. Trabajo para la obtención del DEA, ICAC, Universidad Rovira i Virgili.

ORENGO, H.A. 2008. *Informe de les intervencions Arqueològiques a la Vall de Perafita (Escaldes-Engordany, Andorra). 9-13 (realització de sondejos) i 26-28 (prospecció) de juliol, 2007*. Infome inédito entregado en el Àrea de Recerca Històrica del Govern d'Andorra.

ORENGO, H.A. 2009. *Informe preliminar de les intervencions arqueològiques a les valls de Perafita i Claror (Escaldes-Engordany, Andorra), 13 - 18 de juliol, 2008*. Infome inédito entregado en el Àrea de Recerca Històrica del Govern d'Andorra.

ORENGO, H.A. 2010. Arqueología de un paisaje cultural pirenaico de alta montaña. Dinámicas de ocupación del valle del Madriu-Perafita-Claror (Andorra). Tesis doctoral inédita. Universitat Rovira i Virgili.

ORTU, E.; BREWER, S. Y PEYRON, O. 2006. 'Pollen-inferred palaeoclimate reconstructions in mountain areas: problems and perspectives'. *Journal of Quaternary Science*, 21 (6): 615–627.

PAGES NEWS. 2001. *Mountains*. PAGES News, vol. 9(3).

PALAU, J. 2004. 'La vall del Madriu-Perafita-Claror, un paisatge cultural d'Andorra per al món'. *Hàbitats*, 8: 3-11.

PALET, J.M. 2005. 'Pasturatges d'estiu al Champsaur (Alp del Sud, França) de la prehistòria a l'època medieval: "signes" arqueològics i dinàmica territorial', en S. Riera y R. Julià Bruguers (eds.), *Una aproximació transdisciplinar a 8.000 anys d'història dels usos del sòl. I Seminari de la xarxa temàtica de paisatges culturals i història ambiental.* Monografies del SERP, 5. Barcelona, Universitat de Barcelona: 75-86.

PALET, J.M. 2006. *Memòria de les intervencions arqueològiques a la Vall del Madriu (Andorra). Intervencions del 2004 i 2005*. Infome inédito entregado en el Àrea de Recerca Històrica del Govern d'Andorra.

PALET, J.M. 2007. *Memòria de les intervencions arqueològiques a la Vall del Madriu (Andorra). Intervencions del 2006*. Infome inédito entregado en el Àrea de Recerca Històrica del Govern d'Andorra.

PALET, J.M. 2008 *a*. *Memòria de les intervencions arqueològiques a la Vall del Madriu (Andorra). Campanya del 2007*. Infome inédito entregado en el Àrea de Recerca Històrica del Govern d'Andorra.

PALET, J.M. 2008 *b*. *Memòria final de les intervencions arqueològiques al jaciment del Goleró (La Vansa i Fornols, Alt Urgell. Campanyes de 2005, 2006 i 2007*. Informe inédito entregado en la Direcció General de Patrimoni Cultural. Generalitat de Catalunya.

PALET, J.M. 2009. *Memòria preliminar de les intervencions arqueològiques a la Vall del Madriu (Andorra). Campanya del 2008*. Infome inédito entregado en el Àrea de Recerca Històrica del Govern d'Andorra.

PALET, J.M. 2010. *Memòria preliminar de les intervencions arqueològiques a la Vall del Madriu (Andorra). Campanya del 2009*. Infome inédito entregado en el Àrea de Recerca Històrica del Govern d'Andorra.

PALET, J.M.; EJARQUE, A.; MIRAS, Y.; RIERA, S.; EUBA, I. Y ORENGO, H.A. 2007. 'Formes d'ocupació d'alta muntanya a la vall de la Vansa (Serra del Cadí-alt Urgell) i a la vall del Madriu-Perafita-Claror (Andorra): estudi diacrònic de paisatges culturals pirinencs'. *Tribuna d'Arqueologia*, 2006-2007: 229-253.

PALET, J.M.; ORENGO, H.A.; EJARQUE, A.; EUBA, I.; MIRAS, Y. Y RIERA, S. 2010. 'Formas de paisaje de montaña y ocupación del territorio en los Pirineos orientales en época romana: estudios pluridisciplinares en el valle del Madriu-Perafita-Claror (Andorra) y en la Sierra del Cadí (Cataluña)', en Proceedings of the 17th International Congress of Classical Archaeology (Roma 22 –26 Septiembre 2008). *Bollettino di Archeologia On-line*.

PATTERSON, R.T. Y KUMAR, A. 2000. 'Assesment of Arcellacean (Thecamoebian) assemblages, species, and strains as contaminant indicators in James Lake, Northeastern Ontario, Canada'. *Journal of Foraminiferal Research*, v. 30, no. 4: 310-320.

PATTERSON, W.A.I.; EDWARDS, K.J. Y MACGUIRE, D.J. 1987. 'Microscopic charcoal as fossil indicator of fire'. *Quaternaire Science Review*, 6: 3-23.

PARDOE, H.S. 2001. 'The representation of taxa in surface pollen spectra on alpine and sub-alpine glacier forelands in southern Norway'. *Review of Palaeobotany and Palynology*, 117: 63-78.

PAWLITA, J.; PAZDUR, A.; PIOTROWSKA, G.; POREBA, G.; SIKORSKI, J.; AZCZEPANEK, M.; KRÓL, K.; RUTKOWSKI, J. Y HALAS, S. 2004. 'Isotopic investigations of upermost sediments from lake Wigry (NE Poland) and its environment'. *Geochronometria*, 23: 71-78.

PEGLAR, S.M. 1993. 'The mid-Holocene Ulmus decline at Diss Mere, Norfolk, UK: a year-by-year pollen stratigraphy from annual laminations'. *The Holocene*, 3: 1-13.

PEGLAR, S.M. Y BIRKS, H.J.B. 1993. 'The mid-Holocene Ulmus fall at Diss Mere, South-East England – disease and human impact?'. *Vegetation History and Archaeobotany*, 2: 61-68.

PÈLACHS, A. 2004. *Deu Mil Anys de Geohistòria Ambiental al Pirineu Central Català. Aplicació de Tècniques Paleogeogràfiques per a l'Estudi del Territori i el Paisatge a la Coma de Burg i a la Vallferrera.* Tesis doctoral, Universidad Autònoma de Barcelona. http://www.tdx.cesca.es/TDX-0119105-162806

PÈLACHS, A.; NADAL, J.; SORIANO, J. M.; MOLINA, D. Y CUNILL, R. 2009 *b*. 'Changes in Pyrenean woodlands as a result of the intensity of human exploitation: 2,000 years of metallurgy in Vallferrera, northeast Iberian Peninsula'. *Vegetation History and Archaeobotany*, 18: 403-416.

PÈLACHS, A.; PÉREZ-OBIOL, R.; NINYEROLA, M. Y NADAL, J. 2009 *a*. 'Landscape dynamics of Abies and Fagus in the southern Pyrenees during the last 2200 years as a result of anthropogenic impacts'. *Review of Palaeobotany and Palynology*, 156: 337-349.

PÈLACHS, A.; SORIANO, J.M.; NADAL, J. Y ESTABAN, A. 2007. 'Holocene environmental history and human impact in the Pyrenees'. *Contributions to Science*, 3(3): 421-429.

PENNINGTON, W.; CAMBRAY, R.S. Y FISHER, E.M. 1973. 'Observations on lake sediments using fallout ^{137}Cs as a tracer'. *Nature*, 242: 324-326.

PÉREZ-OBIOL, R. 1988. 'Histoire Tardiglaciaire et Holocène de la végétation de la régionvolcanique d'Olot (N.E. Péninsule Iberique)'. *Pollen et Spores*, vol XXX, nº. 2: 189-202.

PINET, L. Y SIVAN, O. 2006. 'Le cercle de pierres dressées au Col du Petit-Saint-Bernard (Séez, Savoie; La Thuile,Val d'Aoste): étude des mégalithes', en L. Appolonia, F. Ballet, M.P. Feuillet, D. Herrero (dirs.), *Alpis Graia, Archéologie sans frontières au col du Petit-Saint-Bernard, Aoste les 2,3,4 mars 2006*. Project Interreg IIIA: 69-76.

PIGOTT, C.D. Y PIGOTT, S. 1993. 'Water as a determinant of the distribution of trees at the boundary of the Mediterranean zone'. *Journal of Ecology*, 81: 557-566.

PISARIC, M.F.J.; MACDONALD, G.M.; CWYNAR, L.C. Y VELICHKO, A. 2001. 'Modern Pollen and Conifer Stomates from North-Central Siberian Lake Sediments: Their use in Interpreting Late Quaternary Fossil Pollen Assemblages'. *Arctic, Antarctic, and Alpine Research*, 33: 19-27.

PITKÄNEN, A.; LEHTONEN, H. Y HUTTUNEN, P. 1999. 'Comparison of sedimentary microscopic charcoal particle records in a small lake with dendrochronological data: evidence for the local origin of microscopic charcoal produced by forest fires of low intensity in eastern Finland'. *The Holocene*, 9(5): 559-67.

PLA, S. Y CATALAN, J. 2005. 'Chrysophyte cysts from lake sediments reveal the submillennial winter/spring climate variability in the northwestern Mediterranean region throughout the Holocene'. *Climate Dynamics*, 24: 263-278.

PLANCHAIS, N. 1985. 'Analyses polliniques du remplissage holocène de la lagune de Canet (Plaine du Roussillon, département des Pyrénées-orientales)'. *Ecologia Mediterranea*, XI (1): 117-127.

PONEL, P.; BEAULIEU (DE), J.L. Y TOBOLSKI, K. 1992. 'Holocene palaeoenvironments at the timberline in the Taillefer massif, French Alps: a study of pollen, plant macrofossils and fossil insects'. *The Holocene*, 2: 117-130.

PONS, J. 1994. *Territori i societat romana a Catalunya dels inicis al Baix Imperi*. Barcelona, Edicions 62.

PULIDO, M. 2006. *Conséquences de l'anthropisation sur la dynamique postglaciaire de la végétationdans le sud du Massif Central, France.* Tesis doctoral inédita. Universidad Paul Cézanne Aix-Marseille.

PUNT, W.; BLACKMORE, S.; HOEN, P. Y STAFFORD, P. (eds.) 1976-2009. *The Northwest European Pollen Flora.* Vols. I-IX. Amsterdam, Elsevier.

Rameau, J.C.; Manion, D. y Dumé, G. 1989. *Flore forestière française.* Institut pour le développement forestier.

Räsänen, S. 2001. 'Tracing and interpreting fine-scale human impact in northern Fennoscandia with the aid of modern pollen analogues'. *Vegetation History and Archaeobotany*, 10: 211-218.

Räsänen, S.; Hicks S. y Odgaard, B. V. 2004. 'Pollen deposition in mosses and in a modified 'Tauber trap' from Hailuoto, Finland: what exactly do the mosses record?'. *Review of Palaeobotany and Palynology*, 129: 103-116.

Reed, J.M.; Stevenson, A.C. y Juggins, S. 2001. 'A multi-proxy record of Holocene climate change in southwestern Spain: the Laguna de Medina, Cadiz'. *Holocene*, 11(6): 707-719.

Reille, M. 1990. *Leçons de palynologie et d'analyses pollinique.* Paris, CNRS.

Reille, M. 1992. *Pollen et spores d'Europe et d'Afrique du nord.* Marseille, Laboratoire de Botanique historique et Palynologie, Université d'Aix-Marseille III.

Reille, M. 1995 *Pollen et spores d'Europe et d'Afrique du nord. Supplément 1.* Marseille, Laboratoire de Botanique historique et Palynologie, Université d'Aix-Marseille III.

Reille, M. 1998. *Pollen et spores d'Europe et d'Afrique du nord. Supplément 2.* Marseille, Laboratoire de Botanique historique et Palynologie, Université d'Aix-Marseille III.

Reille, M. y Lowe, J.J. 1993. 'A re-evaluation of the vegetation history of the eastern Pyrenees (France) from the end of the last glacial o the present'. *Quaternary Science Reviews,* 12: 47-77.

Reimer, P.J.; Baillie, M.G.L.; Bard, E.; Bayliss, A.; Beck, J.W.; Bertrand, C.J.H.; Blackwell, P.G.; Buck, C.E.; Burr, G.S.; Cutler, K.B.; Damon, P.E.; Edwards, R.L.; Fairbanks, R.G.; Friedrich, M.; Guilderson, T.P.; Hogg, A.G.; Hughen, K.A.; Kromer, B.; McCormac, G.; Manning, S.; Ramsey, C.B.; Reimer, R.W.; Remmele, S.; Southon, J.R.; Stuiver, M.; Talamo, S.; Taylor, F.W.; van der Plicht, J. y Weyhenmeyer, C.E. 2004. 'IntCal04 terrestrial radiocarbon age calibration, 26–0 ka BP'. *Radiocarbon*, 46 : 1029-1058.

Rendu, C. 2003. *La Montagne d'Enveig. Une Estive Pyrénéenne dans la Longue Durée.* Canet, Trabucaire.

Rendu, C.; Campmajó, P.; Davasse, B. y Galop, D. 1995. 'Habitat, environnement et systèmes pastoraux en montagne: acquis et perspectives de recherques à partir de l'étude du territoire d'Enveig', en *Cultura i medis de la prehistòria a l'Edat Mitjana. Xe col.loqui internacional d'arqueologia de Puigcerdà, homenatge a Jean Guilaine.* Puigcerdà, Institut d'Estudis Catalans: 661- 708.

Rey, P.J. y Moulin, B. 2006. 'Occupations et circulations pré-romaines autour du Col du Petit-Saint-Bernard; méthode et premiers résultats d'une étude archéologique et sédimentaire de la montagne alpine', en L. Appolonia, F. Ballet, M.P. Feuillet, D. Herrero (dirs.), *Alpis Graia, Archéologie sans frontières au col du Petit-Saint-Bernard, Aoste les 2,3,4 mars 2006.* Project Interreg IIIA: 77-118.

Rhodes, A.N. 1998. 'A method for the preparation and quantification of microscopic charcoal from terrestrial and lacustrine sediment cores'. *The Holocene*, 8 (1): 113-117.

Richard, H. 1997. 'Indices polliniques de Néolithisation du massif Jurassien aux VIème et Vème millénaires'. *Quaternaire*, 8: 55-62.

Rico, C. 1997. *Les Pyrénées romaines. Essai sur un pays de frontière.* Madrid, Casa de Velazquez.

Riera, S. 1994. *Evolució del paisatge vegetal holocè al Pla de Barcelona, a partir de les dades pol.líniques.* Tesis doctoral inédita, Universitat de Barcelona.

Riera, S. 2005. 'Canvis ambientals i modelació antròpica del territori entre l'època ibèrica i l'altmedieval a Catalunya: aportacions de la palinologia'. *Cota Zero*, 20: 9-107.

Riera, S.; Ejarque, A.; Giralt, S.; Hernández, A.; Camarero, L.; Altuna, M.; Bacardit, M.; Palet, J.M. y Euba, I. 2006 *a. Evolución paleoambiental de sectores altitudinales de los Pirineos Orientales durante los últimos 2.000 años: cambios climáticos y actividad antrópica. El registro de Estany Blau (2.471 m), Vall del Madriu, Andorra.* Poster presentado en el V Congreso Ibérico de Limnología, Universidad de Barcelona, 2-7 julio 2006.

Riera, S.; López-Sáez, J.A. y Julià, R. 2006 *b*. 'Lake responses to historical land use changes in northern Spain: the contribution of non-pollen palynomorphs in a multi-proxy study'. *Review of Palaeobotany and Palynology*, 141: 127-137.

Riera, S.; Currás, A.; Palet, J.M.; Ejarque, A.; Orengo, H.A. y Julià, R. 2009. 'Variabilite Climatique, Occupation du Sol et Paysage en Espagne de l'Age du Fer a l'Epoque Medievale: Integration des Donnees Paleoenvironnementales et d'Archeologie du Paysage', en E. Hermon (ed.), *Société et Climats dans l'Empire Romain.* Editoriale Scientifico de Naples: 251-280.

RIERA, S.; WANSARD, G. y JULIÀ, R. 2004. '2000-yr environmental history of a karstic lake in the Mediterranean Pre-Pyrenees: the Estanya lakes (Spain)'. *Catena*, 55: 293-324.

RIGOLOT, E. 1998. 'Les effets du brûlage dirigé sur le sol'. *Pastum. Bulletin de l'Association française de pastoralisme*, 51-52: 81-86.

RIUS, D.; VANNIÈRE, B. y GALOP, D. 2009. 'Fire frequency and landscape management in the northwestern Pyrenean piedmont, France, since the early Neolithic (8000 cal. BP)'. *The Holocene*, 19(6): 847-859.

ROBERTS, N. 1998. *The Holocene: An environmental History*. Blackwell.

ROS, I. 2004. *La transhumància andorrana al llarg del segle XX*. Barcelona, Editorial Alta Fulla.

ROSE, N. 1990. 'A method for the extraction of carbonaceous particles from lake sediment'. *Journal of Paleolimnology*, 3: 45-53.

ROSE, N. 2001. 'Fly-ash particles', en W.M. Last y J.P. Smol (eds.), *Tracking environmental change using lake sediments, vol 2: physical and geochemical methods*. Dordrecht, Kluwer Academic Publishers: 319-349.

ROSE, N. y APPLEBY, P.G. 2005. 'Regional applications of lake sediment dating by spheroidal carbonaceous particle analysis I: United Kingdom'. *Journal of Paleolimnology*, 34: 349-61.

ROSE, N.; APPLEBY, P.G.; BOYLE, J.F.; MACKAY, A.W. y FLOWER, R.J. 1998. 'The spatial and temporal distributions of fossil-fuel derived pollutants in the sediment record of Lake Baikal, eastern Siberia'. *Journal of Paleolimnology*, 20: 151-162.

ROSE, N.; HARLOCK, S.; APPLEBY, P.G. y BATTARBEE, R.W. 1995. 'The dating of recent lake sediments in the United Kingdom and Ireland using Spheroidal Carbonaceous Particle concentration profiles'. *The Holocene*, 5: 328-335.

ROSE, N.; HARLOCK, S. y APPLEBY, P.G. 1999. 'The spatial and temporal distributions of spheroidal carbonaceous fly-ash particles (SCP) in the sediment records of European mountain lakes'. *Water, Air, and Soil Pollution*, 113: 1-32.

RUDAYA, N., TARASOV, P., DOROFEYUK, N., SOLOVIEVA, N., KALUGIN, I., ANDREEV, A., DARYIN, A., DIEKMANN, B. RIEDEL, F.,TSERENDASH, N., WAGNER, M. 2009. 'Holocene environments and climate in the Mongolian Altai reconstructed from the Hoton-Nur pollen and diatom records: a step towards better understanding climate dynamics in Central Asia'. *Quaternary Science Reviews*, 28: 540–554.

RUF, M.A. y YÁÑEZ, C. 1997. 'La ceramología', en X. Llovera, J.M. Boch, M.A. Ruf, C. Yáñez, X. Solé y A. Vila (coords.), *Roc d'Enclar. Transformacions d'un espai dominant (segles IV-XIX)*. Andorra, Monografies del Patrimoni Cultural d'Andorra, num. 4: 35-47.

RUF, M.A.; YÁÑEZ, C.; SOLÉ, X.; VILA, T.; LLOVERA, X. y BOSCH, J.M. 1995. 'El Roc d'Enclar (Andorra). Canvis i relacions d'una comunitat rural del Pirineu oriental entre els segles IV i VIII'. *Annals de l'Institut d'Estudis Gironins*, 37: 1131-1144.

SABLAYROLLES, R. 2006. 'Une cité antique entre montagne et plaine, riche de son terroir et de son pouvoir', en R. Sablayrolles y A. Beyries, *Le Comminges (Haute-Garonne)*. Carte archéologique de la Gaule, 31/2. Paris, Maison des Sciences de l'Homme: 44-101.

SÁEZ, X. 2003. 'Informe sobre l'economia andorrana. 2003', en *Andorra. Annuari socioeconòmic 2004*, Banca Privada d'Andorra: 10-117.

SÁEZ, X. 2008. 'Informe sobre l'economia andorrana. 2007', en *Andorra. Annuari socioeconòmic 2008*, Banca Privada d'Andorra: 10-101.

SCHMIDL, A.; JACOMET, S. y OEGGL, K. 2007. 'Distribution patterns of cultivated plants in the Eastern Alps (Central europe) during Iron Age'. *Journal of Archaeological Science*, 34: 243-254.

SCHLACHTER, K.J. y HORN, S.P. 2010. 'Sample preparation methods and replicability in macroscopic charcoal analysis'. *Journal of Paleolimnology*, 44: 701-708.

SEBASTIÀ, M.T.; CANALS, R.M. y GAMARRA, J.G.P. 1998. 'After sigmatism: what we learned about spatio-temporal changes in grassland communities after 10 years'. *Acta Botanica Barcinonensia*, 45: 587-602.

SEGARD, M. 2009. *Les Alpes occidentales romaines : développement urbain et exploitation des ressources des régions de montagne (Gaule Narbonnaise, Italie, provinces alpines)*. Aix-en-Provence, Errance.

SEIWALD, A. 1980. Beiträge zur Vegetationsgeschichte Tirols IV: Natzer Plateau–Villanderer Alm. *Berichte naturwiss-medizin Verein Innsbruck*, 67: 31-72.

SIMMONS, I.G. e INNES, J.B. 1996 *a*. 'Disturbance Phases in the Mid-Holocene Vegetation at North Gill, North York Moors: Form and Process'. *Journal of Archaeological Science*, 23: 183-191.

SIMMONS, I.G. e INNES, J.B. 1996 *b*. 'The Ecology of an Episode of Prehistoric Cereal Cultivation on the North

York Moors, England'. *Journal of Archaeological Science*, 23: 613-618.

SIMMONS, I.G. E INNES, J.B. 1996 *c*. 'An episode of prehistoric canopy manipulation'. *Journal of Archaeological Science*, 23: 337-341.

SJÖGREN, P.; VAN DER KNAAP, W.O.; VAN LEEUWEN, J.F.N.; ANDRIČ, M. Y GRÜNIG, A. 2007. 'The occurrence of an upper decomposed peat layer or "kultureller Trockenhorizont", in the Alps and Jura Mountains'. *Mires and Peat*, 2 (05). http://www.mires-and-peat.net

SOLÉ, X. 1997. 'L'explotació del Baix Imperi (segle IV)', en X. Llovera, J.M. Boch, M.A. Ruf, C. Yáñez, X. Solé y A. Vila (coords.), *Roc d'Enclar. Transformacions d'un espai dominant (segles IV-XIX)*. Andorra, Monografies del Patrimoni Cultural d'Andorra, num. 4: 86-97.

SOLÉ, X. Y BOSCH, J.M. 1997. 'L'església', en X. Llovera, J.M. Boch, M.A. Ruf, C. Yáñez, X. Solé y A. Vila (coords.), *Roc d'Enclar. Transformacions d'un espai dominant (segles IV-XIX)*. Andorra, Monografies del Patrimoni Cultural d'Andorra, num. 4: 405-417.

STEBICH, M.; BRÜCHMANN, C.; KULBE, T. Y NEGENDANK, J.F.W. 2005. 'Vegetation history, human impact and climate change during the last 700 years recorded in annually laminated sediments of Lac Pavin, France'. *Review of Palaeobotany and Palynology*, 133: 115-133.

STERN, R. 1983. 'Human impact on tree borderlines', en W. Holzner, M.J.A. Wergery y I. Ikusima (eds.), *Man's impact on vegetation.* London: Dr. Junk Publishers: 227-35.

STOCKMARR, J. 1971. 'Tablets with spores used in absolute pollen analysis'. *Pollen et spores*, 13 : 615-621.

SUGITA, S.; GAILLARD M.J. Y BROSTRÖM, A. 1999. 'Landscape openness and pollen records: a simulation approach'. *The Holocene*, 9: 409-421.

SUGITA, S. 2007 *a*. 'Theory of quantitative reconstruction of vegetation I: pollen from large sites REVEALS regional vegetation composition'. *The Holocene*, 17(2): 229-241.

SUGITA, S. 2007 *b*. 'Theory of quantitative reconstruction of vegetation II: all you need is LOVE'. *The Holocene*, 17(2): 243- 257.

SULGOSTOWSKA, Z. 2006. 'Mesolithic mobility and contacts on areas of the Baltic Sea watershed, the Sudety and the Carpathian Mountains'. *Journal of Anthropological Archaeology*, 254: 193-203.

SURMELY, F.; MIRAS, Y.; GUENET, P.; NICOLAS, V.; SAVIGNAT, A.; VANNIÈRE, B.; WALTER-SIMONNET, A.V.; SERVERA, G. Y TZORTZIS, S. 2009. 'Occupation and land-use history of a medium mountain from the Mid-Holocene: A multidisciplinary study performed in the South Cantal (French Massif Central)'. *Comptes rendus Palevol*, 8 (8): 737-748.

SUTHERLAND, D.G. 1980. 'Problems of radiocarbon dating deposits from newly-deglaciated terrain: examples from the Scottish Lateglacial', en J.J. Lowe, J.M. Gray y J.E. Robinson (eds.), *Studies in the Lateglacial of North-West Europe*. Oxford, Pergamon Press: 139-149.

SWAIN, A.M. 1978. 'Environmental changes during the past 2000 yr in north-central Wisconsin: analysis of pollen, charcoal, seeds from varved lake sediments'. *Quaternary Research*, 10: 55-68.

SWEENEY, C.A. 2004. 'A key for the identi¢cation of stomata of the native conifers of Scandinavia'. Review of Palaeobotany and Palynology, 128: 281-290.

TALON, B. 2006. 'Analyses anthracologiques au col du Petit-Saint-Bernard. Archéoanthracologie et pédoanthracologie', en L. Appolonia, F. Ballet, M.P. Feuillet, D. Herrero (dirs.), *Alpis Graia, Archéologie sans frontières au col du Petit-Saint-Bernard, Aoste les 2,3,4 mars 2006.*. Project Interreg IIIA: 51-60.

TALON, B.; CARCAILLET, C. Y THINON, M. 1998. 'Études pédoanthracologiques des variations de la limite supérieure des arbres au cours de l'Holocene dans les Alpes françaises'. *Géographie physique et quaternaire*, 52: 195-208.

TER BRAAK, C.J.F. Y PRENTICE, I.C. 1988. 'A theory of gradient análisis'. *Advances in Ecological Research*, 18: 93-138.

TER BRAAK, C.J.F. Y SMILAUER, P. 1998. *CANOCO Reference Manual. User's Guide to Canoco for Windows Software for Canonical Ordination (version 4)*. Wageningen, Centre of Biometry.

TINNER, W.; LOTTER, A. F.; AMMANN, B.; CONEDERA, M.; HUBSCHMID, P.; VAN LEEUWEN, J.F.N. Y WEHRLI, M. 2003. 'Climatic change and contempora- neous land-use phases north and south of the Alps 2300 BC to 800 AD'. *Quaternary Science Reviews*, 22: 1447–1460.

TINNER, W.; CONEDERA, M.; AMMANN, B. Y LOTTER, A.F. 2005. 'Fire ecology north and south of the Alps since the last ice age'. *The Holocene*, 15(8): 1214-26.

TORTA, G. 2004. 'Consequences of rural abandonment in a Northern Apennines Landscape (Tuscany, Italy)', en S. Mazzoleni, G. di Pasquale, M. Mulligan, P. di Martinio y F. Rego (eds.), *Recent dynamics of the Mediterranean vegetation and landscape*. Chichester, Wiley: 157-167.

TRAUTMANN, W. 1953. 'Zur Unterscheidung fossiler Splatoffnungen der mitteleuropaischen Conifera'. *Flora*, 140: 523-533.

TRINTIGNAC, A. 2001. 'Évolution de l'artisanat dans la cité des Gabales (Lozère) du Haut-Empire à l'Antiquité tardive'. *Monographies instrumentum*, 20 (Actes du 2e colloque d'Erpeldange 26-28 octobre 2001): 221-242.

TURÚ, V. 1992. 'La secció estratigráfica de Sornás'. *Annals 1991 de l'Institut d'Estudis Andorrans*: 47-76.

TURÚ, V. 1994. 'Datos para la determinación de la máxima extensión glaciar en los valles de Andorra (Pirineo Central)', en J. Arnaez, J.M. García y A. Gómez Villar (eds.), *Geomorfologia en España*. III Reunión de Geomorfología, Logroño, Tomo. I: 265-273.

UMBANHOWAR, C. Y MCGRATH, M.J. 1998. 'Experimental production and analysis of microscopic charcoal from wood, leaves and grasses'. *The Holocene*, 8(3): 341-46.

VALSECCHI, V.; FINSINGER, W.; TINNER, W. Y AMMANN, B. 2008. 'Testing the influence of climate, human impact and fire on the Holocene population expansion of *Fagus sylvatica* in the southern Prealps (Italy)'. *The Holocene*, 18 (4): 603-614.

VAN DER KNAAP, W.O.; VAN LEEUWEN, J.F.N.; FANKHAUSER, A. Y AMMANN, B. 2000. 'Palynostratigraphy of the last centuries in Switzerland based on 23 lake and mire deposits: chronostratigraphic pollen markers, regional patterns, and local histories'. *Review of Palaeobotany and Palynology*, 108: 85-142.

VAN GEEL, B. 2001. 'Non-pollen palynomorphs', en J.P. Smol, H.J.B. Birks y W.M. Last (eds.), *Tracking Environmental Change Using Lake Sediments. Volume 3: Terrestrial, Algal and Silicaceaous Indicators*. Dordrecht, Kluwer Academic Publishers: 99-119.

VAN GEEL, B. Y APTROOT, A. 2006. 'Fossil ascomycetes in Quaternary deposits'. *Nova Hedwigia*, 82: 313-329.

VAN GEEL, B.; APTROOT, A. Y MAUQUOY, D. 2006. 'Sub-fossil evidence for fungal hyperparasitism (Isthmospora spinosa on Meliola ellisii, on Calluna vulgaris) in a Holocene intermediate ombrotrophic bog in northern-England'. *Review of Palaeobotany and Palynology*, 141: 121-126.

VAN GEEL, B.; BUURMAN, J.; BRINKKEMPER, O.; SCHELVIS, J.; APTROOT, A.; VAN REENEN, G. Y HAKBIJL, T. 2003. 'Environmental reconstruction of a Roman Period settlement site in Uitgeest (The Netherlands), with special reference to coprophilous fungi'. *Journal of Archaeological Science*, 30: 873-883.

VAN GEEL, B.; COOPE, G.R. Y VAN DER HAMMEN, T. 1989. 'Palaeoecology and stratigraphy of the Lateglacial type section at Usselo (The Netherlands)'. *Review of Palaeobotany and Palynology*, 60: 25-129.

VANNIÈRE, B. ; COLOMBAROLI, D. ; CHAPRON, E. ; LEROUX, A. ; TINNER, W. Y MAGNY, M. 2008. 'Climate versus human-driven fire regimes in Mediterranean landscapes: the Holocene record of Lago dell'Accesa (Tuscany, Italy)'. *Quaternary Science Reviews*, 27: 1181-1196.

VANNIERE, B. ; GALOP, D.; RENDU, C. Y DAVASSE, B. 2001. 'Feu et pratiques agro-pastorales dans les Pyrénées-Orientales : le cas de la montagne d'Enveig (Cerdagne, P.-O., France)'. *Sud-Ouest Européen*, 11: 29-42.

VELA, S. 2005. 'Andorra entre els segles XII-VX', en E. Belenguer (dir.), *Història d'Andorra. De la prehistòria a l'edat conteporània*. Barcelona, Edicions 62: 105-151.

VIADER, R. 2003. *L'Andorre du IX au XIVe siècle. Montagne, féodalité et communautés*. Toulouse, Presses Universitaires du Mirail, Université du Toulouse-Le Mirail.

VIGO, J. 1976. *L'alta muntanya catalana. Flora i vegetació*. Barcelona, Editorial Montblanc-Martin.

VIGO, J.; SORIANO, J.; CARRERAS, J.; AYMERICH, P.; CARRILLO, E.; FONT, X.; MASALLES, R.M. Y NINOT, J.M. 2003. *Flora del Parc Natural del Cadí-Moixeró i de les serres veïnes*. Monografies del Museu de Ciències Naturals, 1.

VILÀ-VALENTÍ, J. Y MARTÍN-VIDE, J. 1997. 'Els trets singulars del clima d'Andorra', a *Andorra. Anuari socioeconòmic 1997*. Banca Privada d'Andorra: 94-114.

VILAPLANA, J.M. 1983. 'Quaternary glacial geology of Alta Ribagorça Basin (Central Southern Pyrenees)'. *Acta geológica Hispánica*, 18 (3-4): 217-233.

VON GRAFENSTEIN, U.; ERLENKEUSER, H.; MÜLLER, J.; JOUZEL, J. Y JOHNSEN, S. 1998. 'The cold event 8200 years ago documented in oxygen isotope records of precipitation in Europe and Greenland'. *Climate Dynamics*, 14: 73-81.

VORREN, K. 1986. 'The impact of early agriculture on the vegetation of Northen Norway. A discussion of anthropogenic indicators in biostratigraphical data', en K.E. Behre y A.A. Balkema (eds.), *Anthropogenic indicators in pollen diagrams*: 1-18.

VORREN, K.; MORKVED, B. Y BORTENSCHLAGER, S. 1993. 'Human impact on the Holocene forest line in the central Alps'. *Vegetation History and Archaeobotany*, 2: 145-156.

Vuorela, I. 1986. 'Palynological evidence of slash-and-burn cultivation in South Finland', en K.E. Behre y A.A. Balkema (eds.), *Anthropogenic indicators in pollen diagrams*: 53-64.

Walsh, K. 2005. 'Risk and marginality at high altitudes: new interpretations from fieldwork on the Faravel Plateau, Hautes-Alpes'. *Antiquity*, 79: 289-305.

Walsh, K.; Mocci, F.; Court-Picon, M.; Tzortzis, S. y Palet, J.M. 2005. 'Dynamique du peuplement et activités agro-pastorales durant l'âge du Bronze dans les massifs du HautChampsaur et de l'Argentierois (Hautes-Alpes)'. *Documents d'Archéologie méridionale*, 28: 25-44.

Walsh, K. y Richer, S. 2006. 'Attitudes to altitude: changing meanings and perceptions within a "marginal" Alpine landscape - the integration of palaeoecological and archaeological data in a high altitude landscape in the French Alps'. *World Archaeology*, 38: 436-454.

Wegmüller, S. 1977. *Pollenanalytische Untersuchungen zur spätt- und postglazialen Vegetationsgeschichte des französischen Alpen (Dauphiné)*. Berna, Verlag Paul Haupt.

Whitlock, C. y Larsen, C. 2001. 'Charcoal as a fire proxy', en J.P. Smol, H.J.B. Birks y W.M. Last (eds.), *Tracking Environmental Change Using Lake Sediments.Volume 3: Terrestrial, Algal, and Siliceous Indicators.* Dordrecht, Kluwer Academic Publishers: 75-97.

Wick, L. 1994. 'Vegetation development and human impact at the forest limit: palaeoecological studies in the Spülgen pass area (north Italy) data', en P. Biagi y J. Nandris (eds.), *Highland Zone Exploitation in Southern Europe*. Monografie di 'Natura Bresciana', 20: 123-132.

Wick, L.; van Leeuwen, J.F.N.; van der Knaap, W.O. y Lotter, A.F. 2003. 'Holocene vegetation development in the catchment of Sägistalsee (1935 m a.s.l.), a small lake in the Swiss Alps'. *Journal of Paleolimnology*, 30(3): 261-272.

Wiersma, A.P. y Renssen, H. 2006. 'Model-data comparison for the 8.2 ka BP event: confirmation of a forcing mechanism by catastrophic drainage of Laurentide Lakes'. *Quaternary Science Reviews*, 25: 63-88.

Wik, M. y Renberg, I. 1996. 'Environmental records of carbonaceous fly-ash particles from fossil-fuel combustion. A summary'. *Journal of Paleolimnology*, 15: 193-206.

Wilmshurst, J.M.; Wiser, S.K. y Charman, D.J. 2003. 'Reconstructing Holocene water tables in New Zealand using testate amoebae: differential preservation of tests and implications for the use of transfer functions'. *The Holocene*, 13(1): 61-72.

Whittington, G.; Edwards, K.J. y Cundill, P.R. 1991. 'Late- and post-glacial vegetational change at Black Loch, Fife, eastern Scotland- a multiple core approach'. *New Phytologist*, 118: 147-166.

Xu, Q.H; Li, Y.C; Tian, F.; Cao, X.Y. y Yang, X.L. 2009. 'Pollen assemblages of tauber traps and surface soil samples in steppe areas of China and their relationships with vegetation and climate'. *Review of Palaeobotany and Palynology*, 153: 86-101.

Yáñez, C. 2005. 'El neolític', en E. Belenguer (dir.) *Història d'Andorra. De la prehistòria a l'edat contemporània.* Barcelona, Edicions 62: 51-76.

Yáñez, C. y Llovera, X. 1997. 'Les primeres ocupacions', en X. Llovera, J.M. Boch, M.A. Ruf, C. Yáñez, X. Solé y A. Vila (coords.), *Roc d'Enclar. Transformacions d'un espai dominant (segles IV-XIX)*. Andorra, Monografies del Patrimoni Cultural d'Andorra, 4. Andorra la Vella, Govern d'Andorra: 80-85.

Yáñez, C.; Malgosa, A.; Burjachs, F.; Díaz, N.; García, C.; Juan, J. y Matamala, J. 2002. 'El món funerari al final del V mil·lenni a Andorra: la tomba de Segudet (Ordino)'. *Cypsela*, 14: 175-194.

Young, R. y Simmonds, T. 1999. 'Debating marginality: archaeologists on the edge?', en J. Brück y M. Goodman (eds.), *Making places in the prehistoric world: themes in settlement archaeology*. London, UCL Press: 128-212.

Zamora, F. y Escútia, E. 1993. *Aproximació al poblament vegetal d'alta muntanya: la Vall de Sorteny (Andorra).* Institut d'Estudis Andorrans. Centre de Barcelona.

www.ingramcontent.com/pod-product-compliance
Lightning Source LLC
LaVergne TN
LVHW072255300926
849160LV00018B/1671
* 9 7 8 1 4 0 7 3 1 1 2 5 8 *